U0222789

雷选民 编著

橡胶注射
模具设计

Rubber Injection
Mold Design

化学工业出版社

·北京·

内 容 简 介

本书系统地介绍了橡胶注射模具设计的原理与方法。主要包括：橡胶注射成型技术特点和计算机辅助模具设计；模腔、分型面、模腔排布和注胶系统等成型要素设计；冷流道体、加热系统、产品脱模、模腔清理和产品修边等操作要素设计；模具主要零部件结构、定位系统、模具打开方式和模具材料选择等结构要素设计；典型橡胶制品注射模具设计；液态硅橡胶注射工艺与模具设计；空心绝缘子成型工艺特点和注射模具设计。对于从事橡胶注射模具设计和成型工艺工作的人员及院校师生，具有一定的指导和借鉴意义。

图书在版编目（CIP）数据

橡胶注射模具设计/雷选民编著．—北京：化学工业出版社，2021.9
ISBN 978-7-122-39280-0

Ⅰ．①橡…　Ⅱ．①雷…　Ⅲ．①橡胶–模具–设计　Ⅳ．①TQ330.4

中国版本图书馆CIP数据核字（2021）第108700号

责任编辑：赵卫娟	文字编辑：王文莉　陈小滔	
责任校对：杜杏然	装帧设计：史利平	

出版发行：化学工业出版社（北京市东城区青年湖南街13号　邮政编码100011）
印　　装：三河市航远印刷有限公司
787mm×1092mm　1/16　印张25¾　字数643千字　2022年5月北京第1版第1次印刷

购书咨询：010-64518888　　　　　　　　　　　售后服务：010-64518899
网　　址：http://www.cip.com.cn
凡购买本书，如有缺损质量问题，本社销售中心负责调换。

定　　价：198.00元

前　言

　　橡胶材料的高弹性和热固化成型工艺特点，决定了橡胶注射模具与塑料注射模具截然不同。因为成型产品时，二者使用的原材料、注射机和成型工艺都不相同。橡胶注射模具设计，除了要保证生产出内在、外观和尺寸合格的产品外，还要求具有良好的操作工艺性。一副设计优异的橡胶注射模具，能与成型用的胶料和注射机合理地匹配，并具有调试时间短、几乎不需要修改，废胶料少、产品质量稳定，操作方便、生产效率高等特质。

　　三十多年的橡胶注射技术支持、橡胶注射模具设计、成型工艺调试和橡胶新产品开发等工作，使笔者体会到，作为一个橡胶注射模具的设计者，除了要具有模具设计的基础知识外，还需要了解橡胶注射机的结构性能、橡胶注射用胶料的工艺性要求和橡胶注射成型的工艺特点，只有把这几个方面结合起来综合考虑，才能设计出好的橡胶注射模具。本书由以下几个部分组成。

　　第1章绪论，介绍了橡胶注射机的种类和结构特点、橡胶注射成型工艺、计算机辅助设计在橡胶产品和注射模具设计方面的应用、橡胶注射模具的基本结构特征和设计方法步骤。第2章介绍了橡胶注射模具的成型要素设计，包括模腔设计、模腔数与分型面确定、模腔排布方法、注胶系统设计等。第3章介绍了橡胶注射模具操作要素设计，包括冷流道体设计、模具加热系统、产品的脱模、模腔的清理和产品修边的方式选择与设计。第4章介绍了橡胶注射模具的结构设计，包括模具主要零部件结构、模具定位系统、模具打开方式的设计和模具材料的选择等，系统地介绍了橡胶注射模具设计的基本方法。

　　橡胶注射成型方式在许多通用橡胶产品成型方面，已经形成了成熟的模具结构与工艺方法。第5章通过介绍O形圈、轮胎胶囊、复合绝缘子伞裙、油封、波纹管、橡胶电缆附件、减震件等典型注射模具设计范例，进一步阐述了常用橡胶注射模具的设计基本思路与方法。

　　液态硅橡胶具有低黏度、无毒无害、耐高低温、良好的伸长率与强度等特性，广泛地应用于国计民生各个领域，其成型工艺别具个性，与一般固态橡胶不同。第6章通过描述液态硅橡胶的性能与工艺特点、成型设备和注射模具设计典型范例，介绍了液态硅橡胶注射模具的特点和设计方法。

　　高压空心绝缘子产品体积大，成型工艺特殊。第7章通过对用硅橡胶注射成型大型空心绝缘子产品的注射成型机、模具和工艺的叙述，充分地展现了大型橡胶产品在注射模具、注射机和注射工艺方面与小型橡胶产品的区别。

　　本书总结了笔者在过去30多年关于橡胶注射模具设计和成型工艺方面的经验和知识，

对于从事橡胶注射模具设计和橡胶注射成型工艺工作的人员，具有一定的指导和借鉴意义。同时该书也是一本系统地学习和了解橡胶注射模具设计原理与方法的教科书。

在本书的编著过程中，陆军、李海东等提供了许多帮助和建议，在此表示真诚的感谢！

书中难免有不足或疏漏之处，欢迎同行朋友斧正与交流。

雷选民

2022.1.1 于咸阳

目 录

第 **1** 章

绪论

改革开放40多年，我国国民经济突飞猛进，国内生产总值已跻身于世界先进国家的行列。作为国计民生不可或缺的橡胶产品（橡胶制品或橡胶制件），从材料种类、成型工艺到设备技术都得到了日新月异的发展。特别是橡胶注射成型技术，改革开放初期在我国很少使用，现在已经广泛应用于各种橡胶制品的成型。

橡胶注射是橡胶产品的一种成型方式，虽然比传统的模压成型方式发展得晚，但是，由于其成型的橡胶产品质量好、生产效率高，应用也越来越广泛，逐渐形式了完整的橡胶注射成型技术。

橡胶注射成型技术，包含橡胶注射胶料配方、橡胶注射机、橡胶注射模具设计和橡胶注射成型工艺等。本章将从橡胶注射机的结构特点、橡胶注射成型工艺、橡胶产品和注射模具计算机辅助设计等方面入手，介绍橡胶注射模具设计的基础知识和基本方法、步骤。

1.1▸▸**橡胶注射机**

橡胶注射机，通常以条状胶料为原料，自动执行胶料塑化、计量、注射、加热硫化和脱模等工艺过程，独立地、自动地通过注射模具完成橡胶制品的成型。

1.1.1　橡胶注射机的基本结构与特点

1.1.1.1　基本组成

一般橡胶注射机由合模单元、注射单元、液压系统、安全系统、电气控制系统和辅助功能配置等6个基本部分组成，如图1-1所示。

（1）合模单元

主要用来固定、加热模具，向模具提供锁模力，为模腔胶料硫化提供热量、压力条件，同时，执行合模、开模、顶出、滑出等脱模需要的操作动作。合模单元类似于一台普通的橡胶平板硫化机。

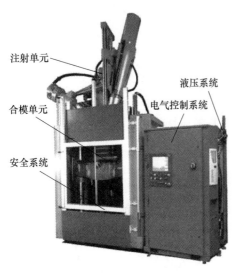

图1-1　橡胶注射机组成部分

注射单元

合模单元

安全系统

液压系统

电气控制系统

（2）注射单元

主要完成胶料塑化、计量准备和将胶料注射至模腔的工作。

（3）液压系统

是橡胶注射机实现各种动作执行元件的动力源。注射机的动作如合模、开模、塑化、注射、顶出等，都是通过相应的执行元件如液压缸或者液压马达等完成的。

（4）安全系统

机器的安全系统是在操作过程中，用来确保人员、机器、模具、胶料安全的。

（5）电器控制系统

主要安装在控制柜里。一方面为各部位的加热元件和电机等提供电力，如注射单元的加热圈、合模单元的加热棒、主油泵电机、热油循环油泵电机等。另一方面，通过采集、接收各种反馈信号、发出各种输出指令，对各种动作、条件进行控制。

（6）辅助功能配置

辅助功能配置分为通用配置和专用配置。通用配置指大多数机器都有的功能，比如抽真空、滑出板、上顶出器和下顶出器等。专用配置指用于特种产品或者特定工艺的配置，如硅橡胶喂料器、轮胎胶囊成型机器专用中央下顶出器等。

1.1.1.2　橡胶注射成型的特点

尽管现代的橡胶平板硫化机大多都配置有抽真空系统、翻板、滑出板和顶出器等功能选项，操作很方便，但是注射成型胶料进入模腔的方式和控制完全不同于模压成型（表1-1）。橡胶注射成型具有如下特点。

表1-1　模压成型与注射成型对比

对比项目	模压成型	注射成型
成型机器	平板硫化机	橡胶注射机
胶料进入模腔方法	手工加料	通过模具里的流道系统注入
胶料进入模腔时模具状态	打开	闭合
进入模腔时胶料温度	常温	60~80℃
充模方式	合模/锁模	注射或者锁模
胶料在模腔里的流动性	差	好
进入模腔胶料量的控制精度	低	高
模具温度	低	高

① 常温状态的条状胶料通过挤出机塑化后，变成了易于流动的黏流态，而且各部分组分和温度得到了进一步均化。一般塑化后进入注射桶时，胶料的温度达到60~80℃。在这种温度下胶料的门尼黏度比较低，流动阻力小，适合于快速填充模腔。同时，进入模腔胶料的量可以精确地计量。

② 橡胶注射机的注射活塞对胶料的注射压力能达到150MPa，甚至更高，可以将注射桶

里的胶料以极高的速度注入模腔。当胶料被注入模腔时，由于在流道和注胶口处的摩擦生热以及与模腔表面的热传递，胶料在进入模腔时的温度可达到100℃以上，从而缩短了胶料在模腔里的升温时间。在注射过程中，注射速度、压力随注射量的变化曲线，可以通过设定参数精确控制。

③ 注胶速度快，胶料注入模腔所需时间短，约几秒或者几十秒钟，胶料到达模腔时的温度高而且均匀，从而可以设定比模压成型更高的硫化温度。所以，产品的注射成型硫化时间比模压成型时间短得多，且生产效率高。

④ 橡胶注射机上的工艺参数，包括温度、压力、速度、行程、注射量等均是闭环控制，所以每个工作循环的各个参数控制精度高、具有重现性，保证了注射成型的产品质量高而且稳定。

⑤ 注射机上配置有顶出机构、抽真空泵等辅助功能装置，适合于多模腔注射成型和快速脱模操作。因此，与普通模压成型相比，注射成型脱模时间短、劳动强度小，也减少了人为因素对产品质量的影响。

⑥ 带骨架的橡胶产品采用注射方式，由于骨架定位可靠，成型方便，产品质量更好。

⑦ 注射胶量控制精确，飞边少，模具清理操作方便，节约胶料。

⑧ 有的机器有清模滚刷、取件机械手等辅助功能配置，可以实现全自动化操作。

⑨ 注射模具上有流胶道和注胶口。当产品壁薄、体积小、使用热流胶道注射成型时，模具上的注胶流道浪费的胶料比模压成型多，产品的注胶口痕迹需要修整。

⑩ 注射成型要求胶料的焦烧时间长、流动性好，具有高温快速硫化的特性。

⑪ 注射成型方法不适合于生产夹布类橡胶产品，比如汽车轮胎等。

1.1.1.3　橡胶注射机的发展趋势

工业和科学技术的飞速发展，对橡胶产品和橡胶注射技术提出了更高的要求，同时也给橡胶注射技术的发展创造了条件和机遇。未来橡胶注射技术的发展趋势如下。

① 操作舒适性。包括降低机器噪声，良好的保温措施减少机器向环境散发热量，使用特殊的合模系统，以降低工作台面高度，使得操作更为舒适。

② 更节能。使用变量泵闭环控制和长时间无动作自动停止油泵等功能；通过仿真分析优化热板等加热系统控制，使模具获得更均匀稳定的温度，以降低能量消耗，节约能源。

③ 功能模块化。标准的注射机可以与各种功能选项硬件组合，比如选择液态硅橡胶注射的硬件配置，可以注射液态硅橡胶，选择滚刷硬件配置，可以获得自动清模功能，等等。

④ 更节约胶料。精密控制注胶量，减少模具分型面上的飞边；使用冷流道体，尽可能地减少热流胶道料头；使用无热胶道注胶系统，进一步减少胶道料头方面的浪费。

⑤ 更高的生产效率。优化模具温度，使模具边缘温度尽可能接近模具中心的温度，排布更多的模腔。改善胶料流动，使胶料进入模腔时温度尽可能一致，以缩短硫化时间；设定合理的开模、合模、顶出等速度，动作既平稳又迅速，缩短循环时间。

⑥ 更多自动化的功能配置。配置专用机械手自动完成放置产品骨架、抓取产品和清理模具等工作，实现全自动操作；双注射单元注射机，可以同时注射两种胶料或者橡胶与塑料，成型复合产品；双中模交梭滑出机构与模具，一套中模在脱模，另一套中模在注射成型，提高生产效率；多工位旋转注射机，有注射、硫化、装骨架、脱模等工位，一台多工位旋转注射机自动循环生产，相当于几台注射的产能和效率。如图1-2所示，使用机械手完成产品脱模和激光清理模腔等动作，实现自动化生产。

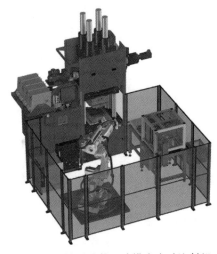

图1-2 机械手取件、清模全自动注射机

⑦ 更专业化的橡胶注射机。专用于特定产品的生产，产品质量稳定，生产效率高。比如轮胎胶囊注射成型机、液态硅橡胶注射成型机、密封条接头注射成型机、大型复合绝缘子成型注射机等。

⑧ 更智能化。注射机具有远程诊断接口，可以实现远程诊断，以更专业、更快捷的方式排除机器故障；EMS接口，可以和工厂的EMS系统对接，实时提供机器的生产和状态数据，便于控制管理。比如Tempinverter®技术避免了胶料流动中的分层现象，使得注嘴中心温度与壁面胶料温度趋于一致，最大限度地减小了胶料在流道里的温度差，进而避免了局部高温对产品性能的影响。

⑨ 更合理的模具设计。使用有限元分析软件，设计产品、流道、加热，使得模具结构更合理，既缩短了模具试模时间，又使机器发挥更高的生产效率。

⑩ 发展适合于注射成型胶料配方需要的专用助剂。以满足注射用胶料具有良好的流动性、长的焦烧时间和高温快速硫化等特点要求，为高效率生产性能更优、质量更稳定的橡胶产品提供条件。

⑪ 橡胶注射模具标准化和专用化。专业化的标准件，比如模框、镶块、定位销、导套、滑块、排气阀等可以直接选购，使模具加工速度更快，成本更低。加工新模具时，只需要选用标准模框和专用标准件，购买标准专用镶块毛坯加工模腔镶块，就可以组装模具。加工专业化，比如专业模腔抛光、专业氩弧焊、专业模腔表面亚光加工等。

1.1.2 橡胶注射机分类

1.1.2.1 按照合模单元分类

按照合模方向来分，合模单元可分为立式和卧式。按照结构分类，合模单元可分为立柱式和板式。在板式结构中颚式橡胶注射机比较常见。所以，按照合模单元类型分类，橡胶注射机可以分为卧式、立式和颚式三种类型。

（1）卧式橡胶注射机

如图1-3所示，合模单元和注射单元都是水平放置，开、合模及注射动作都是水平方向运动。这种机器的高度低，操作和维护方便，产品和飞边可以自由下落，容易实现产品成型、脱模和模具清理的全自动化操作。

卧式注射机占地面积大，适用于全自动生产小型无骨架橡胶产品的场合。

图1-3 卧式橡胶注射机

（2）立式橡胶注射机

立式注射机用立柱将上、下横梁固定并与中横梁联结在一起，中横梁可以沿着立柱上下滑动，注射单元安装在上横梁的上方，如图1-4所示。合模单元是竖直放置，开模、合模、产品顶出、注射单元和注射动作都是竖直方向运动。

立式注射机占地面积小，但是要求安装空间的高度高，给挤出机喂料的高度高，没有卧式机器喂料方便。立式注射机规格种类多，应用比较广泛。立式合模单元有锁模油缸下置式和上置式两种结构。

① 锁模油缸下置式，注射单元位于合模单元的上方，锁模油缸安装在下横梁上。模具固定在上横梁与中横梁之间，上模静止不动，下模随中间横梁上、下运动，做开、合模动作，如图1-5所示。

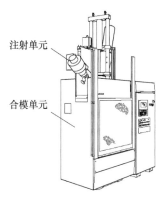

图1-4 立式橡胶注射机

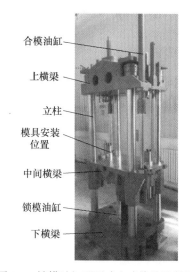

图1-5 锁模油缸下置式立式橡胶注射机

开模后下模的分型面高度比较高，产品的操作高度高。如果产品里有嵌件，放在下模腔里的嵌件随下模运动，对嵌件位置的稳定性会有影响。比如分段成型的复合绝缘子，绝缘子随下模运动，会影响绝缘子在模腔里的定位。对于大吨位的合模单元，比如锁模力≥500t的注射机，一般都需要将机器安装在地坑里，以降低操作高度。锁模油缸下置式机器的重心低，比较稳定。

② 锁模油缸上置式，锁模油缸固定在上横梁上，注射单元位于合模单元侧部或者后方，注射活塞以及注射头都是水平方向运动。模具固定在下横梁与中横梁之间，下模静止不动，上模随中横梁做开、合模动作，如图1-6所示。机器配有机械式安全锁扣机构，防止合模油路故障时，发生中间横梁意外下落的问题。

锁模油缸上置式注射机喂料口高度低，喂料方便。模具分型面高度低，取产品和清理模腔等操作方便。产品的嵌件放入下模腔以后，位置是稳定的，不会移动。这种机器占地面积大。

（3）颚式橡胶注射机

颚式注射机是"C"形框架结构。机器的上、下横

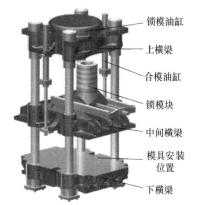

图1-6 锁模油缸上置式立式橡胶注射机

梁由两侧的C形板连接，注射单元固定在中横梁上，合模油缸在上横梁，驱动中横梁上下移动，如图1-7（a）所示。模具安装在中间横梁与下横梁之间，下模固定，上模移动做开、合模动作。模具操作高度低，机器的两个侧面和前方都是开放的，操作者可以从三个面接近模具。成型接头产品时，胶条安装在下模，稳定性好，放置胶条和取产品操作比较方便。这类机器适合橡胶密封胶条的接头成型，或者在自动生产线上连续生产长的产品等，如图1-7（b）所示。

注射单元

合模油缸

(a)　　　　　　　　　　　(b)

图1-7　颚式橡胶注射机

1.1.2.2　按照适用胶料分类

按照适用胶料分类，可以分为固态橡胶注射机和液态橡胶注射机。

液态橡胶与固态橡胶的主要区别在于门尼黏度不同。液态橡胶的门尼黏度低，需要的注射压力低，注射活塞密封要求高，同时，必须使用开关式注嘴，否则，胶料容易泄漏。液态橡胶贮存于封闭容器里，需要专门的泵来输送和计量，液态硅橡胶注射机如图1-8所示。固态橡胶门尼黏度高，可以条状或者块状喂入挤出机，进行塑化和计量。大多数橡胶注射机都是固态橡胶注射机。

1.1.2.3　按照操作工位分类

按照操作工位分类，可以分为单工位橡胶注射机和多工位橡胶注射机。

图1-8　液态硅橡胶注射机

1—液态硅橡胶计量泵；2—合模单元；
3—注射单元

通常，一个或者两个注射单元配一个合模单元和一套模具，都是单工位注射机。多工位注射机是一个注射单元配几个合模单元和几套模具。如图1-9所示的多工位橡胶注射机，注射单元位置是固定的，几套模具在轨道上旋转移动，有注射、硫化、脱模等工位。多工位橡胶注射机有4、6、8、12等工位类型。一般根据产品类型、硫化时间和脱模时间等参数确定工位数。

通常，注射时间占10%左右的循环时间，脱模时间占15%左右的循环时间，采用多工位注射方式，可以在低投入和较小占用空间的条件下，获得高的产量和生产效率。

多工位橡胶注射机有半自动操作和全自动操作两种类型。半自动操作由人工放置骨架或者取产品，全自动操作无需人工操作。图1-10为12工位旋转全自动橡胶注射机，产品骨架放置、胶道和产品脱模及模具清理等工作，在指定工位由专门的机械手完成，由运输带将产品和胶道料头输送到指定料框。模具进入硫化工位前，如果检测系统检测到脱模或者骨架放置异常，会及时报警或者纠错。多工位橡胶注射机适合于单一产品大批量生产的场合。

图1-9 多工位橡胶注射机

图1-10 12工位旋转全自动橡胶注射机

1.1.2.4 按照注射单元数分类

按照注射单元数分类，可分为单注射单元注射机和双注射单元注射机。大多数注射机都是单注射单元，1个合模单元与1个注射单元相配。双注射单元注射机是1个合模单元配有2个注射单元，注射单元有3种位置形式。

① 两个注射单元并排安装在合模单元的上方，注射同一种胶料，用来成型大型产品，比如空心绝缘子、轮胎胶囊（图1-11）等产品。

② 一个注射单元位于合模单元的上方，注射A胶料；另一个注射单元位于合模单元的侧部或者后方，注射B胶料。

这种形式的注射机有三种注胶方式。第一种是A胶料、B胶料注入同一个模腔。如图1-12所示由金属骨架、丁腈橡胶和氟橡胶组成的密封圈产品，A胶料和B胶料从不同的流胶道注入模腔。在模腔

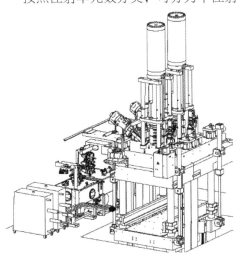

图1-11 双注射单元轮胎胶囊注射机

里，A胶料和B胶料由产品的金属骨架隔开，几乎不接触。第二种方式是两种胶料注入不同的模腔，比如用液态硅橡胶成型电缆附件的中间接头产品时，一个模腔用导电胶成型应力锥，另一个模腔以应力锥作为嵌件，用绝缘胶成型绝缘体部分。第三种方式是一个注射单元注射塑料，另一个注射单元注射液态硅橡胶，用来成型塑料与橡胶的复合零件。

③ 两侧注射，应用于卧式合模单元，左、右两侧各有一个注射单元，注射同一种胶料，胶料从模具两侧同时注入模腔，比如生产大型空心绝缘子产品的机器。

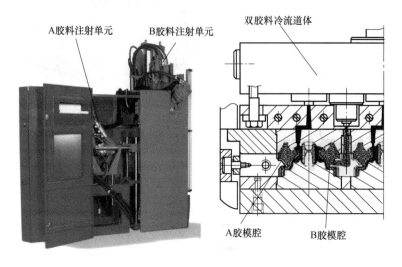

图1-12　双胶料注射机

1.1.3　合模单元

橡胶注射机的合模单元与平板硫化机的不同点：
① 上横梁和热板上有供模具对中定位和注射头接近模具的孔；
② 上方或者侧部安装有注射单元；
③ 配置的辅助功能多，比如清模滚刷、滑出板机构等。

合模单元有卧式和立式两种形式。立式合模单元应用多，变化也多，因此，这里着重介绍立式合模单元。

1.1.3.1　热板

合模单元的热板多用电加热棒加热，加热棒的结构和在热板上的排列方式是经过实验优化的。比如加热棒的功率沿长度方向分配比一般为3.6∶2.8∶3.6，两端功率大中间功率小。加热棒在热板上的分布也是不等距的，以获得尽可能均匀的热板温度，如图1-13和图1-14所示。

有的热板上还安装有过热保护器，一般保护温度为260℃。当检测到热板的实际温度超过260℃时，会自动断开加热电路，以防止因热电偶或者温度控制元件失灵，而引起烧坏加热棒或者电路的故障。过热保护器是常闭型的热敏触点，只有当热板的温度降到一定值时才能恢复接通。

检测热板温度的热电偶位置有两种形式：一种形式是将热电偶安装在热板上，另一种形

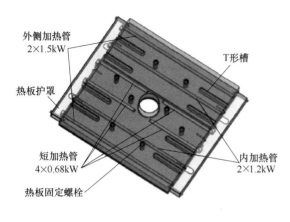

图1-13 YZM300T橡胶注射机上热板

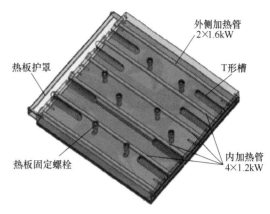

图1-14 YZM300T橡胶注射机下热板

式是将热电偶安装在模具上。前者热电偶位置固定，检测的热板温度稳定，不过，机器显示的温度和模具的实际温度有差异，需要根据实际检测模具的温度来调整热板温度的设定值。后者，直接显示的是模具的实际温度，比较直观。但是，如果热电偶插接不正确，会引起模具温度失控的问题。对于大规格热板，一般将热板分为几个加热区域分别控制，以获得均匀的热板温度。

当模具高度较大时，仅靠热板加热模具，模具边缘与中心温度差会很大。此时，就需要给模具安装辅助加热元件，以获得均匀的模具温度，所以，一般机器都配置有备用的辅助加热系统，以供在模具上安装辅助的电加热棒和热电偶，来控制模具温度。

1.1.3.2 合模单元的锁模方法

对于立式合模单元，按照锁模的步法，合模单元可分为一步合模、两步合模和三步合模三种方式。

（1）一步合模法

合模单元只有一个活塞式合模主油缸，如图1-15所示。液压活塞驱动合模单元的中横梁，可进行开模、合模和锁模动作。合模过程中的速度和压力，可以根据需要通过参数设定调整。当合模至锁模位置时，油缸压力增大实现锁模。

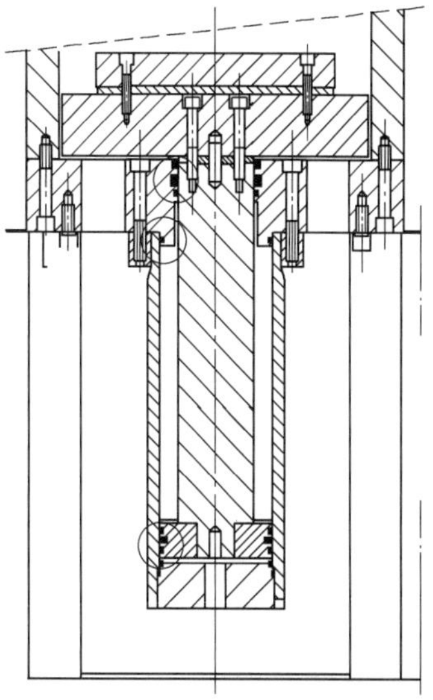

这种合模方式结构简单，而且更换不同高度的模具时，只需要设置新的锁模位置，不需要做硬件方面的调整。但是，因为油缸直径大，用油量大，合模速度不会太高。同时，合模油缸在中间横梁的下方，模具分型面高度高，对操作不利。一步合模法只适用于小吨位的合模单元，如锁模力不大于100t的合模单元。

（2）两步合模法

两步合模法的合模单元如图1-16所示，由一个主油缸和两个侧部长行程的小油缸组成。小油缸拖动中横梁快速向上移动，与此同时，主油缸通过充油阀或者液控单向阀直接从油箱快速充油，实现快速合模。当小油缸拖动中横

图1-15 一步合模油缸

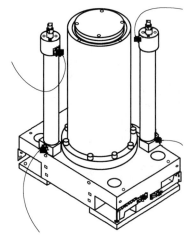

图1-16　两步合模法合模油缸和锁模油缸

梁合模至要求位置时，主油缸升压锁模。因为锁模行程很短（1~3mm），两侧小油缸拖动中间横梁移动，需要的油量小，因此，锁模时间也很短。开模时，主油缸通过充油阀或者液控单向阀直接将液压油快速泄入油箱。由于主油缸与油箱之间的连接油管直径较大，故可以实现快速开、合模动作。

两步合模法的合模单元结构简单，机器的动作快捷，需要的油泵流量小。使用不同厚度的模具时，只需要调节锁模位置参数，不需要调整其他硬件。

由于主油缸行程大，所以需要的液压油量大、油箱体积大，开、合模速度不会太快。这种结构多用于中、小规格的合模单元，比如锁模力从100t到300t的合模单元。

（3）三步合模法

一般小规格三步合模法的合模单元有两个合模油缸、一个锁模板油缸和一个锁模油缸，结构如图1-17所示。合模油缸位于中横梁的对角，固定在机器的上横梁，拉动中横梁合模或开模。由于合模油缸行程大、直径小，所以，开、合模动作迅速。锁模板油缸用来驱动锁模板摆动，使之进入或者离开中间横梁和锁模柱上模具高度调节套之间，如图1-18所示。锁模油缸直径大、行程短（≤30mm），固定在机器的下横梁，通过锁模板和锁模柱向机器的中横梁施加锁模力。

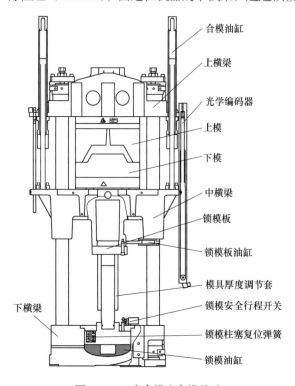

合模油缸
上横梁
光学编码器
上模
下模
中横梁
锁模板
锁模板油缸
模具厚度调节套
锁模安全行程开关
锁模柱塞复位弹簧
锁模油缸
下横梁

图1-17　三步合模法合模单元

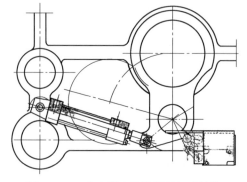

图1-18　三步合模法的锁模板摆动结构

在锁模油缸的上面有一个限位开关，以防止因锁模行程超过规定值而出现异常。三步合模法动作顺序为：合模、锁模板进入、锁模。

当合模油缸驱动中间横梁上行至模具完全闭合位置时，在模具高度调节套与中横梁的底端就形成一个空隙。锁模板油缸活塞杆缩回，驱动锁模板转动至中间横梁和模具高度调节套之间的空隙，卡住中横梁。锁模油缸加力，就锁模了。

开模时，锁模油缸泄压，锁模柱塞在弹簧力作用下缩回。锁模板油缸驱动，锁模板转回，离开模具高度调节套区域。此时，合模油缸驱动中横梁下行，模具高度调节套组件伸入中横梁底部凹坑里，直至接触，开模到最大位置。

在初步合模阶段，运动阻力小、距离长，采用由机器两侧大行程小直径油缸驱动。锁模阶段需要的行程小、锁模力大，通过大直径小行程的大油缸完成。这样，用最小的油量实现快速合模、大力锁模的效果。因此，三步合模法动作迅速、用油量小。

当模具厚度发生变化时，需要手动调整锁模套与锁模板之间的间隙。以确保锁模行程在安全距离范围。另外，由于中横梁下方有锁模油缸、锁模套和锁模板等部件，所以，模具分型面高度比较高，对操作不利。

通常，从160t到800t的合模单元有一组锁模系统，对于大吨位机器，需要几套锁模系统，比如2400t的合模单元需要4个合模油缸、6个锁模油缸和6个锁模板油缸。

1.1.3.3　降低模具操作高度的方法

在模具打开取产品和清理模具时，模具分型面高度在80~90cm范围内操作最方便。所以，降低中间横梁高度是用户的一个普遍要求。对于锁模缸在下横梁的立式合模单元，降低模具高度的方法有滑动式锁模块和滑动式锁模油缸两种。

（1）滑动式锁模块

滑动式锁模块是将三步合模法的锁模柱、锁模套和锁模板合并为一个整体，通过一个油缸驱动其离开或者进入中横梁的下方。锁模油缸仍然固定在下横梁。模具闭合后，滑动油缸将锁模块滑入锁模油缸与移动横梁之间，锁模油缸加力锁模。开模时，锁模油缸泄压，锁模滑块滑出下横梁，合模油缸作开模动作。

使用滑动式锁模板结构时，因为中间横梁下部没有容纳锁模柱的凹坑，中间横梁的总体厚度薄，所以，与三步合模法（图1-19）相比，中间横梁可以降得更低，模具距离地面高度 H 值小，有利于模具清理和产品脱模操作，如图1-20所示。

图1-19　三步合模法锁模结构

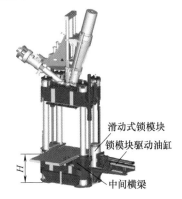

图1-20　REP滑动锁模块式锁模结构

（2）滑动式锁模油缸

将锁模板、锁模柱和锁模油缸集成在一起，由小油缸驱动其滑入或者滑出锁模区域。快速合模后，锁模油缸滑入，实现锁模。开模时，锁模油缸先泄压，然后滑出，再快速开模。与滑动式锁模块方式相似，模具操作高度可以更低，如图1-21所示。

这种锁模油缸的行程较大，以适应不同厚度模具的需要，当模具厚度变化时，只需要调整相应的参数，不需要调整硬件。下横梁没有锁模油缸，结构简单。但是，由于锁模油缸总成滑动，移动的管道多（图1-22），需要滑动的空间大，所以，这种形式只适用于中小吨位的机器，对于大的锁模力如超过300t的锁模油缸，这种形式的锁模油缸滑动就相对复杂了，而滑动式锁模块适用的锁模吨位可以达到600t。

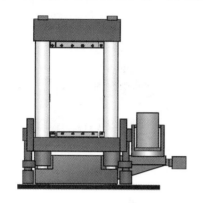

图1-21　德士马DESMA滑动式锁模油缸

图1-22　锁模油缸总成

1.1.4　注射单元

注射单元一般由准备塑化胶料的挤出机和执行胶料注射的注射桶两部分组成。工作时，挤出机将条状或者块状的胶料塑化、加热至要求的黏度和温度，并定量地送入注射桶。然后，在指定的条件下，通过注射活塞按照设定的速度、压力、体积将胶料注入模腔。

1.1.4.1　注射单元分类

注射单元是橡胶注射机的关键部分，围绕塑化部分与注射部分的结合方式有许多种。

注射单元的挤出机和注射桶的位置关系有两种形式：一种是挤出机与注射桶分体式结构，另一种是挤出机兼作注射活塞的结构。

在分体式结构的注射单元，塑化的胶料进入注射桶的方式有3种：从注射桶底部进入注射桶；通过注射活塞进入注射桶；从注嘴进入注射桶。

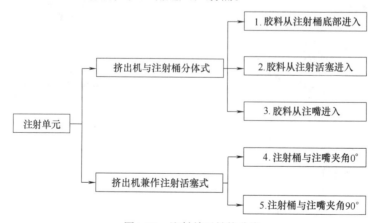

图1-23　注射单元结构分类

挤出机兼作注射活塞的注射单元有2种结构：注射桶和注嘴在同一轴线上；注射桶和注嘴的轴线夹角为90°。注射单元结构分类如图1-23所示。

（1）胶料从注射桶底部进入注射桶

挤出机与注射桶在连接块处结合，胶料从连接块上注射桶底部的旁通孔进入注射桶，如图1-24所示。这种结构注射单元有如下特点。

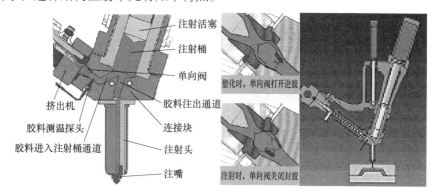

图1-24　胶料从底部进入注射桶

① 挤出机和注射桶的轴线夹角有30°、60°、90°等，以满足不同空间布局的需要。

② 挤出机和注射桶各有一套独立的温控系统，温控部件安装在注射单元上，温控回路短，可以精确检测和控制注射桶和挤出机桶的实际温度，维护也方便。

③ 注射桶内径可以做得比较小，对于小注射量的注射机，在相同注射量的情况下，注射行程长，注射量精度高。

④ 在注射桶的入料口处有热电偶，可以检测塑化后胶料的实际温度，方便胶料温度控制。

⑤ 胶料在注射桶是先进后出。

⑥ 挤出机喂料口和机器的总体高度高，有时加料需要爬梯。

⑦ 注射桶轴线与注嘴轴线夹角有0°、30°和90°等形式，夹角越大，注射头长度越长，胶料流动阻力越大。

（2）胶料从注射活塞进入注射桶

注射桶与注嘴同轴线，与挤出机夹角90°，胶料从注射活塞进入注射桶（也叫L形结构），如图1-25所示。这种注射单元有如下特点：

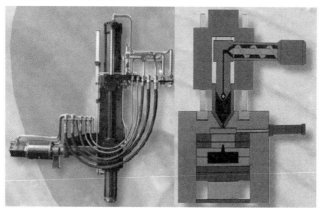

图1-25　LWB　L形结构注射单元

① 挤出机与注射桶分离，挤出机和注射桶各有独立的温控系统；

② 胶料通过注射活塞下端的单向阀进入注射桶，具有先进先出的特点；

③ 注射桶端部可以直接伸入上横梁与模具接触，从注射桶到模腔的距离短，胶料流动阻力小，可以实现快速注射；

④ 挤出机喂料高度高，而且其高度会随注射活塞位置变化，如注射结束时，挤出机位于最低位置，塑化结束时，位于最高位置；

⑤ 注射活塞里有进胶道，如果胶料焦烧，清理不方便；

⑥ 适用于注胶量小的注射机。

（3）胶料从注嘴进入注射桶

这种注射单元的注射桶可以与挤出机完全分离。塑化胶料从注嘴进入注射桶，如图1-26所示。塑化前注射桶提升，挤出机由一个侧向油缸驱动滑入注射桶的下方。然后，注射桶下落，注嘴与挤出机出料口对接并压紧。塑化时，胶料通过注嘴进入注射桶。

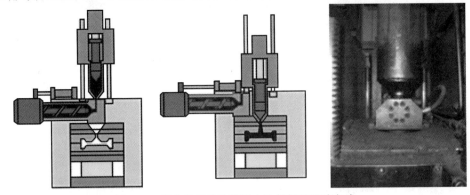

图1-26　塑化胶料从注嘴进入注射桶的进胶方式

塑化结束后，注射桶上提与挤出机分离，挤出机退出，注射桶下落，注嘴又与模具注胶口对接压紧，可以向模具注胶。

这种方式的优点是注射头短、注胶阻力小，方便控制挤出机和注射桶两部分的温度。缺点就是由于注嘴孔径大，注嘴与挤出机分离后，挤出机出料口和注嘴有漏胶现象。另外，注射单元动作多，结构复杂，适合于小注射量的注射机。

（4）注射活塞垂直于注嘴

图1-27是挤出机用作注射活塞的注射单元，注射桶垂直于注嘴。这种注射单元的特点包括：

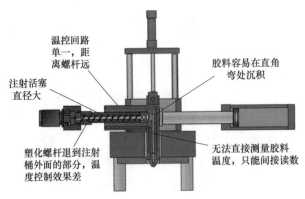

图1-27　注射活塞垂直于注嘴的注射单元

① 结构紧凑，挤出机喂料高度低，操作方便；

② 胶料在注射桶里是先进先出；

③ 由于挤出机桶上没有温控夹套，所以，挤出机桶温度控制精度差；

④ 为了方便胶条喂入，挤出机螺杆直径不能太细，因此，对于小注射量的注射机，兼有注射活塞功能的挤出机桶直径就相对大。从而，在相同注射量和注射行程精度的情况下，注射行程比细注射桶的行程短，则注射量精度就比后者低；

⑤ 注射活塞轴线与注射头夹角为90°，注射头长，胶料流动在注射头部分压力损失大；

⑥ 注射头的长度（从注射桶到注嘴）长，在注射完成后，留在注射头里的胶料多。

（5）注射桶与注嘴在同一轴线上

图1-28是挤出机用作注射活塞的结构，注射桶固定在合模单元的上横梁上，注射活塞与注嘴在同一轴线上。注射腔距离模腔近，胶料流动阻力小，有效注射力大。注射活塞即挤出机很容易从注射桶里抽出来，清理维护方便。这种机器结构简单，具有先进先出的特点，不足之处就是挤出机喂料高度高。

图1-29是卧式注射机上的注射单元，该注射单元可以前后移动，挤出机喂料和注嘴维护都方便，有效注射力大。

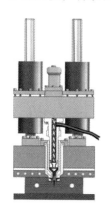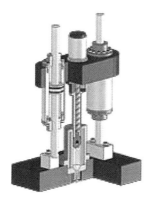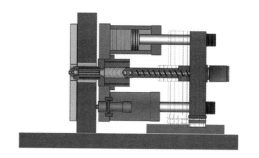

图1-28　注射活塞与注射嘴在同一轴线　　　　图1-29　卧式注射机上的注射单元

1.1.4.2　塑化部分

注射单元的挤出机，结构相似于冷喂料挤出机，功能就是将条状的胶料塑化后送入注射桶。塑化部分主要由温控管路、机筒、螺杆、液压马达等部分组成，如图1-30所示。

挤出机桶外层是夹套，夹套里有热循环油。夹套外层是电加热圈。挤出机桶的热量来源于电加热圈和胶料的挤出摩擦生热。夹套里的热油循环回路与一个热交换器串联，该热交换器由冷却水冷却。挤出机桶上安装有测温探头。这样，电加热圈与夹套里的热油循环结合，控制挤出机桶的温度。也有的挤出机桶只有热油循环夹套，通过模温机热油循环控制挤出机桶的温度。

挤出机的螺杆由无级调速的液压马达驱动。挤出机螺杆的转速由光电传感器检测，通过液压系统的伺服流量阀控制，实现螺杆速度无级调速。

挤出机的螺杆类似于排气式冷喂料挤出机的螺杆，即由喂料、第一计量段、排气和第二计量等4个分段组成，各段的螺旋槽深度或者螺距不同，保证了进入注射缸里的胶料密实，

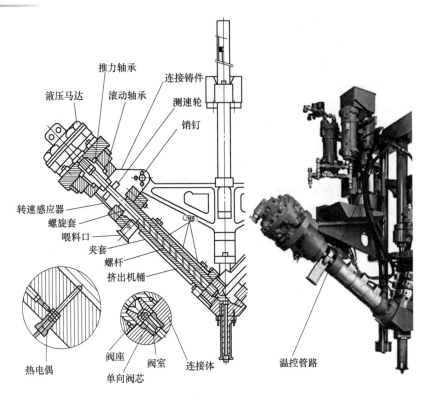

图1-30 塑化部分结构

并排出胶料里的空气。但是，用于注射机的挤出机螺杆的长径比小于冷喂料排气式挤出机螺杆的长径比，机桶上的排气段也没有排气孔和抽真空装置。在塑化过程中，胶料里的空气是从挤出机尾部的排气槽、喂料口、注射活塞尾部或者注嘴排出。排气效果没有冷喂料排气式挤出机好。如果胶料里的空气没有在塑化阶段被挤出去，则有可能进入模腔。

用于注射机挤出机的螺杆长径比在10~15范围内，长径比大有利于胶料的塑化，适合于黏度较大的胶料，长径比小适合于黏度低的胶料。

1.1.4.3 注射部分

注射桶的温度控制方式类似于挤出机。胶料在注射桶里产生的热量较少，所以，此处温控系统主要用于注射桶里胶料保温的目的。

注射系统的结构与一个增压缸相似，即液压油缸的直径大于注射桶的直径，如图1-31所示。当液压系统的压力在25MPa左右时，注射压力可达150MPa以上。当然，最大注射压力取决于液压油缸直径与注射桶直径的比值。

注射桶与挤出机中间有一个单向阀，使胶料只可以从挤出桶进入注射桶，而在注射时，胶料不能逆回到挤出机桶。当单向阀芯和阀座接触的密封面磨损时，就会在注射压力升高时，出现部分胶料返回挤出机机桶的现象，从而导致注不满模腔或者注射胶量不稳定的问题。

一般在机器的最大与最小注射量范围内任意设定注射量，均可获得精确计量的注射量。

1.1.4.4 注射胶料先进先出特点分析

先进先出（first in first out，FIFO），是指先从挤出机塑化后进入注射桶的胶料，在注射时，先从注射桶注出去，即胶料在注射桶里停留的时间短。先进后出（first in later out，FILO），是指先从挤出机塑化进入注射桶的胶料，在注射时，后从注射桶注出去。两种方式的特点如下。

① 对于将塑化胶料的挤出机与注射活塞合并为一个部件的FIFO注射单元，为了减小注射活塞的直径，挤出机桶体没有温控夹套，主要靠注射桶壁来控制挤出机桶的温度，这就使得挤出机的温度很难良好地控制。

② 经验证明，当FIFO挤出机的螺杆直径小到35mm（注射活塞直径55mm）时，胶料很难喂入，因此，对于小注射量的注射机FIFO的注射活塞直径不能做太小。而先进后出注射单元的注射活塞直径可以根据需要做得更小，注射行程更长。所以，在相同的注射量和注射行程精度的情况下，FIFO的注射精度要比FILO的注射精度低。

③ 假设在一个生产循环中，塑化时间是2min，注射时间是10s，塑化完成后就开始注射。胶料在FILO的注射桶里的停留时间在0~130s之间，而胶料在FIFO的注射单元的注射桶里停留时间在10~120s之间。换句话说，FILO的胶料在注射桶里的停留时间比FIFO的胶料长了10s。一般注射单元的温度都是胶料的安全温度，所以胶料在注射桶里的停留时间长几十秒，对其性能不会有太大的影响。一般在注射结束时，注射活塞并不完全到达注射桶的底部，即总有一个胶垫在注射活塞端部。这部分胶垫可能会在注射桶里停留时间较长，在这一方面FIFO与FILO注射单元的情况差不多。

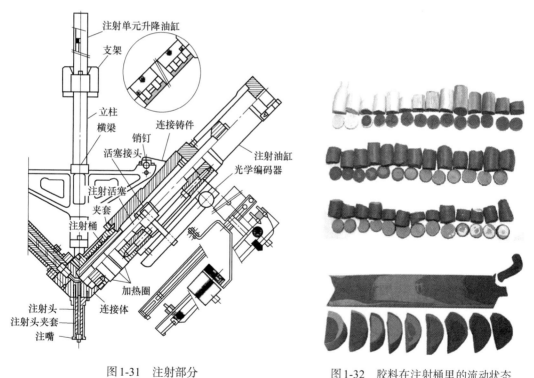

图1-31 注射部分　　　　　　　　图1-32 胶料在注射桶里的流动状态

④ 有人做过试验，将同一种胶料分别配制成绿、黄、红、蓝四种颜色，并加工成四种不同颜色的胶条，依次喂入注射机的挤出机。在适当注射之后，将注射桶加热，使胶料固化。然后，将注射桶拆开，取出注射桶里和注射头里固化了的胶块。剖开胶块发现，在注射桶里，胶料流动头呈抛物线形。在小直径的注射头里，各种颜色的胶料并非明显地按照喂入

的先后顺序分层，而是很大程度地混合了，如图1-32所示。原因是处于黏流态的胶料在从挤出机进入注射桶时，并非是以整个断面平齐的方式向前推进的，而是以抛物线的方式流动，即中心速度快，与桶壁接触的部分速度慢。这就说明胶料从注射桶到模腔，很难完全实现先进先出。

⑤ 在FILO注射单元胶料进入注射桶之前的喉部，有一个用来监测胶料温度的热电偶探头。可以根据胶料的实际温度调整挤出机转速或者背压，以获得要求的胶料温度。在FIFO的机器上没有这样检测胶料温度的探头，所以在监测胶料温度方面，FIFO存在不足。

由此可见，用挤出机作为注射活塞的先进先出的注射单元，具有结构简单、先进先出的优点，但是，先进先出对胶料焦烧安全性的改善非常有限。挤出机与注射桶分体式先进后出的注射单元具有胶料温度控制精确、注射量控制精度高等优点。

1.1.5 液压系统

液压系统为注射机各种动作的执行元件提供动力。液压系统主要由油箱、液压泵、液压安全阀、液压压力和流量控制阀、液压管路、电磁阀和动作执行元件（如液压油缸、液压马达）等组成。影响液压系统性能的因素主要有以下几方面。

1.1.5.1 液压系统压力

液压系统压力是由液压泵提供给液压系统的最高工作压力，它与液压泵的能力及液压系统部件的性能有关。液压系统压力高可以使机器结构紧凑，但是，它要求液压系统的液压元件密封性能好、强度高、质量好。中国大陆和台湾地区企业的液压系统的工作压力一般在20~22MPa，欧洲液压系统的工作压力一般在25~26MPa。因此，在同等力的情况下，欧洲机器的油缸比国内的小，结构紧凑。比如要想获得150MPa的注射压力，使用前者系统，液压缸的直径比后者大将近10%，同时，油箱体积也要大约20%。

1.1.5.2 定量泵与变量泵

液压泵有定量泵和变量泵两种形式，也有高压泵与低压泵结合的形式。定量泵控制简单，价格便宜，可以定量输出油量，多余的油量通过溢流阀或者流量阀溢流，所以，消耗的电能多，液压系统发热量多。高压泵与低压泵结合的方式，多用于大型注射机，比如在合模阶段低压泵工作，锁模或者注射时高压泵工作，这样控制简单，成本低，比定量泵节约能量。

变量泵可以根据流量和压力的需求，自动调节活塞盘的倾角，以改变活塞运动的行程大小，从而提供所要求的流量和压力，几乎没有多余的流量和压力损失，具有生热少、节能的优点。有试验表明，在相同的生产效率情况下，变量泵可以比定量泵节约电能和冷却水30%~50%。

1.1.5.3 液压系统的开环和闭环控制

变量泵由流量控制板和压力控制板控制。对于开环控制系统，机器控制只给这两块板发出需要的压力、流量信号。泵按照该信号进行工作，但并不关注实际输出流量和压力的值，因此，实际的压力和流量与需求有差异。

在闭环控制系统的控制中心，会根据监测到的机器动作执行元件的压力、行程值，实时与设定的值进行比较，并根据二者的差值得出一个修正的信号，发给压力和流量控制板，以使实际值与设定值一致。当外界条件变化导致实际值变化时，控制中心会及时修正，以保证实际值始终符合设定值，从而达到精确控制和节能的效果。当液压系统硬件或者控制软件发生了很大变化，机器无法保证输出值与设定值一致时，就需要校验液压系统硬件如泵、阀，或者软件如压力控制板、流量控制板等。

1.1.6　安全系统

一般橡胶注射机都是按照国家关于注射机安全规范要求设计加工的。机器的安全系统是保证操作者、模具、机器和胶料安全的总和。

1.1.6.1　操作者安全

保护操作者的安全有多种方式：①使用围板和门将机器围起来，避免人员接近机器；②门上有接触开关，当门被打开时，接触开关发出信号，机器就自动停止动作；③由光栅形成一个机器的工作区域，当光被隔断时，光栅系统发出信号，机器就自动停止动作；④当必须在安全门打开的情况下操作时，一般选择双手操作的保护措施，即双手同时按两个按钮进行操作，让两个手都在安全位置的情况下操作机器，就不会对人体造成伤害了；⑤安全提醒，在机器上温度较高的部位有高温提醒标志，在有电源的部位有电源提醒标志。

1.1.6.2　模具安全

模具闭合阶段的液压压力为合模安全压力，其设定值稍大于合模所需要的最小压力。当模腔里有异物时，由于合模力小不足以克服异物的阻力，合模动作终止，以保护模具。另一个参数就是安全锁模距离，当模具闭合至此距离时，机器就认为模具里没有异物，可以安全锁模。

1.1.6.3　机器安全

电气系统有空气开关、过流断路器、保险丝和接地线，以保护电器元件过载和人身安全。在热板里埋设有过热断路器，以防止误操作烧坏热板加热部件的危险。

液压系统的主回路上有压力安全阀，以防止系统压力过高而损坏液压元件。液压油箱有油位、油温和回油压力检测，当这些信号超过要求值时，就会发出报警信号或者停止机器，以保护机器安全。

机器还有维护保养信息提醒，当使用一段时间后，机器会显示需要的保养和维护信息。有的机器安全维护报警信号分3级：1级只是信息提醒；2级在循环结束后，停止工作；3级立刻停止工作，只有排除故障，报警信息消失后，机器才能开始工作。

1.1.6.4　胶料安全

一般根据胶料焦烧特性设定胶料安全时间和温度。在胶料一进入注射单元时就自动开始安全时间倒计时，如果超过设定的胶料安全时间后，还不进行注射动作，机器就会发出报警，并且自动启动冷却注射单元工作，通过降低注射单元温度的方式，可防止其内部的胶料发生焦烧的危险。只有做一次排胶动作，机器才会停止冷却，重新开始加热注射单元。

在结束生产，关闭机器（包括模具和注射单元）加热后，只要主电源有电，注射单元会自动启动冷却程序，只有当注射单元温度降到设定的安全温度以后，才会自动停止冷却。

1.1.7　控制系统

控制系统接收来自电子尺、热电偶、光电开关、电子压力表等检测元件的信号，给电磁阀、电机等执行元件发出指令，执行要求的动作。对于温度、压力、速度、行程等参数，通过对比设定值和检测值，再经过内部逻辑处理对输出量进行修正，以获得实际值等于设定值的控制效果，橡胶注射机控制系统如图1-33所示。

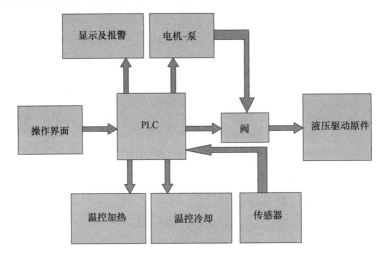

图1-33　橡胶注射机控制系统

控制系统通过人机对话界面，将操作者对机器的动作和特性要求从界面输入给机器，同时，将机器的动作和特性状态显示在界面，以供操作者读取了解。

控制系统使用PLC控制比较普遍，各种品牌的PLC控制、操作程序都比较相近。

良好的控制系统操作方便，系统稳定，存储数据量大，控制精确，信号失真小。有的厂家会在控制系统中增加不同的特殊功能：如EMS接口，可以和工厂的EMS系统对接，提供该机器的生产数据和状态，便于操作控制；远程诊断系统，当机器出现故障无法解决时，原厂工程师可以借助于网络，对机器进行远程诊断，排除故障；又如REP公司的Curetrac®软件，根据胶料硫化曲线和模具与胶料的实际温度以及相关的注射工艺参数，实时优化产品硫化时间，以获得最佳硫化状态的产品。总的来说，不仅可获得品质优良的产品，还具有更高的生产效率。

1.1.8　橡胶注射机的功能选项

现代橡胶注射机结构基本都已模块化，可以由不同的锁模力、合模行程、注射量、注射压力、热板尺寸、功能配置选项等模块进行组合。对于特定产品的成型工艺需求，可以选择最佳的功能模块组合的注射机，以达到高效率生产高品质橡胶产品的目的。功能配置包括特殊胶料操作和方便产品脱模操作两类：特殊胶料操作的配置比如硅橡胶喂料器、液态硅橡胶注射开关式注嘴、冷流道体、抽真空等；方便产品脱模操作配置如顶出器、滑出板、滚刷、梭板机构、机械手等。

1.1.8.1 硅橡胶喂料器

硅橡胶喂料器是一个推料缸，直接与挤出机的进料口连接，如图1-34所示。可以将块状硅橡胶加入料桶，在挤出机转动时，其活塞同步动作将胶料推入挤出机。硅橡胶喂料器的推料压力可以根据胶料的黏度调整。当料桶里的胶料用完时，机器会发出报警信号，挤出机自动停止转动。

1.1.8.2 上顶出器、下顶出器

在合模单元热板两侧的上、下顶出器，用来将中模和模芯架等顶起或者落下，如图1-35所示。也有置于机器前方或者后方的顶出器，用来在模板滑出后顶起中模，或者顶出产品。

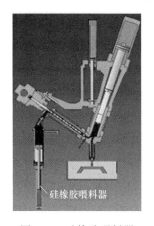

图1-34 硅橡胶喂料器

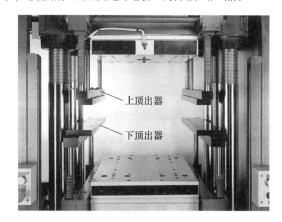

图1-35 上顶出器、下顶出器

1.1.8.3 梭板机构

可以有两块中模板，两块中模板交替自动滑出滑入，如图1-36所示。在模腔数较多或产品结构复杂和脱模时间长的情况下，使用梭板机构，可使一块中模板硫化，另一块滑出的中模板脱模，做准备工作，以缩短循环时间，提高生产效率。

图1-36 梭板机构

1.2 ▶▶ 橡胶注射成型工艺

橡胶注射成型是指在模具闭合情况下，将胶料快速注入高温模腔，然后迅速固化，快捷脱模，以获得高的生产效率和稳定的产品质量。

1.2.1 注射胶料要求

高温快速硫化注射成型的橡胶制品，与低温模压硫化成型的橡胶制品的硫化物性存在一定的差异。一般认为，高温快速硫化橡胶的耐高温和压变性能略差，但其他基本物理性能与低温慢速硫化橡胶相比差异很小。因为高温硫化时，胶料的交联密度在短时间达到饱和；低温硫化时，胶料的交联密度长时间才能达到饱和，这就是我们常说的时间温度等效原理。理论和实践证明，注射与模压成型胶料的拉伸强度、硬度、伸长率基本一致，但是前者压缩永久变形、耐热性略差。由于注射成型时胶料的取向一致性，胶料的定伸应力很好，同时，因为注射硫化胶料是隔离空气下进行硫化，所以注射成型的硫化胶的耐热空气老化、耐热油老化的性能均优于模压成型。而且，注射成型硫化胶的硬度稍低于模压硫化胶。直接将低温模压硫化的胶料用于高温注射硫化工艺，不仅产品的内在性能可能会发生一定变化，而且胶料的工艺性能也不一定能满足注射成型的要求。

一般注射胶料要求：满足产品性能指标要求；合适的黏度，良好的流动性；一般120℃下的门尼焦烧时间在10~30min范围比较理想；硫化速度快，交联效率高，硫化曲线平坦；贮存稳定性好。

1.2.2 注射用胶料配方设计

通常，为了确保胶料使用的安全性，但又不能影响硫化效率，可以采用"半有效硫化（EV）体系"。比如硫黄用量约0.3~0.5份+促进剂用量3.0~5.0份，或者直接采用硫载体的"有效硫化体系"作为硫化剂。"半有效硫化体系""有效硫化体系"多以单硫键为主，比硫黄硫化体系具有更高的硫化速度，但是，其焦烧期较短，所以，必须使用防焦剂来满足注射胶料的安全焦烧期的需求。

选择促进剂时，可选用多种后效性硫化剂进行并用，这不仅能保持注射硫化的效率，还可以保证注射胶料的安全性。不过，需要注意各种促进剂在胶料中的最大溶解度参数使用量，避免注射时胶料出现喷霜和焦烧现象。

为了保证注射胶料的流动性，配方设计时，不仅需要考虑胶料的流动和物理机械性能，同时还要避免胶料在硫化过程中产生气体，并且需要控制胶料的门尼黏度值，保证胶料在使用时摩擦生热最小。

一般而言，补强剂的结构、粒径大小，对胶料的门尼黏度影响较大。增塑剂的用量、黏度、闪点都对工艺影响很大。为了保证胶料高温硫化的特性，可以使用多种防老剂提高胶料的耐热性、耐老化等性能。

1.2.3 评估胶料工艺特性的方法

1.2.3.1 门尼黏度

门尼黏度（Mooney viscosity）又称转动黏度，是用门尼黏度计测定的数值。按照GB/T 1232.1—2016标准规定，门尼黏度以符号$Z100℃1+4$表示。其中Z指转动黏度值；1指预热时间为1min；4是转动时间为4min；100℃指试验温度为100℃。习惯上常以$M_L[(1+4)100℃]$表示门尼黏度。通过门尼黏度测试结果，可以定性地判断胶料的流动性。

1.2.3.2 门尼焦烧试验

门尼焦烧试验过程与门尼黏度试验过程基本相同，通常设定为（120±1）℃，不选择工作时间。一般检测胶料使用大转子，当胶料门尼黏度较高时使用小转子。

使用大转子测试时，门尼黏度计测定胶料门尼焦烧的曲线，如图1-37所示。随着测定时间增加，胶料门尼值下降到最低点后又开始上升，一般由最低点上升至5个门尼值所对应的时间，称为门尼焦烧时间t_5，由最低点上升至35个门尼值所需时间，称为门尼硫化时间t_{35}。

使用小转子测试时，由最低点上升3个门尼值所对应的时间t_3，为门尼焦烧时间。由最低点上升至18个门尼值所需的时间t_{18}，为硫化时间，把$t_{18}-t_3=\Delta t_{15}$称为硫化指数，也称门尼硫化速度。

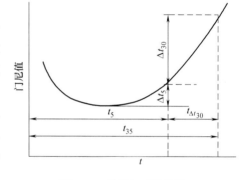

图1-37 黏度与时间曲线

可以通过t_5或者t_3判断胶料注射的安全性，比如胶料的注射时间必须比焦烧时间短。也可以通过焦烧时间，来控制胶料的工艺稳定性。硫化指数常作为胶料硫化速率的指示值。该值小表示硫化速度快，该值大表示硫化速度慢。

1.2.3.3 硫化曲线

在硫变仪上，根据胶料的剪切模量与交联密度成正比的原理，在指定温度下，通过检测胶料剪切应变的扭矩值，得到扭矩与时间的关系曲线，即硫化曲线。通过硫化曲线可以评估胶料的加工特性。

在硫化曲线上，最低扭力值与胶料的门尼黏度成正比，通常此值愈低，胶料愈易于加工。最高扭力值是衡量胶料剪切模数或硬度的尺度，也是衡量定伸应力和交联密度变化的有效尺度。曲线上对应于$M10[M_L+(M_H-M_L)×10\%]$的时间TS10，通常被称为加工安全时间，也就是说超过此时间后橡胶就开始交联，这是衡量模腔内胶料流动时间的尺度。曲线上对应于$MC_{90}=(M_H-M_L)×90\%+M_L$的时间TC90，定义为硫化交联密度达90%所需时间，通常被称为最适硫化时间，也就是说当硫化至此时间，产品硫化就基本完成。

1.2.3.4 螺旋流道试验模具

图1-38所示为螺旋流道试验模具，用于REPV47橡胶注射机，配用注嘴孔径4mm，对

胶料注射流动性进行测试。该模具流道开在下模，流道断面尺寸为10mm（宽）×4mm（深）。流道与注射孔对应的部分有一个直径10mm，深10mm的倒锥凹坑，锥度10°，用来在开模时将注射孔料头带在下模。在流道的最远端，与大气相通，以便于排气。在模腔里每100mm处刻有长度标志，用来计量流道长度，流道总长2000mm。

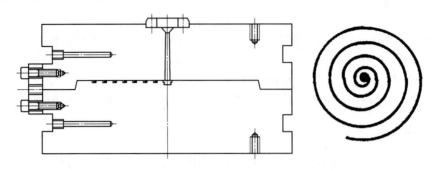

图1-38　螺旋流道试验模具

在橡胶注射机上，使用螺旋流道试验模具，对指定胶料做试验。测试出不同模具温度、注射单元温度、注射压力和锁模压力等条件下，胶料在螺旋流道试验模具中的流动长度。每次只改变一个工艺条件，每个工艺条件下，至少重复做3次，取平均值。

将不同工艺条件下胶料的流动长度数据，在标准的图上绘成胶料压力-流动长度曲线，如图1-39。根据实验数据绘制的曲线判断胶料的流动性。如果实验曲线落在区域1内，说明胶料的注射性能良好，最适合注射；落在区域2内，说明注射性能较好，可以注射；落在区域3，说明注射性能较差，但可以注射；如果落在其他区域说明注射性能差，不适合注射。

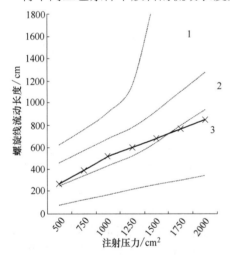

图1-39　胶料的流动长度与压力曲线

用这种方式，可以对各种胶料的流动性进行评估，并找出适合该胶料的注射工艺参数。如果有数据积累，也可以推断出用指定胶料生产特定产品时，适合的模腔数、硫化温度、硫化时间和产量等参考数据，为模具设计和工艺调整提供依据。这种方式测试胶料流动状态准确，对模具设计和产品生产工艺具有参考意义，但是，需要在橡胶注射机上配专用模具测试。

1.2.4　注射工艺参数设定方法

一般橡胶注射机上都有各种工艺参数和配置功能选项，只有根据具体产品成型工艺需要，选择功能配置和设置合理的工艺参数，才会获得高效率、稳定的生产。

生产状态正常的标志：①产品尺寸和外观合格；②飞边少；③脱模容易，脱模状态一致；④屏幕显示的胶料实际温度波动小，各部位温度稳定；⑤注射压力和速度曲线重现性好；⑥注射时间和循环时间变化小；⑦机器声音正常，屏幕上没有显示异常报警信号。

1.2.4.1 温度设定

注射单元温度越高，胶料的黏度越低、流动性越好。一般根据胶料黏度设定注射单元温度，比如硅橡胶的门尼黏度相对较低，设定40~60℃，氟橡胶的门尼黏度较高，设定80~85℃。

通常，模具温度越高，胶料的硫化时间越短，生产的效率越高。但是，模具温度越高，胶料的焦烧时间越短，允许的注胶时间就越短。同时，模具温度越高，胶料在模腔里的膨胀量越大，模腔压力越高，对于厚壁产品产生涨模的概率也越大。所以，应根据产品结构特点设定模具温度，保证在胶料完全注入模腔之前，不能发生焦烧现象，并且具有一定的安全裕度。

对于有粘接要求的复合产品来说，不仅要考虑产品完全固化，同时，也要考虑胶料与嵌件之间具有良好的粘接性能。因此，模具温度应当与被粘接件的温度相匹配，不能相差太大，比如，生产空心套管伞裙护套时，胶料温度与套管表面温度基本一致或者稍低，有利于二者之间粘接。

一般模具在长时间闭合情况下，比在长时间打开情况下的实际温度高。通常在初始生产时，模具的温度需要经过1~2个循环后，才会逐步趋于稳定。比如，在模具长时间闭合后立即开始生产时，产品上可能会有轻微的流痕等缺陷，而在模具长时间打开后再开始生产时，产品可能出现轻微欠硫等现象。对于这些情况，要有相应的应对措施。

1.2.4.2 塑化参数

可以根据需要设定塑化开始时间，一般以使胶料在注射桶里停留的时间最短又不致延长循环时间为佳。对于黏度较大的胶料，为了获得良好的塑化和提高胶料温度，可以通过设定背压实现。即在螺杆转动过程中，注射活塞对注射桶里的胶料施加一个推力，通过增大摩擦阻力加剧摩擦生热，强化胶料塑化。对于黏度较低的胶料，可以在挤出机转动之前，将注射活塞缩回，以使胶料便于喂入。也可以在胶料达到要求的塑化量时，缩回注射活塞一定距离，以减少活塞对胶料的压力。

可以根据注射量和胶料特点，将计量行程分为几个阶段，不同阶段的挤出机转速和注射桶的背压不同，以获得塑化状态一致的胶料。比如初期慢速启动，防止拉断喂料胶条；然后快速加背压强化塑化，使胶料摩擦生热升温；后期慢速减小背压，以获得精确的塑化胶量。可以根据塑化过程中实际胶料的温度和液压马达的压力，来观察胶料的塑化状态，必要时适当调整。

1.2.4.3 注射参数

当选择抽真空时，注射延时指在注射开始之前，抽去模腔里的空气所需要的时间。当没有抽真空要求时，可将注射延时设定为0或者1s，即在锁模完成后，就开始注射。

注射过程可以分为动态注射和静态注射两种方式。在动态注射方式下，可以根据需要将注射行程分为几段，设定不同的注射速度和最高的注射压力，以速度控制注射。在静态注射方式下，可以以动态注射阶段结束为起点，分为几个时间段，设定不同的保压压力，以压力控制注射。通过参数设定，使胶料按照设想的速度曲线进入模腔，获得理想的注胶效果。

可以根据需要在不同的注射行程上或者保压时间段进行排气。根据需要设定排气时模具打开的开度和速度以及打开的持续时间，以获得最佳的排气效果。

可以根据需要设定注射单元提起和落下的时间，以及注射单元下压压力（与注嘴封胶有关）。如果硫化时间较长，可以设定提起注射单元，避免因注嘴温度太高导致胶料焦烧的问题。

1.2.4.4 合模单元参数

合模、开模和顶出等动作参数设定的原则是，动作迅速、没有撞击声、不损伤橡胶产品。一般合模分为慢速-快速-慢速三个阶段。动作时，与其他部件接触之前减速，分离之前慢速。比如在有由拉杆悬空的中模时，在下模接近或者离开中模时需要减速，在与中模接触或者分离后又快速。在保证合模顺畅的情况下，设定尽可能小的安全合模压力，当误操作或模具上有异物时，合模会停止，保护模具安全。设定的锁模压力，以分型面有少量飞边为宜。

可以根据产品特点选定机器的辅助功能机构。只有在功能页面勾选该功能并且输入必要的参数后，该功能才能正常工作。

在参数设定完成以后，一般需要在手动操作模式下，进行操作、调整，以获得预想的动作效果。

1.2.4.5 产品缺陷与机器故障排除方法

在注射成型橡胶产品过程中，产品上出现的一个缺陷，可能有多个影响因素。针对这些因素，可制订DOE方案，逐一测试排除。每一次只改变一个参数或者一个因素，重复加工循环，以判断该参数或者因素是否对此缺陷有影响。因为在测试时，打开模具检查或者检测时间长短不一样，模具表面温度会发生变化，而且，在注射桶和挤出机里胶料的状态，如黏度、焦烧程度也会因停留的时间不同有所变化。所以，只有连续重复几个循环后，各部分的温度和胶料的状态才会趋于稳定。

当机器出现故障时，要随时查看屏幕上的信息和信号，包括PLC的输入输出信号。机器控制系统一般以信号正确为依据，比如模具实际合严了，而检测的行程值大于合模到位的规定值，机器会显示合模失败等信息。因此，应当将机器显示的故障信息与设定的参数值及机器的实际状态进行对比，来判断故障的原因。

1.3 ▶▶ 橡胶注射模具设计方法

1.3.1 橡胶注射与塑料注射的区别

橡胶注射方式是由塑料注射方式演变而来的，但是，橡胶注射与塑料注射也有如下不同。

① 成型时，橡胶材料的初始状态是条状、块状或者液态，而塑料喂料一般是粒料。

② 橡胶是热固性材料，加热硫化进行的是化学变化，硫化后，形成的新分子结构是稳定的，其形态不再随温度发生变化。大多数塑料是热塑性材料，加热或者冷却发生的都是物理变化，加热后具有良好的塑性和流动性，温度降低就固化，当然，也有的塑料是热固性材料。

③ 橡胶塑化阶段温度低，硫化阶段温度高，而塑料在塑化阶段温度高，固化阶段温度

低。橡胶注射机上的冷流道体温度一般在塑化温度范围，比如60~80℃，以使胶料保持良好的流动性并不发生焦烧。塑料注射机上使用的是热流道体，温度为200~270℃，用来保持塑料具有优良的流动性并不固化。

④ 对于固态橡胶，即使在塑化状态下，黏度也很高，而塑料在塑化状态下黏度很低。所以，在同等产品大小情况下，橡胶模具上的流胶道和注胶口尺寸比塑料模具上的大。

⑤ 橡胶硫化温度在140~200℃范围。硫化后，尤其在高温下，橡胶具有很高的弹性和低的硬度，很柔软，薄壁纯胶产品（壁厚小于5mm）不能使用顶出方式脱模。塑料固化温度在110~140℃范围，固化后，几乎没有弹性，硬度比橡胶高很多，可以采用顶出方式脱模，而且，在产品上有顶出孔缝隙的痕迹。

⑥ 在固化阶段，塑料在模腔里温度降低，体积收缩，而橡胶在模腔里温度升高，体积膨胀，所以，一般塑料产品固化成型以后，飞边很少而且都和产品连在一起脱模，不需要再去清理模具。橡胶硫化成型后，分型面的飞边相对多，而且飞边不会完全与产品连在一起脱模，必须要有一个清除模具上飞边的工序。

⑦ 橡胶具有弹性，纯橡胶制件嵌入小凹槽的部分，脱模时可以直接拉出来，而对于塑料产品，就必须通过分型等方式来脱模。纯橡胶产品的直面不需要脱模斜度，也能脱模，而塑料产品需要脱模斜度，以方便脱模。

⑧ 对于小的塑料产品，固化时间和脱模时间都只有几秒到十几秒钟，可以实现全自动化操作。橡胶固化时间需要几分钟或者几十分钟，脱模后需要清理模具。所以，橡胶产品成型生产循环时间长，生产效率没有塑料制品生产效率高。

⑨ 塑料固化以后，飞边和注胶道料头，还可以经过造粒后再用来成型产品，而橡胶产品硫化成型后，模具分型面上的飞边和注胶道料头也固化了，不能再使用，必须当废料处理。

⑩ 有的塑料材料在成型过程中，有腐蚀性成分排出来，固化后的塑料硬度很高，对模具的磨蚀作用也比较厉害，要求模腔材料具有良好的耐腐蚀和耐磨性能。橡胶材料在成型过程中，排出腐蚀性成分很少，成型后橡胶很柔软，产品脱模对模具的磨损作用也很小。所以，橡胶注射对模具材料的耐腐蚀和耐磨能力要求比塑料模具低。

通常，塑料成型模具需要有加热元件和冷却水道系统，而且模具温度是变化的，需要浇道和产品顶出脱模机构。橡胶模具只需要加热，模具温度是固定的。有的模具直接用橡胶注射机的热板加热，模具上没有加热系统。一般对于带金属或者其他刚性材质骨架的橡胶产品，才可以使用顶出机构脱模。所以，橡胶注射模具结构比塑料注射模具结构简单。

1.3.2 橡胶注射模具分类

1.3.2.1 按照注胶方式分类

按照注胶方式，橡胶注射模具可分为注胶道注射模具、流胶道注射模具和传递注射模具，如表1-2所示。

表1-2 橡胶注射模具分类

注射方式	模具类型	特　　点
注射孔 注射模具		直接由注射孔将胶料注入模腔，如图1-40所示。模具结构简单，产品上会留下注胶口痕迹。这种模具只有一个模腔，适用于大型圆形产品的成型

注射方式	模具类型	特　点
流胶道注射模具	热流胶道注射模具	胶料通过注射孔、主流胶道、支流胶道、注胶口进入模腔,所有流胶道都与产品一起硫化,所以,在流胶道上浪费的胶料多,如图1-41所示模具。有的模具需要热流道板,模具打开层数比冷流道模具多。热流道模具模腔数和硫化温度受流道长度限制,否则,可能出现胶料焦烧问题
流胶道注射模具	冷流胶道注射模具	冷流道体温度与注射单元温度差不多,在其内的胶料不会硫化。冷流道体里的流胶道尺寸大,胶料流动阻力小,因而,配冷流道体的模具上的热流道短,压力损失小,可以排布更多的模腔。模具温度可以设定稍高些,所以,配冷流道体的模具生产效率高,也节约胶料,如图1-42所示。模具必须与专用的冷流道体配套使用,冷流道体投资大,要求合模单元的开度大
传递注射模具	注射模压模具	先将胶料注射到分型面,然后,通过锁模力将胶料挤入模腔,如图1-43所示模具。模具上没有流胶道,只有注射孔和传递膜片。硫化后,注射孔料头和传递膜片与产品连在一起脱模
传递注射模具	热传递腔注射模具	模具上有一个传递腔,其温度和模具温度一样。先将胶料注入传递腔,然后,锁模力推动传递柱塞将胶料通过每个模腔的针尖注胶道注入模腔,如图1-44所示模具。模具上没有流胶道,只有注射孔、传递膜片和针尖注胶道,硫化后传递腔有一个膜片与针尖注胶道料头连在一起。脱模时,产品与注胶膜片料头从不同的分型面取出。一般模腔以等三角形方式排在传递腔投影的区域内
传递注射模具	冷传递腔注射模具	模具上有一个冷传递腔,其温度和注射单元温度一样。先将胶料注入传递腔,然后,锁模力推动传递柱塞将胶料通过针尖注胶道注入模腔,如图1-45所示模具。硫化结束后,产品固化,而传递腔里的胶料还处于未固化状态。只需要取出产品,固化的注胶道料头与产品连在一起脱模。开模动作比热传递腔注射模具少一层,操作方便,节约胶料,生产效率高。模腔排列方式相似于热传递腔注射模具

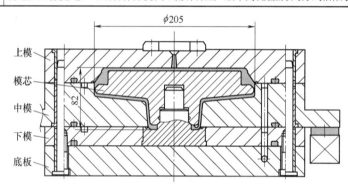

图1-40　注射孔注射模具

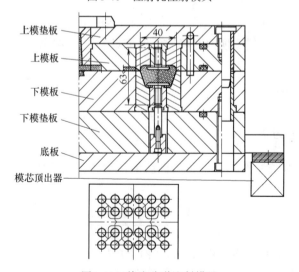

图1-41　热流胶道注射模具

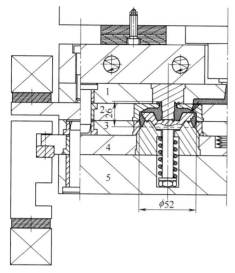

图1-42 冷流道注射模具

1—流道板；2—上模板；3—中模板；4—下模板；5—垫板

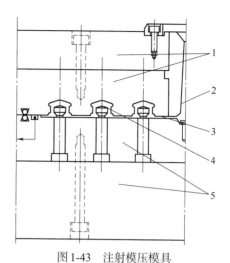

图1-43 注射模压模具

1—上模；2—注射孔；3—传递膜片；4—产品；5—下模

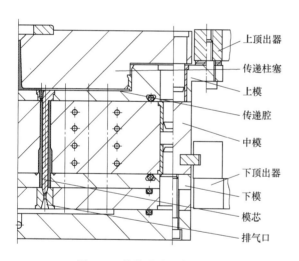

图1-44 热传递腔注射模具

上顶出器
传递柱塞
上模
传递腔
中模
下顶出器
下模
模芯
排气口

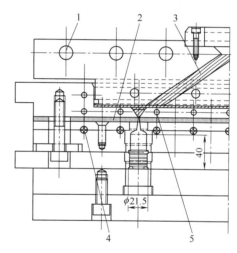

图1-45 冷传递腔注射模具

1—传递柱塞温控系统；2—隔热板；3—注射孔；
4—上模加热管；5—传递腔温控系统

1.3.2.2 按照开模层数分类

根据成型时，模具打开模板的层数，可以分为两开模、三开模和四开模。五开模模具不多见，因为开模层数多，需要机器的开度大，同时要有开模的驱动机构，一般橡胶注射机具备打开四层模的配置。

① 两开模，从一个分型面将模具打开为上下两块模板，脱模取产品。如图1-41所示模具，虽然由5层模板组成，但开模分型时，只分为上下两块模，通过下顶出器顶起模芯，取产品脱模。

② 三开模，从两个分型面打开模具，开模后，模具分开为上、中、下三块模板。如

图1-40所示，开模后，中模与模芯和产品一起由下顶出器顶起，与下模分离，手工取出产品和模芯，然后，再将产品与模芯分离。

③ 四开模，模具从三个分型面打开为四层，脱模取产品。如图1-44所示热传递腔注射模具，上模由上顶出器向下顶出，中模由下顶出器向上顶出。开模后，模具分为传递柱塞、上模、中模和下模四层。从传递腔取出传递胶片料头，从中模下方拉出产品。

1.3.3 模具结构要素

1.3.3.1 模腔

模腔（也叫型腔）除了形状尺寸、表面质量满足产品要求外，还有产品规格、商标、模腔号等标志，以及排气口、注胶口和分型线等成型痕迹。

在硫化成型后，经过修边或者修饰之后，产品的形状尺寸、各种标志和表面质量要符合产品要求，包括成型痕迹不能影响产品的外观质量。

1.3.3.2 注胶系统

注胶系统担负着将来自注射机注嘴的胶料注入模腔的功能，包括注射孔（连通注嘴与流胶道的通道）、流胶道（连接注射孔与注胶口的通道）、注胶口（也叫进胶口或进胶道，是连通模腔与流胶道的通道），或者传递注射腔和注胶口等部分，不同的注胶形式的注胶系统组成不一样。如图1-40、图1-43及图1-45~图1-48所示。

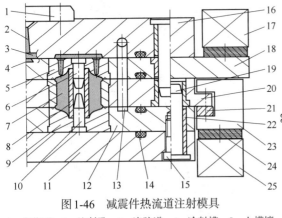

图1-46　减震件热流道注射模具

1—定位环；2—注射孔；3—流胶道；4—冷料槽；5—上模镶块；6—骨架上定位销；7—模腔；8—产品骨架；9—下模镶块；10—骨架下定位销；11—底板；12—下模；13—抽真空道；14—密封件；15—连接螺栓；16—流道板；17—上顶出器；18—上模；19—下定位销；20—中模；21—滑道垫块；22—定位套；23—中模滑道；24—隔热块；25—下顶出器

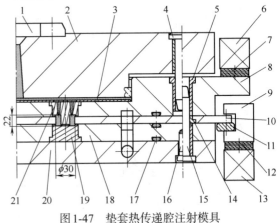

图1-47　垫套热传递腔注射模具

1—定位环；2—传递柱塞；3—蓝钢板；4—定位销；5—定位套；6—上顶出器；7—隔热板；8—上模；9—中模滑道；10—中模；11—滑道垫块；12—隔热板；13—下顶出器；14—中模导套；15—下模定位销；16—连接螺栓；17—密封件；18—下模；19—下模镶块；20—垫板；21—上模镶块

1.3.3.3 排气系统

排气系统用来在产品的成型过程中，将模腔里的空气排出去。排气系统包括排气口（也叫排气道，是连通模腔与排气槽的通道）、排气槽，如果是抽真空系统，还包括抽真空管路和密封件。余胶槽、溢胶槽和分型面也具有一定的排气作用。

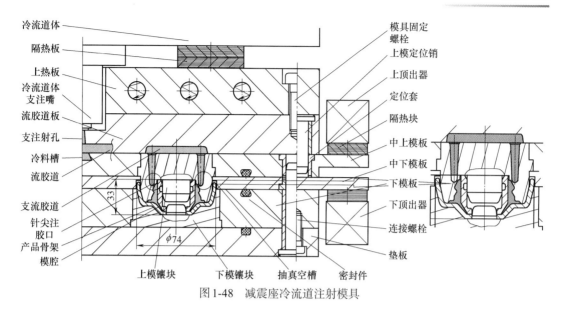

图1-48 减震座冷流道注射模具

1.3.3.4 定位固定系统

模具定位固定系统包括模具与注射机的冷流道体、热板、顶出器之间的定位与固定，模板、镶件（也叫镶块）之间的定位与固定，模芯与模腔板之间以及模芯之间的导向定位等，如图1-46所示模具。当产品里有骨架时，骨架在模腔里也需要定位，如图1-48所示模具结构。

1.3.3.5 操作系统

模具运输、维护和拆卸时，需要的辅助结构。比如启模口、连接板、吊环螺孔、工艺孔、模具标识等。

1.3.3.6 加热系统

一般橡胶注射机都有热板，可以直接加热模具。对于大型模具或者很厚的模具，需要考虑补充加热方法和隔热方法，如图1-49所示外屏蔽套模具中模有加热管、热电偶及接线插座和隔热板。

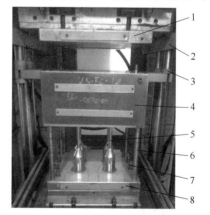

图1-49 外屏蔽套成型模具
1—流道板；2—上顶出器；3—隔热垫块；4—中模；5—模芯；6—导向柱；7—定位销；8—下模

1.3.4 模具设计条件

在设计橡胶注射模具之前，需要了解和考虑的要素包括：

① 产品结构与特性要求。包括产品材料组成，纯胶件、复合件或者带金属骨架，产品尺寸、重量、公差、表面光洁度、工作部位质量要求。对于复合产品，需要先根据条件确定工艺路线，比如分步成型或者直接复合成型等。

② 产品需求量。预计每班要求的产量。

③ 产品所用胶料的工艺特性。包括胶料收缩率、相对密度、比热容、热膨胀系数、硫

化曲线（T10，T90）、门尼黏度、热撕裂特性。

④ 用于该产品成型的橡胶注射机参数和配置。包括注射量、注射压力、热板尺寸、锁模力、热板间距、模具最小厚度、可开模层数、抽真空、下热板滑出、内置顶出机构、外置顶出机构、辅助加热系统，其他配置。

⑤ 试验模。对于一个新的复杂结构产品的模具或者新的胶料，在很难判断合适的注胶位置和注胶口尺寸以及收缩率时，需要加工一个简单的试验模具来测试这些数据，以免设计模具结构时走弯路。如果已有类似产品，可以作为新模具设计和工艺参数的参考。

1.3.5　设计模具步骤

① 确定模腔数。根据产品尺寸、热板尺寸、注射量、锁模力、注射压力、胶料流动性（门尼黏度等）、产量需求等要素确定模腔数。

② 模腔设计。根据产品图或者产品测绘尺寸和收缩率，设计模腔，包括产品商标、规格标记和模腔号标记和日期章等。

③ 确定分型面。根据产品工作面、注胶口、排气口位置、产品成型、脱模和模腔加工等需求，确定模腔分型面。

④ 流胶道和注胶口设计。首先确定注胶方式，然后设计注射孔、主流胶道、支流胶道，或者传递腔、注胶口，要保证每个模腔注胶平衡，并且能快速注满。

⑤ 模具的排气系统设计。有抽真空、排气槽、开模排气等形式，根据产品结构和质量要求，选取适合于该产品的排气方法。如果是抽真空排气，模具上应有抽真空管路、抽真空槽和密封区域。

⑥ 在设计模具时，如果借助于模流分析来评估优化加热管布局、流道尺寸、注胶口和排气口位置和尺寸等参数，会更有效。

⑦ 模具定位系统。确定模具与机器、模板之间、模芯与模板、产品嵌件与模腔之间的定位、导向方式。

⑧ 模具固定方式。包括模具与热板、冷流道体和顶出器的定位、固定方法。

⑨ 模具辅助结构。包括起吊孔、拉板、工艺孔、启模口等结构，以及镶块编号、模具定位标志（如倒斜角）、模具编号、重量等信息。有时，成型复合制品需要放置嵌件，要设计嵌件位置检测量规等，如图1-50所示在模芯上安装屏蔽管位置定位规。

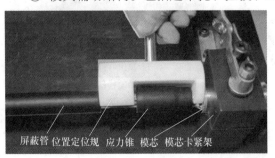

屏蔽管　位置定位规　应力锥　模芯　模芯卡紧架

图1-50　在模芯上安装屏蔽管时用的位置定位规

⑩ 模具加热方式。有热板加热、模温机加热、加热棒加热、辅助加热等方式，应根据产品结构和机器配置确定合理的模具加热方法。如果模具较厚，要考虑模具的保温措施。

⑪ 模具材料和热处理方法。根据模具的使用寿命要求、产品产量预期和加工成本等因素，确定模具各部件的材料和热处理方法。

⑫ 脱模方式。确定胶道料头和产品的取出方式，有手工取件方式、顶出脱模和机械手取件等方式。可以根据机器配置和产品结构特点，选取合适的脱模方式。如果需要，采用胶

道料头拉断机构，在开模过程中使产品与胶道料头分离。

⑬ 模具清理方式。有手工清理、自动滚刷清理等方式，模具的清理方式应与机器配置和产品需求匹配。

⑭ 产品的修边方法。根据产品质量要求和实际条件，确定成型后产品上飞边的清除方式，比如撕边槽结构、冷冻去边、手工去边等方法，不同的修边方式余胶槽结构尺寸有差异。如果产品有较大的注胶口，要加工专用的胶道料头修除工具。

⑮ 模具总装图。通过总装图能够组装成合格的模具。总装图包括模具与机器的安装和使用条件要求、外形尺寸、总重量，各零件、部件的信息等。

⑯ 模具零件图。根据图纸就能加工出合格的能与其他零件良好组合匹配的零件。零件图应包含：零件完整的尺寸；尺寸公差；表面光洁度；形位公差；材料、热处理方式和硬度；数量；技术要求；产品名称、编号，图纸编号和版本；图纸设计、校对、审核；商标、单位名称等信息。

设计橡胶注射模具时，只有充分了解产品要求和生产条件，有步骤地设计模具的每一个细节才能有效地设计出合格的模具。

1.4 ▶▶ 橡胶产品和模具的计算机辅助设计

在20世纪90年代以前，大多数工程师都是在绘图板上使用铅笔手工设计绘制机械零件的图纸。设计好的图纸变成标准的加工图纸还要经过3道工序。①描图，描图员将设计好的图纸与有标准图框的透明图纸用大头针别在一起，用墨笔等工具描图。②晒图，晒图员先将描好的透明图纸和专用晒图纸用大头针别在一起，然后，再把晒图纸卷成筒放到晒图机里晒图。晒出来的图纸一般是蓝色，所以，图纸也叫蓝图。③裁图，晒图纸一般宽约1.2m，长度有几十米。晒图员把透明图纸与蓝图分离，再把蓝图裁切成标准尺寸的图纸，然后折叠成A3或A4图纸的大小，这样才得到可以用来加工零件的标准图纸。

如今，计算机辅助设计让工程师如虎添翼，使零件设计操作发生了革命性变化。使用二维图纸设计软件或者三维结构造型软件，设计零件图纸效率高，生成加工图纸过程简单快捷。通过有限元分析软件根据材料基础数据和产品功能要求，模拟产品在工况条件下的性能表现，以最快捷的方式获得满足性能要求的产品最佳结构。把工程师从过去那种消耗时间和体力的复杂设计方式中解放出来了。常用于橡胶产品与模具的计算机辅助设计软件，有二维图纸设计软件、三维结构造型软件和有限元模拟分析软件等。

1.4.1 二维图纸设计软件

二维图纸设计软件常用来设计简单的模具与零件图，如图1-51。常用的二维图纸设计软件有CAXA电子图版、AutoCAD等，一般三维结构设计软件也都有设计二维图的功能。

现在，一般工科院校都有计算机辅助设计的基础课程，所以，大多数工程师都会使用二维图纸设计软件。要想提高设计二维图纸的效率，除了多使用，还需要多了解设计软件的操作功能、规范化操作。可以通过下面几种方法来提高设计二维图纸的效率。

① 设置标准图框模板。在标准图框上定义好图层，包括图线的类型、粗细、颜色，字体的类型、颜色、大小，使用时只需要切换图层，不需要再去重复定义修改。

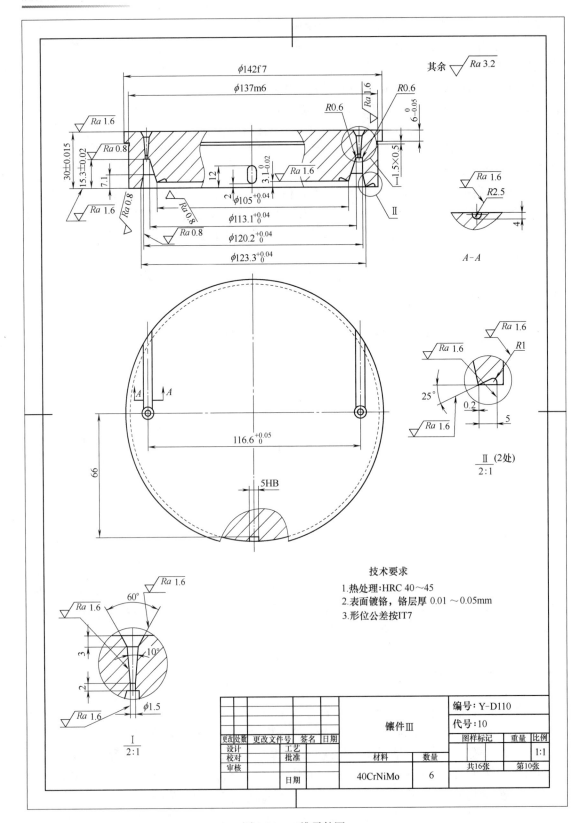

技术要求

1. 热处理：HRC 40～45
2. 表面镀铬，铬层厚 0.01～0.05mm
3. 形位公差按IT7

					编号：Y-D110		
				镶件Ⅲ	代号：10		
					图样标记	重量	比例
更改处数	更改文件号	签名	日期				1:1
设计		工艺		材料	数量	共16张	第10张
校对		批准					
审核				40CrNiMo	6		
		日期					

图 1-51　二维零件图

② 自定义快捷键。对于常用的操作创建快捷键，比如用单一字母选用或者切换某一操作功能，这样使操作更为方便。

③ 使用标准件库。一般软件都有内置标准件图库，可以直接调用；也可以把经常用到的零件、结构等自定义成标准件模块，存入标准件图库，以方便随时调用。

④ 尽量按比例设计图形。合理布局图面，使零件表达清晰，图面美观。

⑤ 零件图是零件加工和检验的依据。零件图应标注清楚零件的名称、编号、尺寸、公差、形位公差、光洁度、材料、数量、热处理硬度和特殊要求，以及设计者、校对和审核等信息。

⑥ 养成好的图纸管理习惯，一方面按照产品种类管理图纸，另一方面规范图纸版本管理。这样方便图纸查找，避免混乱。

⑦ 设定自动定时保存图纸，自动更新保存，必要的备份存储，以免图纸丢失。

1.4.2 三维结构设计软件

三维结构设计软件有 CATIA、Pro/E、UG、Solidworks 等，比较常用的是 CATIA 和 UG。各种三维结构设计软件的造型方式相似，操作各有差异。具体使用哪种三维结构设计软件，与个人的使用习惯，以及上下游配套产品设计或者加工使用的软件有关，比如，尽量与上游输入图纸、下游有限元分析、数控机床控制使用同一品牌的软件，这样操作方便，图纸输入、输出也准确。

1.4.2.1 三维结构设计软件特点

① 直接生成三维立体模型，便于直观检测；

② 在装配模型上，可以检测零件的装配和运动干涉，如图1-52所示，用Pro/E设计的屏蔽管产品成型模具的脱模状态，可以检查开模动作距离以及产品脱模空间等；

③ 能自动生成二维图纸；

④ 可直接输入为有限元分析模型；

⑤ 可以输出到数控机床加工；

⑥ 模具设计模块，可以自动按收缩率、拔模斜度设计模腔，能够按分型面分解出模具零件；

⑦ 三维模型与二维图纸尺寸关联，修改零件

图1-52 屏蔽管模具脱模状态

三维模型或者零件图纸，相应的结构、图纸都会自动更新等。

1.4.2.2 用三维结构设计软件设计橡胶注射模具的流程

① 三维结构设计软件可以进行零件三维造型、零件组装和生成或者绘制二维零件图和装配图。设计时，应先根据要设计的图形类型选择对应的操作模块，比如实体造型模块或者二维图纸设计模块或者模具设计模块等。

② 三维结构设计软件能够自动记录图形更新，并且零件模型与二维图、装配图形状尺寸相互关联。设计新的产品时，要先命名产品的名称和编号。

③ 进行产品三维造型时，一般先草绘产品断面轮廓，修改草绘轮廓尺寸，草绘图会随

之自动按照标注尺寸更新。如果产品图是二维电子图，可以直接输入平面图形。然后，通过旋转或者拉伸或者扫描草绘图形等方式进行产品实体造型。

④ 模腔设计。如果需要，可先在产品模型上生成产品编号、商标、模腔号等标记，然后在X、Y、Z轴输入相应的收缩率，完成产品的模腔造型。

⑤ 如果是多模腔，可以指定X、Y方向的模腔间距，阵列出多模腔。

⑥ 输入标准模框或者设计模框，用生成的模框将模腔包在指定的位置。然后，通过材料去除操作，用产品模型在模框上挖出模腔。

⑦ 根据产品成型需求，确定模腔的分型面。通过分型面分解出不同的模板或者模腔镶块。

⑧ 设计注胶系统，如果需要，可以添加注射孔套标准件。

⑨ 通过添加定位销、定位套、导柱、导套、连接螺栓、拉板、底板等操作，设计模具的功能件，这些件也可以在标准件库选取。在分型和添加标准件时，要及时对零件进行编号和命名。

⑩ 设计模具辅助结构，比如模具零件的加工工艺孔、启模口、模具标记等。

⑪ 在模具所有结构件设计完成后，根据模具三维模型，在标准图纸模板上生成二维模具装配图，包括必要的视图、件号、材料编号明细表、技术要求等。

⑫ 逐个将三维模具模型上的非标准件，在标准图纸模板上生成二维零件图。零件图的投影图、剖面图及局部图，可根据需要添加和调节图面布局。自动或者选择性地标注零件必要的尺寸和公差、光洁度、形位公差、零件信息和技术要求等。

⑬ 创建二维零件图和装配图时，要使用标准的图框和标题栏，这样有利于图形管理和审核流程操作。

使用三维结构设计软件设计二维零件图的操作方式，类似于直接使用二维图纸设计软件的操作方法。不同之处就是，前者二维视图是直接由三维模型的剖切面或投影生成，三维尺寸与二维尺寸相互关联，而且，在二维图上可以添加立体图形，使零件表达更直观清晰。

在设计橡胶模具时，也有先设计模具零件模型，再组装成模具总装图的操作方法。对于复杂模具采用三维造型方式设计，比较方便、快捷。

三维造型设计软件中有三维尺寸与公差标注模块，主要用于三维尺寸与公差标注，使得零件尺寸表达更精确，方便查看。

在橡胶模具设计时，一般使用塑料模具设计模块。同样，多实践、规范化操作是熟练掌握运用三维结构设计软件的关键，没有捷径可走。

1.4.3　有限元分析软件

在一个产品的成本构成中，材料、人力和日常管理占有绝对大部分的比重。然而，在对产品性能的影响方面，产品设计却起着至关重要的作用，如图1-53所示，设计对产品性能影响最大。国际上，一般从事橡胶相关产品生产的知名公司，都使用有限元分析软件设计、优化新产品和成型模具结构、模拟新产品性能，以期有效地减少实际需要试模的次数，降低研发新产品的投入，达到在最短的时间内获得最佳的新产品结构和性能的效果。

1.4.3.1　有限元分析原理

有限元分析（finite element analysis，FEA）是利用数学近似的方法，对真实物理系统

（几何和载荷工况）进行模拟。利用简单而又相互作用的元素即单元，就可以用有限数量的未知量去逼近无限未知量的真实系统。

有限元分析用较简单的问题代替复杂问题后再求解。它将求解域看成是由许多被称为有限元的小的互连子域组成，对每一单元假定一个合适的（较简单的）近似解。然后，推导求解这个域总的满足条件（如结构的平衡条件），从而得到问题的解。这个解不是准确解，而是近似解，因为实际问题被

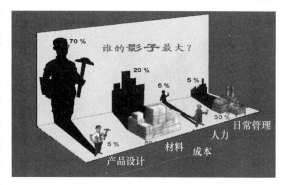

图1-53　设计对产品性能的影响

较简单的问题所代替。由于大多数实际问题难以得到准确解，而有限元不仅计算精度高，而且能适应各种复杂形状，因而成为行之有效的工程分析手段。

描述橡胶材料力学性能的基本方法，是通过实验确定某一简单变形模式的应力-应变属性，然后通过回归分析，以一个适当的应变能函数对实验得到的应力-应变数据拟合，并将拟合得到的有关参数作为有限元分析的输入，进而预测要设计橡胶部件的载荷-变形性能。这个过程是由简单变形模式的曲线拟合过程，推广到更复杂的变形模式。

1.4.3.2　橡胶产品和模具设计的有限元分析

常见的有限元分析软件有Abaqus、ANSYS、Marc、Adina等，常见的流体分析软件有FLUENT、CFX、STAR-CCM、XFlow等。

（1）模流分析设计橡胶注射模具

常见的模流分析有Moldflow、Moldex3D、SIGMASOFT等软件。在设计好的橡胶成型模具上，用模流分析软件根据胶料未硫化状态下的特性参数和模具参数，如密度、黏度、线性热膨胀系数、泊松比、温度、焦烧特性、体积、流道尺寸等，来模拟胶料注射时间、注射压力、胶料流动方向，利用压力分布、温度分布，来判断产品在成型时可能出现卷气缺陷的位置，验证流道和注胶口位置及大小是否合理，胶料的焦烧时间和注射机的注射压力是否与模具设计匹配，为模具流道和注胶口设计提供依据。

对于一些简单的模具，根据流胶道尺寸、注胶口位置和尺寸，很容易判断出产品卷气可能出现的位置，但是，对于多模腔、结构复杂的橡胶制品模具，有时凭经验很难确定注胶口位置和尺寸，也很难判断产品上卷气缺陷可能发生的位置。使用模流分析，就会很快地模拟出最佳的注胶口位置和尺寸，判断出产品卷气可能发生的位置，从而减少模具实验的次数。图1-54为模流分析充模状态与实际充模状态的对比。图1-55是模拟在不同温度和注射速度条件下，模腔里胶料的焦烧状态，由此可以获得注射成型产品时，模具温度和注射速度的建议值。

模流分析，可为确定和优化注射模具上注胶口、流道的形式、数量、位置、尺寸和模腔数，避免产品上出现缺胶、焦烧、卷气、不熟、飞边厚、涨模等缺陷提供依据，能有效地缩短试模和修模时间，降低试验成本。

（2）热分布模拟设计模具加热系统

在给模具配置辅助加热系统时，使用有限元热分析，可以帮助排布加热管的位置，以及每个加热管加热功率的分配，以获得均匀的模具温度。

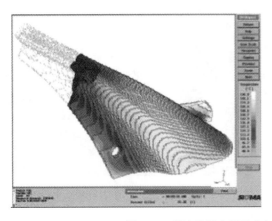

图1-54 模流分析充模状态与实际充模状态的对比

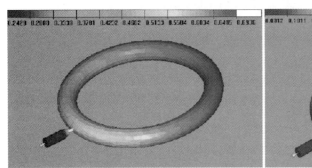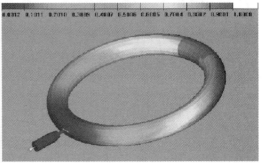

a.在注射过程中,胶料焦烧值0.6936,没有焦烧,注射正常 b.在注射过程中,模腔里胶料焦烧值达到1.0,发生焦烧,不正常

图1-55 模拟注射过程中胶料的焦烧状态

(3)用有限元模拟仿真电缆附件工作时的电场分布

运用有限元分析仿真模拟橡胶材质的电缆终端接头产品(图1-56)的电场分布(图1-57),通过调整应力锥的形状与尺寸,重新分布电场,避免电缆接头局部出现过高电位,防止局部击穿放电事故发生。

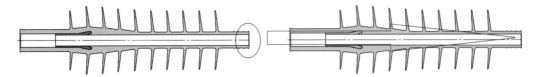

图1-56 终端接头产品

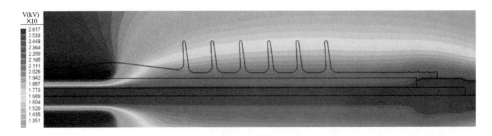

图1-57 模拟电缆终端接头的电势图(加载电压26kV)

（4）变形与受力分析设计产品

在进行油封设计时，可以通过有限元分析产品密封部位变形与受力，来确定密封唇口部位的断面结构尺寸，优化结构，以获得最佳的密封效果。图1-58为用有限元分析，模拟电缆橡胶终端产品（图1-56）端部，3种不同结构的抱紧力分布，由此确定使用外置筋方案，可获得要求的抱紧力大小与分布。

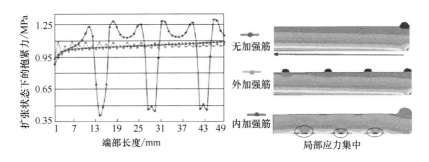

图1-58　模拟终端接头产品不同端部结构的抱紧应力分布

在流体分析方面，比较成熟的模块是ANSYS中的FLUENT模块。一般将FLUENT模块与ABAQUS模块结合，用FLUENT模块模拟在轴旋转状态下油封回油线对油的泵吸作用，模拟分析油封产品动态工作条件下的密封性能。

进行密封件流固耦合分析时，需要硫化橡胶的本构参数和流体的黏度、线性热膨胀系数等参数。流固耦合分析油封产品结构，模拟在指定轴转速和油压力的条件下，油封密封唇部尺寸形状对轴的压力分布，获得密封部位产生泄漏的临界条件，以优化密封唇部结构与尺寸。

（5）预测橡胶产品使用寿命

橡胶疲劳寿命分析软件有Endurica、FE-SAFE等。橡胶疲劳仿真除了需要硫化橡胶的本构参数外，还需要疲劳相关参数，例如开裂能密度、蠕变系数等。

Endurica是采用试样上的开裂能密度作为疲劳损伤评价指标，利用数值方法对橡胶构件进行疲劳分析，预测出在达到给定失效裂纹大小时，材料所经历的往复变形次数（疲劳寿命）。同时还能给出材料疲劳失效的位置和裂纹萌生方向，以及该失效平面所经历的损伤历史。可以用于指导橡胶产品的耐久性优化设计和轻量化设计。

使用FE-SAFE进行橡胶疲劳寿命分析时，先根据试验获得的S-N数据，通过Origin绘图软件拟合得到S-N曲线。然后，在FE-SAFE软件中导入该曲线，作为材料疲劳寿命参数。

获取S-N曲线的方法：将硫化胶试片裁切成哑铃状试样，在每个试样的中间区域，选取20mm为工作区，作为疲劳实验的主要屈挠位置；在疲劳实验中，选取应变控制在50%、75%、100%、125%、150%拉伸状态下的疲劳寿命，屈挠频率为50Hz，应力由单轴拉伸实验得到。

1.4.3.3　有限元分析基本步骤

① 确定分析对象。根据性能分析需求，选择分析对象所用橡胶材料的试验方法，包括：单轴拉伸、等双轴拉伸、平面拉伸和体积压缩等试验，进行相应橡胶材料试验，获取数据。

② 启动有限元分析软件。比如Abaqus、ANSYS、Marc、Adina等。

③ 建立零件的三维模型。可以导入现有的几何模型，也可以直接创建几何模型。导入模型时，须检查单位的一致性。有限元分析软件一般没有内部单位制，需要用户保证单位制的自封闭（整个模型中所有参数采用同一单位制）。

④ 几何清理。若导入的几何模型中存在不应有的裂缝、重复面、碎面、干涉等缺陷，则需要进行几何清理。

⑤ 简化几何模型。对板结构抽取中性面，去掉几何中某些非关键部位的细节特征（如倒圆角、小孔等），以降低有限元模型的规模，减少计算量。

⑥ 定义单元属性、单元类型和单元特性。比如材料属性包括杨氏模量、泊松比、密度等。

⑦ 对三维模型进行有限元网格划分。在应变梯度较大的部位采用较细的网格，其他位置采用稍疏的网格。

⑧ 选择最能反映材料特性的本构关系模型。依据试验数据拟合出材料特性参数。把材料特性参数赋予有限元模型。

⑨ 对有限元模型引入实际结构的边界条件，自由度之间的耦合关系及其他条件。

⑩ 将结构分析的载荷施加到有限元模型上，指定分析类型和分析项目，并设置相应的参数。

⑪ 提交模型进行有限元分析计算，根据数据处理获得的可视化分析结果，得出结论和设计修改意见。

⑫ 根据修改意见对模型进行修改，再次进行有限元分析计算，直至获得理想的模型结构。

1.4.3.4 橡胶产品有限元分析的特点

（1）橡胶材料的特点

① 大变形。橡胶材料制品属于大变形的结构，在许多场合不仅引起结构形状（如有限元的网格）的变化，而且引起边界约束条件的变化。

② 非线性。非线性特点主要分为三类情况：a.几何非线性，主要是指力与变形或者应力与应变的非线性关系；b.材料非线性，这是指材料塑性、爬行、黏弹性；c.边界非线性，如变形后的空隙消失、表面接触问题等。因此，橡胶制品的非线性特点是这三种非线性的综合。

③ 橡胶材料的力学行为对温度、环境、应变历程、加载的速率都非常敏感，这样使得描述橡胶的行为变得更为复杂。

④ 橡胶的制造工艺和成分也对橡胶力学性能有显著的影响。

⑤ 橡胶材料不同于金属材料，金属材料仅需要几个参数描述其材料特性，橡胶的行为复杂，材料本构关系是非线性的。对于各向同性的体积不可压缩或体积近似不可压缩的橡胶材料，其非线性弹性特性用超弹性模型描述。

⑥ 表征橡胶材料的超弹性本构模型可以归纳为两大类：一类是根据统计热力学而进行的尝试；另一类则是把橡胶材料作为一个连续介质的唯象理论。几种常见的本构关系模型包括：多项式模型、Mooney-Rivlin模型、减缩多项式模型、Neo-Hookean模型、Yeoh模型、Ogden模型、VanderWaals模型等。

（2）橡胶材料的本构模型参数

通常，橡胶材料的本构模型参数，是通过橡胶材料的试验数据曲线与本构模型曲线拟合获取的。影响橡胶分析模型参数的因素众多，使得橡胶材料的有限元分析比其他材料的都难，产品的真实性能需要经过反复实际检验不断修正优化。一般橡胶材料的试验数据由单轴拉伸、等双轴拉伸、平面拉伸和体积压缩四组数据组成，如图1-59所示，其中体积压缩试验应用于橡胶泡沫材料。

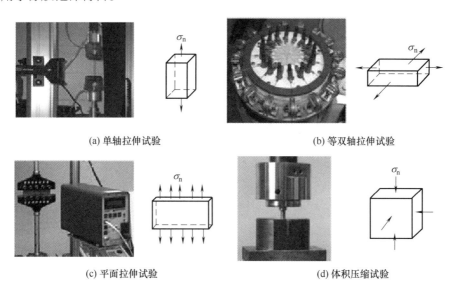

(a) 单轴拉伸试验　　　　　　　　　　　(b) 等双轴拉伸试验

(c) 平面拉伸试验　　　　　　　　　　　(d) 体积压缩试验

图1-59　常用的橡胶材料试验类型

（3）橡胶材料的弹性滞后恢复特性

由于橡胶材料具有弹性滞后恢复特性，不同拉伸范围的试验数据并不相同，比如0~50%拉伸范围的曲线与0~100%拉伸范围的曲线并不重合，如图1-60所示。一般根据产品实际使用的拉伸或者压缩范围，来确定试验材料的拉伸范围。也就是说，同一种橡胶材料用于不同的产品时，如果实际使用的拉伸范围差距较大，就需要做不同的试验数据。

随着科学技术的发展，应用于橡胶产品和模具设计的仿真模拟分析软件应运而生，而且发展快速，应用越来越广泛，为高效、快捷、准确地设计和优化橡胶产品的结构与性能以及合理地设计橡胶注射模具结构的工

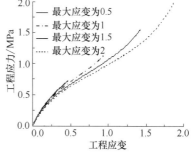

图1-60　不同应变下的单轴拉伸测试结果

作，提供了有力的保证。当然，熟练地掌握运用这些软件和积累橡胶试验数据，并将模拟结构与试验数据相结合，不断修正输入参数，才会获得合理的模具结构和最佳优化的产品结构与性能。

第**2**章

产品成型要素设计

橡胶注射模具的产品成型要素，是指胶料从橡胶注射机的注嘴到模腔各个环节结构，包括模腔结构、分型面、流胶道系统、排气系统和余胶槽等。在设计橡胶注射模具时，首先要设计产品的成型要素。

2.1▶▶模腔设计

橡胶产品的外形尺寸和表面质量是成型模腔的拷贝。模腔要保证成型出来的橡胶产品的尺寸和光洁度满足要求，产品上的分型面、注胶口、排气孔等痕迹不能影响产品的性能和外观质量，而且，要求成型方便和修边容易等。

2.1.1 橡胶产品的尺寸公差

橡胶产品的尺寸是指在成型、冷却、修边、二段硫化（如果需要）等工序后，经过24h冷却停放之后，在室温（20℃）条件下检测的尺寸。

橡胶产品在热的模腔里的尺寸，不同于冷却之后的尺寸，一般都要收缩。橡胶产品收缩的程度取决于胶料配方、成型工艺、模具等因素。即使这些因素固定后，产品的实际尺寸也会有所波动。因为胶料配方组分性能波动、计量波动和操作工艺波动等，都会影响到最终产品尺寸。

柔软和富有弹性的特点，使得橡胶制品的尺寸比刚性零件难于精确检测。同时，在使用安装时具有一定的活动余地，比如，内径10mm的O形圈，就可以套在10.2mm甚至更大直径的轴上，对使用效果影响不大。因此，橡胶产品的尺寸公差与金属产品的尺寸公差不同。橡胶产品的尺寸公差标准是ISO 3302-1，如表2-1和

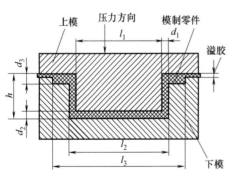

图2-1 模腔断面尺寸

图2-1所示。

表2-1 橡胶制品尺寸公差标准 ISO 3302-1

公称尺寸		M1级		M2级		M3级		M4级
		F	C	F	C	F	C	F 和 C
大于	小于等于	±	±	±	±	±	±	±
0	4.0	0.08	0.08	0.10	0.15	0.25	0.40	0.50
4.0	6.3	0.10	0.12	0.15	0.20	0.25	0.40	0.50
6.3	10.0	0.10	0.15	0.20	0.20	0.30	0.50	0.70
10.0	16.0	0.15	0.20	0.20	0.25	0.40	0.60	0.80
16.0	25.0	0.20	0.20	0.25	0.35	0.50	0.80	1.00
25.0	40.0	0.20	0.25	0.35	0.40	0.60	1.00	1.30
40.0	63.0	0.25	0.35	0.40	0.50	0.80	1.30	1.60
63.0	100.0	0.35	0.40	0.50	0.70	1.00	1.60	2.00
100.0	160.0	0.40	0.50	0.70	0.80	1.30	2.00	2.50
160.0		0.3%	0.4%	0.5%	0.7%	0.8%	1.3%	1.5%

注：F—非合模方向公差；C—合模方向公差。

从该标准可以看出，橡胶产品在压缩方向的公差稍大于非压缩方向的公差，这是因为在压缩方向的分型面有飞边，而飞边厚度与成型工艺如注胶量、锁模力等因素有关。所以，在产品压缩方向的尺寸会受飞边厚度的影响。

橡胶产品的尺寸公差从M1到M4分为4个等级，其中M1等级最高，尺寸要求精确，M4等级最低，允许尺寸波动稍大。尺寸精度等级越高，在模具加工精度和成型工艺控制的成本就越高，所以，选择合适的尺寸公差等级，对于产品的应用和生产都是必要的。通常，选用M2的情况比较多。

2.1.2 影响橡胶制品尺寸的因素

(1) 收缩率
橡胶和其他材料一样，也具有热胀冷缩的特性，而且，其热胀冷缩的程度比一般材料都大。橡胶产品是在高温条件下硫化成型，而其使用通常都是在室温状态下，因此，成型产品的模腔尺寸要比产品要求的尺寸大。橡胶的收缩率除了与温度有关外，还与胶料和成型工艺等因素有关。

(2) 环境条件
湿度：有些橡胶材料容易吸收水分，如果橡胶产品在湿度较大的空间存放，产品的尺寸会因吸收水分而发生变化。橡胶产品尺寸也会随环境温度而变化。一般把在20℃下检测的橡胶制品尺寸，作为基准尺寸。

(3) 变形
橡胶制品在挤压或者拉伸状态下长期存放，会发生一定量的永久变形，因此，应当在室温、自由状态下存放橡胶制品。

(4) 修边
过度修边可能导致橡胶制品局部尺寸偏小，而修边不到位可能导致橡胶制品局部尺寸偏大。比如冷冻去边时，如果选择弹丸不合适或者打磨时间长，都可能使产品尺寸变小。

（5）模具尺寸

模腔磨损或者尺寸偏差都会引起橡胶制品尺寸偏差。

（6）镶嵌零件

当用嵌件与橡胶成型复合产品时，嵌件尺寸偏差也会影响最终复合产品的尺寸。

2.1.3　橡胶收缩率

胶料在注射成型或者模压成型硫化过程中，胶料内部分子结构会发生变形和交联，由此产生热膨胀力。硫化后的胶料在冷却过程中，内应力趋于消除，胶料的线性尺寸成比例缩小。因此，在模具设计中，成型模腔尺寸需要相应加大。将模具模腔尺寸与在常温下橡胶制品尺寸的比值定义为收缩率。收缩率（δ）一般采用百分比表示：

$$\delta = \frac{D_1(\text{模腔尺寸}) - D_2(\text{制品尺寸})}{D_2(\text{制品尺寸})} \times 100\%$$

D_1为模腔尺寸，虽然模具加热以后，也有体积膨胀，但是，因为钢材的收缩率非常小。比如，45号钢，在20~200℃范围，线膨胀系数为$12.32 \times 10^{-6}℃^{-1}$。所以，认为模具加热后的模腔尺寸近似等于常温状态下的尺寸。

D_2为制品尺寸，指制品成型以后，经过24h冷却，在常温下检测得到的尺寸。

2.1.3.1　胶料收缩率的产生原因

（1）温度变化引起的收缩

橡胶硫化温度一般为140~185℃，有时高达200℃左右。硫化制品出模后，温度下降至室温，制品体积收缩，尺寸减小。对于同一种胶料，硫化时模具温度越高，橡胶制品的收缩率越大，收缩率与模具压力和温度的关系曲线如图2-2所示。各种橡胶的体积收缩率与温度的关系，一般在（40~70）$\times 10^{-5}℃^{-1}$范围。

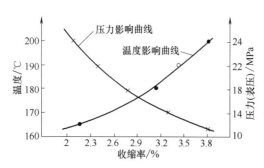

图2-2　收缩率与模具压力和温度的关系

（2）化学反应引起的收缩

胶料在模具中的硫化过程是一个物理-化学变化的过程。硫化时，橡胶由可小幅自由运动的柔性分子链，变为分子间产生化学交联点的网状结构（新的化学键），分子间距离缩小，体积也随之收缩。

（3）分子链取向引起的收缩

在模压或者注射成型的初期阶段，胶料在外力作用下，在模腔内流动以充满模腔。处于黏弹状态的橡胶分子在流动过程中，会沿流动方向取向，这种取向会在压力作用下，随着橡胶分子的硫化交联变化而被固定下来。当制品出模以后，分子的回缩力仍然存在，这就产生了由于分子链取向而引起的收缩，并且这种收缩是有方向性的。沿分子链取向方向（即胶料流动方向）的收缩大，而垂直于流动方向的收缩小，比如在合模方向收缩率小，而在垂直于合模的方向收缩率大。

2.1.3.2 胶料收缩率的一般规律

（1）材料结构因素

① 不同胶种的收缩率不同，各种橡胶的收缩率由大到小依次为氟橡胶、硅橡胶、三元乙丙橡胶、天然橡胶、丁腈橡胶、氯丁橡胶。

② 对于同一种橡胶而言，配方里含胶率越高，收缩率越大。

③ 填充剂用量越多，收缩率越小。

④ 胶料的可塑性越大，收缩率越小；胶料的硬度越高，收缩率越小，高硬度例外。据实验测定，胶料邵氏硬度超过90，其收缩率就有上升的趋势。如硬质橡胶（邵氏硬度大于90），含胶量约在20%时，制品收缩率一般在1.5%。

⑤ 棉布经涂胶后与橡胶分层贴合的夹布制品，其收缩率一般在0~0.4%。

⑥ 夹涤纶线制品，其收缩率一般在0.4%~1.5%。

⑦ 夹锦纶丝、尼龙布制品，其收缩率一般在0.8%~1.8%。

⑧ 夹层织物越多，收缩率越小，因为织物本身收缩率小。

⑨ 有金属嵌件的橡胶制品收缩率小，而且是朝着金属嵌件方向收缩，由于金属嵌件基本不收缩，制品收缩率一般在0~0.4%之间。而且，制品收缩率会随金属嵌件在橡胶制品中的位置和胶层厚度等因素变化。

⑩ 单向黏合制品其收缩率一般在0.4%~1.0%之间。如骨架油封中嵌件黏合部分其收缩率一般在0~0.4%；唇口部分（纯胶部分）收缩率为阶梯形式，离嵌件越近，其收缩率越小，反之越大。

⑪ 橡胶与塑料复合成型的橡胶制品的收缩率一般在1.1%~1.6%，比同类橡胶制品小约0.1%~0.3%。

⑫ 以邵氏硬度计算橡胶制品胶料收缩率的经验公式为 $C=（2.8-0.02K)\times100\%$，K 是橡胶的邵氏硬度。

（2）产品结构因素

① 薄壁制品（断面厚度小于3mm）比厚制品（10mm以上）的收缩率大0.2%~0.6%，而且，薄壁厚度方向的收缩率比长、宽度方向的收缩率小。

② 一般制品的收缩率随制品内外径和截面尺寸增大而减小。

③ 形状不同的制品，在三维方向的收缩也不同。比如圆盘形制品径向收缩率比圆环形制品收缩率大，而且收缩率都随直径增大而增大；圆环形制品内径收缩比外径收缩小，而且随内外径之差值增大而加大。这是因为圆环形制品的内径收缩是指向圆心收缩与背向圆心收缩的综合，两者之差才是内径的收缩。因此，圆环形制品收缩中心不是在内外径之和的一半位置。一般按照环类制品的中径和厚度计算收缩率。表2-2为丁腈橡胶O形圈的收缩率，随产品尺寸增大而收缩率减小。一般，O形圈只计算圆周方向的收缩率。由于断面直径小，

表2-2 丁腈橡胶O形圈的收缩率

O形圈内径/mm	收缩率/%	O形圈内径/mm	收缩率/%
≤50	>1.80~1.90	>175~250	>1.65~1.70
>50~100	>1.75~1.80	>250~350	>1.60~1.65
>100~175	1.70~1.75	>350	1.50~1.60

不加收缩率，只加产品断面公差值的上差，作为模腔断面尺寸。

（3）成型工艺因素

① 胶料的准备工艺也会影响产品的收缩率。在配方不变的情况下，如果过度调整工艺参数，比如混炼温度、塑炼时间、硫化温度、硫化时间等，可能导致产品尺寸波动，甚至超差。

② 随着模腔压力的提高，胶料的收缩率会降低，如图2-2所示。有时，当模腔压力达到83MPa时，产品的收缩率为0。若模腔压力继续上升，产品的收缩率会出现负值。也就是说，在超高压力下，产品硫化出来，经停放后，其局部尺寸比模腔尺寸还要大。对于细长产品，距离注胶口近的模腔压力大，收缩率小，而距离注胶口远的模腔压力小时，收缩率就大。因此，同一模腔收缩率并不完全一致。

③ 以橡胶硫化温度计算制品胶料的收缩率的一般公式：$C=(\alpha-\beta)\Delta TR\times100\%+C_1$。

式中，α 是橡胶的线膨胀系数；β 是模具材料的线膨胀系数；ΔT 是硫化温度与室温的温度差；R 是生胶、硫黄、有机配合剂在橡胶中的体积分数，%；C_1 是厚度与断面宽度对制品收缩率影响的补偿值，常见值见表2-3。

表2-3 厚度和断面宽度对制品收缩率影响的补偿值

厚度范围/mm 断面宽度/mm	≤3	>3~6	>6~10	>10~20	>20~30	>30~40	>50
补偿值C_1/%	0	−0.1	−0.2	−0.3	−0.4	−0.5	−0.6

注：当制品厚度和断面宽度不在同一数值范围内时，取两者中尺寸范围大者的补偿值。如厚度为3mm，断面宽为2.5mm，应取3mm，相对应的补偿值为C_1。

④ 一般模具温度每升高10℃，其收缩率就增加0.1%~0.2%。

⑤ 产品硫化程度接近正硫化程度时，收缩率最小，欠硫或过硫时收缩率都会增大。

⑥ 胶料压延方向和在模具中流动方向的收缩率大于垂直方向的收缩率；流动距离越长，收缩率越大。

⑦ 二段硫化会增加0.5%~0.7%的额外收缩率。

⑧ 注射法制品比模压法制品的收缩率小。

⑨ 多模腔模具在有些情况下，分布在注胶口附近模腔制品的收缩率比远离注胶口模腔制品的收缩率略小，这是因为注胶口附近模腔的压力比边缘模腔的压力高。

⑩ 对于模压成型方式，半成品胶料量越多，制品致密度越高，其收缩率越小。

2.1.3.3 几种胶料的收缩率

（1）橡胶瓶塞的收缩率

橡胶瓶塞多用丁基橡胶成型，硫化温度一般在165~185℃之间。纯丁基橡胶的成型收缩为1.5%~2.2%。丁基橡胶中加入的填料、促进剂、硫化剂等各种添加剂，对丁基橡胶的收缩率具有一定的影响，收缩率约为1.7%。表2-4为图2-3瓶塞产品各部位尺寸的收缩率。

表2-4 瓶塞产品各部位的收缩率

尺寸	产品/mm	模腔/mm	收缩率
d_4	26.6+/−0.3	27−0.06	1.5%
d_1	18+/−0.2	18.3−0.05	1.7%
h_1	11.8+/−0.4	12+/−0.08	1.7%
h_2	3.8+/−0.3	3.86−0.06	1.6%

（2）骨架油封收缩率

在骨架油封模具的设计中，重点是对油封主唇口处收缩率的计算。骨架油封在硫化后有一定的收缩，因受到骨架及形状的约束，橡胶收缩不能像纯胶件那样呈现规律性变化。

表2-5为不同规格丁腈橡胶骨架油封唇口收缩率。从表2-5中可以看出，随着油封规格增大，油封唇口收缩率从1.5%递减到1.19%时，其递减速度最快，并且以近似一次函数的形式递减；当收缩率从1.19%递减

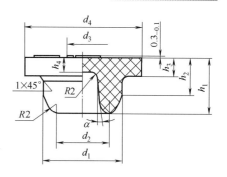

图2-3　瓶塞外形

到0.91%时，其趋势依然是近似一次函数递减，但是递减速度减缓；再往下，收缩率在0.91%~0.66%与0.66%~0.48%时，仍然保持近似一次函数递减，并继续保持后一段递减速度小于前一段递减速度。

表2-5　丁腈橡胶骨架油封唇口收缩率

油封规格(内径×外径×高度)/mm	主唇口处收缩量/mm	主唇口处收缩率/%
10×25×7	0.14	1.5
18×30×7	0.25	1.45
30×47×7	0.4	1.37
50×68×8	0.58	1.19
65×90×10	0.74	1.16
80×110×10	0.81	1.03
100×125×12	0.9	0.91
120×150×12	1.02	0.86
150×180×15	1.16	0.78
170×200×15	1.23	0.73
200×230×15	1.3	0.66
240×270×15	1.38	0.58
280×320×20	1.4	0.5
300×340×20	1.42	0.48

注：1. 主唇口处收缩量=模具主唇口处直径尺寸−胶件主唇口处直径尺寸。

2. 表中胶料为纯胶收缩率在1.8%左右的丁腈橡胶。

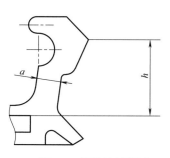

图2-4　骨架油封断面

研究表明，氟橡胶油封和丁腈橡胶油封具有相同的变化规律，即收缩率大致具有折线形递减趋势。只不过在相同规格油封中，氟橡胶油封比丁腈橡胶油封的收缩率大一些。

如图2-4所示，一般骨架油封主唇口收缩率与唇口到骨架的距离h和腰部厚度a有关。对于同一规格油封，h值大、a值小，收缩大，反之收缩率小。

由于各种胶料的收缩率都有一定的变化范围，所以，计算主唇口尺寸时，可以根据实际情况，在参考表2-5和表2-6的基础上增加0~0.2mm。

（3）橡胶减震件制品收缩率

不同结构的减震件用不同胶种和成型方式，获得的减震件收缩率如表2-7所示。

表2-6　丁腈橡胶骨架油封收缩率变化规律

规格范围	收缩率线性变化/%
10~50	1.5~1.19
>50~100	1.19~0.91
>100~200	0.91~0.66
>200~300	0.66~0.48

注：规格范围尺寸为油封内径。

表2-7　减震件收缩率

产品名称	弹性垫块	支承座	缺口支承
胶种	天然胶	氯丁胶	天然胶
成型方式	传递模压	注射成型	包胶模压
模腔数目	16	16	4
产品尺寸/mm	19±0.25	34±0.6	57±0.8
	$\phi17±0.25$	$\phi36$	$\phi88_{0-0.5}$
设计尺寸/mm	19.5	34.7	58.7
	$\phi17.2$	$\phi36.5$	$\phi89.5$
设计收缩率/%	3.1	2.5	3.0
	1.2	1.4	1.7
制品实际尺寸/mm	19.12	33.94	57.54
	$\phi17.21$	$\phi35.9$	$\phi89.0$
实际收缩率/%	2.4	2.6	2.0
	0	1.7	1

① 弹性垫块，如图2-5，采用传递模压成型硫化，产品密度低，实际收缩率小于设计收缩率，这与胶种有关；因产品高度较小，纵向收缩引起横向尺寸增大，与横向的收缩相互抵消，故横向收缩为零。

② 支承座，如图2-6，采用注射成型硫化，产品致密度高，所以收缩率小，纵向收缩大于横向收缩。

③ 缺口支承，如图2-7，采用包胶模压硫化，产品致密度较低，故设计收缩率定为3%，但产品形体大，收缩阻力大，所以实际收缩率仅为2%，纵向收缩远大于横向收缩。

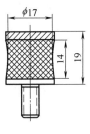

图2-5　弹性垫块

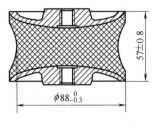

图2-6　缺口支承

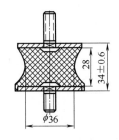

图2-7　支承座

2.1.4　确定模腔尺寸

模腔尺寸应使成型出来的产品，即使工艺有一定的波动，其尺寸也在公差要求范围内。模腔尺寸计算公式：

$$D_1 = D(1 + K)$$

式中，D_1 为模腔在室温下的尺寸；D 为橡胶制品在室温下的尺寸；K 为硫化制品的收缩率。

并不是模腔所有部位的收缩率都完全相同，一般模腔压力高的部位，收缩率小，而模腔压力低的部位，收缩率就大。在合模方向，由于分型面会有飞边，可适当取收缩率范围值的下限，或按收缩率中值计算减去预设飞边厚度。橡胶胶料收缩率经验值如表2-8所示，可以根据胶种酌情选取计算。

表2-8　橡胶胶料收缩率经验值表

胶料种类	邵氏硬度	范围/%	常取值/%	胶料种类	邵氏硬度	范围/%	常取值/%
天然橡胶（NR）	40	2.0~2.3	2.2	丁苯橡胶（SBR）	40	2.1~2.4	2.4
	45	2.0~2.3	2.15		45	2.1~2.4	2.35
	50	2.0~2.3	2.1		50	2.1~2.4	2.3
	55	2.0~2.2	2.05		55	2.0~2.3	2.25
	60	1.9~2.2	2		60	2.0~2.3	2.2
	65	1.9~2.2	1.9		65	1.9~2.2	2.15
	70	1.7~2.0	1.8		70	1.9~2.2	2.05
	75	1.7~2.0	1.75		75	1.8~2.0	2
	80	1.6~1.9	1.7		80	1.8~2.0	1.9
	85	1.6~1.9	1.65		85	1.8~2.0	1.8
氯丁橡胶（CR）	40	2.1~2.4	2.3	三元乙丙橡胶（EPDM）	40	2.2~2.6	2.5
	45	2.1~2.4	2.25		45	2.1~2.6	2.4
	50	2.1~2.4	2.2		50	2.1~2.6	2.3
	55	2.0~2.3	2.15		55	2.0~2.3	2.25
	60	2.0~2.3	2.1		60	2.0~2.3	2.2
	65	1.9~2.2	2.05		65	1.9~2.2	2.15
	70	1.9~2.2	1.95		70	1.9~2.2	2.05
	75	1.8~2.0	1.9		75	1.8~2.0	2
	80	1.8~2.0	1.85		80	1.8~2.0	1.95
	85	1.8~2.0	1.8		85	1.8~2.0	1.85
丁腈橡胶（NBR）	40	2.1~2.4	2.35	硅橡胶（silicone）	40	3.2~3.6	3.55
	45	2.1~2.4	2.3		45	3.2~3.6	3.4
	50	2.1~2.4	2.25		50	3.2~3.6	3.3
	55	2.0~2.3	2.2		55	3.0~3.4	3.25
	60	2.0~2.3	2.15		60	3.0~3.4	3.2
	65	1.9~2.2	2.1		65	3.0~3.4	3.15
	70	1.9~2.2	2		70	3.0~3.2	3.05
	75	1.8~2.0	1.95		75	2.8~3.2	3
	80	1.8~2.0	1.9		80	2.8~3.2	2.95
	85	1.8~2.0	1.85		85	2.8~3.2	2.9

续表

胶料种类	邵氏硬度	范围/%	常取值/%	胶料种类	邵氏硬度	范围/%	常取值/%
氟橡胶 （FK）	40	3.4~3.9	3.7	氟橡胶 （FK）	65	3.2~3.6	3.25
	45	3.4~3.9	3.6		70	3.0~3.4	3.15
	50	3.2~3.6	3.5		75	3.0~3.4	3.1
	55	3.2~3.6	3.4		80	2.8~3.2	3
	60	3.2~3.6	3.3		85	2.8~3.2	2.95

如果有相同胶料和类似成型工艺的产品，可以参考现有模具，确定新产品的收缩率。对于新的胶料，可以做一个试验模或者用一个类似模具进行收缩率测试。

参考产品尺寸公差，根据胶料的最大和最小收缩率计算确定模腔尺寸，尽可能使成型的产品尺寸落在产品尺寸公差范围内。有时，为了给模具修改留有余地，对于模腔孔尺寸标下偏差，而对于轴尺寸标上偏差。

一般取模腔尺寸公差为产品尺寸公差的1/3~1/2，在加工许可的情况下，模腔尺寸公差应尽可能小。

2.1.5　模腔上的标记

模腔应有产品上要求的标记信息。产品信息标识包括产品商标、产品规格编号、生产日期、模腔号，如图2-8所示。对于过程产品，有时只标注模腔号码。产品信息标记是模腔设计的一部分。

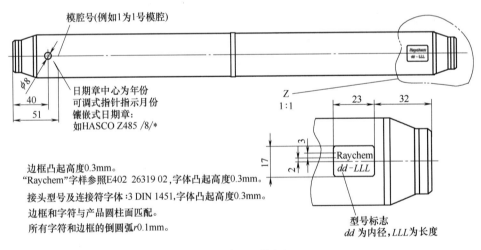

图2-8　产品上的标记

2.1.5.1　产品信息的形成方法

（1）模具成型法

即将产品的信息直接由模腔成型在产品上。产品信息一般刻在下模腔，以便于检查或者更换日期章。当然，刻在模腔上字应当是反的，深度应为产品要求的凸出高度。对于较大的模具，为了方便加工，将产品的信息刻在一个镶块上，然后再将镶块安装在模腔板上。这样会在产品上留下一圈镶块的接缝痕迹。

（2）激光蚀刻法

采用激光蚀刻的方法直接在产品表面刻产品信息。这种方式设备的投资比较大，但是可以直接将产品的编号、日期等参数刻在产品上。

（3）印刷打标法

当产品表面平整和产品信息简单时，可采用辊印的方法将产品的信息印在产品表面上。当产品表面是曲面而且产品信息变化时，可以采用喷墨打印的方式。可以随时编辑打印要求的产品信息。打印的信息有时容易被擦除。

2.1.5.2 产品信息

（1）日期章

日期章注明产品生产的年和月。日期章是标准件，有日标JIS标准、德标DIN标准和美标AISI标准等。

日期章有两种形式，一种日期章只有一个年份，需要每年更换一次。另一种日期章有多个年份，如图2-9所示。顺时针旋转中心箭头改变年份，逆时针旋转中心箭头改变月份，几年更换一次日期章。

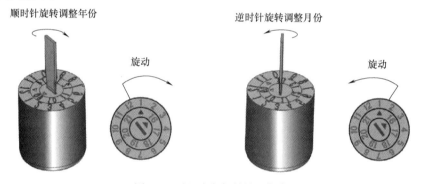

图2-9 可以改变年份的日期章

日期章上的月份改变方式有两种。一种是靠手工拧日期章的月份指针实现，比如6月份，将日期章上的月份指针对准6的字样，如图2-9所示。另一种方式是在日期章上敲坑，比如6月份，就在日期章上对应6月的框里用专用锥敲个坑。

日期章有两种形状，一种是圆柱形，另一种是台阶形，如图2-10所示。圆柱形日期章与模板的配合为过盈配合，在日期章背面的模板上有一个螺钉孔，以便于调整日期章的高度。拆卸时，从模板背面敲出来日期章。台阶形日期章与模具是过渡配合。

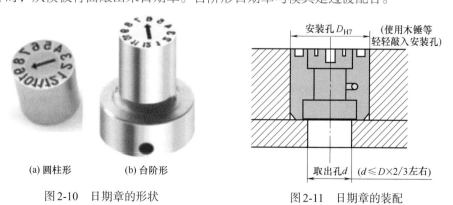

(a) 圆柱形　　(b) 台阶形

图2-10 日期章的形状

图2-11 日期章的装配

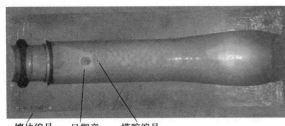

镶块编号　日期章　模腔编号

图2-12　模腔里的产品信息

如果模腔是平面，将日期章安装至与模腔表面平齐的位置，如图2-11所示。如果模腔是曲面，日期章平面与曲面低点平齐。

模具上的日期章要安装牢固，调整高度、月份、年份和更换操作方便。

日期章材质一般为不锈钢，比如SUS420，硬度：45~50HRC。

（2）模腔号

为了区分产品出自哪个模腔，常常在模腔里刻有模腔号，当产品出现问题时方便查找。一般模腔号刻在产品日期章的旁边，字体大小与日期章匹配（图2-12）。

（3）产品编号

一般在产品上比较醒目的位置，标注产品型号、规格和尺寸，字体大小与产品的其他信息字体匹配。

（4）产品商标

有的产品商标与产品编号在一起，并且字体大小匹配，如图2-8，商标在产品型号标志的上方。

2.1.6　模腔光洁度

一般模腔光洁度比产品要求高一个等级。比如产品要求表面粗糙度参数 Ra 为 $3.2\mu m$，模腔就要求 Ra 为 $1.6\mu m$。分型面、注射孔、注胶嘴、流胶道 Ra 为 $0.8~1.6\mu m$，余胶槽 Ra 为 $1.6~3.2\mu m$。

对于要求模腔光亮面的模具，为了保持良好的光洁度，模腔表面应当具有足够的硬度，可采用电镀或者淬火处理，或者不锈钢材料等方法实现。

模腔光亮表面常常容易被划伤，在产品许可的情况下，应尽量使用亚光面。这种表面有利于脱模，也容易遮掩一些划痕。实现亚光表面的方法有喷砂、电火花和化学腐蚀等。电腐蚀表面本身具有防锈功能，但是，如果对表面纹路均匀度要求较高，电腐蚀成本就高。表面喷砂后应当进行防锈处理，如电镀或者氮化等。

2.2 ▶▶ 选择分型面

分型面是组成模腔的模具零件或者部件的接触面，在产品上表现为分型线。分型面对产品尺寸、表面质量和产品脱模的方便性，以及模具的加工难易程度等都有影响。因此，选择模腔分型面非常关键。

2.2.1　模腔的放置方式

在选择分型面之前，首先要考虑模腔在模板上的放置方式。模腔放置方式的选择原则：满足产品质量要求，产品脱模方便，能排布最多的模腔，便于模具加热等。

对于扁平类产品，应选择产品的长宽垂直于合模方向的放置方式。如果选择平行于开模方向，模具会很厚，不利于模腔加热，产品脱模也很难。

对于有骨架的产品，将骨架平面垂直于开模方向，有利于放置骨架和取出产品。

对于管类产品，模腔的放置方式不同，产品上的分型线和注胶口位置就不同，排布的模腔数、模具的加热方式和模具厚度等都不同，脱模的难易程度也不同。图2-13和图2-14所示为中压电缆接头的屏蔽管产品模腔的两种放置方式。从产品放置方式对比（表2-9）可以看出，尽管模腔竖直放置模具结构复杂，产品脱模操作没有水平放置方式方便，但是，竖直放置排列的模腔数目多，产品性能好，所以，该产品最终选择竖直放置方式。

表2-9　产品放置方式比较

对比项目	水平放置	竖直放置
冷流道体支注嘴数	2	2
模板层数	2	3
模具总高度/mm	100	300
模腔数	4	8
模具加热	热板	热板和辅助加热
要求热板开度/mm	300	600
使用机器配置	下顶出	上顶出，滑出板，辅助加热
脱模方式	手工水平取产品，方便	手工竖直取产品，稍不方便
产品性能	纵向分型面，稍影响性能	无纵向分型线，不影响性能

对于波纹管类产品，由于模芯有凹凸曲面，在模腔不分模的情况下，模芯不能直接插入或者拉出模腔。当分型面通过波纹管轴线并且垂直于开模方向时，模具打开，抬起模芯，就可以方便地从模芯上取下产品。如果波纹管模腔轴线平行于开模方向，模腔就必须使用哈夫模结构，需要借助于其他方式分开哈夫模，才能从模腔中取出产品。

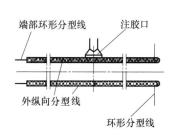

图2-13　产品水平放置

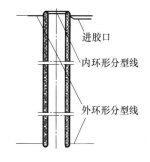

图2-14　产品竖直放置

2.2.2　分型面的分类

2.2.2.1　按照分型面的形状分类

按照分型面的形状分类，分型面有平面（图2-15）、阶梯面、曲面（图2-16）、斜面（图2-17）、圆锥面（图2-18）、圆柱面和齿形分型面（图2-19）等类型。模腔分型面会在产品上留下分型线痕迹，比如圆锥和圆柱形分型面，在产品上的分型线为圆形，平面分型面痕迹是直线等。

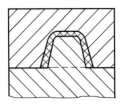

图2-15 平面分型面

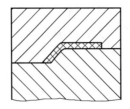

图2-16 曲面分型面

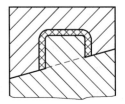

图2-17 斜面分型面

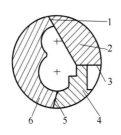

图2-18 圆锥面分型面

1—圆锥形分型面；2—上模；3—平面分型面；4—下模；

5—圆锥形分型面；6—模芯

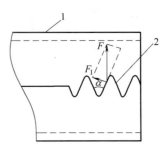

图2-19 胶囊产品端口齿形分型面

1—产品；2—齿形分型线

2.2.2.2 按照功能分类

按照功能分，分型面有下面3种类型。

① 工艺分型面，为了注射成型工艺需要而开设的分型面。如图2-19所示，在囊类产品模腔一端使用齿形分型面，而不使用平面分型面，目的是改善产品分型线上的应力分布，避免胶囊脱模时出现端口在分型线处开裂问题。如图2-20所示的应力锥产品分型面，分型面2是加工分型面，也有利于模腔排气。分型面的排气槽是锥形，溢胶料头在模具闭合情况下也能被拔出来。一般工艺分型面，在模具组装后，不再打开。

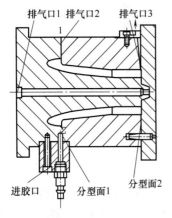

图2-20 应力锥产品分型面

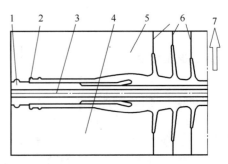

图2-21 终端产品模具

1—模芯；2—圆柱分型面；3—水平分型面；4—下模；5—上模；

6—加工分型面；7—开模方向

② 加工分型面，为了方便模腔加工而开设的分型面，模腔组装完成后，就不需要打开，分型面会在产品上留下一个分型线痕迹。如图2-21所示终端产品模具，6是加工分型面，如果不开设分型面6，模腔加工就比较困难。产品伞尖都有一圈分型线，如果镶块安装紧密，分型线痕迹就很轻微。

③ 操作分型面，是指开模时需要打开的分型面。一般在操作分型面上开设流胶道、注胶口和排气槽等结构。开模时，取出产品和胶道飞边，清理模具、放置骨架等操作，都在操作分型面上进行。模具上大多数分型面属于操作分型面，如图2-21的圆柱分型面和水平分型面，图2-20的分型面1。

2.2.2.3 按照分型面与开模方向的夹角分类

按照分型面与开模方向的夹角分有3种分型面。

① 水平分型面，开模方向垂直于分型面，如图2-22所示。这种分型面开模后，上、下模间距大，对于取出产品和胶道料头及清理模具都很方便，模具上大多数分型面都属于这种类型。

② 竖直分型面，分型面平行于开模方向，这种方式多见于哈夫模结构，如图2-23所示。这种分型面需要借助于其他方式打开，打开的开度小，取产品和清理分型面操作没有水平分型面方便。

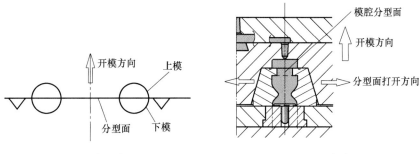

图2-22　水平分型面　　　　　　　图2-23　竖直分型面

③ 锥面分型面，开模方向与分型面夹一锐角，如图2-24所示，X形圈模具的分型面是个圆锥面。这类分型面，多依据产品表面性能要求而选择，比如避开产品的工作面等。

图2-25所示为密封垫产品模具结构，有斜面、平面和加工三种分型面。由于同类产品主要在圆锥部分变化，下部圆环形状和尺寸相同，所以，将圆锥部分作为镶块加工，不同规

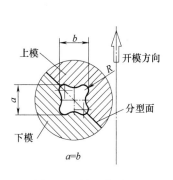

图2-24　锥面分型面

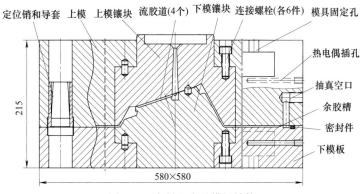

图2-25　密封垫产品模具结构

格产品只需要更换镶块，操作方便，模具结构简单。在产品上有两个轻微的分型线痕迹，因为不影响产品的密封功能，所以是允许的。

2.2.3 分型面选择原则

2.2.3.1 产品脱模方便

一般操作分型面在每一个生产循环中都要打开，要求从分型面取出产品和胶道料头以及清理模腔操作方便。

① 分型面应在产品横向尺寸最大的部位，保证在开模时，分型面刃口不会刮伤产品，脱模方便。在产品上有圆弧R过渡的切点部位开设分型面，而不在圆弧上开设分型面，避免在分型面一边出现尖锐角刮伤产品。如图2-26皮囊产品模具，开设有3个分型面，1和3分

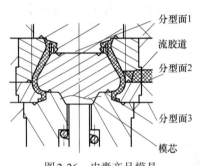

图2-26　皮囊产品模具

型面都在产品的尖端部位，既好修飞边不影响产品美观，也有利于模腔排气。分型面2开设在产品外径尺寸最大位置有利于模芯与模板分离。采用潜水式注胶口，避开产品壁厚最薄的部位，有利于注胶平衡。模具为四开模结构，包括上模、两个中模和下模。模芯随下模滑出后，由外置顶出器顶起模芯手工取出产品。

图2-27是支脚垫模具和产品，产品由邵氏硬度为60的天然胶和嵌件复合成型。在REPV37注射机上成型，模腔数为6。该模腔水平分型面为3个台阶的阶梯分型面。右边第一个台阶在产品嵌件的轴线位置，以方便嵌件装模和脱模。中间台阶在产品高度中间位置，侧部有注胶口，方便胶料注入模腔平衡和产品脱模时受力平衡。左边分型面通过产品端部圆弧切点，方便模腔排气和产品嵌件放入。阶梯过渡角度与嵌件的外形基本平行。产品嵌件端部孔与短模芯锥面配合，实现封胶和产品嵌件定位。模腔周围有撕边槽，脱模时，飞边与产品连在一起脱模。

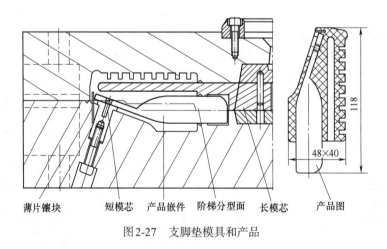

图2-27　支脚垫模具和产品

② 一般胶料在模腔受到的侧向力小于合模方向的压力，所以对于投影面积较大的产品，应尽可能将大投影面积放在垂直于开合模方向的位置，这样有利于胶料密实和产品脱模。

如图2-28所示文具台模具，分型面在产品的底部，胶料从产品底部壁厚较厚的部位注入模腔。这种分型面脱模方便，胶道料头修除后，不影响产品美观。产品局部短柱的模腔通过镶块方式构成，既方便加工又利于模腔排气。

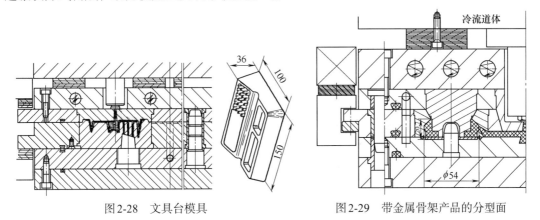

图2-28　文具台模具　　　　　　　　图2-29　带金属骨架产品的分型面

③ 在成型有嵌件的产品时，将分型面垂直于热板运动的方向，有利于向模腔放置骨架或者取出产品，因为嵌件部分几乎没有弹性。

如图2-29所示带金属骨架产品的分型面，如果将分型面开设在骨架的底面，虽然对于模具加工、注胶等方面没有影响，但是不利于骨架定位，骨架背面也容易进胶。

④ 对于管状产品，分型面应通过或者垂直于产品的轴线，以便于脱模。

如图2-30弯管模具，分型面通过产品的水平轴线，而且垂直于产品的竖直轴线，这样在开模顶起模芯后，产品落在模芯上，取产品比较方便。又如图2-31阳极帽模具，线管轴线平行于开模方向，由于模芯圆柱分型面的轴线与开模方向的夹角接近90°，所以，这种模具结构对产品成型和脱模都比较方便。

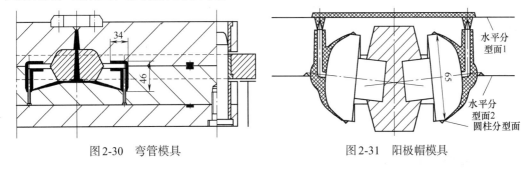

图2-30　弯管模具　　　　　　　　图2-31　阳极帽模具

⑤ 当管类产品内孔尺寸变化比较大，需要模芯分段时，要考虑模芯的强度和产品的脱模方便性。

如图2-32弯管接头产品模具和图2-33接管产品模具结构，两段模芯的分型面都在孔径最大位置。接管模具的短模芯靠滑块斜面带动移动脱模，长模芯由顶出器顶起后，手工取产品。弯管接头产品两段模芯的分型面垂直于开模方向，开模时两段模芯直接分离。由于开模时，粗模芯端头要通过产品的细端，故开模速度不能太快，以防止拉断产品。

2.2.3.2　不影响产品美观

尽可能在产品的尖角或者棱边部位开设分型面，以减少分型面的数量。这种分型面，有利于产品修边。如图2-34，左图的分型面在制件表面上留下一圈分型线痕迹，影响制件的美观。右图的分型面选在是产品的棱角位置，撕边比较容易，不会影响产品的美观。图2-35，两个分型面都选在产品的棱边上，模腔排气、产品脱模和修边，都很方便。

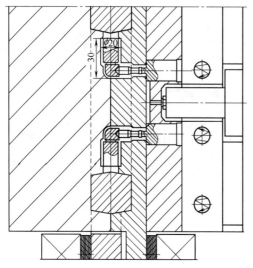

图2-32　弯管接头产品模具

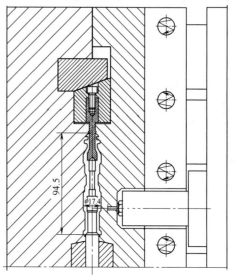

图2-33　接管产品模具

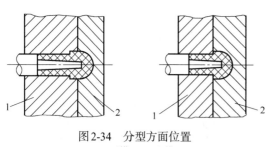

图2-34　分型方面位置

1—下模；2—上模

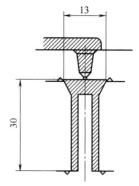

图2-35　分型面与注胶口

2.3.3.3　不影响产品性能

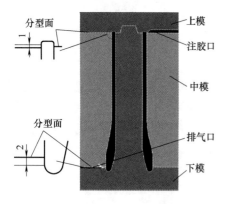

图2-36　应力锥产品分型面

分型面会在制品上留下分型线、排气口和注胶口等的痕迹，因此，分型面要尽可能避开产品性能的关键部位。如图2-36是应力锥产品分型面，大头是产品工作时电场分布比较密集的部位，不允许有任何缺陷。按照常规，分型面选择在圆弧与直线相切的位置。但是，如果成型时分型面产生裂纹、凹坑等缺陷，对产品性能不利，而如果选择远离切点的位置，容易招致产品顶端卷气的缺陷。所以，大端分型面选在距离切点2mm的位置，小端外侧分型面有注胶口，选在距离切点1mm的位置。内侧为了便于排气，分型面选在切点位置。

2.2.3.4　流道板的需要

对于多模腔模具，如果将余胶槽、排气槽和流胶道都排布在同一分型面上，不仅不好排布流胶道，也不利于模腔排气。在这种情况下，就需要有流道板来专门排布流胶道。流道板上的流道料头与产品同时硫化，所以，把这种板也叫热流道板，如图2-37所示模具。一般流道分型面不会在产品上留下任何痕迹，只是在开模时，多一层打开模板。流道板的厚度，可以在满足强度和刚度的情况下，尽可能小。

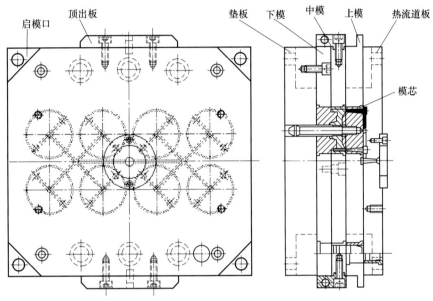

图2-37　带热流道板模具

2.2.3.5　有利于模腔排气

分型面要有利于模腔排气，方便排气口和排气槽的开设，避免模腔出现死角。如图2-38所示堵块产品，选择产品中间两个平面作为分型面，注胶口选在胶量需求较大的分型面上，有利于模腔注胶和排气。图2-39所示顶套产品，如果A处不设分型面，模腔加工和产品脱模都不方便，而且，产品在A处容易出现卷气缺陷。因此，合理的分型面应开设在A和B处。图2-40为密封件模具，产品下方局部有凸缘，如果只要一个水平分型面，模腔凸缘部分不好加工，而且，产品在凸缘部分容易卷气。增加锥形分型面后，方便了模腔加工和排气。

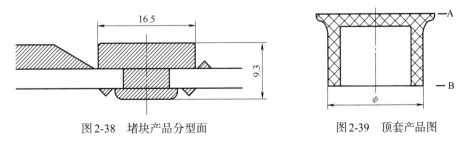

图2-38　堵块产品分型面　　　　　图2-39　顶套产品图

图2-41为吸奶器接头模具结构，有8个模腔，胶料从上分型面进入模腔。吸奶器接头是纯橡胶产品，长度比较长（300mm左右），孔径约15mm，壁厚约3mm。上端大下端小，在

上部有裙边，下端有加强筋。

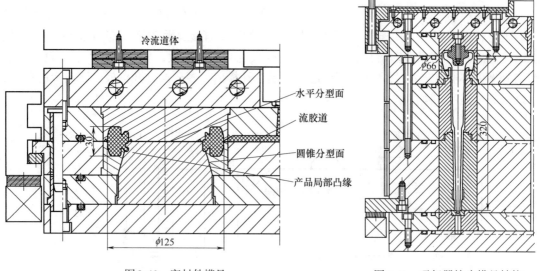

图2-40　密封件模具　　　　　　　图2-41　吸奶器接头模具结构

如果将模腔水平放置，模具高度低，结构简单，但是产品表面有纵向分型线，影响美观，而且产品上部的裙边形状加工困难，该部位模腔也容易卷气。因此，该产品在立式注射机上成型，选择模腔竖直放置的形式。

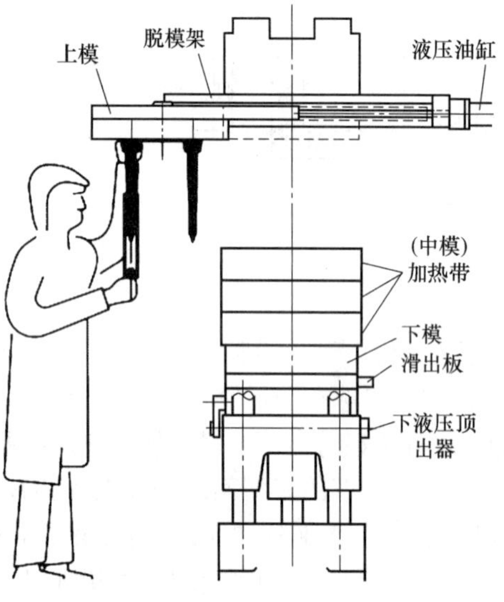

将模腔分为5段加工，使用时将中间3段固定为一起相当于中模，所以模具是三开模结构。

为了便于排气，在每个分型面都开设排气槽，上端裙边的端部也与排气槽接通。排气口在注胶口的对面一侧，与模腔接通部分通道很薄，防止胶料进入。模具配抽真空系统，抽真空口在模腔底端稍大，其他分型面很小，在分型面都有密封件。

这种模具高度很高，中模有辅助加热装置，以保持模具温度均匀。由于产品在合模单元里脱模困难，将模芯固定在上模板上，开模后，模芯随上模板滑出。脱模时，手工取掉胶

图2-42　产品在机器上脱模状态

道料头，一手握住产品，一手用气枪吹产品下端，很容易将产品脱模，如图2-42所示。

2.2.3.6　模腔加工方便

图2-43为绝缘套产品模具，产品外周有伞裙，内层有骨架，采用传递注射成型方式，注胶口在产品上端伞页的根部。中模为哈夫结构，分成三段加工。三段哈夫镶块分别用螺栓固定在两半哈夫模框上。脱模时，机器侧部顶出板上的滑道使哈夫块分开。

图2-44所示密封套模具，按三开模加工，两开模使用。分型面1和2在成型时不打开，既方便加工，也有利于模腔排气。

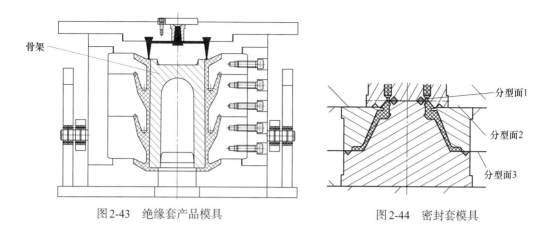

图2-43 绝缘套产品模具

图2-44 密封套模具

2.2.3.7 有利于排布更多模腔

图2-45为小波纹管产品模具，在立式注射机上生产，如果将产品轴线作为分型面，水平放置模腔，一个分型面就可以了，模具结构十分简单，脱模也方便。但是，这种模具结构只能排布12个模腔，如果排列两排模腔，脱模会不方便。选择图2-45模具结构，将产品竖直排列，与6支注胶嘴冷流道体配合，从产品顶部注胶，中模使用哈夫结构，可以排列24个模腔。哈夫块用油缸驱动开合。同时，采用两套下模板和模芯，梭板工作方式，一块梭板成型硫化，另一块梭板脱模，把产品脱模时间从生产循环（包括哈夫块）中剔除，生产效率高。

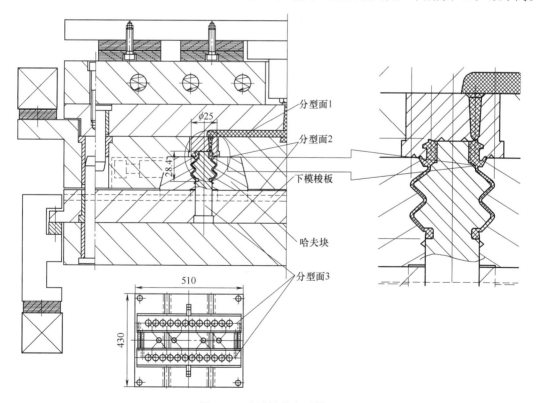

图2-45 小波纹管产品模具

2.2.3.8 方便模芯互换

图2-46为屏蔽套产品，在双胶注射机上成型。一段模腔成型半导电层，二段模腔以半导电层为嵌件成型绝缘体部分。成型时需要切换球形模芯，所以，两段球形模芯的形状尺寸和分型面完全一样，只是活动模芯不同，如图2-47。

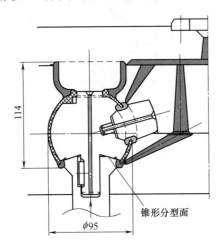

图2-46 屏蔽套绝缘部分成型模腔

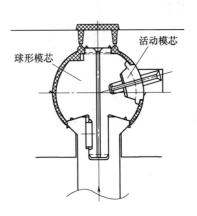

图2-47 半导电层成型模腔

2.3 ▶▶ 初步估算模腔数

一般根据注射机的功能参数、胶料特性和产品要求，确定模腔数和模腔的排布方式。

2.3.1 决定模腔数的因素

① 产品的构成，橡胶产品按结构材质可分为纯橡胶制品和复合橡胶制品。纯橡胶制品指由单一橡胶成型的产品，如O形圈、胶板、波纹管等。复合橡胶制品指由一种或者几种橡胶和金属骨架或者织物复合成型的橡胶产品，如夹布鼓形圈、蕾形圈，由丁腈橡胶和氟橡胶与骨架成型的油封等。

对于纯胶产品，模腔排布需要考虑胶料的特性参数，包括胶料的收缩率、门尼黏度和焦烧时间。对于复合产品，模腔排布除了胶料特性参数外，还要考虑复合材料特性如刚性、弹性和黏合性能等。

② 产品的几何形状，产品的体积、外形尺寸、结构和投影面积、产品的性能要求和关键工作部位质量和尺寸要求，比如密封件的密封部位、电缆附件的电场集中的部位都有特殊要求。

③ 模具的注胶系统，注胶口位置和尺寸、注射孔和流胶道排布、断面形状和尺寸，都影响胶料在流动过程中的压力损失和注胶平衡，进而影响胶料在指定温度下最长的流动距离。

④ 注射机的参数，包括最大锁模力、热板尺寸、最大注射压力、最大注射量、最小注射量、最小模具厚度、热板开度等。

2.3.2 确定模腔数的步骤

（1）注射压力

在实际操作中，用比压来表达胶料的流动性能。比压指胶料从注射桶流入模腔的过程中需要克服的流动阻力，即需要的注射压力。如果胶料在流动过程中的阻力大于注射活塞所能提供的压力，则胶料就可能注不满模腔。对于多模腔模具，胶料在注满最后一个模腔时所需要的压力，必须小于机器的最大注射压力。

在设计一副新模具之前，可以把选用的胶料在一个结构相似的模具上试验，以获得胶料的实际注射压力。方法如下：

① 设定参数：模具和注射单元的温度，最大锁模压力和最大注射油缸压力，估计的注射量，注射速度（注射活塞的线速度）达到5mm/s。该速度值与注射活塞直径有关，如果注射行程长，该值就应设定大些，使注射时间在合理范围内，比如10s左右。可参考该胶料硫化曲线设定硫化时间，如果硫化温度与硫变仪温度相同，则硫化时间=t_{90}（min）×产品壁厚（mm）。

② 当检查模具和机器各部分温度达到设定值后，适当排出胶料。如果排出的胶料黏度状态正常时，就可以开始试模。

③ 在该组参数下，逐步调整注射量，使模腔正好注满。如果选择注射速度为主要控制参数，可将注射压力设定为机器的最高注射油缸压力。在注射过程中，机器显示的最大压力，即为此注射速度下的注射油缸压力。检查注射时间，如果注射太长，可适当提高注射速度，直至模腔正好注满并获得良好的制品。

当增大注射速度时，注射压力也会相应增大，注射时间会缩短。对于针尖、薄片注胶口，注胶速度不宜太快，否则，注胶口压力降太大，会导致流胶道分型面飞边太多。

④ 在注射速度确定以后，模腔正好注满情况下的注射（速度、压力与时间）曲线也就基本不变。一般注射机显示在该曲线上的最大压力HP是注射油缸的压力，将其与注射缸的比例系数CP的乘积，就是该胶料的比压SP（在REP机器上SP=CP×HP=6HP）。

一般橡胶注射机的注射系统多使用增压缸方式，即液压缸的直径比注射桶的直径大。注射活塞对胶料的压力=液压压力×注射油缸截面积/注射胶料活塞截面积，如图2-48所示。如REP橡胶注射机显示的压力为250bar（25MPa，1bar=0.1MPa），而注射活塞对胶料的压力可能为1500bar（150MPa）。不同的注射机的比例系数不一样。也有的注射机显示的是注射活塞对胶料的压力。

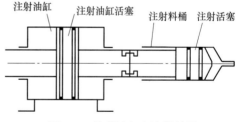

图2-48 注射油缸和注射料桶

⑤ 继续实验，不改变HP，逐步减小锁模力，直至飞边出现，记下此锁模力。

如果获得的最大注射压力和锁模力都低于机器的额定值，产品也没有发生焦烧现象，说明该胶料适合于同类产品用同类模具结构和机器生产。

一般建议使用机器最大注射压力的80%~90%，以使机器处于良好的工作状态。

（2）注射量

通常，模腔数目N与模腔体积V的乘积必须小于注射机的最大注射量Q_{max}，同时应大于最小注射量Q_{min}，所以由注射量计算的模腔数（N_{iv}）的适宜取值范围为$1.1Q_{min} \leqslant N_{iv}V \leqslant 0.9Q_{max}$，即$\dfrac{1.1Q_{min}}{V} \leqslant N_{iv} \leqslant \dfrac{0.9Q_{max}}{V}$。

选用不超过90%最大注射量（Q_{max}），是考虑到飞边和流胶道会需要一定的注射量，而且，对于多模腔模具，各模腔的进胶速度不平衡时，会出现局部飞边更多的现象，所以，要留有一定的注射量裕度。如果模具需要的注射量小于注射机的最小注射量（Q_{min}），注射行程会很短，注射精度就会相对较低，容易导致生产不稳定，比如飞边很多或者产品缺胶等问题。

（3）锁模力

在注射过程中，注射力会使模腔里的胶料形成内压力，使胶料流动和密实。在硫化过程中，胶料受热膨胀使模腔压力进一步增大。模具的锁模力就是用来平衡模腔压力，使模具不被胶料顶开。所以，锁模力必须大于模腔压力与模腔投影面积的乘积，即锁模力要大于比压SP与产品总投影面积的乘积。因而，模具的模腔数：$N_{sp}=0.8MCF \times 10/(SP \times A)$

式中，N_{sp}为根据模腔压力计算的模腔数目；MCF为注射机最大锁模力，kN；0.8为安全系数；SP为制品特定比压，MPa；A为模腔的投影面积，cm^2。

一般在长时间使用以后，机器油缸的密封性能有可能降低，在太高锁模压力下工作，容易因渗漏而掉压。如果补压压力设定太高，就有可能需要频繁补压，这样对机器的使用寿命也不利，因此，一般选用0.8的安全系数，避免使用过高的注射压力和锁模压力。

（4）胶种

胶料黏度越高，所需要的注射压力越大。在含胶量相同的情况下，不同的胶种胶料的黏度不同，所需要的注射压力也不同。通常，对邵氏硬度60的胶料来讲，各种胶料平均比压经验值如下：

① 流胶道注胶方式：

硅橡胶：20MPa；

三元乙丙橡胶（充油橡胶）：30MPa；

丁苯橡胶、顺丁橡胶：35MPa；

氟橡胶：45MPa。

② 注射-传递平均注射压力：17MPa。

③ 注射模压平均注射压力：30MPa。

当胶料的硬度和弹性模量增大时，比压会增大，相反，比压减小。同时，注胶口是胶料流动中压力损失最大的部位之一，注射压力随注胶口尺寸增大而减小，反之增大。

在注射过程中，模腔压力的大小与注射速度和模腔阻力大小相关。如果注射速度快或者模腔阻力大，所需要的注射压力大，模腔的压力也就大。另外，模腔的最大压力往往出现在硫化后期阶段，因为随着胶料温度升高，其体积会增大，进而导致模腔压力增大。图2-49为注射成型空心绝缘子产品时，模腔里胶料实际压力和温度曲线。在相同模具温度下，产品壁越厚，模腔压力升高值越大，发生涨模问题的概率越大，这就是厚壁产品不能使用太高模具温度的原因。

如果余胶槽和排气槽断面大，而且距离模腔近，可方便溢胶，也有利于模腔压力释放，模腔压力就不会升得太高。因此，模腔压力只能是一个大体的估计值。

（5）胶料焦烧时间

一般胶料在注射桶里的温度在60~80℃之间，通过注射，胶料经过流道到达模腔。在流动过程中，除了通过热传递从模腔表面吸收热量外，胶料还会与注嘴、流道、注胶口和模腔发生摩擦生热，尤其胶料在经过狭窄的注嘴和注胶口时，会因剧烈摩擦而生热。所以，胶料在到达模腔时，其温度会上升30~60℃，上升的幅度与胶料、注射速度、注嘴孔径以及模具温度等有关。如表2-10所示，在相同注射条件下，各种胶料的温升幅度不一样，间接表明各种胶料的黏度差异。到达模腔时，胶料温度会略低于模腔的温度，而且，产品壁越厚，胶料里的温差越大。因此，胶料在注射过程中的焦烧时间会略长于胶料在该模具温度下的焦烧时间，而且，焦烧常常发生在流动距离最远的胶料里。

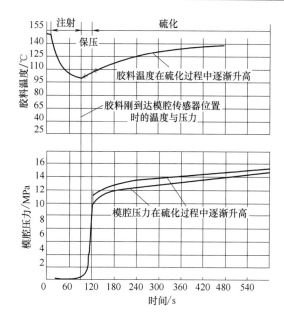

图2-49 模腔压力和温度曲线

表2-10 注射时各种胶料的生热温度

胶料	生热温度/℃	胶料	生热温度/℃
异戊橡胶（IR）	10	丁基橡胶（IIR）	26
硅橡胶	18	天然橡胶（NR）	35
氯丁橡胶（CR）	23	丁苯橡胶（SBR）1500	38
氯化顺丁橡胶（CBR）1712	25	丁腈橡胶（NBR）	60

胶料的焦烧时间会随着模具温度的升高而缩短。胶料必须在发生焦烧之前被注入模腔，否则，就会在产品表面发生流痕、橘皮、缺料等缺陷。在给定的模腔温度下，胶料在注射过程中的焦烧时间也基本固定。胶料焦烧时间越长，模具可排布的模腔数越多。在给定的最大注射压力、模具温度、流道和胶料焦烧时间条件下，胶料黏度越大，安全流动长度就越短，可排布的模腔数就越少。

（6）生产量需求

模腔数目越多，生产效率会越高。但是，模腔数目越多，模具的加工成本也越高，而且，对于手工脱模操作，所需要的脱模时间就越长。模具打开时间越长，模腔表面的热量散失就越多，硫化时间就需要加长，从而，对生产效率也有一定的影响。所以，模腔数目应当综合考虑脱模时间与硫化时间的平衡。如果生产量不是太大，采用少的模腔数目，模具加工成本低，硫化时间短，是比较经济划算的。

（7）机器热板尺寸

一般模板最大板面可以和热板一样大，可以根据产品投影尺寸、模腔到模具边缘的距离和模腔之间的距离，初步计算出模具上可排布的最多模腔数N_a。

（8）模腔层数

如果产品投影面积大、高度低，注射机注射量、锁模力和开度都大，可以考虑双层模腔结构，如图2-50和图2-51。这样模腔数可以比单层模腔数翻倍，且硫化时间增加不多，所以，生产效率也可以翻倍。

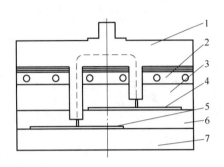

图2-50　配冷流道体双层模腔
1—冷流道体；2—上热板；3—上模；4—上模腔；
5—下模腔；6—中模；7—下模

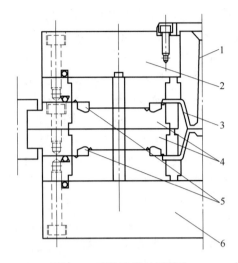

图2-51　配热流道双层模腔
1—注胶道；2—上模板；3—支流道；4—中模；
5—模腔；6—下模

（9）初步确定的模腔数目

单层模腔数为 N_{sp}、N_{iv}、N_a 中的最小值，双层模腔数为单层模腔数的2倍。

2.4 ▶▶ 排布模腔

在初步计算出在该注射机上成型指定橡胶产品的模腔数后，还要对模腔进行排布，然后才能确定最终的模腔数。模腔排布需要考虑下列因素。

2.4.1　模具板面的大小

对于直接用机器热板加热的模具，一般模具板面最大可以和热板大小相同。由于热板和模具边缘容易散热，如果模板尺寸大于热板尺寸，模具边缘的温度就会比中心温度低得多，不利于边缘模腔里产品的硫化，此时就要考虑模具边缘的加热方式。

模板尺寸也不要比热板尺寸小太多，比如不要小于模板尺寸的2/3，如果模板太小，不仅浪费能源，生产效率还低。

2.4.2　模腔到模具边缘的距离

硫化橡胶产品要求模腔温度基本均匀，如果边缘模腔温度过低，就会延长产品的硫化时间，同时导致产品硫化程度不一致。因此，模腔到模具边缘的距离取决于模具边缘的温度。

当用机器热板加热模具时，虽然热板温度均匀性很好，模具分型面边缘的温度也会略低于模具中心的温度，而且，边缘与中心的温差会随着模具厚度的增厚而增大。如图2-52所示，虽然热板上的温度均匀，但是，检测到模具分型面边缘与模板中心的温度差10℃左右，此时，模腔到模具边缘的距离就需要增大，比如60mm，才能确保产品硫化程度基本一致。

　　有些机器的热板，以模具温度均匀为目标进行加热系统优化，使热板边缘温度略高于中心温度，以补偿热板和模具边缘的热量散失，从而，模具分型面中心与边缘的温差比较小，如图2-53所示，模板温差只有3℃。此时，模腔到模具边缘的距离就可以小一点，比如30mm，从而，可以排布更多的模腔。

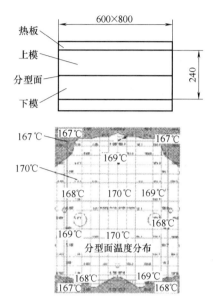

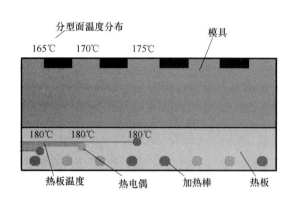

图2-52　240m厚侧部无保温措施的模具分型面温度分布　　图2-53　热板温度优化后，模具温度分布

　　对于厚度大的模具，如果给模具周围安装保温材料，可以减小模具边缘的热量损失，此时可以适当减小模腔与模具边缘的距离，比如50mm。

　　当模具上配有独立的加热系统和保温措施时，可以减小模腔到模具边缘的距离，比如40mm。

2.4.3　模腔之间的距离

2.4.3.1　撕边槽宽度

　　图2-54为密封环的模具结构，胶料从模腔一侧注入，从另一侧排气。模腔直接加工在模板和模芯上，模腔之间只有撕边槽。开模后，产品、胶道和飞边都连在一起落在模芯上，可以使用推料板的方式脱模。如图所示，撕边槽距离模腔 B=0.10~0.30mm，撕边槽宽度 A=2~3mm，模腔之间距离=密封环宽度+(3~3.5)mm，具体距离主要取决于密封环尺寸大小和模具的加工精度等因素。

2.4.3.2　排气槽、流胶道和加热通道的距离

　　当模腔之间有流胶道和排气槽时，流道和模腔

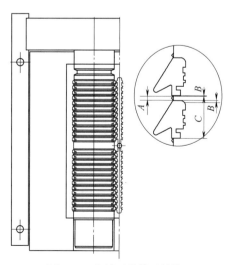

图2-54　密封环的模具结构

图2-55　分型面的排气槽和溢胶槽

以及排气槽之间应当有足够的距离，比如流胶道与余胶槽或者排气槽之间的空白距离至少3mm，以防止胶料在流道泄漏到排气槽，造成不必要的飞边或者卷气问题，如图2-55所示，各模腔都有独立的排气槽。

2.4.3.3　加热通道的距离

当模板上有加热通道时，加热介质孔或者加热管孔到模腔的距离应大于5mm，以保证模腔温度均匀。

2.4.3.4　镶嵌孔的壁厚

如果是直接在模板上加工模腔，模腔间距=产品直径+模腔最小壁厚（E），模腔间距就是模腔的最小壁厚，比如$E \geq 4$mm。最小壁厚E与模板厚度及材质有关。如果模板厚度大、材质强度高，可以在满足刚度情况下，适当考虑磨损及修模的余量确定模腔壁厚。

如图2-56所示，模腔间距=模板孔最小壁厚度E+嵌件外径。镶嵌件与模板的配合方式有H7/m6和H8/f7等，对于前者，为了减少过盈应力对模腔位置精度的影响，应适当增大模腔间距，并视嵌件大小而定。对于后者可取较小的值，同时应考虑嵌件的轴向固定方式。

2.4.3.5　定位销和导向柱位置

定位销和导向柱到模具边缘或者模腔的距离，在满足刚度的情况下可以小点，比如20mm。可以通过草图大体确定排列的模腔数，如图2-57所示模具。

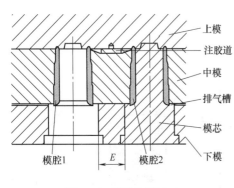

图2-56　镶块孔壁厚E

图2-57　对称排布模腔

2.4.4　脱模方式

对于手工脱模方式，模腔间距应满足手工取件的操作空间要求。如图2-58所示终端产品模腔排布和脱模操作，脱模时，操作者左手握住制件，用右手操作气枪将制件吹胀后从模芯上拉下来。这时，模腔的间距必须保证手握住制件的空间要求，比如模腔间距≥30mm+产品外径。

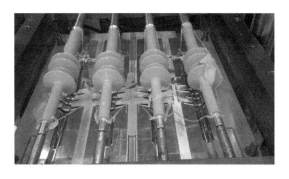

图2-58　终端产品模腔排布和脱模操作

图2-59所示减震件产品是通过顶出模芯的方式脱模，按照顶杆宽度、模芯尺寸以及模具传热效果判断，可以排布6根顶杆，每个顶杆上固定有6个模芯，所以，总共排布36个模腔。

图2-60是刮板产品模具，使用热流胶道，2排共12个模腔。热流胶道板上的胶料从6个竖直锥形流胶道进入模腔分型面，然后，通过支流胶道从刮板的后端注入模腔。

刮板产品由固态硅橡胶成型，一般装上木质手柄后就像一个铲子。模腔结构如图2-61。

图2-59　减震件模腔排布

冷料槽，ϕ12mm，20°倒锥形，深10mm；支流胶道，梯形上端宽4mm，深3.5mm，距离模腔端部0.4mm；注胶口深0.3mm，宽度为支流胶道和模腔平行部分的长度；余胶槽，半圆形R1.2mm、深1.3mm，在注胶口附近距离模腔0.4mm，在排气口附近0.25mm；排气槽，宽3mm、深0.25mm。

开模后，下顶出器顶起模芯架，产品落在模芯上，手工将模芯架向前拉出（模芯架可以在顶出器滑道里滑动），然后，将模芯架前端向上翻转120°，把产品从模芯上取下来，如图2-60（a）所示。

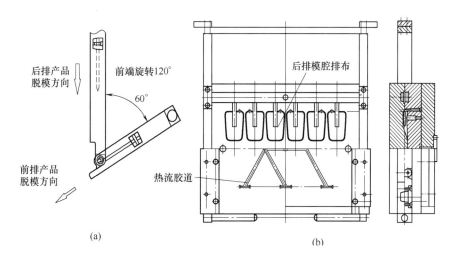

(a)

(b)

图2-60　刮板模腔排布及脱模方式

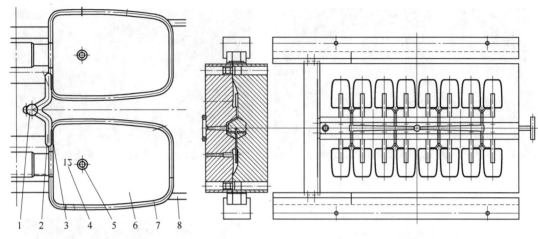

图 2-61　刮板产品模腔结构

1—冷料槽；2—支流胶道；3—注胶口；

4—模腔编号；5—产品日期章；6—模腔；

7—余胶槽；8—排气槽

图 2-62　悬臂式脱模架

刮板产品的另一种模具结构如图 2-62 所示，模芯架一头有一个横梁，可以在顶出架滑道里滑动。模芯架另一端是手柄，以便于手工拉出模芯架脱模。由于这种产品模腔浅，模芯架顶起模芯时阻力小，所以，悬臂结构模芯架受力小。模腔对称地分布在模芯架的两侧，主流胶道在模芯架上。主流胶道是鱼尾状结构，以平衡所有模腔注胶速度。这种模具两开模，结构简单，排列的模腔多，流胶道短，脱模操作也比较方便。

2.4.5　模腔排列方式

不同的注射方式模腔的排列方法不同，常见的模腔排布方法如下。

2.4.5.1　等长度流胶道排布

通常，以注嘴为中心对称排布模腔，即每个模腔到注嘴的距离相等，流胶道断面尺寸相同，以保证各模腔的注胶基本平衡，如图 2-63~图 2-65 所示。

当使用冷流道体时，以支注嘴为中心对称排列，如图 2-66 所示 4 个支注嘴的冷流道体模具的模腔排布。

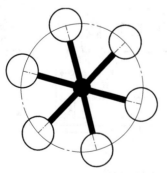

图 2-63　圆周分布模腔

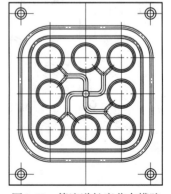

图 2-64　等流道长度分布模腔

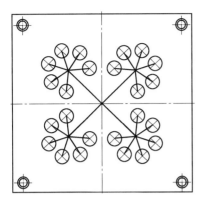

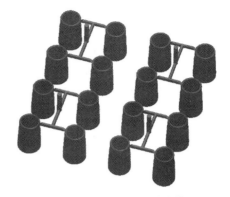

图2-65 按主流胶道分组分布模腔　　　　图2-66 支注射孔对称分布模腔

图2-67所示是气门芯成型模具，使用了24个支注嘴冷流道体，每个支注嘴对称排列16个模腔，总共排布了384个模腔。下模为2套、双棱板工件形式，生产效率高。

图2-68是两种模腔排布方式的比较，同一台注射机，使用热流胶道模具和冷流道体模具都排布了32个模腔。由于冷流道体模具热流胶道短，胶道浪费的胶料少，而且，注胶速度快，模具温度稍高，生产效率高。

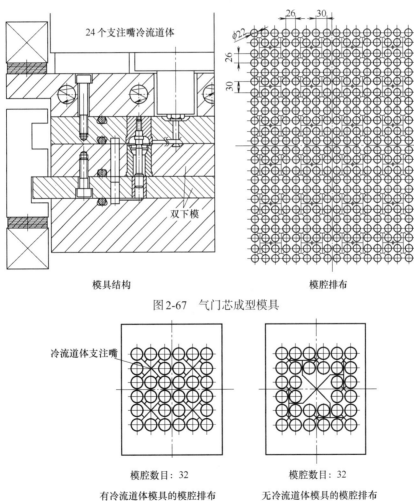

图2-67 气门芯成型模具

图2-68 两种模腔排布方式

2.4.5.2　等三角形排列方式

对于注射传递模具，如果产品脱模方便，可以采用等三角形的排列方式，排布更多模腔。模腔排布在一个圆形范围或者一个正六角形内，以获得注胶平衡，如图2-69和图2-70所示。对于注射模压模具没有流胶道，只有传递膜片。产品在模腔里往往由传递膜片连在一起，脱模时，可以与注胶料头一起整片取出来。传递腔直径大小由传递压力测算确定。

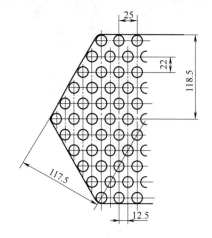

图2-69　在六角形内等三角形排列模腔

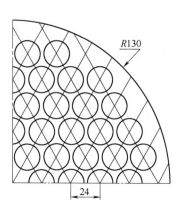

图2-70　在圆内等三角形排列模腔

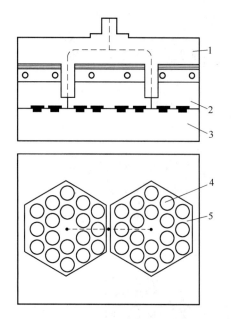

图2-71　以支注嘴为中心等三角形方式排布模腔
1—冷流道体；2—上模；3—下模；4—产品；5—传递膜片

使用冷流道体的注射传递模具，一般以支注嘴为中心等三角形方式排布模腔，如图2-71所示，两个支注嘴对应两个传递腔，总共排列了36个模腔。

2.4.5.3　等阻力流胶道排布

如图2-72所示，按照等长度流胶道的设计原则，模腔可以同时注满，但是，流道较长，浪费在流道上的胶料也多，而且，在模板上只可以排布8个模腔。如果采用图2-73所示等阻力流胶道排布方法，可以排布16个模腔。虽然每个模腔到注嘴的流道长度不相等，但是，通过改变支流道和注胶口断面尺寸的方法，胶料到达每个模腔的阻力基本一致，从而获得同时注满模腔的效果。

图2-74和图2-75分别为膜片产品和模具结构。此模具采用了等阻力流胶道，先通过流道断面尺寸变化，初步平衡各支流胶道阻力。然后，在试模过程中，根据模腔的注胶情况，微调注胶口，以获得所有模腔的注胶平衡。由于是环形注胶口，缝隙比较小，胶料通过注胶口时的压力降比较大，而胶料在流胶道上的压力降小差异，所以，注胶平衡很容易调整。

图2-76所示为胶垫模具，为了排布更多模腔，模腔对称地排布在流胶道两侧，以主流

胶道尺寸逐渐增大的方式，使胶料达到每个模腔的阻力基本一致，获得注胶平衡的效果，浪费在流胶道上的胶料比较少。

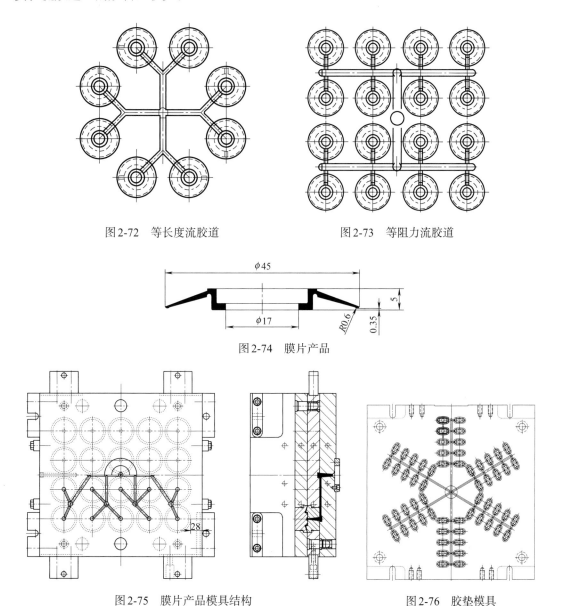

图2-72　等长度流胶道　　　　　　　图2-73　等阻力流胶道

图2-74　膜片产品

图2-75　膜片产品模具结构　　　　　图2-76　胶垫模具

2.4.5.4　根据产品形状特点排列模腔

对于异形产品，在注胶口位置确定之后，可以根据产品形状、注胶口位置和模板尺寸进行排列，不同大小的模板上模腔排列的方式也不一样。原则就是在保证流胶道平衡的前提下，排列更多的模腔，如图2-77~图2-80所示，为使用冷流道体模具模腔的排列方式。

2.4.5.5　根据产品性能要求排布模腔

模腔排列也要考虑模具加热和产品特性要求，图2-81所示模具成型的短套管是用来切矩形圈产品的。由于产品直径大、长度短，要求表面不能有分型线，所以，采用模腔竖直放置方式，一个冷流道支注嘴对应一个模腔，注胶道为膜片状，这样产品脱模也方便。为了保证模芯加热，在模芯里安装有带热电偶的加热管。

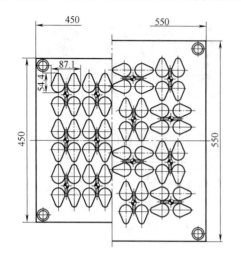

图2-77 护盖产品模腔排布

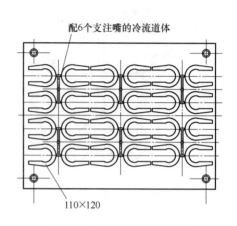

图2-78 马掌产品模腔排布

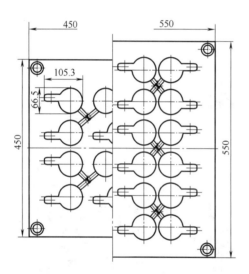

图2-79 垫块产品模腔排布

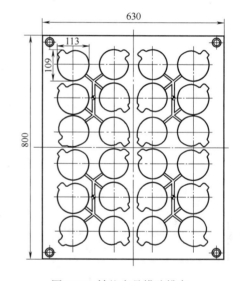

图2-80 轴垫产品模腔排布

图2-82所示长胶管模具，胶管直径小、长度长，选择模腔水平放置方式，一个冷流道支注嘴对应两个模腔。由于模芯细，靠热板加热就能满足模具加热要求。模芯一端固定在模芯架上，在模芯端头有一个脱模板，由液压油缸驱动，实现产品自动脱模。

2.4.5.6　双层模腔排列

图2-83是双层模腔雨刷条模具，共24个模腔，胶料从端部注入模腔。冷流道体右侧6个短注嘴向上层模腔注胶，左侧6个长注嘴向下层模腔注胶。

图2-84为两层模腔Y形圈模具结构，共有32个模腔，包括2个产品脱模分型面和1个胶道料头脱模分型面。与4个支注嘴的冷流道体配套使用，每个支注嘴的胶料在中间分型面，

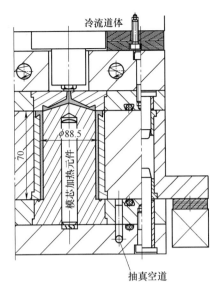

图2-81 成型模具短套管

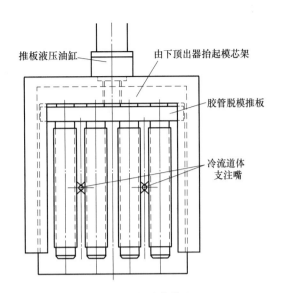

图2-82 长胶管模具

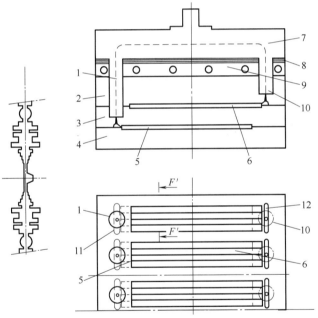

图2-83 双层模腔雨刷条模具

1—长支注嘴；2—上模；3—中模；4—下模；5—下层模腔；
6—上层模腔；7—冷流道体；8—隔热板；9—上热板；
10—短支注嘴；11—下层流胶道；12—上层流胶道

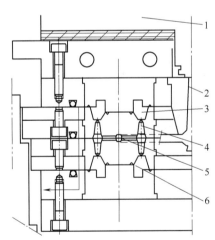

图2-84 两层模腔Y形圈模具

1—冷流道体；2—注射孔；3—上层模腔；
4—进胶道；5—支胶道；6—下层模腔

对称地分为上下各4个支胶道，向对应的模腔注胶。

图2-85为双层密封圈模具，两层共10个模腔，三开模结构。在上模和下模的中心都有一个锥形柱，流胶道对称地开设在该锥形柱上，注胶口尺寸0.6mm×20mm。这种流胶道结构简单，调整注胶平衡和脱模都比较容易。在模芯的上下分型面都有抽真空槽，与抽真空系

统连通。由于产品断面小，为了防止胶道料头脱模时拉伤产品，在支胶道上都有胶道料头剪断机构。开模后，拉杆使模芯悬空与模腔分离，产品落在模芯上。手工取出进胶道料头和产品。由于有拉杆，开合模速度不能太快。

图2-86为垫套模具，两层共8个模腔，三开模结构。在上模和下模的中心都有一个锥形柱，流胶道对称地开设在该锥形柱上。这种流胶道结构简单，调整注胶平衡和脱模都比较容易。注胶口尺寸0.8mm×15mm，开模时，进胶道料头与产品分离后落在下模。

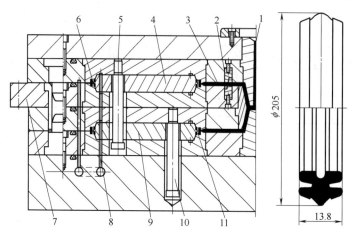

图2-85 双层模腔密封圈模具

1—注射孔；2—胶道料头剪断结构；3—支胶道；4—上模芯；5—上模芯拉杆；6—上模腔；
7—中模；8—抽真空系统；9—下模芯；10—下模芯拉杆；11—下模腔

(a) 上模   (b) 中模   (c) 下模

图2-86 两层共8腔的垫套模具

设计双层模腔时，除了要考虑产品和胶道料头的脱模和取出空间，同时，也要考虑两层模腔的排气方法。有时，在模腔分型面安装弹簧［如图2-86（a）］，以保证作排气动作时，上、下模腔都能够同时打开到要求的开度。

2.5 ▶▶ 选择注胶方式

注射成型的橡胶产品上都会有注胶口的痕迹。注胶口的形状有圆形、环形、半圆形、矩形、薄膜等，如图2-87所示。

注胶口的位置有两种情况，一种是在模腔的分型面上，另一种是在远离分型面的位置。在分型面上的注胶口可分为环形、矩形和薄膜等，远离分型面的注胶口多为圆形。

按照来自注射嘴胶料进入模腔的方式，可分为注射孔直接注胶、流胶道注胶和注射传递等。不同的注胶方式，注胶口形状不同，模具结构也不同。注胶口应选择在不影响产品外观和性能的情况下，有利于快速而平衡地注满模腔的位置。

环形　圆形　矩形　半圆形　薄膜

图2-87　注胶口形状

2.5.1　注射孔直接注胶

直接注胶是指来自注胶嘴的胶料，直接从注射孔注入模腔。注射孔为锥形，大头在产品上。这种注胶方式胶料流程短、流道阻力小，注射孔料头与产品连在一起，修除后，产品上的注胶口痕迹较大。

直接注胶方式有两种情况。一种是来自注射头注嘴的胶料直接进入模腔，如图2-88所示，轮胎胶囊模具属于直接注射方式。这种注射方式的模具一般只有一个模腔，适用于大型、圆形对称形状，而且允许表面有较大注胶口疤痕产品的注射成型。另一种是来自冷流道体支注嘴的胶料直接进入模腔。冷流道体支注嘴直接注射方式，一般一个支注嘴对应一个模腔，模腔数取决于支注嘴数目，适合于小产品的注射成型，图2-89为单层模腔模具，图2-90为对称注嘴的冷流道体双层模腔鞋底注射模具。

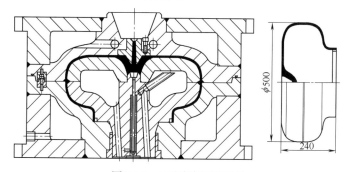

图2-88　A形胶囊模具结构

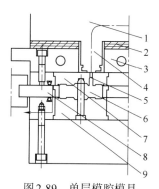

图2-89　单层模腔模具

1—冷流道体；2—隔热板；3—上热板；
4—支注嘴；5—支注射孔；6—模腔；
7—上模；8—中模；9—下模

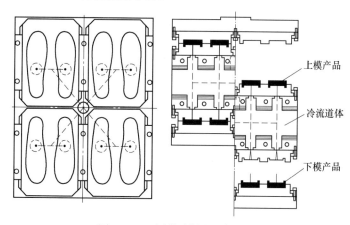

上模产品

冷流道体

下模产品

图2-90　双层模腔鞋底注射模具

2.5.2　分型面注胶

　　胶料从分型面进入模腔，流胶道和注胶口在同一分型面。注胶口形状一般为矩形，而且厚度比较薄，宽度依据注胶量确定。胶道料头与产品分离方便，产品上的注胶口痕迹轻微。这种进胶流道加工、胶道料头取出和流胶道维护都比较方便，所以，应用比较普遍。

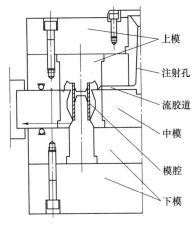

图2-91　从上分型面流道注胶

　　一般根据产品表面质量要求、模腔注胶平衡以及产品脱模的方便性等因素，确定流胶道与注胶口所在的分型面，具体方式有以下几种。

2.5.2.1　上分型面进胶

　　图2-91所示模具，胶料从上分型面流道进入模腔，是三开模结构。中模与下顶出器连接。这种产品带有金属骨架，将骨架放入模腔以及从模腔取出产品，都需要从上分型面操作。将注胶口开设在上分型面，尺寸为0.2mm×4mm，胶料的流动阻力小，模腔空气容易从下分型面逃逸。硫化完成打开模具后，顶起中模，制品与模芯分离，手工从中模上取下胶道料头和制品，比较方便。飞边主要在上分型面，下分型面的飞边较少，有时也需要清理。

2.5.2.2　下分型面进胶

　　图2-92所示模具，胶料从下方分型面的流道注入模腔。注胶口形状为矩形，尺寸（厚×宽）为0.2mm×4mm。开模后，制品和注射孔料头落在中模上。然后，中模滑向机器后方，外置上顶出器下行，顶出中模里的产品和注射孔料头。在中模滑入过程中，上、下滚刷滚动，清除中模上、下分型面的飞边。完成脱模后，机器进入下一个自动循环。

2.5.2.3　不同宽度注胶口

　　图2-93为鱼骨状流胶道来自主流道的胶料经过支流道进入模腔。各模腔到主流道距离相等，通过变化主流道宽度和注胶口大小的方法，来平衡各模腔的注胶速度，比如第一个注胶口高度为e，第3个注胶口高度为$3e$。

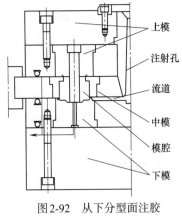

图2-92　从下分型面注胶

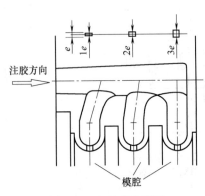

图2-93　鱼骨状流胶道

2.5.2.4 与流道一样宽的注胶口

图2-94是矩形注胶口，宽度与流胶道一样宽（4~6mm）、厚度0.05~0.2mm、长度0.5~1.5mm，注胶口具体尺寸取决于产品大小。在满足注满模腔的条件下，尽可能减小注胶口厚度，以方便胶道料头与产品分离，比如O形圈断面直径2mm，注胶口厚度0.1mm。注射孔与余胶槽的距离大于2mm，以避免胶料进入余胶槽引起产品卷气缺陷。

2.5.2.5 余胶槽进胶

流胶道只与余胶槽连通，不直接与模腔接通，如图2-95所示。流道深度渐渐变浅至与余胶槽深度一致。因为余胶槽与模腔距离较近，胶料容易从余胶槽进入模腔。这样胶道料头也容易被撕掉。这种结构适合于小规格产品的成型。

2.5.2.6 鱼尾状注胶口

当产品上不允许有明显的注胶口疤痕而需要的注胶量大时，可以将注胶口宽度增大以加快注胶，如图2-96所示的鱼尾状注胶口，既满足了注胶速度的要求，在脱模后注胶口料头也容易与产品分离，产品不需要修边。

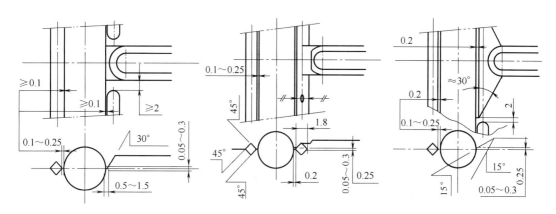

图2-94 分型面矩形注胶口   图2-95 分型面余胶槽注胶口   图2-96 分型面鱼尾状注胶口

图2-97所示为水管接头密封件，这是一个系列产品，内孔尺寸由50mm到300mm分为许多规格，一般产品的断面形状相似，尺寸不同。成型这类产品的注射模具结构也相似，多为两开模，模芯和产品由顶出器顶起，手工脱模。注胶口都在分型面，位置在产品最大外径的下方或者产品的顶端，注胶口数量和大小随产品规格变化。

图2-98为220规格水管接头密封件注射成型

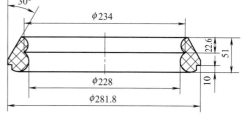

图2-97 水管接头密封件

模具结构，1个模腔，4个流胶道对应4个注胶口，流胶道开设在模芯顶部，流胶道断面为抛物线形状，尺寸5mm×3.5mm，注胶口形状为鱼尾状，注胶口在产品顶部，尺寸14mm（宽）×0.2mm（厚）。

图2-99为110规格水管接头密封件注射成型模具结构，4个模腔，每个模腔一个注胶口。注胶口在分型面，尺寸25mm（宽）×0.2mm（厚）。

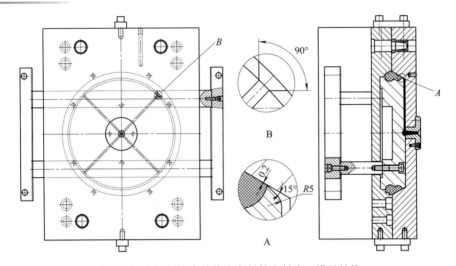

图2-98　220规格水管接头密封件注射成型模具结构

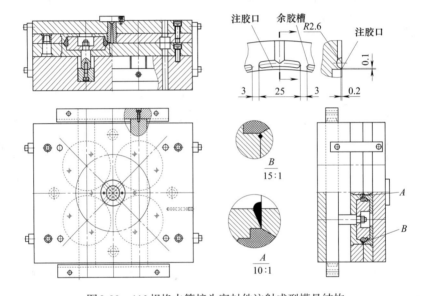

图2-99　110规格水管接头密封件注射成型模具结构

2.5.2.7　侧部注胶口

图2-100所示为侧部注胶口模具，该套管产品端部比较厚，模芯局部细。采用从模腔端部一侧进胶的方式，有利于胶料横向和纵向平衡流动。注胶口靠近模芯的端部，模芯可以承受较大的注胶压力，避免弯曲。流胶道断面为圆形对称排布，流胶道跨过模芯时是个环形槽，环形槽截面尺寸等效于流道的尺寸。模芯与模板是过渡配合，在流胶过程中，胶料从模芯处的泄漏很少。

2.5.2.8　平行流道注胶口

对于扁平产品，如果采用点注胶，胶料流到模腔端部所需时间长，容易发生焦烧现象。采用如图2-101所示的平行流道注胶口，很容易注满模腔。流胶道平行于模腔，距离模腔很近。流胶道形状是个锥形，在靠近注射孔位置窄，在最远位置最宽。注胶口为矩形，厚度约0.1mm，宽度为模腔的长度。在注射孔附近进胶道长度约2mm，在最远处胶道长度约0.5mm，由此平衡各点的注胶阻力，使流道各点的进胶速度基本一致。由于注胶口很薄，可以避免模腔注满后胶料回流现象。

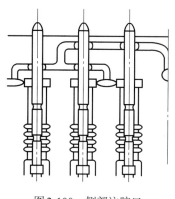

图2-100 侧部注胶口

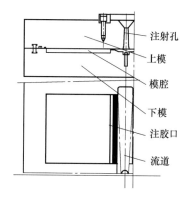

图2-101 平行流道注胶口

2.5.2.9 多点注胶口

图2-102所示管套产品，壁比较厚，外周有短的伞裙。模具结构为两个模腔两开模，如图2-103所示。模芯一端固定在模芯架上，由机器的下顶出器顶起脱模。模芯的自由端有一个堵头，用来构成产品端部内凸缘形状。模芯和堵头与模板都是锥面和圆柱面组合的定位方式。

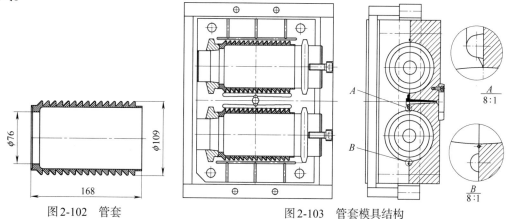

图2-102 管套   图2-103 管套模具结构

胶料从注射孔在分型面进入主流胶道，经过支流胶道从进胶道进入模腔，模腔每个伞尖一侧有一个楔形注胶口，宽度3.4mm，厚度0.2mm，在模腔的另一侧伞尖有排气槽。支流道从中心到两端深度逐渐变深，以获得各点的进胶平衡。

图2-104是密封框模具，在铝框架内缘成型橡胶密封带，使用8个支注嘴的冷流道体，2个模腔。来自每个支注嘴流道的胶料通过6个潜水式注胶口进入模腔，注胶口直径1.5mm。多点进胶有利于胶道料头与产品分离。使用梭板式中模，一套中模硫化，另一套中模脱模。

图2-105是阀门密封件模具，来自注射孔的胶料通过4个流胶道进入模腔，梯形流胶道断面宽5mm、深4mm；注胶口宽度15mm、厚度0.2mm。

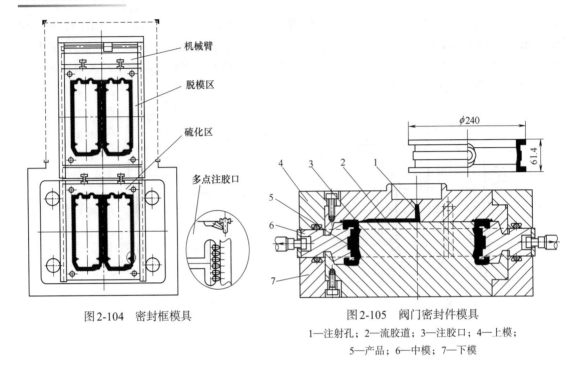

图 2-104　密封框模具

图 2-105　阀门密封件模具

1—注射孔；2—流胶道；3—注胶口；4—上模；

5—产品；6—中模；7—下模

2.5.2.10　对称注胶口

图 2-106 所示为矩形气囊产品，最小厚度 1mm，长径比约 12∶1，截面不对称，一个面有翼翅。模具结构如图 2-107 所示，模芯细长而且是一端固定，一端自由。由于模芯太细，如果从产品的重心位置进胶，会引起模芯偏心问题。所以，注胶口选择在模芯支承点附近，对称排布。为了在产品上避免过大的注胶口痕迹，选择薄而且长的矩形注胶口。在试模过程中发现，即使模腔每侧一个注胶口，有时也会发生模芯偏心的问题。为此，将原来长度的注胶口分为两段，在两段之间有一个限流台，目的是在开始注胶时，只有第一段注胶口向模腔

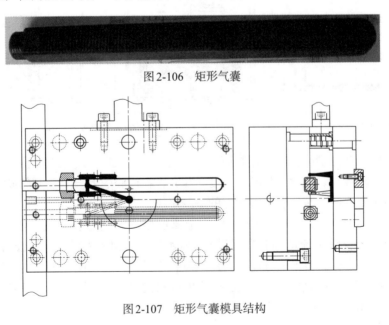

图 2-106　矩形气囊

图 2-107　矩形气囊模具结构

注胶，当前端模腔注满并形成一定压力时，第二段注胶口才开始进胶。由于第一段模腔注满后，胶料对模芯有一定的支承力，解决了模芯偏心的问题。

2.5.2.11　哈夫块分型面注胶口

图 2-108（c）为垫座产品，该产品由上、下金属骨架和中间橡胶复合而成。中间橡胶部分四周都有凸出的筋，筋的宽度为4.5mm，高度为3mm，筋的高度与上下骨架外缘平齐。

根据产品骨架特点和注射机热板尺寸，设计的模具为哈夫结构，而且，胶料从哈夫分型面进入模腔，如图2-108（a）所示。模腔数为4，模具结构为四开模，包括热流道板、上模、中模和下模，其中，中模沿长度方向哈夫分型。在开合模过程中，通过斜销实现哈夫块开合动作。模腔的上分型面在上骨架下平面，下分型面在下骨架的上平面，这样有利于金属骨架的安装定位。胶料从注射孔进入热流道板，经过主流道、次流道、支流道，从哈夫块的纵向分型面进入模腔。从主流胶道到进胶道都平滑过渡，每个产品两侧各2个注胶口，注胶口宽度4.5mm，厚度1mm。在注胶口模腔处有0.2mm的圆角，以免胶道料头拉伤产品。支胶道为锥形，下端小（直径3mm）。开模后，胶道料头与进胶道料头分离，进胶道料头与产品连在一起脱模。

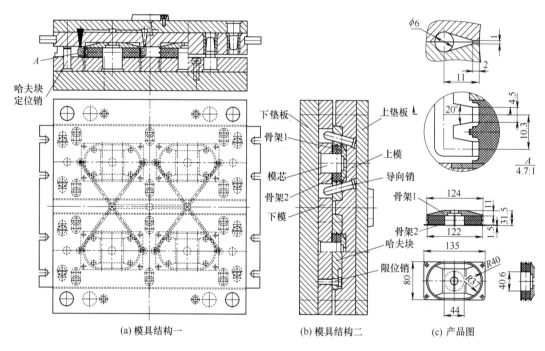

(a) 模具结构一　　　(b) 模具结构二　　　(c) 产品图

图 2-108　垫座产品与模具结构

2.5.3　环形注胶口

一般波纹管产品壁比较薄，而且形状细长，如果从产品侧部多点注胶，不仅流胶道长，也有可能发生顶偏模芯的问题，而且受流胶道和排气槽分布的限制，排布的模腔数少。如果从模腔端部环形注胶口注胶，不仅流胶道短、注胶平衡、模腔排气方便，还可以排布更多的模腔。如图2-109所示波纹管模具，在模芯上的环形胶道与模腔有$A=0.05$mm的重叠，胶料通过此环形注胶口进入模腔。环形胶道断面一般为梯形或半圆形，在环形胶道上支流胶道的对面有一个胶道隔断螺钉。脱模后，产品与注胶流道料头在注胶口位置分离。由于注胶口在产品端部棱尖上，注胶口痕迹很轻微。环形流胶道料头与注射孔料头连在一起脱模。

图2-110所示，防尘罩模具的注胶道相似于图2-109模具，不同之处就是模具配有冷流道体，支胶道开设在模芯架上。一个支注嘴向4个模腔注胶，从支注射孔到每个注胶口的流胶道距离相等。

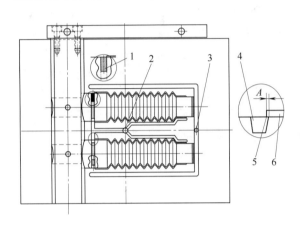

图2-109　波纹管模具

1—胶道隔断螺钉；2—注射孔；3—抽真空道；
4—环形胶道；5—环形注胶口；6—模腔

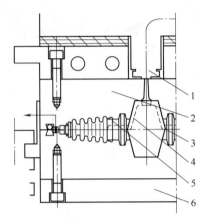

图2-110　防尘罩模具

1—冷流道体支注嘴；2—上模；3—模芯；4—支流胶道；
5—环形流胶道；6—下模

对于端部有圆角的波纹管产品，注胶口可采用图2-111的结构，注胶口尺寸 A=0.1mm（宽），B=0.1mm（厚）。

图2-112为圆环间隙注胶口。油封模腔狭窄，不适宜单点或者多点注胶，一般采用环形注胶口有利于注胶平衡。

图2-113是膜片扇形注胶口，根据产品特点，来自0.6mm厚膜片的胶料通过12个2mm宽、0.15mm厚的扇形注胶口进入模腔。图2-114为适配器产品和扇形注胶口，产品是以导电环和屏蔽环为嵌件，用绝缘液态硅橡胶浇注成型。注胶口为0.5mm厚，45°宽的扇形注胶口。在修除注胶口料头以后，该棱角倒角为1×45°，满足产品的形状要求。

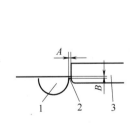

图2-111　半圆形环形流胶道

1—环形流道；2—环形注胶口；3—模腔

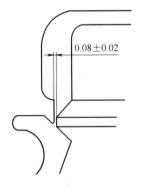

图2-112　圆环间隙注胶口

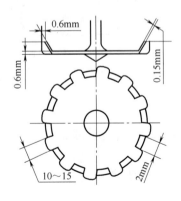

图2-113　膜片扇形注胶口

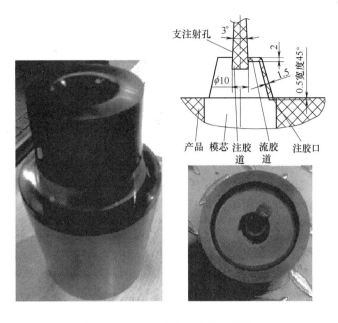

图2-114　适配器产品和扇形注胶口

2.5.4　针尖注胶道

2.5.4.1　针尖注胶道特点

顾名思义，针尖注胶道的形状像针一样，上部大下端头小。针尖注胶道上端与分型面的流胶道连通，下端与远离分型面的模腔接通。硫化结束开模后，流胶道料头在注胶口处断开与产品分离，针尖注胶道料头与产品落在不同的分型面，产品上有针尖注胶口痕迹。

图2-115所示为针尖注胶道的流道系统。针尖注胶道2与流胶道1和圆柱注胶口5接通，平滑过渡没有死角。

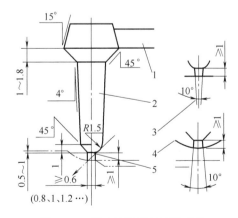

图2-115　针尖注胶道的流道系统

1—流胶道；2—针尖注胶道；3—倒锥注胶口；4—正锥注胶口；5—圆柱注胶口

针尖注胶道注胶口（图2-115）有圆柱形（5）、正锥形（4）和倒锥形（3）3种形状，胶料通过不同形状注胶口时的阻力大小不一样，胶道料头拉断的位置也稍有差异。正锥形注胶口适用于产品凹面注胶，倒锥形注胶口适用于从产品的平面注胶，圆柱形注胶口应用比较多，适用于曲面、平面等注胶。

针尖注胶道与注胶口有圆角 $R1mm$ 或 $1×45°$ 倒角两种过渡形式，一般根据产品注胶点的形状确定。当注胶口直径增大时，倒角距离或者 R 也需要增大。

注胶口直径在 $0.6~2.5mm$ 之间，长度为 $1~2mm$。注胶口大注胶速度快，但是，产品上的疤痕大，拉断没有小注胶口容易。一般不要大于 $\phi2mm$，以保证胶道料头容易拉断，不损伤产品外观。通常，根据产品的体积确定注胶口的大小和数量。注胶口的位置既要考虑注胶平衡也要考虑不影响产品的外观质量。针尖注胶口与制品接触的部位，有一个微小倒圆角，比如 r 为 $0.1~0.2mm$，以防止拉伤产品。

一般在下面3种情况下使用针尖注胶道：①产品里有金属骨架时，如果从分型面注胶，胶料有可能冲击金属骨架，容易使金属骨架跑位；②从分型面直接注胶胶料流动阻力太大；③产品体积大，需要从几个位置注胶，并且希望注胶口痕迹小。

2.5.4.2 针尖注胶道类型

① 侧向注胶。注胶道与注胶口有一个夹角，以适应于产品注胶口位置的需要。如图2-116所示，传递注射和流胶道注射方式都可以使用侧向针尖注胶口注胶，只是过渡方式不同。

② 多点注胶。当不希望产品上有明显的注胶口痕迹时，可以开设多个点注胶口。如图2-117，注胶口为多点薄膜，很容易撕边，产品上注胶口痕迹很小。

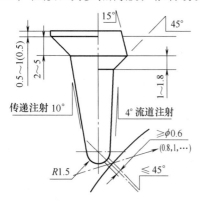

图2-116 针尖注胶道侧向注胶口

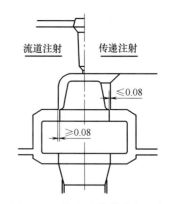

图2-117 针尖注胶道膜片注胶

2.5.4.3 针尖注胶道的应用

① 直接注胶。针尖注胶道直接向模腔注胶。如图2-118减震件模具，胶料通过针尖注胶口注入模腔，上模与机器的上顶出器连接，中模与下顶出器连接。开模后，产品落在中模，胶道料头落在上模。

② 间接注胶。如图2-119所示，左侧模具，针尖注胶道通过膜片胶口向模腔注胶。右侧模具，针尖注胶道通过进胶道向模腔注胶。这种方式适用于制品表面不允许有明显注胶口痕迹的场合。

③ 向双层模腔直接注胶。如图2-120所示，位于模具中间分型面的流道，将胶料通过上下针尖注胶道，对称地注入上、下两个模腔。开模后，产品落在中上模和中下模，胶道料头落在中下模。

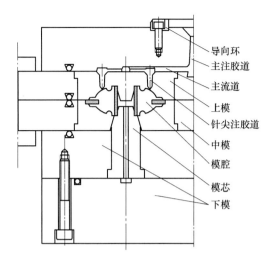

图2-118　针尖注胶道直接注胶

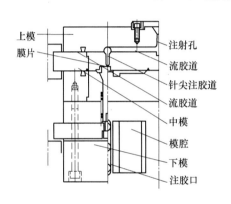

图2-119　针尖注胶道间接注胶

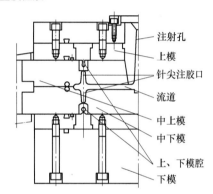

图2-120　针尖注胶道直接向上、下模腔注胶

2.5.5　潜水注胶道

有的产品不允许在分型面有注胶口痕迹，此时，可以考虑采用潜水注胶道形式，使胶料在偏离分型面的位置进入模腔。潜水注胶道分内潜水注胶口和外潜水注胶口。

潜水注胶道与针尖注胶道的形状相似，区别就是前者轴线与分型面夹一锐角而不是垂直。如图2-121所示，潜水注胶道与分型面的夹角由注胶口位置确定，夹角也不宜太大，否则流道可能太长。一般根据进胶需要确定注胶口轴线与潜水注胶道的夹角。注胶口直径一般在0.6~2mm范围，潜水注胶道与流胶道过渡应当平滑，避免死角，过渡圆弧 R 要适当。

当要求产品外表面没有注胶口痕迹时，或者从产品外表面注胶流胶道太长时，可以选用内潜水注胶口，如图2-122所示。

当要求潜水注胶口距离分型面较近时，可以开设专用流胶槽，以便于开设潜水注胶口。专用流胶槽应与潜水注胶道和主流胶道光滑连接，并且应方便潜水注胶道料头脱模，如图2-123所示。

有时，需要在分型面对面的模腔开设注胶口，可以采用曲线流道的方式，使胶料从允许注胶口的位置注入模腔，如图2-124所示。

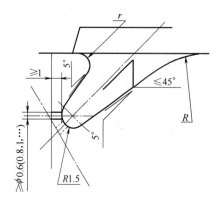

图 2-121　外潜水注胶口

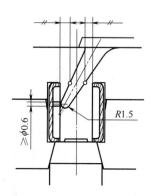

图 2-122　内潜水注胶口

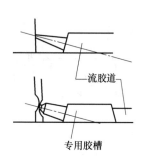

图 2-123　分型面附近潜水注胶口

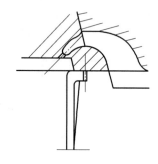

图 2-124　曲线流道潜水注胶口

为了使分型面流道的胶料顺畅地流入潜水注胶道，可以开设缓冲槽，并且，流道与缓冲槽对接光滑，没有死角，如图 2-125 所示。

图 2-126 为密封件产品模具，为了使胶料从模腔比较宽敞的部位注入，采用了潜水注胶道。

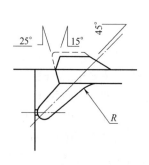

图 2-125　缓冲槽与潜水注胶口

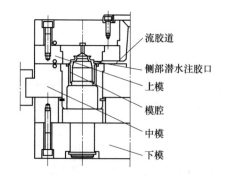

图 2-126　密封件注射模具

2.5.6　膜片注胶道

对于膜片、油封和隔膜这些圆形产品，壁厚一般都比较薄，比如 1~2mm，如果从一个点或者几个点注胶，注胶口太大不符合产品外观要求，而且也很难均匀注满模腔。在这种情况下，将来自流胶道的胶料通过一个圆形的膜片流道，再经过缝隙很小的环形注胶口注入模腔，会获得注胶速度快而且均匀注满模腔的效果。

膜片注胶道有扁平形式和皮碗状形式，如图2-127所示。膜片注胶道厚度和注胶口的厚度δ，取决于产品的大小、胶料的黏度和热撕裂性能等，原则就是能顺利将胶料注入模腔，而且，胶道料头撕边容易，产品无需进一步修边，比如膜片注胶道厚度1~2mm，注胶口厚度0.05~0.1mm。

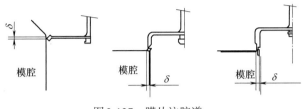

图2-127　膜片注胶道

膜片注胶口有几种形式，①膜片定向注胶口（图2-128），膜片的方向与进胶方向一致，向着模腔比较宽敞的部位注胶。这种胶口在产品的尖角位置，胶口料头容易与产品分离，也不需要修整。②膜片端头撕边槽注胶口（图2-129），注胶口几乎垂直于模腔的一个壁，在接近模腔时膜片变厚，这样有利于胶料流动均匀，胶口料头撕边也比较方便。③厚的膜片注胶口（图2-130），注胶口阻力小，注胶速度快，适合于用胶量较大产品的注胶，但是，要考虑注胶口料头的修除方法。

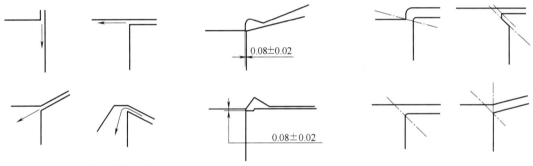

图2-128　通过膜片定向注胶　　图2-129　膜片端头撕边槽注胶　　图2-130　通过厚膜片直接注胶

图2-131是骨架密封件模具，产品上的唇口是密封关键部位，选择注胶口在距离唇口约1.5mm位置。进胶道由两个相交的圆锥构成，与支注射孔接通部分厚度2mm，模腔注胶口处厚度0.1mm，注胶效果与膜片流道相似。

图2-132为隔膜产品模具，膜片注胶道，注胶口为0.1mm的圆环，在注胶口前有一个高度约1mm的撕边槽。这种方式的流道阻力小，胶道料头容易与产品分离。

O形圈进胶方式如图2-133所示，左边结构，来自分型面流道的胶料经过针尖注胶道后，经过膜片胶道和撕边槽进入模腔，膜片厚度≥0.6mm。右边结构，来自传递腔的胶料通过针尖注胶道和膜片进胶进入模腔。

图2-134为隔膜传递注射模具，传递腔胶料通过针尖注胶道和膜片进入模腔。

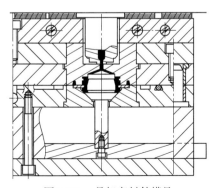

图2-131　骨架密封件模具

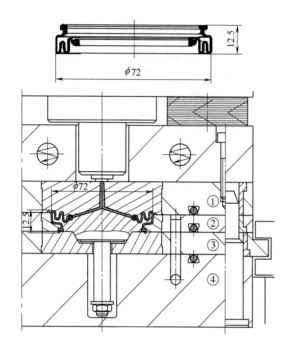

图2-132　隔膜产品模具

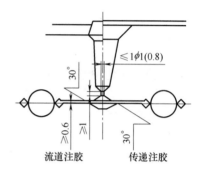

图2-133　O形圈进胶方式

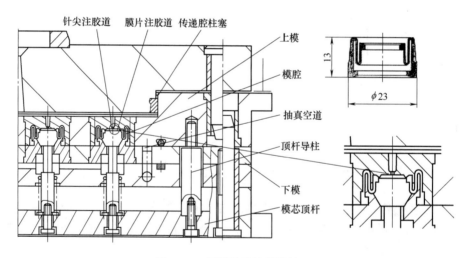

图2-134　隔膜传递注射模具

2.5.7　平衡进胶道

当产品需要的注胶量多、注胶道尺寸比较大时，如果注胶口附近模腔的压力差异较大，会导致产品变形。如图2-135套管产品，胶料从两侧对称进入模腔，注胶口长300mm，厚4mm。硫化脱模后，产品在注胶口区域变形为鼓形，距离注胶口最近处模腔压力最大，变形量最大（约2mm）。

给进胶道增加阻尼块，平衡注胶口各点的进胶速度和压力，如图2-136所示，使沿注胶口模腔各部位的内压力基本一致，从而解决了产品注胶口部位变形的问题。

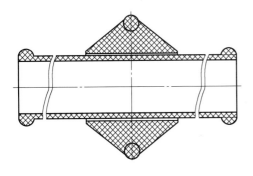

图2-135　套管产品与进胶道

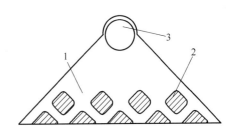

图2-136　平衡进胶道

1—注射孔；2—阻尼块；3—主流道

2.6 ▶▶ 流胶道系统设计

流胶道系统的作用是将来自注射机注嘴的胶料送入模腔，不仅要快速将胶料注入模腔，还要确保各个模腔同时注满。

2.6.1　注射孔

模具上注射孔是将来自注射嘴的胶料导入流道或者模腔的流道，如图2-137所示。注射孔一般为锥形，而且与注嘴接触一端为小头 d，比注嘴孔直径大1mm左右，以便于将胶料导入注射孔。

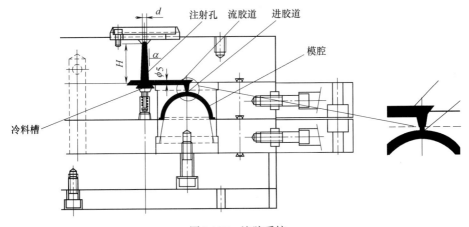

图2-137　注胶系统

注射孔小头孔径 d 取决于胶料的黏度、模腔尺寸和工艺需要，要求在焦烧时间内将胶料注入模腔。当胶料黏度大、模腔体积大、模腔数目多时，所选择注胶口直径 d 大，反之，选择小的 d 值。比如轮胎胶囊产品一般是注射孔直接注胶，当胶囊质量为30kg时，小头注胶口直径 $d=12$mm，质量为10kg时，小头注胶口直径 $d=8$mm。

注射孔的锥度 α 影响注胶和脱模效果，锥度 α 大，胶料通过时的压力损失小、注胶速度快，也有利于注射孔料头脱模。对于热撕裂强度好的胶料，可以选择小一点的锥度 α，对于热撕裂性能差的胶料，选择大一点的锥度α，防止拉断料头。一般根据胶种确定锥度α，比如硅橡胶α角取6°~10°，因为硅橡胶热撕断性能差，角度小容易从中间断开，其他胶种可以取小点，比如4°~6°。

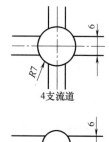

4支流道

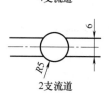

2支流道

图2-138　注射孔与支流胶道

注射孔的长度也影响脱模效果，注射孔越短越有利于胶道料头脱模，反之就难。因此，注射孔的锥度与长度匹配，比如当$H<$50mm时，取$\alpha=3°$，当$H\geq50$mm时，取$\alpha=4°$。

注射孔尺寸应与支流胶道匹配，各支流胶道断面积总和基本等于注射孔的平均断面积，以使胶料在流道分叉处流动顺畅，压力损失小，如图2-138所示。

注射孔中间不能有接缝，以免胶道料头脱模困难。当上模板由两块板组成时，可以使用注射孔套，将注射孔开设在一个整体套上。以避免漏胶，也方便注射孔维护，如图2-139所示。

当注射孔需要穿过移动模板时，应使用带锥度的注胶套，锥面与移动模板过渡（H8/h7）配合，如图2-140所示。

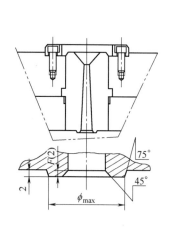

图2-139　注射孔镶块

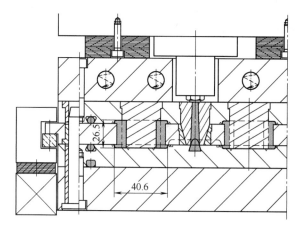

图2-140　支注射孔镶块

2.6.2　冷料槽

冷料槽一般位于注射孔的正下方。来自注射孔的胶料，首先充满冷料槽，然后流向支流胶道，如果料头有轻微的焦烧，可能会沉积下来。当有多个分流道时，冷料槽有利于平衡各分流道的流胶速度。

冷料槽兼有拉出注射孔料头的功能，使注射孔料头与上模分离，便于清理料头。

冷料槽有倒锥形和圆柱形两种，如图2-141所示。圆柱形里面一般装一个平头螺钉，螺钉低于分型面3mm左右，冷料槽的直径稍大于注射孔的大头直径。倒锥形冷料槽的锥度一般在10°左右，底部有圆角，以方便注射孔料头脱模。也有的冷料槽是个约50mm深的盲孔，里面没有

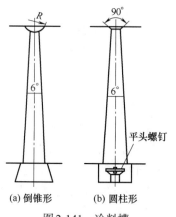

(a) 倒锥形　　　(b) 圆柱形

图2-141　冷料槽

螺钉，这样既可以沉积更多焦烧的料头，也方便拉出注射孔料头。

2.6.3　设计流胶道

　　流胶道是用来将注射孔的胶料输送到注胶口，然后进入模腔。流胶道设计应保证各个模腔同时注满，同时，流胶道的截面积与周长之比应尽可能大，以减小流动阻力和流胶道废料。

　　流胶道有两种情况。一种是恒截面流道，在整个流程上，流胶道截面形状和尺寸不变化，流胶道形状有圆形、梯形、矩形和抛物线形。另一种是变截面流道，流道形状尺寸是变化的，比如锥形流胶道和鱼尾状流胶道等。

　　一般根据产品结构、胶料黏度和注射成型方式等因素，确定流胶道形式与排布。通常，流胶道的表面粗糙度与模腔一致，比如 Ra 为 0.8μm。

2.6.3.1　流胶道的类型

（1）圆形流胶道

　　圆形流胶道（图2-142）具有最大的截面积与周长的比值。在同等流胶量情况下，流胶道截面积最小，摩擦阻力最小，也节省胶料，同时，在流动过程中胶料从流胶道表面吸收的热量也少。

　　圆形流胶道需要在两个半模板上加工，加工工序复杂、成本高。有时，很难确定开模后流胶道料头和飞边是落在上模还是下模，而且，模具清理工作量大。因此，一般很少使用圆形流胶道。

（2）U形流胶道

　　U形流胶道（图2-143）与圆形断面流胶道相比摩擦阻力稍大。这种流胶道一般加工在下模，胶道料头清理和检查方便，加工容易，应用比较广泛。如果希望胶道料头脱模方便、传热面积大，就将流胶道两侧面的斜度选用大一点，常用斜度为5°。

（3）抛物线形流胶道

　　抛物线形流胶道是比较理想的形状（图2-144），与U形流胶道相似开设在下模板上，加工容易，胶道料头取出方便。确定抛物线形流胶道尺寸的经验计算公式：$W=1.25D$，$D=(1/6)S+1.5$，式中，W 为流胶道截面最上端尺寸；D 为流胶道直径；S 为产品的平均壁厚。

（4）梯形流胶道

　　为了减小流动阻力和加工方便，通常将梯形流胶道（图2-145）的底部都加工成圆弧。梯形流胶道对胶料的流动阻力比前两种情况稍大，其优点是胶道料头脱模方便。通常，$R=0.5\sim1.5$mm，$h=3\sim4$mm，$a=4\sim6$mm。当胶料流动性好、焦烧时间长、产品尺寸小、模腔数少时，R、h、a 取小值，反之，R、h、a 取大值。

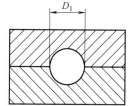
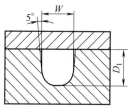
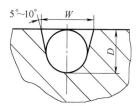
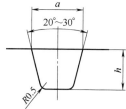

图2-142　圆形流胶道　　　图2-143　U形流胶道　　　图2-144　抛物线形流胶道　　　图2-145　梯形流胶道

（5）半圆形流胶道

流胶道断面为半圆形，如图2-146。截面积与周长比值比前几种流胶道都小，胶料在流动过程中容易被加热，胶道料头脱模比较方便，多用于要求不太高的场合。

（6）锥形流胶道

锥形流胶道主要用于跨分型面的竖直流道，一般上端大下端小，以便于流胶道料头从下端拉断，如图2-147。流道锥度在2°~6°范围内，一般根据胶道尺寸和胶料脱模情况确定，对于小断面胶道和容易粘模的胶料取大的锥度，反之，取小锥度。一般胶道料头从大头拔出，在小头拉断，因此，锥形流胶道的大头在要连在一起脱模的流胶道料头所在的分型面一端。

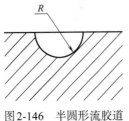

图2-146　半圆形流胶道

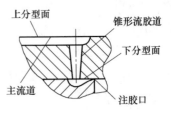

图2-147　锥形流胶道

（7）针尖流胶道

也有采用针尖流胶道将两个分型面的流胶道接通的方式，如图2-148所示。针尖流胶道有倒锥和正锥两种方向。如果希望胶道料头从上部拉断，就选择正锥，反之选择倒锥。针尖流胶道与流胶道的过渡要光滑，不能有死角。针尖流胶道比锥形流胶道容易拉断，但是，流胶道上的压力损失比锥形流胶道大。

（8）鱼尾状流胶道

如图2-149所示，产品尺寸大，需要多点注胶。来自注射孔的胶料，先流入鱼尾状流胶道，然后，通过3个矩形注胶口进入模腔，调整注胶平衡比较方便。3个注胶口的长度不同，旨在平衡各注胶口的注胶速度。中间注胶口距离注射孔近，加长注胶口以增大阻力。两侧注胶口距离注射孔远，缩短注胶口的长度，以减小胶料在两端注胶口的流动阻力。

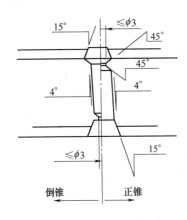

图2-148　连接两个流道的针尖流胶道

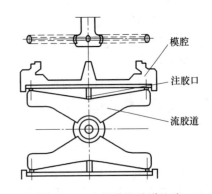

图2-149　鱼尾状流胶道注胶

（9）鱼骨状流胶道

鱼骨状流胶道如图2-150所示，主流胶道的断面尺寸在胶料的流动方向逐渐变大，即流胶道的深度或者宽度渐进增大，而到达每个模腔的支流胶道的长度逐渐变短，从而，距离注嘴越远的模腔，其支流胶道越短。这样，到达距离注嘴较远模腔的胶料，在主流胶道上的压力损失大，而在支流胶道上的压力损失小，由此实现胶料到达各模腔的压力损失基本一致，进而使各支注胶口的注射速度基本平衡，各模腔同步注满。

（10）跨分型面流胶道

如图2-151所示跨分型面流胶道，上、下两层对称分布共8个模腔。注射孔在模具中心位置分为8个支流胶道，每个支流胶道对应一个模腔。各支流胶道断面尺寸一致，而且对称分布。支流胶道在靠近模腔部位逐渐变薄，注胶口为薄的矩形。开模后，支流胶道料头在注胶口处与产品分离。

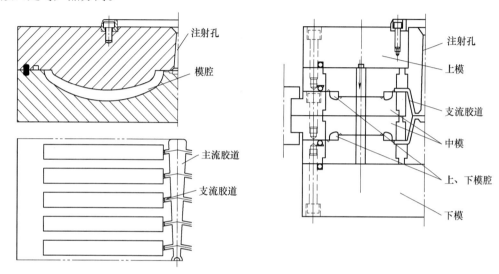

图2-150 对称排布20个模腔与鱼骨状流胶道　　　图2-151 跨分型面流胶道

2.6.3.2 胶料流动规律

橡胶属于非牛顿型流体，等量的注射胶料倾向于通过每个流道进入模腔。当胶料注入不平衡的多模腔注胶系统时，就会有的模腔先注满，而且，胶料还会继续向这个模腔注胶。从而，先注满的模腔及其流道上游的压力会随着注射的进行而升高，在压力高的流道和模腔周围会出现飞边。

图2-152为实验模具模腔和流道示意图。本实验旨在演示在不同的注胶量条件下，将胶料通过不平衡的注胶系统注入多模腔时，胶料的流动状态。

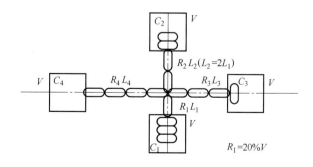

图2-152 实验模具模腔和流道

其中4个模腔 C_1、C_2、C_3 和 C_4 的体积都是 V。4个流道截面积也都相等，但是，L_1、L_2、L_3 和 L_4 各流道的长度不等，其中 $L_2=2L_1$，$L_3=3L_1$，$L_4=4L_1$。

各流胶道的体积：$R_1=V/5$，$R_2=2V/5$，$R_3=3V/5$，$R_4=4V/5$。

试验时，每次增加胶量 $0.8V$，直到4个模腔完全注满为止。通过硫化后的胶件，检查流道系统的注胶进程。

试验结果见表2-11，以百分比表示注满程度。由此试验数据可以看出来，当一个模腔已经注满时，胶料还会继续注入这个模腔，甚至有的模腔还没有注进胶料，就产生了飞边。另外，注胶时间长的胶料会有焦烧的危险。

表2-11 注射试验数据

编号	注射量	C_1		C_2		C_3		C_4	
		流道/%	模腔/%	流道/%	模腔/%	流道/%	模腔/%	流道/%	模腔/%
1	$0.8V$	100	0	50	0	33	0	25	0
2	$1.6V$	100	20	100	0	66	0	50	0
3	$2.4V$	100	40	100	20	100	0	75	0
4	$3.2V$	100	60	100	40	100	20	100	0
5	$4.0V$	100	80	100	60	100	40	100	20
6	$4.8V$	100	100	100	80	100	60	100	40
7	$5.6V$	100[①]	100[①]	100	100	100	80	100	60
8	$6.4V$	100[①]	100[①]	100[①]	100[①]	100	100	100	80
9	$7.2V$	100[①]	100[①]	100[①]	100[①]	100[①]	100[①]	100	100

① 有飞边。

2.6.3.3 确定流胶道断面尺寸

在选择好流胶道的断面形状以后，就要确定流胶道的断面尺寸。

流胶道断面尺寸小，胶道料头体积小，节约胶料，但是，胶料在流胶道上的压力损失大，可能注不满距离注射孔最远处的模腔，或者胶料在流动过程中的摩擦生热量大，可能发生焦烧现象。另外，流胶道阻力大，也容易在流胶道周围产生太多的飞边。

流胶道断面尺寸大，在流道上的压力损失小，模腔里的压力大，有利于挤出模腔里的空气，流胶速度快，注胶时间短，缺点就是流胶道浪费的胶料多。

合适的流道尺寸，应当能使胶料在流道里流动顺畅并快速注满模腔，而且，固化后的流道料头脱模方便。确定流胶道断面尺寸有下面几种方法。

（1）类比法

可以根据类似模具的经验数据确定流胶道系统尺寸。对于新的胶料，用螺旋流道模具在注射机上实验获得胶料流动性能数据，通过孟山都流变仪测得胶料的黏度曲线获得其拉伸强度和撕裂阻力（基本数据是300%的伸长模量），与现有胶料性能和模具进行对比，来确定新胶料的模具流胶道断面尺寸。

（2）模流分析

根据产品尺寸大小、胶料特性和生产循环的时间预期等，输入该胶料的门尼黏度以及焦烧时间等参数。通过模拟胶料到达模腔时的温度、压力和注胶时间等，来获得最佳的流道尺寸建议值。

（3）根据经验数据计算流胶道尺寸

① 经验数据。表2-12是各种胶料最佳流道尺寸经验值，ϕ_{min} 为流道的最小直径尺寸（单

位：mm），这些数据仅为胶料进入模腔之前流道尺寸的参考值。

表2-12 胶料最佳流道尺寸经验值

胶料种类	ϕ_{min}的取值范围	
	大于	小于
硅橡胶	2.50	3.00
三元乙丙橡胶(充油型)	2.50	3.00
邵氏硬度60的天然橡胶、丁苯橡胶、丁基橡胶、丁腈橡胶、顺丁橡胶、三元乙丙橡胶、氯丁橡胶	3.00	3.50
邵氏硬度90的天然橡胶、丁苯橡胶、丁基橡胶、丁腈橡胶、顺丁橡胶、三元乙丙橡胶、氯丁橡胶	3.50	4.50
氟橡胶、氯磺化聚乙烯橡胶	4.00	4.50

② 计算公式。流道的断面尺寸与流道的长度有关，流道直径的经验计算公式：

$$\phi = \phi_{min}(1+KL)$$

式中，L为流道长度，mm；K取0.001（经验值）。

例如：邵氏硬度60的丁腈橡胶（具有良好的黏度和撕裂强度）：MD=3mm。

如果L=50，ϕ=3×[1+（0.001×50）]=3.15mm；

如果L=100，ϕ=3×[1+（0.001×100）]=3.3mm；

如果L=150，ϕ=3×[1+（0.001×150）]=3.45mm。

表2-13 圆形流胶道与梯形流胶道等效面积换算的经验值

编号	圆形流胶道		等效梯形流胶道		
	$\phi=2R$/mm	截面积S_1/mm²	宽W/mm	深D/mm	截面积S_2/mm²
10	1.0	0.79	1.27	1.00	1.00
15	1.5	1.77	1.90	1.50	2.25
20	2.0	3.14	2.54	2.00	4.00
25	2.5	4.91	3.17	2.50	6.25
30	3.0	7.07	3.80	3.00	9.00
35	3.5	9.62	4.44	3.50	12.25
40	4.0	12.57	5.07	4.00	16.00
45	4.5	15.90	5.71	4.50	20.25
50	5.0	19.63	6.34	5.00	25.00
55	5.5	23.76	6.97	5.50	30.25
60	6.0	28.27	7.61	6.00	36.00
65	6.5	33.18	8.24	6.50	42.25
70	7.0	38.48	8.88	7.00	49.00
75	7.5	44.18	9.51	7.50	56.25
80	8.0	50.27	10.14	8.00	64.00
85	8.5	56.75	10.78	8.50	72.25
90	9.0	63.62	11.41	9.00	81.00
95	9.5	70.88	12.05	9.50	90.25
100	10.0	78.54	12.68	10.00	100.00
105	10.5	86.59	13.31	10.50	110.25
110	11.0	95.03	13.95	11.00	121.00
115	11.5	103.87	14.58	11.50	132.25
120	12.0	113.10	15.22	12.00	144.00

$\beta=15°$
$W=2R(1+tg\beta)$
$S=4R$

③ 圆形与梯形流胶道换算。表2-13为圆形流胶道与梯形流胶道等效面积换算的经验值。如图2-153所示，2组3模腔的主流道、分流道和支流道尺寸，其中，末端流道C的截面积为4mm²，表中是A、B、C梯形流胶道尺寸和圆形流道的等效面积值。

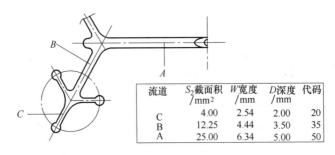

流道	S截面积 /mm²	W宽度 /mm	D深度 /mm	代码
C	4.00	2.54	2.00	20
B	12.25	4.44	3.50	35
A	25.00	6.34	5.00	50

图2-153　2组3模腔主流道、分流道和支流道尺寸（其中，末端流道C的截面积为4mm²）

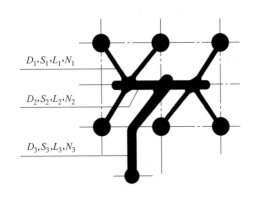

图2-154　流道参数示意图

④ 上游流胶道断面尺寸计算。各级流胶道横断面尺寸的一般计算公式：$S_n=0.9N_{n+1}S_{n+1}(1+KL_n)$

式中，K为流道长度修正系数，取0.001；S_n为第n级流道的断面积，mm²；L_n为第n级流道的长度；S_{n+1}为上游流胶道横断面积；N_{n+1}为第$n+1$级流道的数目。

例题（图2-154）：

$D_1=3.15$mm，$N_1=3$，$N_2=2$，$L_2=100$mm，$L_3=150$mm。求$D_2=?$ $D_3=?$

计算：$D_1=3.15$，$S_1=D_1^2\pi/4=7.793$mm²

$S_2=0.9\times N_1\times S_1(1+0.001L_2)=0.9\times3\times7.793\times(1+0.001\times100)=23.14(\text{mm}^2)$

$D_2=5.42$mm

$S_3=0.9\times N_3\times S_3(1+0.001L_3)=0.9\times2\times23.14\times(1+0.001\times150)=47.89(\text{mm}^2)$

$D_3=\sqrt{\dfrac{4S_3}{\pi}}=7.80$mm

（4）鱼骨状流胶道

如图2-155所示，沿着胶料流动方向主流道的截面积逐渐增大，支流胶道长度逐渐变短。比如模腔2处主流道的截面积是模腔1处的1倍。而且，从主流道到模腔的支流胶道的长度依次缩短。这样一来，从主流道a处到模腔1的支流道上的流动阻力，基本等量于a处到b处主流道与b处到模腔2的支流道的流动阻力之和，由此实现了各个模腔的阻力和注胶速度基本平衡。也有的不改变主流道和支流道宽度，通过逐次增加主流胶道或者支流道深度，来实现注胶平

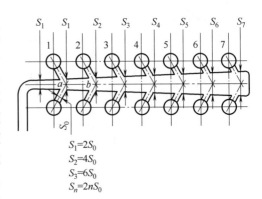

$S_1=2S_0$
$S_2=4S_0$
$S_3=6S_0$
$S_n=2nS_0$

图2-155　鱼骨状流胶道

衡。图2-156为使用鱼骨状流胶道的模具结构。

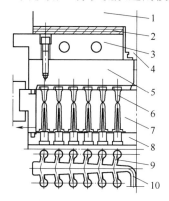

图2-156 鱼骨状流胶道的模具结构

1—冷流道体；2—隔热板；3—上热板；4—支注嘴；5—上模；
6—针尖注胶道；7—中模；8—下模；9—支流胶道；
10—主流胶道

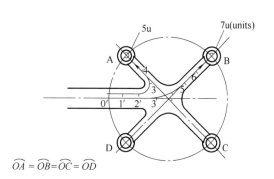

图2-157 等效长度流胶道

（5）等阻力流胶道

胶料流动总是倾向于朝着最短、最简单和阻力最小的方向流动。虽然支流胶道物理距离相等，但是支流胶道与主流道的夹角不同，胶料流动的阻力就不同。这就需要通过改变支流胶道截面的方法来调整阻力，以获得阻力基本相等的流道。

如图2-157，A、B、C、D四个模腔到主流道的距离不等，比如在相同断面支流道情况下，主流道到A模腔阻力是5，到B模腔阻力是7，流动不平衡。通过调整各流胶道截面尺寸的方式，使这四个支流道各自总的流胶阻力基本相等，获得了4个等效流道，达到平衡注胶的目的。

（6）流胶道的分布原则

流胶道应对称分布，流胶道尽可能最短，流道截面应基本等效。图2-158（a）为水封模具流胶道，两层共12个模腔。每个模腔需要2个注胶口。如果上下每对注胶口对应一个流胶

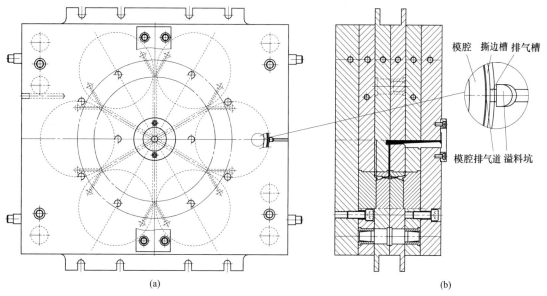

(a)　　　　(b)

图2-158 水封模具流胶道分布（a）与排气槽（b）

道，模板上的流胶道太多，浪费胶料。考虑到相邻模腔的注胶口距离很近，就让2对注胶口共用一个主流胶道，然后通过支流胶道接通，这样胶道布局简洁，节约胶料，使用效果良好。

这种来自对称流道的胶料并不一定正好在排气槽位置汇合，因此，在排气槽位置增加一个溢料坑，使少量胶料溢流，可以避免产品出现卷气现象，如图2-158（b）所示排气槽。溢料坑里的溢胶料头会由撕边槽飞边带出来脱模。

图2-159是密封环模具结构。密封环材质为氯丁橡胶，收缩率为2.2%。模具为三开模，注射孔上端直径为8mm，锥度为2°；流胶道对称分布，抛物线形流胶道；主流道宽度和深度均为8mm，支流道宽度和深度均为6mm，注胶口宽度为产品的1/4圆周，深度为0.15mm；流胶道在上分型面，排气口在下分型面距离注胶口最远的位置，排气槽与大气接通；模腔上、下分型面都有余胶槽，2×45°三角形余胶槽，距离模腔0.5mm，距离注胶口2.5mm。

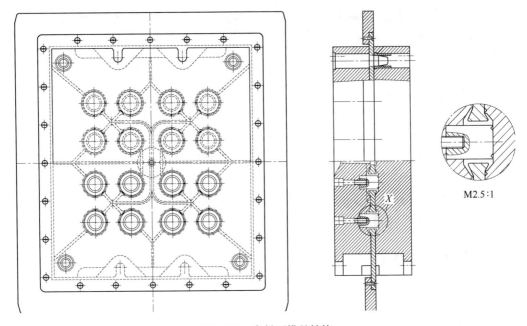

图2-159　密封环模具结构

2.7 ▶▶ 注射传递模具设计

2.7.1　注射传递过程

当小尺寸产品使用流胶道注胶时，流胶道会很多，不仅胶料流动阻力大，而且模腔数量也受到限制，同时，产品脱模和清理也不方便。注射传递方式就很好地规避了这些问题。

注射传递是先将胶料注入传递腔或者分型面，然后，借助于锁模力将胶料压入模腔，如图2-160所示。这样，模具上就只有很薄的传递胶料的膜片，比流胶道料头的体积小很多。由于传递腔或者分型面距离模腔近，借助于锁模力很容易将胶料注入模腔，因此，胶料流动阻力小、注胶时间短。

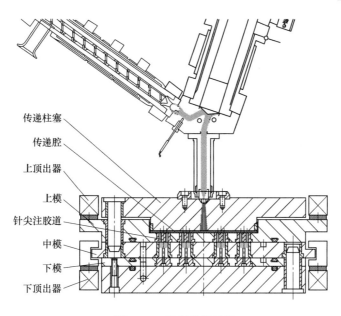

图2-160 注射传递过程

2.7.2 注射传递特点

① 由于没有流胶道，在同等尺寸的模板上，可以排布比流胶道注射方式更多的模腔，如图2-161是两种注胶方式的模腔排布，注射传递方式排布了60个模腔，流道注射方式排布了56个模腔。

② 与同模腔数的流道注射模具相比，注射传递注胶料头比流胶道注射的胶道料头体积小，节约胶料。

③ 所有模腔同时注满，产品的硫化状态一致。

④ 与注胶道系统相比，传递腔形状简单，注胶时，传递腔是打开的，而且注胶距离短，胶料流动阻力小。传递腔到模腔的注胶道短，锁模力推动传递柱塞将胶料注入模腔，需要的能量少。

⑤ 注射模压传递膜片与中心注射孔料头和产品连在一起，取出胶道料头和产品操作方便、快捷。

⑥ 模腔分布在传递柱塞的直径范围内，模腔分型面投影面积小于传递腔的面积，因此，分型面上的锁模压力大于模腔压力（图2-162），胶料很难溢流到分型面上，所以，分型面几乎没有飞边，不需要撕边槽结构。

⑦ 传递注射不受产品高度限制，产品上会留下一个或者（对于大产品）多个针尖注胶口的疤痕。

⑧ 浮动型模腔方便产品骨架定位和压紧，非常适合于带嵌件产品的成型。

⑨ 产品轴向和径向尺寸精度高。

⑩ 模具打开时，有的产品落在中模板上，容易实现脱模自动化操作，产品质量稳定，生产效率高。

传递注射有3种方式：①注射模压；②热传递腔注射传递；③冷传递腔注射传递。

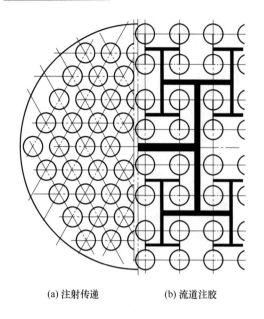

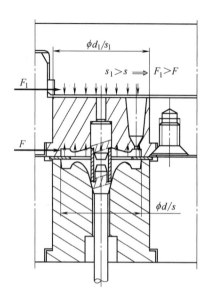

(a) 注射传递　　　　(b) 流道注胶

图2-161　两种注胶方式的模腔排布　　　　图2-162　传递腔压力与模腔压力

2.7.3　注射-模压模具

　　模具上没有传递腔，合模之后，上、下模之间留有1~2mm的间隙，也不锁模。先将胶料注射在分型面形成一个圆饼。然后锁模，胶料被挤入模腔，如图2-163。锁模后，还有保压、排气等动作。

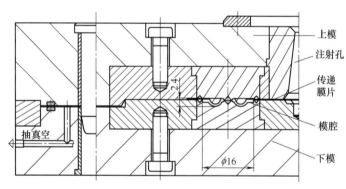

图2-163　注射模压模具

　　注胶前模具打开的开度，以及传递过程中的排气和锁模速度、压力等参数，可以根据需要设定。硫化结束开模后，制品通过传递膜片连接在一起，手工或者其他方式从模腔取出连有产品的膜片，如图2-164。

　　一般一个注胶嘴对应一组模腔，如图2-165，模腔以注胶嘴为中心分布在一个圆内。如果胶料流动性好，排布的模腔数多。与冷流道体配的模具，一个支注嘴对应一组模腔，如图2-166。

　　通常，在模腔区域有一个凹槽形成一个传递膜片，其深度在0.1~0.3mm，一方面便于胶料在传递过程中流动和排气；另一方面，成型后，传递膜片将产品连接在一起，有利于取产品和清理模具。有的模具，有传递膜片厚度调整楔块，可以通过楔块调整上下模的间隙，将膜片调整为理想的厚度，如图2-165所示模具。

注射模压成型方式，模具简单、操作方便，产品质量稳定，硫化时间短。成型脱模后，没有流胶道料头，只有一个很薄（0.2~0.5mm）的传递膜片，产品上没有注胶点痕迹和熔接痕。这种方式比较适合于小而且扁平产品的成型，比如O形圈、瓶塞等。

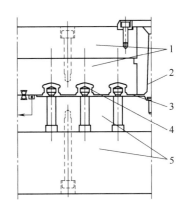

图2-164　注射器活塞产品模具

1—上模；2—注射孔；3—传递膜片；4—产品；5—下模

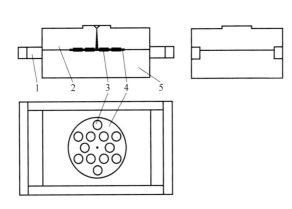

图2-165　注射模压模具

1—间隙调整架；2—上模；3—产品；4—传递膜片；5—下模

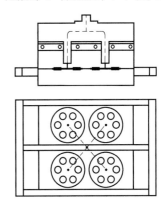

图2-166　配冷流道体注射模压模具

2.7.4　热传递腔模具

如果产品高度高，需要传递的胶量多，若采用注射模压结构开模注射时，胶料就有可能溢流到分型面，形成很厚的飞边，不利于修边，也影响产品的高度尺寸。这时就可以采用注射传递方式。注射传递分为热传递腔和冷传递腔两种形式。

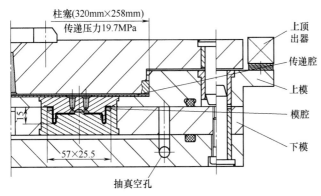

图2-167　热传递腔注射模具

如图2-167所示，热传递腔模具比注射模压模具多了一个传递腔，而且，传递腔的温度与模腔硫化温度一样，传递膜片与产品同时硫化。

热传递腔注射传递胶料的过程如图2-168所示。第一步合模，锁模板横入但不锁模，模具没有完全合严，传递腔有一个由工艺参数设定的缝隙。第二步注胶，将设定量的胶料注入传递腔。第三步锁模传递，在锁模力作用下，胶料通过针尖注胶口注入模腔，此时传递腔还有传递胶料膜片。第四步，产品与传递腔的膜片硫化。第五步脱模，硫化结束后，模具打开脱模。

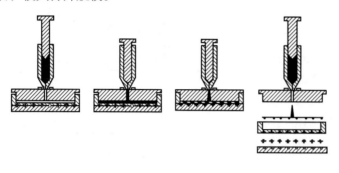

图2-168　注射传递过程

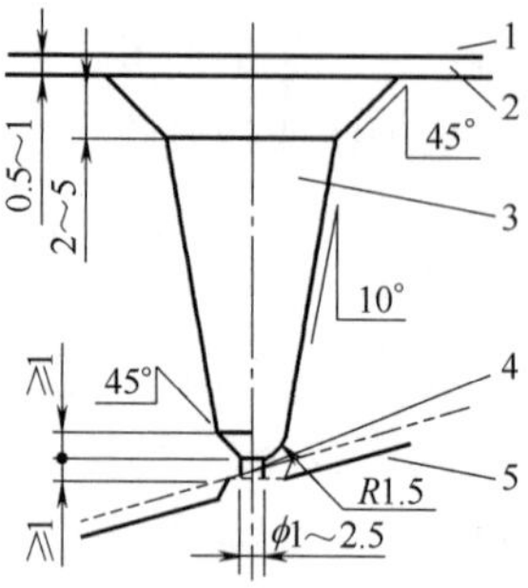

图2-169　传递注射针尖注胶道
1—传递柱塞；2—传递膜片；3—针尖注胶道；4—注胶口；5—模腔

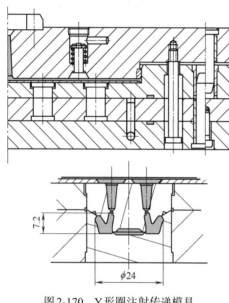

图2-170　Y形圈注射传递模具

膜片料头，在传递柱塞上装有吹气阀。

开模后，产品和传递膜片在不同的分型面，需要分别取出和清理。产品上有注胶口痕迹，传递胶片是废料。

传递注射模具多使用针尖注胶道，锥度20°，如图2-169所示。传递腔到针尖注胶道有90°的锥面过渡，以减小阻力。针尖注胶道与注胶口接通端部有90°倒角或者圆弧两种过渡形式，需根据注胶点形状确定。

在有些情况下，传递进胶方式模具分型面的选择与流胶道进胶方式不同。如图2-170Y形圈模腔，有一个上端外侧45°的分型面和一个底端内侧水平分型面。这两个分型面和注胶口都避开了产品的工作部位，都有余胶槽。这种结构有利于模腔排气，余胶槽里的飞边也容易和产品连在一起脱模，方便模具清理。为了自动吹下硫化的传递

2.7.5　冷传递腔模具

图2-171所示为冷传递腔注射模具结构，传递腔温度与注射单元温度一致，在整个循环中，传递腔的胶料不硫化，不需要清理传递腔，所以，操作方便，节约胶料。

冷传递腔注射模具有专门的温控系统，一般使用热油循环控制冷传递腔的温度，由于空间限制，模具上的热油通道不能太大。为了缩短传递腔与模腔之间的距离，在冷传递腔与模具之间没有专门的加热板，直接通过埋入模板里的加热管加热模具。在传递腔模板与模腔模板之间有隔热板，如图2-172所示。由于模板里加热元件或者热介质通道限制，模腔排列一

般采用正方形或者长方形方式。

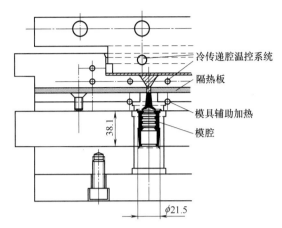

图2-171 冷传递腔注射模具

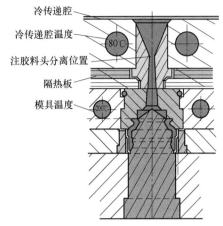

图2-172 冷传递腔温度

通常，在保证封胶的情况下，冷传递腔注胶道注嘴与模具的接触面积应尽可能小，以减小热量传递。注嘴流道由两个锥孔对接，中间有长度1mm左右的直孔，直孔大小取决于胶料的流动性能，流道光滑过渡。也有使用钛合金加工注嘴，由于钛合金强度高、导热性差，既保证注嘴具有高的强度，也有利于模腔与传递腔之间的隔热。

成型时，注嘴里两个锥孔对接的直孔部位是胶料硫化的分界线，也是胶道料头拉断的位置。如果上锥孔部分胶料固化，就会出现注胶口堵住的问题，因此，冷传递腔和模具的温度控制很重要。

在卧式注射机上成型纯胶制品时，可以利用滚刷使产品和胶道料头脱模，以及清理模板，实现自动化脱模。图2-173为在卧式注射机上，用冷传递腔注射模具全自动操作成型产品的过程。

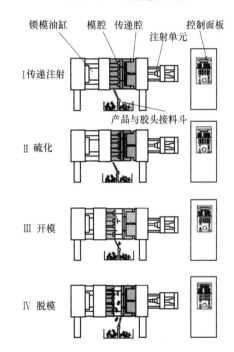

图2-173 用冷传递腔注射模具自动成型产品过程

2.7.6 注射传递模具设计

2.7.6.1 确定模腔数

（1）传递压力

传递压力指将胶料从传递腔挤入模腔需要的压力。一般以18MPa的传递压力确定注射腔大小和模腔数。传递压力与下列因素有关：

① 胶种以及胶料在热状态下的黏度，黏度大，需要的注射压力大；

② 产品可接受的针尖注胶口的大小，注胶口小，需要的注射压力大；

③ 产品的形状比如壁厚、体积、胶料流通尺寸，产品壁薄，体积大，需要的注射压力大；

④ 胶料在模腔里的流动长度，产品细长，需要的注射压力大；

⑤ 使用浮动模腔或者需要更大锁模力的特殊合模装置。

如果包含上述因素，就需要更高的传递压力，如35MPa。

胶料流动性能对于注射传递很关键，必要时，可以通过毛细管流变仪或者螺旋流道模具测试，与已知胶料流动性进行比较，以确定需要的传递压力。

（2）计算传递腔面积

最大传递腔截面积（A）为：

$$A = \frac{\text{MCF}}{\text{SP} \times \text{SC}}$$

式中，MCF为合模单元最大锁模力，kN；SP为模压比压，也叫传递压力，MPa，根据产品形状和胶料流动性确定；SC为安全系数，取1~1.2；A为传递腔的面积，cm²。

（3）选择传递腔形状和模腔排列方法

传递腔形状有3种：圆形（半径R）、正方形（边长C）、长方形（长×宽$L \times I$），如图2-174所示。如果胶料流动性好或者产品允许有稍大的注胶口，可以使用正方形或者长方形传递腔而不采用圆形传递腔，以排布更多的模腔。

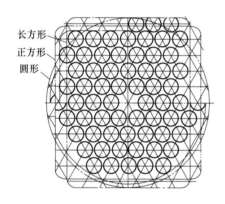

模腔排列有等三角形和方形两种排列方式。在相同传递腔面积情况下，等三角性排列的模腔数多。一般根据模板的加热方式和产品的脱模方法等因素确定传递腔形状和模腔的排列方式。如图2-175是冷传递腔注射模具，共排布了240个模腔。由于中模厚配置了加热系统，所以，模腔采用了方形的排列方式，而不是等三角形的排列方式。因为胶料流动性好，注胶口阻力小，所以使用矩形传递腔。

图2-174 传递模腔形状

如图2-176所示Y形圈模腔以等三角形方式排列在矩形传递腔范围。

模腔排布

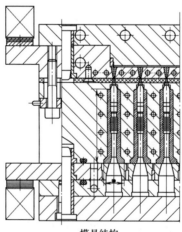

模具结构

图2-175 240腔套管注射传递模具与模腔排列

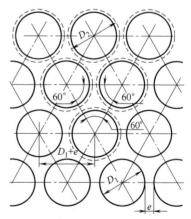

图2-176 Y形圈模腔排布

（4）计算模腔数

首先确定模腔间距，如果模腔是直接在模板上加工，可以根据模腔之间的壁厚强度需要和产品脱模空间需要来确定模腔间距。如图2-164注射器活塞产品，是通过后冲切的方式分离，则模腔间距要考虑冲切刀所需的间距。如图2-177Y形圈模具，模腔排布为图2-176，取镶块间最小距离e=4mm。

在计算模腔数时要注意：①总的传递胶量等于传递腔面积与传递柱塞行程的乘积，最大传递胶量应不超过注射机最大注胶量的90%。②传递柱塞行程应小于合模单元的最大锁模行程，比如最大锁模行程为25mm，则传递柱塞的最大行程不应超过20mm。③取消模具中心的模腔，如图2-178所示，否则，在注射时，该中心模腔会直接被注满，导致中心模腔周围飞边多的问题。

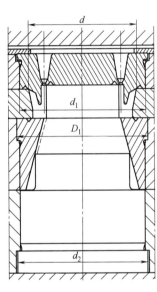

图2-177 Y形圈模腔镶块

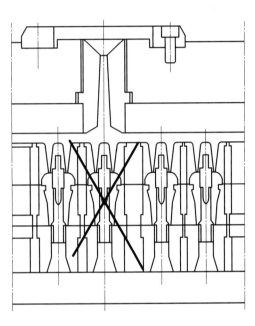

图2-178 取消模具中心的模腔

（5）模腔数计算实例

产品Y形圈，合模单元锁模力MCF=255000kgf（1kgf=9.8N），比压SP=180kgf/cm²，SC≈1，胶料流动性良好，模腔结构如图2-179所示。

① 传递腔面积$A=\dfrac{255000}{180\times1}=1416\text{cm}^2\approx1400\text{cm}^2$，则矩形传递腔边长$C=\sqrt{1400}=37.4\text{cm}$。

② 模腔排布，模腔尺寸（d=27.5mm）+模腔镶块壁厚=模腔直径（D_1=34mm），相邻模腔间距为4mm（至少），模腔最小间距为38mm（至少）。

③ 传递模腔数目，先按传递腔面积画出传递腔区域，在该区域根据模腔间距38mm，等三角形排布模腔，同时，保证所有模腔都落在传递腔范围。

④ 结果：在375mm×375mm的传递腔中，可排布80个模腔，传递压为18.1MPa。

2.7.6.2 确定传递胶道

对于小的传递腔，传递胶道由注射孔和传递膜片组成，如图2-180（a）所示。膜片厚度根据胶料的流动性能确定。

对于大的传递腔，可以设置支流胶道以改善胶料流动，如图2-180（b）。支流胶道的数目取决于传递腔的大小和胶料的流动性，支流胶道断面形状一般为抛物线，每个截面积约为注射孔的一半左右。

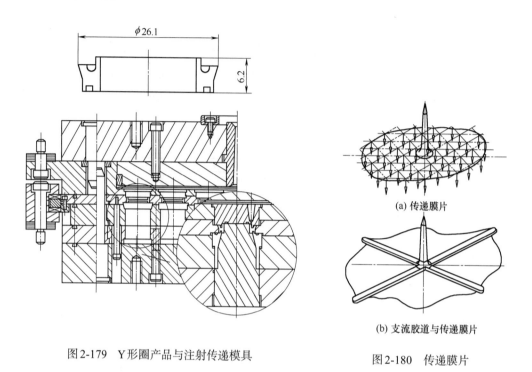

图2-179　Y形圈产品与注射传递模具

(a) 传递膜片

(b) 支流胶道与传递膜片

图2-180　传递膜片

2.7.6.3　传递腔结构

一个厚度为1~1.5mm的薄钢板装在传递腔的底部（图2-181），盖在模腔镶块上面，用小螺钉与传递腔模板固定在一起。在锁模力的作用下，上模镶块将产品嵌件紧紧地压在传递腔模板上。该钢板也叫蓝钢板，材质为NF XC90或者DIN 1.1760。

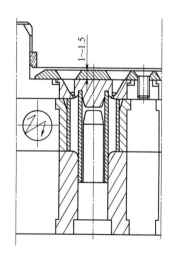

图2-181　传递腔底部薄的钢板

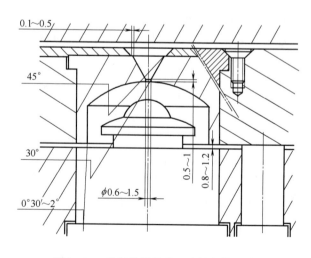

图2-182　注射传递注胶口直接与模腔接通

一般注射传递注胶口直接与模腔接通，如图2-182。针尖注胶孔尺寸一般在0.6~1.5mm范围，是胶道料头与产品分离拉断的位置。对于大规格产品也有使用2.5mm的孔。孔径太大拉断困难，孔径小产品上的痕迹小，可是注胶阻力大。一般根据产品尺寸和胶料流动性确定注胶口尺寸。针尖注胶道从传递腔到模腔逐渐变小，光滑过渡，锥度从90°到30°都有，随产品需要确定。也有的小孔部分是圆弧过渡。一般为了防止拉伤产品，在模腔一侧的孔部位倒小圆角，比如R为0.1mm左右。

模腔上针尖注胶口的数量，取决于模腔的大小和注胶平衡情况，对于小的模腔一个注胶口就可以，如图2-183所示。对于大一点模腔，一个注胶口很难保证注胶平衡，就选用几个小的注胶口对称注胶，如图2-181，一个模腔有两个对称的注胶口。

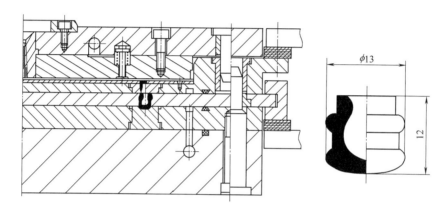

图2-183　泄油塞热传递腔注射模具

当产品比较小而且模腔有模芯时，可以采用间接注射传递方式，如图2-184所示，由一个针尖注胶口通过矩形流胶道向4个模腔注胶。

2.7.6.4　传递柱塞结构

传递柱塞结构见图2-185，柱塞与传递腔径向间隙0.02~0.06mm，柱塞直径大、间隙大，柱塞端部倒圆角R为1mm。柱塞配合面可以是堆焊的锡青铜材料，摩擦系数小、耐磨，也有利于密封。

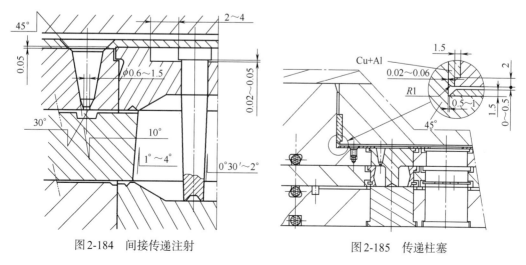

图2-184　间接传递注射　　　　　　　图2-185　传递柱塞

用于将注胶膜片与柱塞分离的吹气脱模结构，见图2-186。传递柱塞通过定位销、注胶套和螺栓与模具底板固定在一起，如图2-187所示。

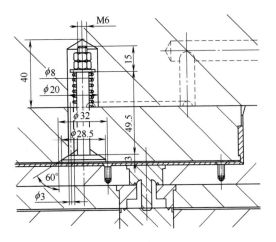

图2-186　传递膜片吹气脱模结构

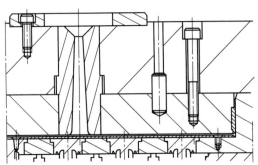

图2-187　柱塞连接方式

2.7.6.5　获得浮动模腔的方法

当成型带有骨架的产品时，由于骨架尺寸可能有波动，又要求将骨架压紧，以避免骨架移动或者产生太多的飞边。在这种情况下，需要模腔具有一定的可浮动性，以压紧骨架。浮动模腔形式有以下几种：

① 模腔镶块有一定的轴向浮动间隙，胶料通过一个薄的钢板（1~1.5mm）和模腔镶块将骨架嵌件压紧，如图2-181所示。

② 在芯杆底部垫合适的材料获得顶部密封效果，如图2-188。底端的氟橡胶和特氟龙或者聚氨酯垫块具有弹力，顶杆使嵌件始终紧密地贴在模腔上端，模芯底端有薄的铜皮保护。

③ 传递腔底部的弹性钢板，允许其底部模腔镶块适量的活动，使产品嵌件可以微量的弹性扭转或者弹性变形，如图2-189所示。

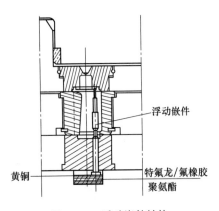

图2-188　浮动嵌件结构

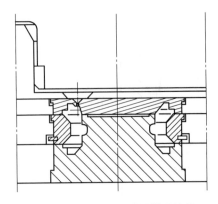

图2-189　可适量活动的模腔镶块

2.8 ▶▶设计余胶槽

2.8.1 余胶槽的功能

余胶槽是用来储存模腔里多余的胶料。余胶槽一般位于模具的分型面，紧挨模腔，通常都完整地环绕模腔。一般将余胶槽加工在下模，以方便清理和检查飞边。

余胶槽里的溢胶，一方面来自注射多余的胶量，另一方面来自模腔里胶料受热体积膨胀。虽然注射成型注胶量精确控制，但是，为了使产品密实避免卷气，一般在注满模腔后，还要使模腔里的胶料具有一定的压力，因此，实际注胶量要略微大于模腔的体积。产品体积越大，模腔里胶料的热膨胀量就越大。

余胶槽距离模腔很近，而距离模具外面很远，以保持模腔压力。在使用开模方式排气后合模时，模腔溢出的胶料直接进入余胶槽，容易形成过厚的飞边。余胶槽一般与排气槽或者抽真空通道连通，以便于排出模腔里的空气。

余胶槽里的胶料和产品同时固化，并在脱模时和产品一体与模具分离。常常把余胶槽里的这部分胶料称为飞边。一般撕边时，拽住飞边拉，一圈的飞边就会与产品分离。

为了使飞边与产品容易分离，并且在不经过额外修饰的情况下，获得美观的产品，一般将余胶槽做成特殊的形式，此时的余胶槽也叫撕边槽。

并不是所有的模腔都需要余胶槽。如果产品结构简单，尺寸小，模腔从分型面的排气槽排气、溢胶畅通，注胶量控制精确，也可以不开设余胶槽。

2.8.2 余胶槽的种类

余胶槽的断面形状有三角形、菱形、半圆形、矩形和梯形等，如图2-190所示。一般根据产品特点、撕边效果要求和加工的方便性等因素选择余胶槽的形状。实际使用中，以三角形和半圆形余胶槽居多。

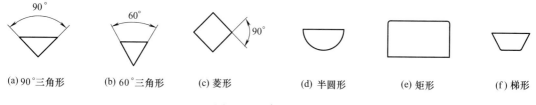

(a) 90°三角形　　(b) 60°三角形　　(c) 菱形　　(d) 半圆形　　(e) 矩形　　(f) 梯形

图2-190　余胶槽种类

2.8.3 确定余胶槽

一般要求撕边槽里的飞边在脱模时容易与产品连在一起脱模，脱模后又方便与产品分离，而且，分离后产品表面不再需要修整。这就要求飞边与产品的连接部位尽可能薄，距离模腔尽可能近。

模腔在分型面的边缘叫作刃口，它对撕边效果非常重要。撕边槽的刃口越锐利、角度越小，越有利于撕边。但是，刃口越锐利越容易磨损、越容易引起产品涨模缺陷。所以，撕边效果应当根据胶料、成型工艺、撕边槽的结构尺寸等因素综合考虑。

常用的撕边槽结构如图2-191所示，其中在分型面单面的撕边槽如60°和90°撕边槽，加工方便。在分型面两面的撕边槽如菱形撕边槽，撕边效果比前者整齐。在非模腔面的梯形撕边槽，距离模腔可以更近，角度可以小点。产品上小圆孔的撕边槽结构见图2-192，这些飞边在脱模时，与产品连在一起，很容易撕边，不会在产品孔周围产生太多的毛刺。

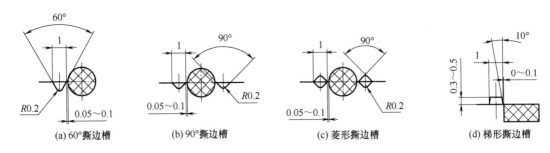

图2-191　常用的撕边槽结构

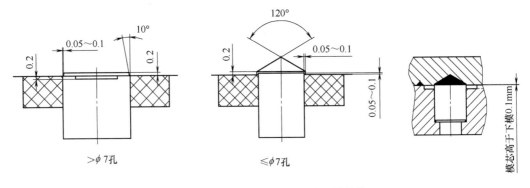

图2-192　产品上圆孔模腔的撕边槽结构

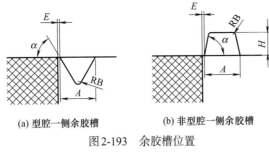

(a) 型腔一侧余胶槽　　(b) 非型腔一侧余胶槽
图2-193　余胶槽位置

通常，撕边槽两侧与模具分型面的夹角 α 越小、R 越大、H 越小、到模腔距离 E 越小，飞边越容易与产品连在一起脱模，如图2-193所示。撕边槽在非模腔分型面，也容易撕边，而且，刃口使用寿命长，因此，在条件允许的情况下，尽可能让撕边槽与模腔不在同一块模板上。

余胶槽要能够容纳模腔里溢出来的胶料，应根据产品形状尺寸和注射控制精度等情况设计余胶槽。产品体积大，余胶槽尺寸就要大。如果余胶槽断面小，胶料在充满余胶槽后会溢流到分型面，导致飞边变厚，这不仅使撕边困难，也会使产品在压缩方向的尺寸变大。如果余胶槽断面过大，出现余胶槽没有充满或者飞边间断现象，就会使撕边麻烦甚至撕不干净。

如果模腔体积小而且注射量控制精度高，就选择断面小的撕边槽。比如宽度为1mm的撕边槽。当产品体积大时，胶料热膨胀的体积量就会大，溢流的胶料多，需要的余胶槽就大，比如宽度2~4mm的撕边槽。

有的产品，在撕边以后不再进行其他修整工作，此时，撕边槽距离模腔应尽可能近，（0.05~0.10mm）。如果产品还需要通过冷冻去边等其他修整工序进一步修饰，撕边槽到模腔的距离可以大些，比如0.15~0.30mm，距离大刃口的使用寿命长。

在确定撕边槽的形状时，要考虑加工的方便性，比如图2-194（b）的不等腰梯形，由于断面很小，用铣削的方法加工不了，如果是圆形模腔，需要用型刀车削的方法，所以，要尽可能选用对称形状的撕边槽。图2-194（a）的矩形余胶槽，

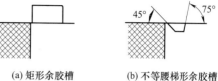

(a) 矩形余胶槽　　　　**(b) 不等腰梯形余胶槽**

图2-194　不建议使用的余胶槽

脱模阻力大，飞边容易粘在撕边槽里，对飞边脱模不利，应避免使用。

撕边效果除了与余胶槽的结构有关外，还与胶料的撕裂强度、飞边的厚度以及撕边的刃口的状态等因素有关。通常，撕裂强度和黏度都高的胶料流动阻力大、不容易撕裂，就要选择撕边槽到模腔距离小，以有利于多余的胶料流入余胶槽，并且获得较薄的飞边（连接模腔与余胶槽的部分），方便撕边。比如对于氟橡胶，可以取模腔与余胶槽的距离在0.05~0.1mm范围内。黏度和撕裂强度都低的胶料容易撕边。就可以选择撕边槽到模腔距离稍大，比如硅橡胶的撕边距离为0.3mm也可以撕掉。撕边槽到模腔距离大，模腔刃口耐用，而且安全。

对于异形件的模腔，由于模腔的进胶速度并不平衡，如果使用等距离的撕边槽，模腔压力大的部位撕边槽很快被充满，并且撕边槽的飞边很厚，撕边困难。而在胶料最后到达的区域或者胶料融接的区域，由于模腔压力小并且具有空气聚积，可能会导致产品卷气或者融接不良等。此时，可以使用模腔到撕边槽不同的距离，增大容易溢胶位置撕边槽到模腔的距离，使模腔完全被充满并达到一定的内压，此时，胶料才会溢流到余胶槽。进而使胶料在最后到达的模腔部位形成一定的压力，将空气挤出模腔。

当分型面的平均压力高、注胶量合适时，飞边厚度就薄，容易撕边。如果注胶量过大、溢胶量太多、飞边厚，撕边就困难。虽然机器的注射量、注射参数和锁模力等都可以精确控制，但是，胶料流动性能、机器参数控制的波动，都会引起溢胶量或者飞边厚度的变化。

2.8.4　设计溢胶槽

对于小的模腔，排气槽兼具溢胶槽的功能。排气口满足排气需要，排气槽深而宽，可以容纳从模腔里溢出来的胶料，分型面不再需要专门的溢胶槽。

对于较大体积的产品，如果只有撕边槽，往往会出现飞边较厚的情况。此时，可以在撕边槽旁边增加一个溢胶槽。为了取飞边方便，可以在溢料槽与撕边槽之间有2~3处很薄的连接通道。在撕边槽的压力达到一定值时，胶料可以向溢胶槽溢流，以避免过厚的飞边，如图2-195所示。溢胶槽到撕边槽的距离取决于胶料的黏度，如果胶料黏度低，可以增大距离。

一般撕边槽里的飞边与溢胶槽里的飞边连在一起脱模，所以，溢胶槽距离撕边槽不能太远。溢胶槽的断面大小根据产品体积和注射量的控制精度确定。如果产品体积大，注射量控制精度低，可以选择大断面的溢胶槽。另外，溢胶槽断面形状一般是扁平的形状，以便于脱模。

对于大体积产品，为了提高分型面接触的平均压力，可以在模腔具有足够的保温和密封距离的情况下，尽量减少模具分型的接触面积，以及开设必要的溢料槽，使多余的胶料溢流到溢料槽，以减小飞边的厚度。此时，可以在胶料最后到达的位置开设溢料口，既可以使模

腔保持较高的压力，又兼具排气的功能，如图2-196所示。

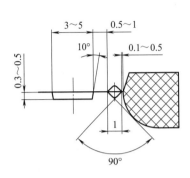

图2-195 模腔的撕边槽和溢胶槽

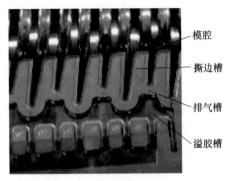

图2-196 大模腔分型面的溢胶槽

2.9 ▶▶设计排气系统

2.9.1 排气方式

注射时一般模具是闭合的，而且，注胶速度往往比较快，所以，注射模具必须考虑排气方式。排气的方法有以下几种。

2.9.1.1 自然排气

自然排气就是在胶料的挤压下，将模腔里的空气从分型面或者排气槽挤出去。自然排气方式的特点：①排气口一般开设在胶料最后到达的位置；②在可能形成封闭腔的位置附近都要开设排气口；③胶料在流动过程中，不能在远离分型面的位置提前形成封闭腔；④在模腔注满之前，排气口始终畅通；⑤注胶速度不能太快，要保证模腔里的空气能及时排出去；⑥在用环形注胶口注胶时，模腔里的空气从模腔的另一端排出；⑦在分型面的锁模压力不太大的情况下，模腔里的空气也会从分型面排出。

2.9.1.2 开模排气

在注射后期阶段和保压阶段，打开模具排气。排气时，一般模具打开距离非常小（0.5~1mm），打开持续时间也很短（0.5~1s），可以选择多次排气。

开模排气，只可以排出与分型面接通的模腔里的空气，比如聚集在分型面附近的空气。如果卷气远离分型面，而且与分型面有胶料隔离，那还是排不出来。开模排气时，胶料会在模腔内压力作用下挤出模腔，合模时在分型面形成飞边，因此，开模排气方式容易导致较厚的飞边，对产品外观不利。

对于有嵌件的产品不适宜开模排气，因为开模可能使嵌件移位或者出现其他问题。比如成型空心绝缘子产品时，如果开模排气，会压伤套管。

2.9.1.3 抽真空

在注射之前，通过抽真空将模腔里的大部分空气抽出去，并且，在注射过程中持续抽真空，通过胶料将模腔里的剩余空气挤压到抽真空通道，进一步抽除，从而避免产品上出现卷气缺陷。

使用抽真空方式注射速度可以快，不需要在注胶过程中开模，所以，分型面飞边很薄，撕边比较整齐。模具有抽真空系统时，模腔的排气槽不与外界连通，而与抽真空道连通，且抽真空区域的分型面要有密封条。

一般抽真空方式的注胶量比开模排气方式稍微少一点。抽真空系统需要维护，如果密封件损坏或者抽真空孔被堵住，也可能在产品上引起卷气缺陷。

2.9.2　设计排气系统

一般排气系统开设在分型面，由排气道、排气坑和排气槽组成，排气道连通模腔与排气坑，排气槽连通排气坑与大气或者抽真空道，有的模具没有排气坑。

排气坑的作用：①排出模腔里的空气；②在保持模腔压力的前提下，溢出模腔里多余的胶料，避免过厚的飞边；③积存流动料头可能出现焦烧的胶料。

排气道是薄的矩形槽，其尺寸以能使模腔建立起足够的压力并满足排气要求为原则，如果排气道太大，有可能会在产品上出现收缩凹坑现象。

一般在胶料最后到达的模腔附近开设排气道，使模腔里的空气畅通排出，并允许少量胶料流出来。如图 2-197 所示模具，胶料从产品底端侧部注胶，在模腔分型面和模芯圆锥分型面都有排气道和抽真空槽。

如图 2-197 和图 2-198 所示，一般排气道宽度 2.5~4mm，深度 0.04~0.05mm，长度≥0.2mm。对于黏度较高的胶料，可以适当增加排气道的深度，比如氟橡胶排气道深度取0.1mm。对于黏度较低的胶料比如液态硅橡胶，就要增大排气道的长度，减小深度，如图 2-199 所示。

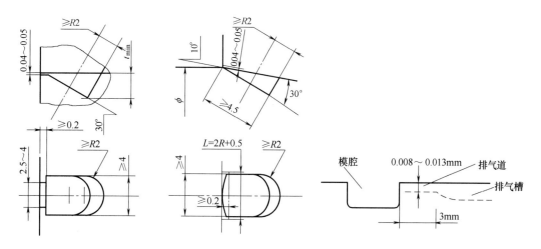

图 2-197　平面分型面排气坑　图 2-198　圆柱形分型面排气坑　　图 2-199　液态硅橡胶模腔排气系统

排气坑是用圆柱铣刀轴线与分型面夹角 60°的方式加工，宽度≥4mm，深度 1mm。排气坑的大小依据产品的体积和注射量的控制精度确定。对于体积较大的产品，排气坑尺寸可以适当加大。也有矩形排气坑，底部有圆弧，厚度很薄。排气坑里的料头一般随产品一起脱模，修除也很方便。

也可以用排气道将余胶槽与排气槽接通的排气方式，如图2-200所示。在一个溢胶槽与多个排气道接通时，要合理地布局排气道与通气道。避免因个别排气道溢胶太多而影响其他排气道的排气。

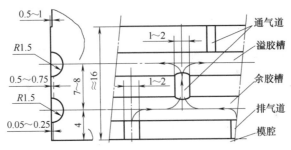

图2-200　余胶槽与排气道

如果以低速浇注方式成型液态硅橡胶产品，胶料会显现其液态的特性，即在自重作用下向低处流动，胶料会以由下至上的堆积方式注满模腔，因此，对于自然排气方式，应采用将排气口开设在模腔的最上方排气方式。图2-201为绝缘子模具的注胶与排气系统，每个伞的下方有注胶口，上方有排气口。

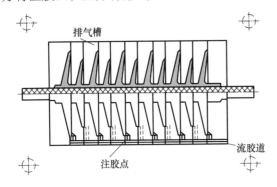

图2-201　液态硅橡胶绝缘子成型模具

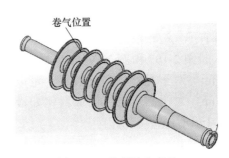

图2-202　终端接头产品

图2-202为电缆附件终端接头产品，伞页比较大。在立式合模单元上用液态硅橡胶浇注

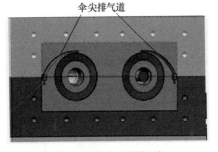

图2-203　伞尖排气道

成型时，采用自然排气方式很容易在个别伞尖上出现卷气缺陷。经过各种措施尝试，最终采用在伞尖开始排气道的方式解决了卷气问题。如图2-203所示，在伞尖上部开设直径约1mm的排气口，在模腔镶块接触面开设一个弧形与分型面接通的排气道（直径约3mm），排气道是锥形。排气道每次都充满胶料，并与产品同时硫化。开模后，排气道料头落在分型面，清理很方便。

2.9.3　设计抽真空系统

橡胶注射模具上的抽真空系统，包括抽真空管接口（也叫抽真空道）、抽真空孔、抽真空槽、抽真空口和抽真空密封等，如图2-204所示。

模腔上的抽真空口与自然排气方式相同，如图2-205所示。安装在模具上的密封件在模具上形成密封区域。排气槽在密封区域内，只与抽真空孔接通不与外界连通。

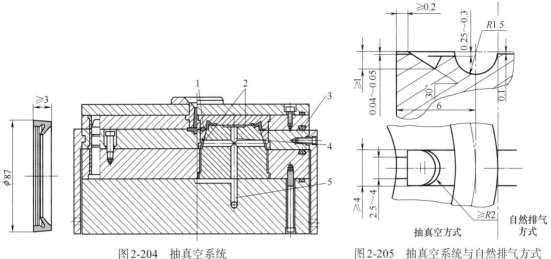

图2-204　抽真空系统

1—注胶道；2—抽真空口；3—密封件；4—支抽真空道；5—主抽真空道

图2-205　抽真空系统与自然排气方式

抽真空槽要距离模腔近一些。抽真空槽一般为梯形，与抽真空孔的接通方式如图2-206所示。与模腔相通的抽真空道，要尽可能扁平。抽真空口形状有矩形、三角形和圆弧形三种，可以根据需要确定，如图2-207所示。

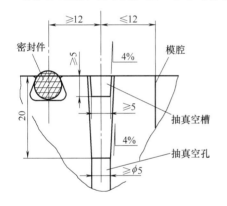

图2-206　分型面的抽真空槽

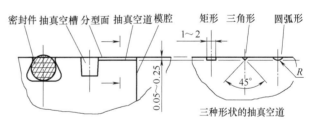

图2-207　抽真空道

抽真空孔开设在抽真空区域内，应尽量避开容易溢流胶料的区域，以免胶料进入抽真空孔，带来清理麻烦。

模具上抽真空管接口应位于方便接管的位置，在机器后方比较常见，如图2-208所示。管接口尽量开设在定模以免模板动作时引起抽真空管移动，导致接头松动。抽真空管要与真空泵匹配，管子越短、越粗，抽真空效果越好。模具与真空泵之间通常由软管连接，软管直径20~25mm，管子应尽可能短以提高抽真空效率。软管要具有足够的强度，以免被吸扁，如图2-209。有时，在模具与软管之间装一节连接钢管，以免软管受热老化。在模具与抽真空管之间有快速接头，以方便连接。

密封区域要避开拉杆和定位销等孔，以防止泄漏。模腔镶块和模板之间也要包括在抽真空密封区域。一般单面密封件凸出分型面0.3~0.5mm，如图2-207。具体由密封件的直径和注胶时模具的开度决定，如果需要在排气或者注射模压时打开模具的情况下抽真空，就需要使用双面密封形式，如图2-210所示。

密封件材料一般用硅橡胶或者氟橡胶（后者挺性好，耐用）的挤出密封条，尺寸$\phi 5\sim$

8mm，装在模具分型面的密封槽里。安装时，将密封条的两端切成30°～45°斜角，以便于对接，必要时用黏合剂粘在一起。抽真空密封条与密封槽形状尺寸如图2-211所示。

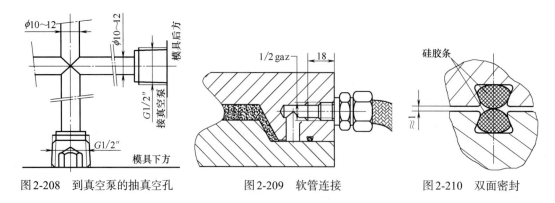

图2-208　到真空泵的抽真空孔　　　图2-209　软管连接　　　图2-210　双面密封

必要时，使用电磁阀，以便在开模时及时切断抽真空。抽真空槽开设在胶料不容易溢流的位置。

选择抽真空泵，理论上，抽真空能力为在锁模与注射之间的时间内比如3～5s，抽取模腔、流胶道和管路体积的总和。实践中，各种泄漏必须予以考虑，比如模具调节、生产中密封件损坏不可避免。因此，抽真空能力需要增加30%～50%。通常，对于1000～8000cm³的注射量，抽真空能力在40～100m³/min，真空度达到10^{-2}MPa的真空泵，模腔真空度达到99%即可。

抽真空时，不要抬起注射头，以免从模具的注射孔漏气。除了选择满足所需抽真空速率的真空泵之外，还可以配置真空罐以提高抽真空效率。

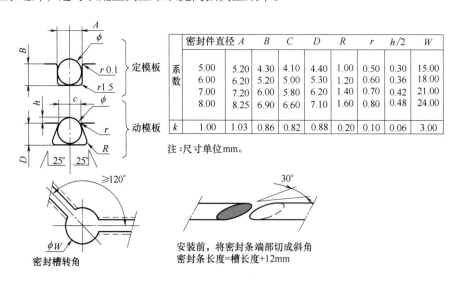

密封件直径	A	B	C	D	R	r	h/2	W
系数 5.00	5.20	4.30	4.10	4.40	1.00	0.50	0.30	15.00
6.00	6.20	5.20	5.00	5.30	1.20	0.60	0.36	18.00
7.00	7.20	6.00	5.80	6.20	1.40	0.70	0.42	21.00
8.00	8.25	6.90	6.60	7.10	1.60	0.80	0.48	24.00
k	1.00	1.03	0.86	0.82	0.88	0.20	0.10	0.06	3.00

注：尺寸单位mm。

安装前，将密封条端部切成斜角
密封条长度=槽长度+12mm

密封槽转角

图2-211　抽真空密封条与密封槽形状尺寸

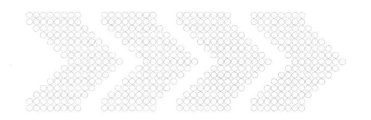

第**3**章

橡胶注射模具操作要素设计

在橡胶注射模具的模腔、流胶道、余胶槽等成型要素确定之后，模具设计者还要考虑在产品成型过程中的操作要素，比如产品的脱模方式、模具的清理方式、产品的修边方式等。

3.1 ▶▶ 橡胶注射模具冷流道体

橡胶是热固性材料，在一定压力下，加热到一定的温度并持续一段时间后，就从黏流态固化成高弹性状态，即使继续加热也不会改变其状态。模具上流胶道的温度与模腔温度一样高，所以，模具上的流胶道也叫热流道。注射成型时，热流道上的胶料与模腔里的胶料同时硫化，并且在脱模与制品分离后，流胶道料头被作为废弃材料处理掉了。

在生产如汽车密封件、大型复合空心绝缘子等橡胶制品时，如果采用普通的热流道成型方式，不仅模具结构复杂，而且，浪费在流道里的胶料很多。例如汽缸密封件，是在金属垫板上成型凸缘形状的密封胶带，密封件面积很大，但是，用于密封的橡胶部分体积很小。如果使用普通的热流道模具成型，在流道上消耗的胶料比密封件上的胶料还要多。对于特种性能的胶料如氟橡胶、聚丙烯酸酯等，制品的材料成本就会很高。

橡胶制品的硫化时间与模具温度成反比，而胶料的焦烧时间与模具温度也成反比，温度越高，硫化时间就越短，同时，胶料在模具里发生焦烧的时间也越短。在注射过程中，胶料必须在焦烧发生之前流入模腔，否则，焦烧了的胶料不仅增大了流动阻力，而且，容易在产品上产生流痕、卷气等缺陷。因此，胶料的焦烧时间和模腔数目决定了产品的硫化温度。所以，热流道模具不仅浪费胶料，而且，生产效率也受到限制。冷流道体很好地避免了热流道的不足，而且，随着应用越来越广泛，橡胶模具冷流道体技术也得到了长足的发展。

3.1.1 冷流道体的结构特点

冷流道体一般位于注射单元与模具之间，固定在合模单元的上横梁，其底部与模具的上热板连接，二者之间有隔热板。注射单元的注嘴伸入冷流道体的注胶孔里。冷流道体下部的支注嘴穿过上热板和隔热板与模具上的支注射孔接触，向模具支注射孔注胶，如图 3-1

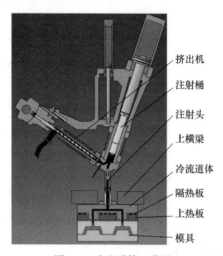

挤出机
注射桶
注射头
上横梁
冷流道体
隔热板
上热板
模具

图3-1　冷流道体工作图

所示。

冷流道体有专门的温度控制系统。通常其温度与注射桶的温度相同，在整个循环过程中，胶料都处于良好的黏流状态。一般胶料在冷流道里停放2h都不会发生焦烧现象，因此，胶料在冷流道体里面流动是安全的。配有冷流道体的模具具有下列特点：

① 一般不需要专门的热流道板，简化了模具结构，减少了模具打开的层数，模具清理更为方便，也有助于实现自动化。

② 使用冷流道体，一个支注嘴可以直接向一个或者多个模腔注胶，需要的热流道短，节约胶料。

③ 如图3-2所示，冷流道体里流胶道截面积大，胶料在冷流道里流动阻力小。而且，从支注嘴到模腔注胶口的热流道长度短，胶料在热流道和模腔里的流动时间短，所以，模具可以排布更多的模腔，也可以使用更高的模具温度，缩短硫化时间，从而提高生产效率。

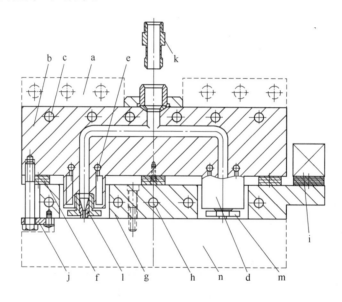

图3-2　冷流道体结构

a—冷流道体加热板；b—冷流道体主体；c—主体温控介质循环回路；d—支注嘴头；e—支注嘴温控介质循环回路；
f—隔热板；g—上模加热板；h—加热棒；i—液压顶出器；j—冷流道体固定板；k—主注胶嘴；
l—浮动式支注嘴；m—支注嘴固定螺母；n—模具

④ 冷流道体是注射机的标准配置，可以与不同的模具匹配，从而简化模具结构，节约模具加工成本。

⑤ 在给冷流道体配模具时，模具安装尺寸要与冷流道体支注嘴之间的距离、支注嘴长度和定位销及螺栓孔等尺寸匹配。

⑥ 冷流道体的高度会缩短机器上下热板之间的净打开距离。

3.1.2　冷流道体的种类

按照注嘴分类，冷流道体可以分为开口式、针阀式（也叫开关式）、单注嘴和多注嘴等类型。按照适用胶种分类，冷流道体可以分为固态橡胶、液态橡胶和双胶等类型。

冷流道旨在将流道保持在较低的温度，使胶料既具有良好的流动性，又具有焦烧安全性，在长时间停留中不会发生焦烧现象。安装在注射头上的注嘴，有普通注嘴、加长冷却注嘴和开关式冷却注嘴，后两种具有冷流道功能。

3.1.2.1　加长冷却注嘴

当模具温度很高，成型的循环时间较短时，如果每个循环都提起注射头，动作频繁，可

能会在塑化胶料时发生胶料从注嘴泄漏的问题。所以，一般在持续生产的情况下，不提起注射头。如果使用普通注嘴，注嘴温度会随着循环数的增加而升高，引起注嘴里的胶料焦烧，进而导致产品缺胶、焦烧等缺陷。在这种情况下，一般使用配冷却套的加长注嘴，防止注嘴温度升高，如图3-3所示。

冷却套材质是紫铜，热传递效率高。冷却套里有冷却水回路，一般根据需要手工调节循环水的流量，以控制注嘴温度。

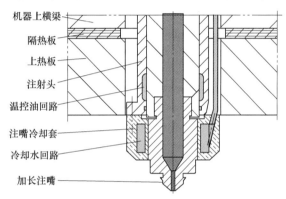

图3-3　加长冷却注嘴

有的冷却套上装有热电偶，当监测到冷却套的温度高于设定值时，就触发冷却水阀门自动打开，进行冷却。有了冷却套，就不需要频繁提起注射头，简化了注射单元动作，稳定了生产。

3.1.2.2　开关式冷却注嘴

如果用普通的固态橡胶的注射机直接注射液态硅橡胶，就会在注射活塞或者注嘴处发生漏胶的问题，因为液态硅橡胶的黏度太低。所以，一般用于液态硅橡胶的注射机，注射活塞的密封性更好，而且使用开关式注嘴。

装在注射头上的开关式注嘴如图3-4所示，机器控制汽缸动作，通过杠杆驱动阀针打开或者关闭注嘴胶道。也有使用液压或者电磁控制阀针动作的方式。注嘴上有冷却水回路，保持注嘴处于常温状态，约≤40℃。阀针端头锥面与注嘴体孔锥面研配，起密封作用。注嘴与模具的接触方式与用于固态橡胶的注嘴相似。

3.1.2.3　单注嘴冷流道体

使用浇注方式成型液态硅橡胶产品的简

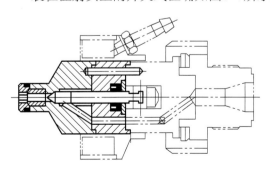

图3-4　开关式冷却注嘴

单方式，就是将注胶枪插到模具上，用手动阀门来控制注胶。这种方式的弊端就是操作麻烦，计量不精确，同时，每模都需要拆卸、安装注射枪、清理注嘴里焦烧的胶料，生产效率低。使用单注嘴冷流道体，会大大简化操作。

单注嘴冷流道体如图3-5所示，在冷流道体里的循环水保持其温度在常温状态。由汽缸活塞杆驱动阀杆打开或关闭注胶流道。打开或关闭流道的动作通过机器上的参数设定，从而精确控制注胶量。单注嘴冷流道体与模具固定在一起，注嘴伸入到模具的分型面，连接、定位、密封可靠。液态硅橡胶计量泵输出胶料的管子接在胶料进口处。注嘴里在阀针之外的胶料和产品一起固化，冷却注嘴里的胶料保持安全的流动状态。注射孔料头脱模、清理操作都很方便。

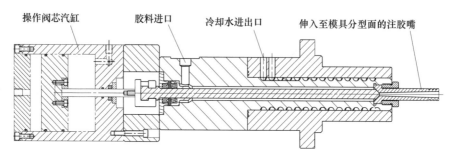

操作阀芯汽缸　　胶料进口　　冷却水进出口　　伸入至模具分型面的注胶嘴

图3-5　单注嘴冷流道体

3.1.2.4　开口式支注嘴冷流道体

开口式支注嘴冷流道体有独立的流胶道系统和温度控制单元，可以与标准的机器和模具配合使用，结构如图3-6所示。冷流道体与模具接触的是一个开口式注嘴，也叫浮动式注嘴，因为注嘴是浮动的，保证其始终与模具紧密接触。开口式注嘴有以下特点。

① 如图3-7所示，支注嘴上端是个喇叭口，注射时，胶料首先通过喇叭口向注嘴施压，使其紧紧地与模具接触。当注射结束时，由于胶料里面还有一定的内压，所以，注嘴始终与模具紧密贴合，起到支注嘴与模具之间的密封作用。

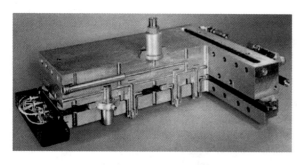

图3-6　冷流道体解剖图

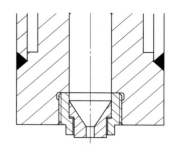

图3-7　开口式支注嘴

② 开口式支注嘴结构简单。当模具上的凹坑深度稍有变化时，浮动注嘴会自动伸缩补偿这种变化。

③ 一般注嘴孔比模具上的注胶口小1mm左右，可以补偿模具上注胶口与注嘴孔一定量的偏心。

④ 虽然冷流道体里流道的排布、加工都遵循对称原则，但是，各支注嘴胶料的流速总

是略有差异，因此，一般都通过改变各支注嘴的孔径大小，来调整各支注嘴之间的注胶量平衡。

⑤ 开口式冷流道体主要用于固态橡胶，由于固态橡胶的门尼黏度相对大，处于黏流态的胶料不会从支注嘴与模具的接触面泄漏。

3.1.2.5　针阀式冷流道体

针阀式冷流道体与开口式冷流道体的不同之处是针阀式冷流道体可以控制支注嘴打开或关闭，结构也比开口式冷流道体复杂，外形如图 3-8 所示。

针阀式注嘴阀芯的驱动可以是液压、气动、电磁、机械机构等方式。阀芯的驱动方式，主要依据所需要的驱动力大小来确定。对于黏度较大的胶料，需要的驱动力比较大，就用液压油缸驱动，对于黏度较低的胶料，就可以用气缸来驱动，如图 3-9 所示。

图 3-8　针阀式 4 支注嘴冷流道体

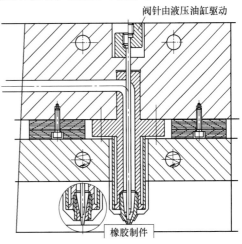

图 3-9　针阀式注嘴

针阀可以尽可能地靠近模腔，使得热流道尽可能短，或者完全没有热流胶道，以节约胶料。由于没有胶道料头需要清除，易于实现自动化。图 3-10 为无热流胶道注嘴，产品上只有注胶口痕迹。

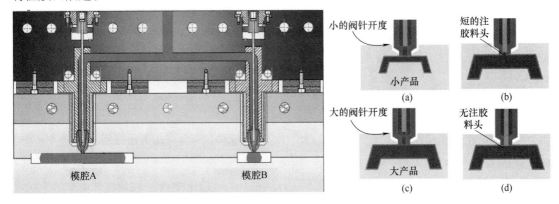

图 3-10　无热流胶道注嘴

图 3-11　针阀状态

每个阀针由一个专用的油缸驱动，阀针行程位置由电子尺测量。这样，每个针阀打开的时刻、开度以及打开持续的时间，都可以单独通过参数设置来控制。图 3-11 为阀针的几种状态。不仅有效地控制了模腔里胶料的流动状态，实现了各部分注胶流动的平衡，也精确地控制了注胶量。不同模腔的注胶速度不同（图3-10）。

冷流道体的传热介质有两种方式：一种是用冷却水，将冷流道体温度控制在稍高于室温状态，一般适用于液态硅橡胶；另一种是热油循环，用模温机控制冷流道体的温度，可设定的温度范围大，这种方式多用于固态橡胶。

20世纪90年代，针阀式冷流道体仅应用于液态硅橡胶和固态硅橡胶及软的三元乙丙橡胶。到了21世纪初，针阀式冷流道体有了很大改进，几乎可以应用于所有的橡胶，例如邵氏硬度80的氟橡胶。

针阀式冷流道体的缺点：阀针的冷却区域靠近模腔，会影响附近模腔区域的温度，进而影响胶料的硫化速度；结构和控制复杂，成本比传统冷流道体的高；注嘴里局部流道狭窄，胶料流动压力损失多，需要注射机的注射压力较大；阀芯驱动机构使得冷流道体厚度大，要求机器的开度大；如果注嘴里发生焦烧问题，清理比较麻烦。

3.1.2.6　压力控制式冷流道体

（1）压力控制式冷流道体结构

在用液态硅橡胶注射成型橡胶制品时，针阀式冷流道体对于控制胶料的注射状态比较有效，但是，其结构复杂、成本太高。结构简单的压力控制式冷流道体，很好地解决了这个问题。压力控制式冷流道体外形如图3-12所示。

压力控制式冷流道体结构相似于普通的开口式冷流道体。工作原理如图3-13所示，冷却循环水在冷流道体里循环，保持冷流道体温度≤40℃。由计量泵输送的液态硅橡胶，通过冷流道体的气动球阀、主流道、支流道，最后由注嘴进入模具。冷流道体与模具的流道通过开口式注嘴连接，模腔与冷流道体里的压力始终是一致的。冷流道体里的胶料压力由机器通过气动球阀和气动泄压角阀控制。工作过程如下：

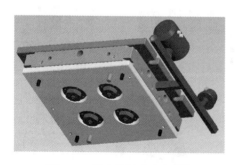

图3-12　压力控制式冷流道体

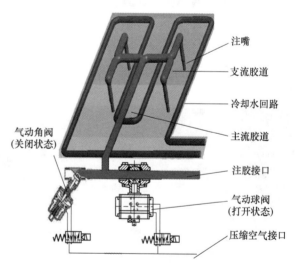

图3-13　压力控制式冷流道体工作原理

a. 平板硫化机锁模后，机器控制气动角阀关闭，气动球阀打开。计量泵启动，将液态硅橡胶通过流胶道注入模腔。

b. 当设定的注射时间完成时，计量泵停止，气动球阀自动关闭，停止向模具注胶。

c. 气动角阀具有溢流阀的功能。在模腔注满后，如果继续注胶，或者随着模腔里胶料温度升高，胶料膨胀引起模腔里的内压升高时，气动角阀会轻微开启，泄除模腔里的过压，使模腔和冷流道体里的内压保持在一定的范围。该压力可以通过角阀上压缩空气的压力来调整。

d. 在硫化结束时，气动角阀自动打开，微量的胶料从角阀泄出，使冷流道体里的胶料压力几乎归零。因为冷流道体里的胶料没有压力，所以，在模具打开时，固化了的胶道料头会停留在模具的注胶孔里，冷流道体里的胶料也不会滴出来。

e. 在脱模和清理完模具后，手工拉出注射孔里的固化料头，注嘴里没有焦烧的胶料，胶料也不会流出来。此时，就可以直接合模，开始下一个循环了。

（2）压力控制式冷流道体的优点

a. 压力控制式冷流道体相似于普通开口式冷流道体，结构简单，可以直接采用工厂循环冷却水保持冷流道体在室温状态，也可以在冷流道体上安装热电偶，由温度控制冷流道体循环水的打开或者关闭。通过自动控制的气动球阀和气动角阀控制注胶动作，同时控制冷流道体和模腔里胶料的压力。与阀针式冷流道体相比，省去了每个注嘴的针阀式开关、驱动油缸及控制程序，大大地简化了结构。

b. 冷流道体里流胶道截面大（$\phi16mm$），有开放式大孔径（$\phi7\sim8mm$）注嘴，胶料的流动阻力小。在低的注射压力下，也会获得较快的注射速度和短的注射时间。进而，同一副模具上可以排布更多的模腔，适当提高硫化温度，缩短硫化时间。所以，相对于热流道浇注工艺，显著地提高了生产效率。

c. 具有胶料压力控制阀功能的气动泄压角阀，将模腔和冷流道里的压力控制在要求的范围值内。确保模腔获得准确的注胶量，模腔分型面的飞边和溢胶量很少，方便了模具清理。同时，可有效地避免涨模的问题。

d. 冷流道体作为标准配置安装在合模单元上，并由机器的编程参数控制，与不同的模具可以配套使用，不仅投资小，而且，也降低了模具的加工成本。

e. 试验表明，在拉出支注射孔料头 20min 内，注嘴里胶料不会滴出来，也不会焦烧，有效地保证了胶料安全和操作方便性。

f. 由于液态硅橡胶具有不可压缩性，所以，每次由泄压阀溢流出来的胶料量很少，比如≤5g。

g. 压力控制式冷流道体的注嘴结构如图 3-14 所示，能够上下滑动，以补偿模具上注胶口凹坑深度的偏差，碟形弹簧使注嘴始终与模具贴紧，保持密封。

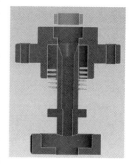

图3-14　注嘴结构

3.1.2.7　双胶种冷流道体

双胶种冷流道体，可以为两个注射单元共享，成型由两种胶料复合的橡胶制品。一个注射单元位于冷流道体的上方，另一个注射单元位于冷流道体的后方。冷流道体里有一个温控油回路，两个独立的流胶道。在模具上，两种胶料的流道也是分离的。

双胶种冷流道体的工作方式有两种。一种是两种胶料同时向一个模腔供胶，这时两种胶料在模腔里几乎不连通，如图 3-15 所示由氟橡胶和丙烯酸酯与金属骨架成型的复合密封件。这两种胶料都可以与金属骨架黏合，也可以相互之间黏合，但是，这两种胶料的模腔几乎不接通。

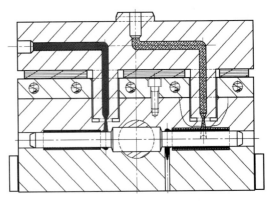

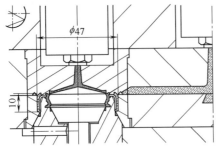

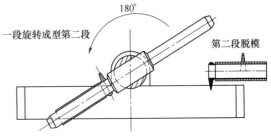

图 3-15　用于油封模具的双胶种冷流道体　　　图 3-16　双胶种冷流道体和模芯旋转切换结构

　　另一种情况是模具有一段和二段两种模腔。一段用 A 胶成型制品，二段以一段制品作为嵌件用 B 胶成型产品。通过旋转模芯将一段制品切换到二段模腔。如图 3-16 所示为用液态半导电硅橡胶和液态绝缘硅橡胶成型电缆附件产品，通过旋转模芯将一段套管制品放入二段模腔。图 3-17 是用氟橡胶和丁腈橡胶成型弯管（图 3-18）产品的模具。这种方式的优点是第一段成型的产品表面干净，也是热的，容易与第二种胶料黏合，简化了第二段涂黏结剂和预热等工序。当然，要求第一段的产品飞边清理方便，而且，两段产品的硫化条件也要基本相同。

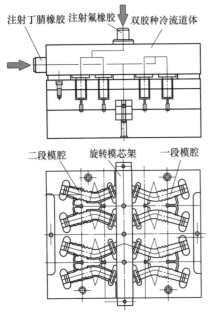

图 3-17　复合弯管产品模具　　　　　　　　　图 3-18　复合弯管产品

3.1.3 冷流道体的基本要求

3.1.3.1 冷流道体的基本参数

与机器和模具相配的板面尺寸；支注胶嘴的数目；支注胶嘴的位置尺寸；冷流道体支注嘴接触面与模具上表面的距离；支注嘴头的外径和长度；注嘴与模具的接触形式；阀芯的驱动形式；冷流道体与合模单元、模具的定位和固定方式；与注射机注嘴相配的注胶孔的直径及深度，或者与计量泵注料管连接的接口尺寸；冷流道体的厚度尺寸。

3.1.3.2 结构紧凑、可靠，操作方便

冷流道体（图3-19）位于注射机上横梁与上热板之间，将注射嘴的胶料输送到模具里。一般如果停机时间超过1h，机器就会启动自动冷却程序，同时，需要将加热模具的上热板与冷流道体分离，以免冷流道体里的胶料发生焦烧。所以，冷流道体应具有足够强度和刚度，能承受注射压力和机器的锁模压力。应当密封可靠，没有胶料泄漏。与模具的安装定位方式应当简捷，适应快速安装和拆卸操作。

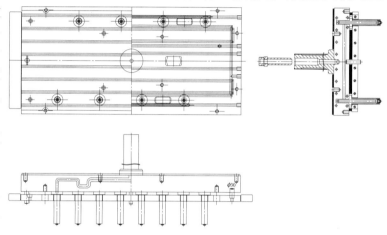

图3-19 8支注胶嘴的冷流道体

3.1.3.3 温度分布均匀合理

冷流道体的温度控制系统要保证冷流道上所有部分的温度一致。一般以导热油为传热介质的居多。在冷流道体上部合理地开设热油循环通道，在冷流道体上插有热电偶，以监测其温度。冷流道循环介质管道连接要可靠，不得有渗漏现象。

一般冷流道体分为两组温控系统，冷流道主体为一组，支注嘴为另一组。两组的温度可以单独设定。也有的支注嘴与主体共用一个温控系统。

冷流道体的温度设定与所用的胶种有关，比如液态硅橡胶温度≤40℃，固态硅橡胶40~50℃，三元乙丙橡胶60~70℃，氟橡胶70~90℃。

3.1.4 冷流道体设计原则

3.1.4.1 总体结构

一般冷流道体与热板板面一样大，根据模腔数目和流胶道排布需要确定支注嘴的位置和

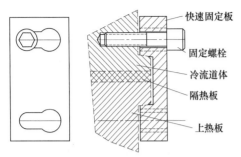

图 3-20 冷流道体与上热板的快速联接

数目。

冷流道体里有胶料流道和温控油路。温控油路一般开设在靠近模具热板的一侧，而流胶道开设在靠近合模单元上横梁的一侧，这样有利于冷流道体热平衡和胶料温度安全。

冷流道体上有专门的定位孔、螺栓孔，用来与热板和上横梁连接固定。定位的销钉孔保证冷流道体与注射单元的注嘴及模具的注胶孔正确定位。连接方式应当可靠，操作方便、快捷。比如，冷流道体经常需要与上热板分离，所以，二者之间采用快速联接的方式，如图 3-20 所示。

3.1.4.2　流胶道系统

注射孔的大小与机器注射头的注嘴一致，一般为动配合，具有密封作用，如果用于液态硅橡胶，注射头注嘴上应有密封件。

从注射孔到各支注嘴的流道，按照对称等阻力的原则排布，每个支注嘴到注射孔的距离一致，各支流胶道直径相同。

可以用模流分析模拟确定各流道的直径及布局，并且通过试验和实践经验进行优化设计，以达到胶料在冷流道体里的压力损失均匀一致，剪切速率分布平均。保证橡胶胶料在冷流道各点流动速度均衡、停留时间一致，以避免老化问题产生。

尽可能减小胶料的流动阻力，流道直径尽可能地大、表面光滑，流道节点或者与支流道转角部位必须光滑过渡，不得有死角，如图 3-21 所示。必要时使用分流盘，使流胶道平滑分流，避免死角，如图 3-22 所示分流盘。

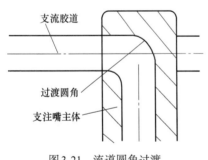

图 3-21　流道圆角过渡

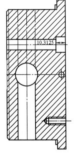

图 3-22　冷流道体分流盘

3.1.4.3　温控系统

冷流道体的控制温度有两种情况：一种是注射桶、冷流道体和支注嘴使用同一温度和同一温度控制系统，适用于小型冷流道体；另一种是冷流道体与支注嘴温度分别控制。分别控制温度精确，但是结构复杂，成本高，应根据具体工艺要求来确定控制方式。

冷流道体的加热有两种方式。一种是安装在机器上横梁与冷流道体之间的专用热板加热冷流道体，循环油路通过热交换器与冷却水进行热交换实现冷却效果。当检测到油路的温度低于设定值时，触发热板加热系统进行加热，冷却水回路关闭。当油路温度高于设定值时，加热停止，冷却水开关打开，进行冷却，由此实现温度控制。这种温控方式温度精确，反应灵敏，但是结构复杂。另一种是直接用模温机回路，控制冷流道体的温度。后者方式结构简单，温控效果也不错。

冷流道体的温控油路的布局，以能使整个冷流道体的温度均匀为原则，即尽可能使板面各处到油路的距离相等。油路孔径尽可能地大，以减小流动阻力，增大传热面积。

在冷流道体与模具加热板之间有隔热板，以防止温度高的热板向温度低的冷流道体传热。隔热板既要有隔热性能，也要具有足够的强度，以承受锁模力。隔热板的厚度，以满足隔热效果为宜。

3.1.5 冷流道体应用实例

3.1.5.1 应力锥模具

用浇注导电液态硅橡胶是成型应力锥的一种方式。成型这种应力锥有两种模具结构。一种是四开模结构的热流道模具，如图3-23所示。为了方便排布流道和模腔，将流道专门排布在热流道板上。热流道板需要每模都打开，以取出流道料头。另一种就是使用冷流道体的三开模结构模具，如图3-24。

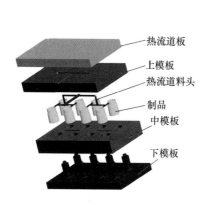

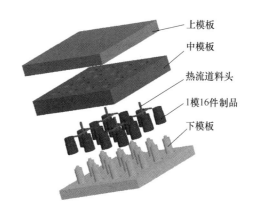

图3-23 使用热流道板的应力锥模具　　图3-24 使用冷流道体的应力锥模具

表3-1为热流道模具与冷流道模具成型应力锥产品的参数对比。这两个模具使用相同的合模单元和液态硅橡胶计量泵。可以看出，使用冷流道体不仅节约胶料，同时，生产效率翻一番。另外，使用冷流道体模具比热流道模具结构简单，价格低，而且，冷流道体可以与同类模具配套使用，将冷流道体的成本分配到几副模具上，其增加的模具费用很少。

表3-1 热流道与冷流道模具成型应力锥产品的参数对比

对比项目	带热流道板模具	配冷流道体模具
模腔数	8	16
模具结构	四开模	三开模+冷流道体
循环时间/min	18	18
胶道料头占制品质量/%	10	4
生产效率/(件/min)	0.44	0.89

3.1.5.2 衬套模具

图3-25为配REPV88-Y6400注射机使用冷流道体的衬套模具。上下两层共两个模腔，五开模结构。冷流道体上方8个支注嘴向上模腔注胶，下方8个支注嘴向下模腔注胶。开模后，胶道料头与产品连在一起，落在中上模和中下模，取件和清理模具比较方便。注射孔和胶道料头的胶料量很少，产品壁薄，硫化时间短，生产效率很高。

3.1.5.3 电缆终端接头模具

图3-26为配4个针阀的冷流道体的终端接头模具，用液态硅橡胶注射成型终端接头产品。冷流道体阀针部分与模具注胶口锥面配合。由于阀针距离模腔很近，从阀针末端到模腔的流道部分只有大约1mm，所以，几乎没有热流道胶头。同时，可编程设定各个阀针的动作顺序、时刻以及时间，确保了各个模腔恰好的注胶量，飞边很少，不仅节约胶料、修边方便，产品的合格率和生产效率都很高。

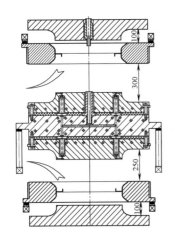

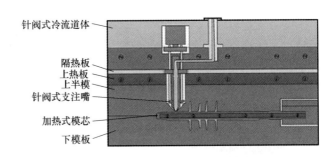

针阀式冷流道体
隔热板
上热板
上半模
针阀式支注嘴
加热式模芯
下模板

图3-25 衬套模具开模状态   图3-26 配4针阀支注嘴冷流道体的终端接头模具

3.2 ▶▶ 设计流道料头拉断机构

3.2.1 胶道料头拉断机构的必要性

图3-27为用固态硅橡胶成型空心绝缘子产品时，产品与流胶道在模具里的位置。开模后，产品与胶道料头都落在下模。从模腔抬起产品时，由于注胶道料头的牵制，有的胶道料头会把产品伞页拉坏。为了防止胶道料头拉坏产品，一般在抬起产品之前，用剪刀把胶道料头从主流胶道位置剪断，然后，再顶起产品脱模。由于产品大，每个循环剪断胶道料头操作时间大约占生产循环3%的时间。

在用液态硅橡胶成型中间接头产品时，支注射孔料头在开模过程中，直接由橡胶制件带出支注射孔，如图3-28所示。

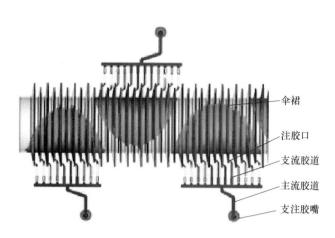

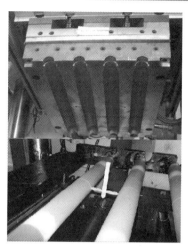

图3-27　空心绝缘子产品与流胶道位置

图3-28　支注射孔料头由产品带出来

这种方式有一个缺点，在冷流道体里有一定背压的情况下会有微量的胶料从注胶口流下来。由于模具温度较高，120℃左右，脱模、清理模腔和装嵌件的时间较长，3~5min，这部分胶料就有可能焦烧。从而，在制品里引起凝胶、表面凹坑等缺陷，此类缺陷引起产品废品率达15%左右。

为了解决这个问题，就改进了脱模的操作方式。将模芯架固定在合模单元的上顶出器上（图3-29），在模具打开后，先用刀片或者剪刀将四个制品的注胶道料头剪断（图3-30），然后，手动操作使上顶出器落下。在取出制品、清理完模具、装上带有橡胶嵌件的模芯后，拔掉注胶口的料头，按动自动开始按钮，开始下一个新的循环。

手工用刀片或者剪刀剪断注胶道料头的操作方式，有损伤模具流道的风险，也会增加大约30%的手工操作时间。同时由于上顶出器的顶出行程只有230mm，使得脱模架与上模板之间的操作空间很小，手工取下或者放置模芯到脱模架的操作很不方便，容易造成模芯撞伤模腔或者损伤流道的危险。而且，有时剪断操作不当，容易拽出料头，造成制品焦烧或者其他缺陷。由此产生的废品率大约5%。

由此可见，给上述两种情况的模具配胶道料头自动拉断机构是必要的。

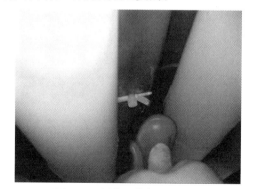

图3-29　模芯支架与上顶出器连接

图3-30　用剪刀剪断胶道料头

3.2.2　胶道料头拉断机构设计要点

胶道料头拉断机构是在流胶道上增加一对刀口，每半刀口有一半伸入对面模板，刀口上的孔和流胶道尺寸基本一致，不影响胶料的流动，如图3-31所示。在模具闭合后，流胶道是畅通的。在制件硫化完成后，胶道料头会在开模过程中，被自动剪断与制件分离。图3-32~图3-34为中间接头模具安装胶道料头拉断机构后的脱模状态。支注射孔料头还留在注射孔里，防止冷流道里的胶料流出来。在完成取出产品、清理模具、装好嵌件后，拔掉支注射孔料头，就可以开始下一个循环了。

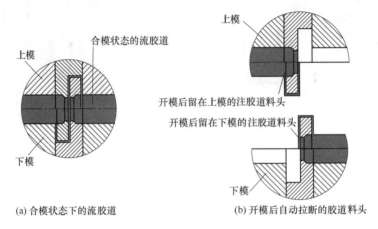

(a) 合模状态下的流胶道　　　　　　(b) 开模后自动拉断的胶道料头

图3-31　注胶道料头拉断示意图

图3-32　产品上自动剪断的注胶道料头

图3-33　模具上自动拉断的胶道料头

图3-34　自动拉断后，下模没有料头和飞边

使用自动拉断胶道料头机构后，模具和模芯架可以自动开模到位，节约了操作时间，生产效率也提高了8%左右。胶道料头自动剪断动作状态一致，拉出料头操作简单，避免了在模具打开情况下胶料从注胶孔里流出来的问题，进而杜绝了产品焦烧的缺陷，提高了合格率，稳定了产品质量。

设计胶道料头拉断机构应遵循以下原则：

① 胶道料头拉断机构的胶道孔应与流道直径一致，在中间部位有轻微的收缩，以防止胶道料头在拉断过程中窜动拉破产品。收缩量尽可能小，如$D-d$=0.5~1mm，收缩部分为45°或者60°平滑过渡，以减小胶料流动阻力，如图3-35所示。如果拉断机构离模腔较近，可以适当增大胶道径向收缩量，以防止拉破产品。

② 两半剪切头之间应有间隙，而且合模后，在剪切头与对面凹坑部位也有间隙，即两半剪切头相互不接触。两半剪切头之间的间隙A值，与胶料的撕裂强度和硬度有关，胶料硬

度低、撕裂强度高间隙可小，如液态胶用0.5~1mm间隙，固态胶用1~1.5mm间隙，目的是使间隙里的飞边能够被胶道料头顺利带下来，清理方便。图3-36为固态硅橡胶的胶道料头拉断状态。

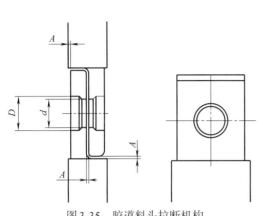

图3-35　胶道料头拉断机构

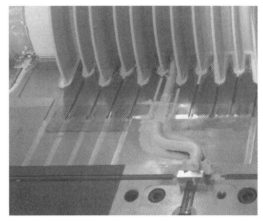

图3-36　固态硅橡胶的胶道料头拉断状态

③ 剪切头的外形尺寸恰当，使其具有足够强度和刚度，刀头周围都有小圆弧过渡，以便于拉出飞边。

④ 剪切头在模具上的固定应当牢固，采用台阶定位固定的方式比较多，一般与模板采用过渡配合。

⑤ 通常，胶道料头自动拉断后，会与产品落在不同的模板。如图3-36所示，开模后，产品在下模，注胶道料头在上模。两半剪刀头安装的位置，要与希望胶道料头断裂后的停留位置一致，否则，可能会拉伤产品。如图3-37所示，当右侧剪刀头安装在

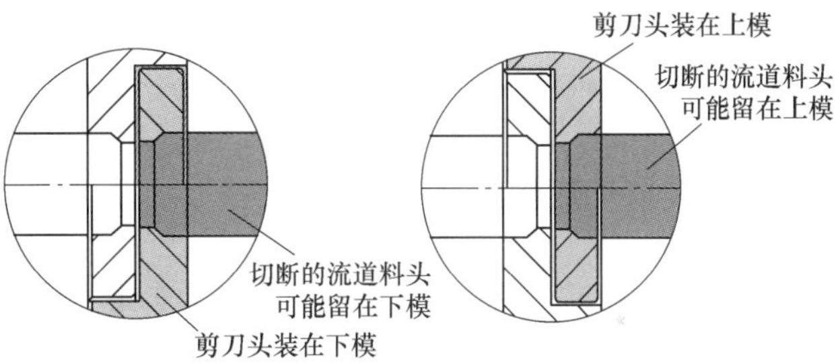

图3-37　胶道料头拉断后的停留位置

上模时，右侧切断的胶道料头可能留在上模。反之，右侧切断的胶道料头留在下模。

3.3 ▶▶ 设计模具加热

在橡胶产品的生产过程中，加热模具是必不可少的条件之一。模具加热温度与所成型的产品的尺寸形状和结构直接相关，不同的胶种所需要的硫化温度不同。产品硫化的效果除了与模具温度有关外，还与模腔表面温度的均匀性有关。因此，模具温度关系到产品的质量和生产的效率，是模具设计的要素之一。

常用的橡胶模具的加热方式，有通过硫化机热板加热和模具自带加热系统两种，也有硫化机热板与模具辅助加热结合的形式。模具自带加热系统分介质加热和电加热两种形式。

3.3.1　机器热板加热模具

对于中、小型橡胶注射机，比如热板尺寸≤1000mm，一般都有热板。当模具的板面≤热板的尺寸，而且模具的总厚度小于宽度的$\frac{1}{2}$时，仅用热板加热模具即可满足模具的热量需求。

一般机器热板上装有加热棒和热电偶。当热电偶安装在热板上时，模具的实际温度比在机器上设定的温度低，可根据实际检测的模具温度来确定热板温度的设定值。也有的机器的热电偶插在模具上，这样机器上要设定的温度就是模具的实际温度，对于模具温度控制比较有利。这种模具上要加工热电偶插孔，而且，如果热电偶安装不正确，会影响模具的加热效果。

热板温度分布直接影响着模具温度的分布。在同一热板温度条件下，模腔实际温度差越大，产品需要的硫化时间越长，产品的质量可能越差。因此，应当根据模具温度均匀分布需要，来设计热板的温度分布。

实验表明，由于热板和模具侧面散热，用温度均匀分布的热板加热模具时，表现为模具边缘温度比中心温度低。

有的热板的加热设计是以模具分型面温度均匀性为目标，优化加热管长度方向的电阻分布以及加热管在热板上的排布和控制程序等。这种热板边缘的温度稍高于中心温度，以补偿模具和热板边缘的热量散失，保证了模具分型面温度的基本均匀，从而，模腔的排布可以稍微离模具边缘近些，排布的模腔数多，而且，中心模腔与边缘模腔里产品可以同步硫化，缩短了硫化时间，提高了生产效率。

用机器热板直接加热模具方式，模具加工比较简单，操作方便。不过，热板和模具的散热面积大，能量损耗多。而且，当模具尺寸比机器热板面小得太多时，热板散发到空气中的热量多，容易造成机器周围温度高，也浪费能量。当模具很厚或者机器上没有加热板时，就需要采用模具自带加热系统的形式。

3.3.2　介质加热模具

加热模具的介质有过热水、过热蒸汽和热油等形式。一般根据模具温度要求等情况确定加热形式。对于小型模具，可以用模温机加热。如果工厂有锅炉，也可以用过热蒸汽加热模具。

3.3.2.1　加热介质

当模具温度要求<120℃时，可使用过热水的模温机加热模具。由于水热容量大，加热效率比热油高，水对环境没有污染。使用过热水加热模具时，虽然在高温下水对钢材的腐蚀小，但是模具材料还是需要有一定的防锈能力。应尽量使用软化水，以免在模具加热通道结垢，影响传热效率。

当模具温度要求稍高，比如120~180℃，可使用热油介质的模温机。对于多层模具，可以将各层模具介质进出口错开，采用各层热板加热管路串联的方式，以获得更为均匀的模具温度。对于大型模具，使用锅炉产生的过热蒸汽，压力会更高，加热温度可达到180℃甚至更高。

3.3.2.2　加热通道

一般模板上加热介质的循环通道应均匀、对称排布，以保证模具整体温度基本均匀。如图3-38所示，介质循环通道的直径d，可以稍比介质管内径ϕ大，比如$d=(1.2\sim1.5)\phi$，以减少流动阻力。通道距离模腔的最小距离$\geq d$，通道间距$P=(3\sim5)d$，距离模具边缘$D=(1.5\sim2)d$，通道距离其他孔的距离≥(1/2)d。

加热介质的进、出口要尽可能近，以避免进出口温差影响模具温度。同时，加热介质管子要有柔性，具有耐高温、耐介质能力，长度合适、有保温措施和快速接头。加热介质管子排布要合理，方便模具安装和拆卸，也不能影响模具的开合等动作。

对于比较高的模板，可以排布几层介质通道，如图3-39所示中模。

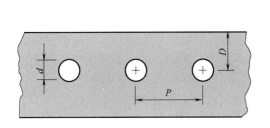

图3-38　热板上介质循环孔

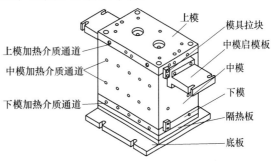

图3-39　模具上加热介质通道

3.3.2.3　隔热措施

如果加热介质通道开设在模腔板上，在模腔板与垫板之间要安装隔热板。建议隔热板厚度≥12mm，并且具有足够的强度。如果模具高度超过宽度的一半，可以给模具侧部也安装隔热板，以减少热量散失。侧部隔热板可以薄些，厚5~8mm。

隔热板应具有高强度（在250℃时高于380N/mm²）、耐高温（280℃）和良好的隔热能力。隔热板材料，有德标HASCO、DME 或者 Frathernit 等牌号，如 Frathernit A4。

模具自带介质加热系统时，模具的板面大小可以不受机器热板大小的限制，对于高度较高的模具，也可以获得均匀的温度。但是，如果模具板面比热板大得太多，有可能会因为分型面平均锁模力太小，而出现边缘飞边太厚的问题。

介质加热的模具温度比较均匀、稳定，一般介质进、出口温差在3℃左右。介质加热的效率比电加热稍低。

选用热传导油时，要求闪点高、黏度和凝固点低、热导率大、残炭和酸值低、使用温度高、良好的热稳定性和抗氧化安全性。如果使用劣质热油含有易挥发物，容易污染环境。

3.3.2.4　加热计算

模具加热功率：

$$A = W \times \Delta t \times C \times \tau/860$$

式中，A 为加热功率，kW；W 为模具质量，kg；Δt 一般为室温与模具温度的温差，可以取模具温度比实际硫化要求温度高5~10℃；C 是比热容，油0.5J/(kg·℃)，钢0.11J/(kg·℃)，水1J/(kg·℃)，塑料0.45~0.55J/(kg·℃)；τ 为加热至所需温度的时间，h，可根据需要取1~2h。

也可以按每100kg模具质量有2kW的加热功率的关系，估算模具加热功率。如果要求模具温度较高，或者要求模具初始升温速度快，可以适当增加此加热功率。

模温机主要参数包括最高温度、加热功率、流量和压力等。流量和压力的乘积是流体的动能，动能越大流动速度越快，流动的距离越长，传导的热量越多。

模温机压力和流量计算公式如下：

$$P = 0.1 \times H \times a$$

$$L = Q/C \times \Delta t \times a \times 60$$

式中，P 为压力，kg/cm^2；H 为扬程，cm；a 为传热媒体密度，水为 $1kg/cm^3$，油为 $0.7{\sim}0.9kg/cm^3$；L 为流量，L/min；Q 为模具每小时所需热量，$kcal/h$；C 为媒体比热容，水为 $1J/(kg \cdot ℃)$，油为 $0.45J/(kg \cdot ℃)$；Δt 为循环媒体进出模具的温差，$℃$。

3.3.2.5　冷却方式

有时，模具需要有加热和冷却的双重功能，其控制类似于介质加热。冷却有水冷却和风冷却两种方式。

水冷却是大多数模具采用的冷却方式。这种冷却方式的特点：要求管道密封性要好；如果使用硬水，会在回路上形成水垢，影响冷却效率甚至堵塞回路；对水资源的浪费较大；当冷却温度超过 $100℃$ 时，易产生蒸汽爆炸；优点是水的比热容大，可实现快速降温。

风冷却是一种比较理想的冷却方法，和水冷正好相反，它不需要严密的管道密封，不存在资源浪费，可以冷却温度高于 $100℃$ 的模具，可以通过气体的流量来确定冷却的速度，并且来源简洁方便，有一定规模的生产车间都能取得比较方便的气源。但是，会引起环境温度高和噪声。

3.3.3　电热管加热模具

模具电加热分电热板、电热圈和电热管等形式，一般根据模具结构需要确定加热形式。不过，电热管加热形式应用比较普遍。电热管也叫加热棒、加热管。

3.3.3.1　模具热量消耗方式

通常，模具加热系统满足2个方面的需求：

（1）更换模具后，将模具从室温加热到产品硫化需要的温度。

（2）在橡胶产品硫化过程中，保持模具温度。

① 加热新注入模腔的胶料，由注射温度（比如$80℃$）上升至硫化温度（模具温度比如$170℃$）。橡胶硫化过程多为放热过程，放出热量多少和胶种配方等因素有关，放出热量也很少。一般产品的质量占模具质量的 $0.5\%{\sim}1\%$，而且，橡胶的比热容比钢的比热容小，因此，胶料升温需要的热量相比模具的热容量量小很多。

② 补偿模具四周向空气和机器散失的热量，散发热量的多少与环境温度和模具的保温条件有关。

③ 开模时，模具分型面和模腔表面向空气中散发热量，此时散发的热量与开模时间、环境温度和通风条件有关。由此可见，生产过程中，一般模具升温过程中消耗的功率比产品硫化过程中消耗的功率多。

3.3.3.2　电加热模具所需总功率计算

$$W = \frac{G\,C_p(T_m - T_0)}{3600\eta\tau}$$

式中，W 为电加热模具所需总功率，kW；G 为模具质量，kg；C_p 为模具材料比热容，碳钢为 $0.46kJ/(kg \cdot ℃)$；T_m 为模具温度，$℃$；T_0 为室温，$℃$；η 为加热效率，$0.3{\sim}0.5$；τ 为加热升温时间，h。

加热升温时间，指更换模具后，将模具由室温升至硫化温度所需要的时间。如果加热功率大，模具升温时间短，但是占用电力资源多。通常，对于小模具（比如200kg），加热时间可以按照1~2h计算。对于大模具（比如500kg），可以按照2~3h计算。

通常，电热转换效率在90%以上。一般在模具加热过程中，为了避免模具温度过大的波动，用PIDT控制模具加热过程，但是并不是每一时刻所有的加热管都得电工作，而是间歇式工作，间歇的时间由PLC根据温度曲线优化控制。在加热过程中，模具周围有热量散失。所以，一般取加热效率在0.3~0.5范围。小模具取小值，大模具取大值。

模具向周围散热的方式一般为对流。在闭合情况下，模具四周有绝热板时，模具向周围散失的热量就少，反之就多。

3.3.3.3 选择加热管

在计算出模具需要的总加热功率后，就需要确定加热管的规格与数目。加热管直径大，单位长度分布的功率就大，在同样要求温度的条件下，加热管排布的间距大。加热管直径大，壁厚刚度大，可以制造的加热管的长度长。所以，加热管的直径应与加热功率、加热管长度匹配。如果模具小，加热管直径大、单位长度的功率大，间距大，模具上温度分布波动就大。如果加热管直径小，而长度长，则在模具上加工加热管孔的难度就大。

一般加热管功率设计尽量不超过10W/cm的限制。如30cm长的加热管，功率尽可能不要超过300W。如果功率超过这个限制，加热管表面负荷会较高，钢管易氧化腐蚀，造成短路，可按表3-2确定加热管参数。

表3-2 电加热棒外形尺寸与功率

名义直径D_1/mm		13	16	18	20	25	32	40	50
直径公差/mm		±0.1		±0.12			±0.2	±0.3	
盖板d/mm		8	11.5	13.5	14.5	18	26	34	44
槽深a/mm		1.5	2	3			5		
长度L/mm		功率/W							
60	$0 \atop -3$	60	80	90	100	120			
80	$0 \atop -3$	80	100	110	125	160			
100	$0 \atop -3$	100	125	140	160	200	250		
125	$0 \atop -4$	125	160	175	200	250	320		
160	$0 \atop -4$	160	200	225	250	320	400	500	

续表

长度L/mm		功率/W							
200	$^{0}_{-4}$	200	250	280	320	400	500	600	800
250	$^{0}_{-5}$	250	320	350	400	500	600	800	1000
300	$^{0}_{-5}$	300	375	420	480	600	750	1000	1250
400	$^{0}_{-5}$		500	550	630	800	1000	1250	1600
500	$^{0}_{-5}$			700	800	1000	1250	1600	2000
650	$^{0}_{-6}$				900	1250	1600	2000	2500
800	$^{0}_{-8}$					1600	2000	2500	3200
1000	$^{0}_{-10}$					2000	2500	3200	4000
1200	$^{0}_{-10}$						3000	3800	4750

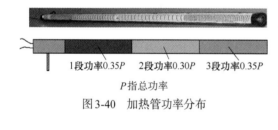

1段功率0.35P　2段功率0.30P　3段功率0.35P

P指总功率

图3-40　加热管功率分布

由于热板和模具的侧面和端部都散热，如果使用等电阻分布的加热棒，往往会出现模板中央与侧部和端部温差大的现象。同时，加热管在两端通常都有较长的冷端，因此，一般在加热管上采取两端功率大，中间功率小的功率分配方法，以获得热板长度方向的温度均匀，如图3-40所示。

3.3.3.4　模具上加热管分布方法

为了补偿模具两侧的热量损失，有意识使加热板两侧的加热管分布密集，中间分布稀疏，如图3-41所示。

图3-41　模具上加热管分布距离

对于扁平模具，可以将模具的加热设计成加热板的形式。比如两开模，使用上、下两块加热板。加热板大小和模具板面一样，可以与模具分离，结构简单，加工方便，这样的加热板也可以与同类模具配合使用。

在用机器热板加热模具时，当模具的高度超过模具宽度的2/3时，仅靠机器热板加热模具，就可能出现由于模具中心温度低导致的硫化时间长的问题。此时，需要给中模配置加热管，以补充热量。用机器的辅助加热系统，控制中模的辅助加热，如图3-42所示。由于模腔在中间位置，为了均匀加热中模，加热管从后和右两个方向插入中模，所有中模上的加热管和热电偶接线都接在一个接线插座上。

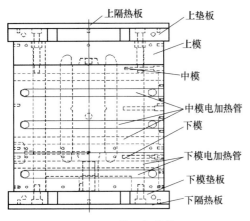

图3-42 模具加热管

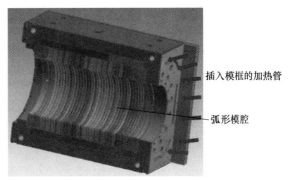

图3-43 空心绝缘子模具

对于大型两开模模具，如果模腔为圆形，而且分型面通过模腔轴线，可以将加热棒沿模腔的圆周均匀分布，以获得均匀高效率的加热效果，如图3-43的空心绝缘子模具加热管分布。

加热棒应当在模具上对称分布，距离模腔也不能太近，比如不小于2倍的加热管直径，以免模腔局部出现温度过高。模具上安装的加热棒功率和电压、热电偶类型等，应当与机器的要求相匹配。

3.3.3.5 有限元分析模拟模具加热

可以根据模具的材质，以及要求的模腔温度范围，使用有限元热分析软件，进行模具加热模拟分析，确定加热管在模具上的分布位置，以及功率分配，以获得均匀的模腔温度分布。

如图3-43所示是空心绝缘子模具，模具零件材料参数见表3-3。通过有限元热分析软件重新优化加热管的功率分布以后，实际模腔温度差由原来的5℃变为3℃，如图3-44所示。

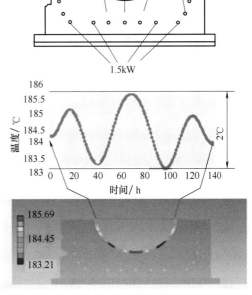

图3-44 加热管分布与有限元模拟模具温度分布

表3-3 模具零件材料参数

名称	材料	热导率 /[W/(m·K)]	比热容 /[J/(kg·K)]	密度 /(kg/m³)
镶块	P20	34	460	7800

续表

名称	材料	热导率 /[W/(m·K)]	比热容 /[J/(kg·K)]	密度 /(kg/m³)
模框	45号钢	60.5	434	7850
隔热板	Frathernit A4	0.19	800	1.9

3.3.3.6　加热管和热电偶的安装

加热管要与孔表面尽可能贴合，以利于加热管与模具的热传导。比如加热管与模具之间的配合为H9/f9，并且表面光洁度 Ra 为 1.6μm。一般采用钻孔后铰孔的方式加工。

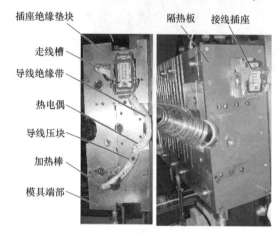

插座绝缘垫块　走线槽　导线绝缘带　热电偶　导线压块　加热棒　模具端部　隔热板　接线插座

图3-45　模具线槽和热保护

为了改善热传导和防止加热管表面氧化，在安装加热管时，给其表面涂导热脂。模具上的测温探头应尽可能靠近模腔，以能够反映模腔的实际温度。

在模具上应加工有加热管和热电偶的导线槽，导线槽都是圆弧过渡，边缘都倒成圆弧，以免割破导线。

安装时，将导线用绝缘布或者绝缘管包裹，分段用绝缘块固定。插座底部有绝缘垫块，用螺钉固定，如图3-45所示。一般将模具上加热管和热电偶的连线接到一个专用的插座上，使用时，只需要将机器的加热插头与插座连接即可，以方便更换模具。

3.3.3.7　模芯加热

如果模芯直径大、长度长，产品壁厚大，单靠模芯两端向模芯中部传热效率很低，模芯中部温度就比较低，譬如比模腔温度低 5~10℃，则产品的硫化时间就取决于产品中部靠近模芯部分的硫化程度。如图3-46所示屏蔽管模具，模芯很长而且中模没有辅助加热，为了改善模芯的热传导效率，提高产品的硫化速度，在模芯里嵌入铜合金的导热棒。模芯材质为钢，热导率偏小，导热棒材质为铬铜，热导率大，这样组合以后，有效地改善了模芯温度的均匀性。在同等温度条件下，产品的硫化时间缩短了20%。导热棒与模芯是动配合，装入时给导热棒表面涂耐高温导热脂，以便于导热棒导热和拆装。

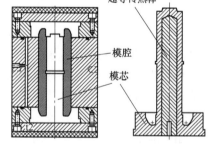

超导传热棒　模腔　模芯

图3-46　屏蔽管模具结构

3.4▶▶ 橡胶制品的脱模方式

橡胶制品在模腔里成型固化以后，就需要从模腔里拿出来。产品取出的难易程度以及方法与橡胶制品的形状、材质特性、模具结构和机器配置功能、成型工艺等因素有关。产品脱模需要占用一定的时间，脱模方式不仅影响到产品的外观质量，也影响生产效率。因此，脱模是产品注射成型工艺过程中的重要环节之一，在设计橡胶注射模具时，必须考虑产品的脱模方式。

3.4.1 影响产品脱模效果的因素

3.4.1.1 橡胶产品脱模特点

橡胶属于弹性体，完成固化的橡胶产品在热的模腔里，硬度要比在常温下的硬度低，弹性模量小，而且很柔软，可以承受一定程度的压缩或者拉伸的弹性变形，比如20%~30%。但是，在热的状态下橡胶的热撕裂性能相对常温状态要差，在尖角、薄的边缘部位容易发生撕裂问题，因此，脱模操作应当合理，以免损伤产品。

橡胶产品脱模包括产品、飞边和注胶道料头与模具分离。如果飞边薄，脱模时容易与产品分离，或者掉到模腔里，所以需要清理飞边和模腔，也使得橡胶产品脱模比塑料产品脱模复杂。大多数注胶道料头在脱模时与产品分离，需要专门取出胶道料头。在热的状态下橡胶很柔软，如果用机械方式从每个模腔取产品、飞边和注胶道料头，动作很复杂，所以，有些橡胶产品采用手动或者半自动的脱模方式。

对于传递模压成型方式，产品与传递膜片和注胶道料头连在一起，可以由机械手拽住注胶道料头，使产品脱模。

对于厚度1~3mm薄壁纯胶制品，比如胶板、隔膜、波纹管状、胶囊等产品，脱模时允许产品有一定压缩或者拉伸变形量，对于夹布件或者两种橡胶的复合制品，在热的状态下脱模时，可以承受微量的拉伸或者压缩，这些产品可以用压缩空气助力脱模。对于由金属骨架或者刚性材料与橡胶复合的产品就不能被拉伸或者压缩，产品可以采用像塑料件那样的顶出方式脱模。

3.4.1.2 模具结构对脱模的影响

模腔分型面选择不同，脱模的效果和难易程度就会不同。图3-47是橡胶套模具，该橡胶套的特点是脖子部分直径比内腔直径小得多。如果抬起中模时模芯不动，产品就会被中模割破，从模芯上脱不下来。当把模芯改为可滑动结构，并在模芯下端装复位弹簧，在中模抬起时，产品与模芯一起上升。当模芯上升至10mm高时停止，中模继续上升，产品即可与模芯分离。中模落下时，弹簧使模芯复位。为了使上模与模芯接触面的飞边容易被胶件带出来，在模芯上的余胶槽与型模腔有0.1mm厚的连通通道。在中模孔的尖角需要倒钝，以防止割破产品。

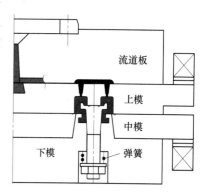

图3-47 橡胶套模具结构

图3-48是在卧式硫化机上成型屏蔽管产品的三开模模具。起初，产品左端的分型线偏右（图示点划线位置），开模后屏蔽管落在模芯上，脱模很困难。后来，在产品性能许可的情况下，将分型面向左偏移，屏蔽管产品脱模就比较方便了。

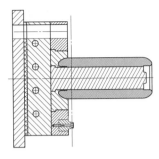

图 3-48　屏蔽管产品开模状态

一般亚光表面比光面有利于产品脱模。如果产品允许，可以将模腔表面加工成亚光表面。

3.4.1.3　机器配置

橡胶注射机的配置选项很多，可以根据产品的结构和产量需求，选择合适的功能配置，以方便脱模操作或者自动化操作。

比如滑出板，下热板连同下模可以自动滑出，以方便取出制品、清理模具、安放新的骨架等操作，如图 3-49 所示。

外置顶出机构有两种情况。一种是在中模滑出后，前置顶出杆穿过中模将制品顶出，如图 3-50。另一种是后置顶出机构，中模向后推出后，上顶出器向下顶出，使产品脱模。使用外置顶出机构时，模具的打开行程可以短。

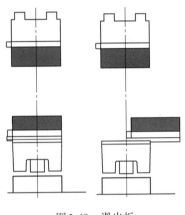

图 3-49　滑出板

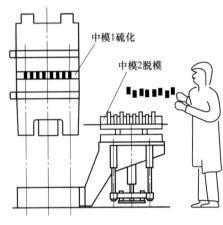

中模1硫化

中模2脱模

图 3-50　前置顶出器脱模

3.4.1.4　成型工艺

飞边太厚会影响产品脱模，应当调整合适的工艺参数，尽可能地减小飞边厚度，以便于脱模。

如果模具表面不干净比如有油污，或者压缩空气中的水渍污物随压缩空气喷到模腔表面，或者配制脱模剂的水不干净，都会污染模腔表面引起粘模的问题，使脱模困难。

产品的硫化程度也影响脱模效果。比如有些大直径厚壁的管类产品，如果模芯没有专门的加热措施，产品的内壁往往是硫化最缓慢的位置，如果硫化时间不足，就会出现产品从模芯脱模困难的问题。有时，硫化时间太长，也容易引起粘模。比如硅橡胶的绝缘子产品，在硫化时间太长时，就会出现粘模现象。产品卷气时容易引起粘模和脱模困难的问题。

3.4.2　手工脱模方式

3.4.2.1　扁平产品的脱模

一般扁平产品都很容易手工从模腔里取出来。开模后，一般产品容易粘到接触面积相对大或者温度稍低的模腔表面。

采用注射传递方式成型瓶塞产品时（图 3-51），产品由一个 1mm 左右厚的膜片连在一起。脱模时，操作者只需要借助于气枪，就会很轻松地把产品从模具上取下来。

图3-52为密封件产品模具，产品下部有斜刺，上部有薄壁孔。如果通过顶起模芯带出产品方式脱模，很容易把产品拉破，此模具采用滑动模芯结构。在开模过程中，装在上模的斜销将模芯与产品分离，产品落在下模。手工借助于压缩空气取出产品，操作比较方便。

图3-51 传递注射的瓶塞模具

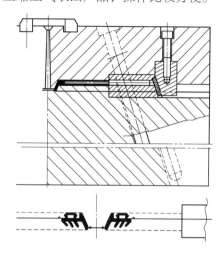

图3-52 密封件产品模具

3.4.2.2 吹胀脱模

对于管状产品，如果开模方向垂直于模芯轴线，开模后，产品会落在模芯上。在顶起模芯后，利用橡胶在热状态下柔软和弹性变形容易的特点，通过吹气使其膨胀并用手拽，将其从模芯上脱下来。产品可膨胀的大小和产品的壁厚有关。产品壁越厚、硬度越高，胀开需要的力越大。

如图3-53所示的套管产品，壁厚3.5mm，材质为三元乙丙橡胶，硬度65（邵氏A），产品中部孔径大约是端部孔径的一倍，脱模时产品口部需要扩张100%。开模后产品落在模芯上，将模芯固定在台钳上，拧掉模芯端头，用端头带有专用吹气套的气枪从模芯端部吹气，就可以将产品从模芯上脱下来。

图3-54为胶囊产品模具，模芯固定在模芯架上。开模后，下顶出器顶起模芯架，推出

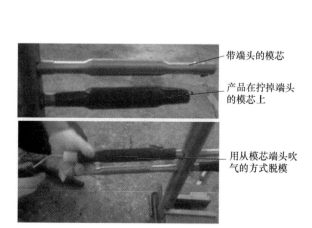

带端头的模芯

产品在拧掉端头的模芯上

用从模芯端头吹气的方式脱模

图3-53 套管产品的脱模方式

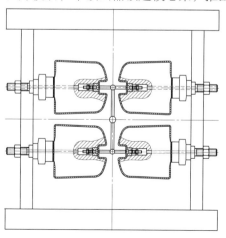

图3-54 胶囊模具

油缸将模芯架沿下顶出器的滑道滑出。然后,剪断胶道料头,手工将模芯向下旋转120°,再通过模芯端部接口向模芯接通压缩空气,胶囊就会与模芯分离。取下所有的胶囊后,将模芯复位、清理模具,开始下一个循环。

3.4.2.3 靠模芯自重脱模

图3-55为密封套产品模具结构,这种产品有两种脱模方法。

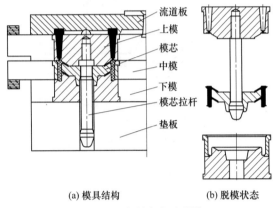

流道板
上模
模芯
中模
下模
模芯拉杆
垫板

(a) 模具结构　　(b) 脱模状态

图3-55　密封套产品脱模

方法一,顶出器顶起模芯脱模。开模时,上顶出器将上模与流道板分开,拉板使上模与中模分开,下顶出器顶起模芯,手工从模芯上取下产品。使用前后拉板使上模与中模分开,这样的模具显得复杂,拉板也使取产品操作不方便。

方法二,使用模芯自重脱模。模芯杆固定在上模板上,模芯可以在模芯杆上滑动。开模时,上模与中模分离,模芯连同产品滑到模芯杆下端悬空,如图3-55(a)所示,手工就可以从模芯上取下产品。

3.4.2.4 哈夫块结构

图3-56为纯胶端帽产品,模芯端头很大,中间局部很细,对应模腔部分也是向里收缩。如果中模采用整体模腔结构,开模时,模芯上的产品会卡住中模脱不开。如果强行抬起中模,模芯就会将产品割破,因为产品中部的压缩量超过100%。采用中模哈夫块结构,开模时,中模哈夫块分离,可手工从模芯上取出产品,操作很方便。

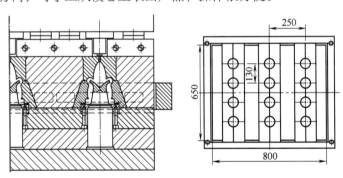

图3-56　端帽模具

3.4.2.5 厚壁产品的脱模

对于厚壁纯胶制品,具有一定的刚度,可以使用顶出的方式脱模。图3-57为高尔夫球产品模具,两开模,配多支注胶嘴冷流道体,每个支注嘴从分型面向4个模腔注胶,在注胶口对面有抽真空口。产品由下顶出器顶出模腔。顶杆穿过下模板和下热板与顶出横梁连接,顶出高度为高尔夫球的半径。顶杆的端部与模腔形状吻合,并与下模锥面配合。

3.4.2.6 带嵌件橡胶制品的脱模

带有金属嵌件的橡胶制品,在嵌件部分主要表现为刚性,压缩受限,可以像塑料件那样用顶出的方式脱模。

（1）油封模具

如图3-58所示，油封下面有金属骨架，上部是橡胶，环形注胶口。开模后，流胶道料头落在上模，产品和注胶道料头落在顶起的模芯上。手工取产品和胶道料头。

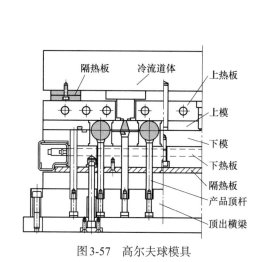

图3-57　高尔夫球模具

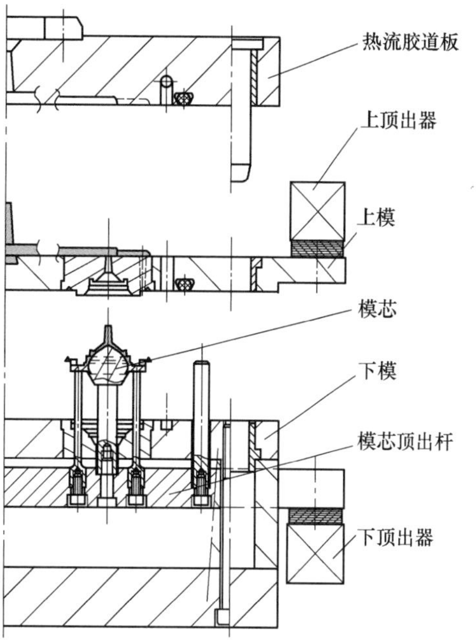

图3-58　油封脱模

（2）胶辊产品模具

胶辊产品一般是在金属或者刚性辊芯上包覆橡胶，由于表面要求均匀一致，一般是在成型后，经过磨削表面而成。如果是热流胶道模具，需要有热流胶道板，所以模具是三开模；如果使用冷流道体，就是两开模，如图3-59所示。

成型时，为了方便固定胶辊芯，在辊芯的一端使用可以收缩的支撑套，如图3-60所示。脱模时，靠侧框将胶辊带出模腔，手工取出产品清理模具，然后，放新的胶辊芯，开始新的循环。

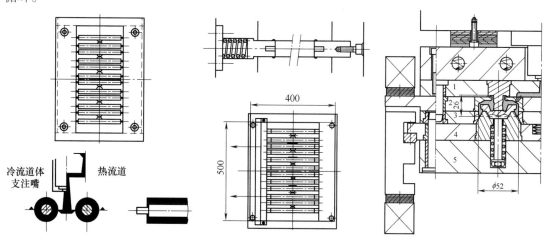

图3-59　胶辊模具模腔与流胶道排布　　　图3-60　胶辊芯固定方式　　　图3-61　垫套模具

（3）垫套产品脱模

图3-61所示垫套模具，有两套模板和模芯。开模后，胶道料头落在模板2上，产品落在下模芯上。有产品的模板和模芯滑向后方，另一套模板和模芯滑入。手工取掉胶道料头，就可以开始新的循环了。然后，通过后外置下顶出机构顶起模芯，手工取下产品。

（4）阀片产品脱模

模具结构如图3-62所示，注射机配4支注嘴的冷流道体、真空泵、上液压顶出器和下液压顶出器等配置。为了防止产品骨架卡在上模，在骨架的上方有一个顶出弹簧。而且，在合模时，弹簧可以下压使骨架定位。开模后，下顶出器通过模芯将产品顶起，操作人员取出产品、清理模具、放入新的骨架，即可开始新的循环。

（5）外置顶出板脱模

如图3-63所示，开模后垫块产品落在中模。后置顶出板滑入中模与下模之间，然后，中模下降，产品即被顶出。顶出板滑入、滑出和中模下落、顶起动作都自动完成，所以，动作迅速连贯。一般顶出力不需要太大，为了保护模具和产品，一般顶出头用耐高温PTFE材料加工。

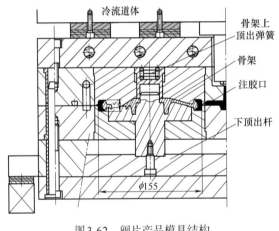

图3-62　阀片产品模具结构

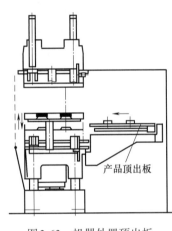

图3-63　机器外置顶出板

3.4.3　自动脱模方式

3.4.3.1　常用的脱模机构

这些机构是机器的动作选项，可以根据产品成型过程需要进行选择。通过设定动作顺序、速度、压力、时间等参数来使用。

① 吹气阀（图3-64）。当产品或者注胶膜片可以与模腔形成临时的封闭腔时，可以采用吹气的方式脱模。在开模过程中，机器控制吹气阀打开，压缩空气将产品从模腔吹下来，吹气停止后，弹簧使吹气阀自动复位。吹气阀动作由机器自动控制，吹气时间可以根据需要设定。

② 胶道料头收集机构，如图3-65。该机构使用汽缸操作卡钳夹取胶道料头，并

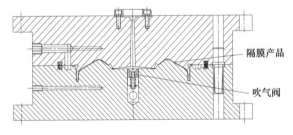

图3-64　吹气阀

伴有上、下移动动作，由运输带将料头输送到料头收集桶。多数情况下产品会和胶道料头落在不同的分型面，另外的机构完成产品脱模动作。也有的胶道料头与产品连在一起脱模的情况。

③ 滚刷。用来清理分型面的飞边和杂质。在立式机器滚刷架后方配有吹气管，可伴滚刷移动，以吹掉分型面的飞边杂质。在卧式注射机上，对于模腔比较浅的多模腔模具，滚刷可以使小的薄产品脱模，如图3-66。滚刷一般有双联滚刷和单滚刷，单滚刷每次清理一个面。

④ 机械手。机械手动作和移动轨迹可以编程，完成抓取产品、骨架和胶道料头等工作。如图3-67所示，机械手从骨架输送道上抓取骨架，逐个放入模腔。

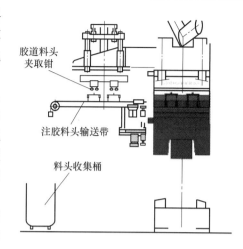

图3-65　胶道料头收集机构

⑤ 输送带。用来将胶道料头或者产品，输送到指定的框里（图3-65）。

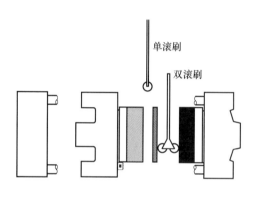

图3-66　卧式机器上的滚刷机构

⑥ 双梭板机构。适用于双中模模具，一个中模硫化，另一个中模脱模，与外置顶出器和滚刷机构配合，可以提高生产效率，如图3-68。

图3-67　机械手向模腔安装骨架

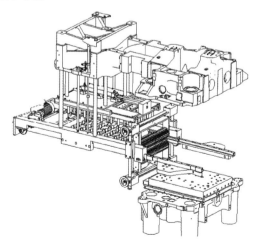

图3-68　立式机器的脱模和滚刷机构

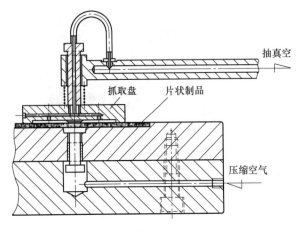

图 3-69　抓取盘

⑦ 产品抓取盘。开模后，抓取盘自动移动到模腔上方，下行与产品接触，真空阀和吹气阀同时打开。抓取盘吸住制品，移动到模具外面，真空阀关闭，产品落到料框里，如图3-69所示。

⑧ 余胶槽。全自动脱模时，要求余胶槽里的飞边都与产品连在一起脱模。要求余胶槽形状有利于飞边脱模，而且不能与产品分离。飞边与产品连接部分距离近并且有一定厚度，但是，也不能影响产品修边或者撕边质量。

⑨ 监测探头。在模腔附近有监测探头，如果检测到产品或者胶道料头没有脱模，或者骨架放置不正确，会发出报警或者采取纠正措施等。

3.4.3.2　自动脱模实例

（1）机械手脱模

如图3-70所示，在立式注射机上用注射模压方式成型O形圈产品时，O形圈产品通过薄膜连为一片，使用机械手，实现自动化操作。动作顺序：开模—下模滑出—机械手向左平移—下降—夹住膜片上的注射孔料头—上移—向右移动—松开料头—产品膜片掉到产品框—开始下一个循环。加持料头机械手前端有一个吹气阀，在机械手向右移动过程中，伴随吹气，清理下模腔。

（2）推板脱模

当产品孔径小、壁厚大、具有一定的挺性，而且模芯上没有台阶时，可以采用推的方式脱模。如图3-71所示的垫环模具，开模后产品落在模芯上，顶起模芯，注胶道料头和飞边都连在产品上。固定在模芯架上的油缸推动脱模板，将产品连同胶道料头一起从模芯上推下来，落在产品框。在产品脱模的同时，压缩空气吹拂分型面清理模腔，从而实现自动化生产。

图 3-70　O形圈自动成型

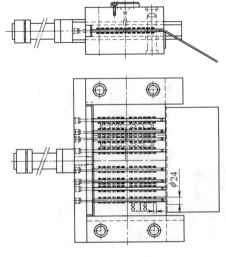

图 3-71　垫环模具

（3）胶囊产品自动脱模

胶囊产品模具如图3-72所示，胶料从胶囊的底部注入模腔，在胶囊的端口有一圈排气槽，为了便于排气槽飞边随产品带出来，在排气槽上镶嵌有隔断销。胶囊通过吹气和拽拉方式脱模。

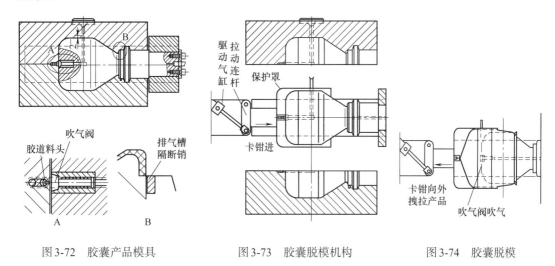

图3-72 胶囊产品模具　　　　图3-73 胶囊脱模机构　　　　图3-74 胶囊脱模

在模具闭合情况下，胶道料头拽拉机构缩回在模具外面。开模后模芯抬起，汽缸驱动拽拉头伸到胶囊底部注胶料头部位（图3-73）。然后，拽拉机构回缩，卡住注胶料头向外拉胶囊，与此同时，模芯上的吹气阀门打开，向胶囊内腔吹气，直至将胶囊脱模，如图3-74。胶

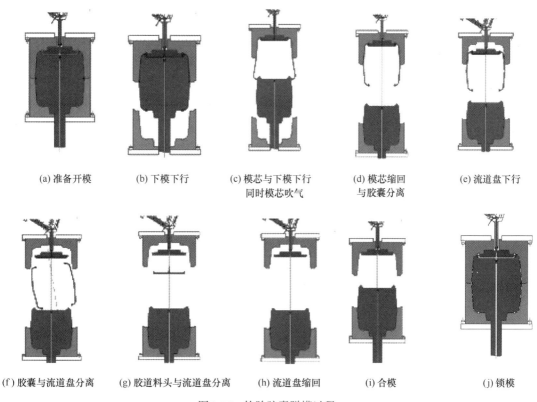

图3-75 轮胎胶囊脱模过程

囊脱模头上有一个稍大于胶囊外径的罩子，旨在防止胶囊过度膨胀，因为胶囊的端口壁厚，需要的吹气压力大。罩子限制胶囊大头端膨胀，前端口才好张开脱模。脱模后，拽拉机构旋转，将胶囊放入产品框。机器开始下一个循环。

（4）轮胎胶囊自动脱模过程

轮胎胶囊产品比较大，一般在专用的橡胶注射机上成型。图3-75是B型胶囊的脱模过程。胶囊脱模后，安全门打开，操作者手工从模具区域取出产品和胶道料头，清理模具后，就开始下一个循环。

（5）薄壁胶囊产品自动脱模

薄壁胶囊产品在卧式注射机上用液态硅橡胶注射成型，模具配有带8个针阀的冷流道体，8个模腔如图3-76所示。

开模后，汽缸带动模芯阀针缩回，压缩空气阀打开，向薄壁胶囊里吹气，将产品和分型面的飞边吹到模具下方的框里。然后，模芯阀针复位，合模，开始新的循环。

（6）盖帽产品自动成型

卧式橡胶注射机配置：2个滚刷、左液压顶出器和右液压顶出器。冷传递腔注射模具，四开模，针尖注胶口，如图3-77所示。

动作顺序：开模—右顶出器将上模板向左推开—左模板向右移动顶出产品—右滚刷靠冷流道侧下行，刷落针尖注胶口料头—左滚刷下行清理上模板左面—右滚刷上行清理上模板右面—左滚刷上行刷下模板右面。两个刷子同时动作，机器下分型方有一个产品框和一个料头框。

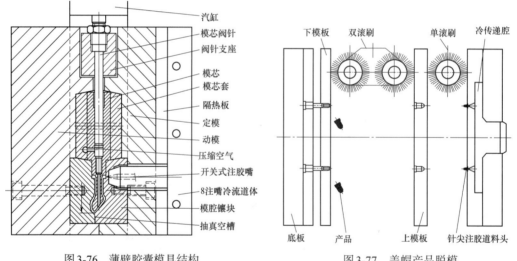

图3-76　薄壁胶囊模具结构　　　　图3-77　盖帽产品脱模

（7）全自动传递注射成型减震套产品

图3-78为全自动传递注射成型减震套产品的工装示意图。动作顺序：开模—中模（模腔板）向后滑出—下模向前滑出—前置机械手伸向传递腔抓取传递胶道料头并缩回，将料头放入料头收集框—后置上顶出器下行，将中模里的产品顶下来—前骨架加装机构将骨架装入下模—传递腔向上缩回—滑板缩回—中模回位。在中模缩回过程中，滚刷转动，清除中模上下表面的飞边杂质。有些动作是同时进行的，所以，脱模效率比较高。

（8）半自动注射成型减震件产品

图3-79是带冷流道体的减震件产品成型模具。动作特点：①上模向后滑出，抓取机构下行，抓取胶道料头；②在上模向前滑入后，抓取机构松开，料头落入料框；③下模板向前滑出后，前置下顶出器上行顶出产品；④手工取下产品、清理模具、放入新的骨架后，即可

以开始下一个循环。

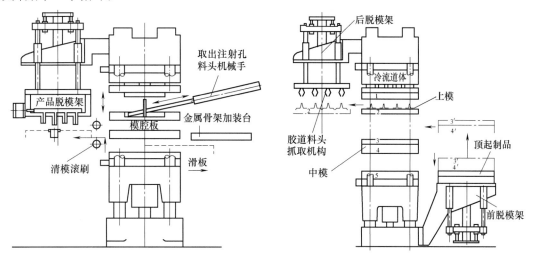

图 3-78　全自动传递注射成型减震套产品　　　　图 3-79　带冷流道体的减震件产品成型模具

（9）密封套产品全自动脱模

密封套产品上端有金属骨架，在立式橡胶注射机上，使用传递注射成型方式，如图 3-80 所示。

开模后，中模板向后滑出，后置取件机构控制卡钳合拢、下降、张开、上移的顺序动作，将产品从模腔里取出来，然后中模板缩回。在此过程中，滚刷动作，清除中模板上、下表面的飞边或杂质。前方机械手取出传递腔里的传递膜片料头。

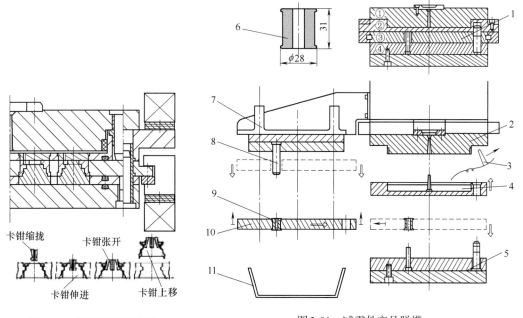

图 3-80　密封套产品脱模　　　　　　图 3-81　减震件产品脱模

1—中模；2—柱塞；3—传递腔料头；4—传递腔；5—下模；
6—减震件产品；7—机器后置脱模机构；8—产品顶出杆；
9—模腔里的产品；10—滑出的中模；11—产品收集框

中模板归位后，产品嵌件托板滑入，将嵌件放入模腔。然后，机器就开始新的循环。成型过程的动作顺序，可以根据需要编程设定。

（10）减震件产品的脱模

图3-81所示为减震件产品脱模过程。硫化结束后模具打开；机械臂将中模10向后滑出；后置下顶出器推动中模上行，机架上的顶杆8将减震件产品顶落，掉到料框11；中模下行后，滑入合模区；操作者取掉传递腔膜片料头3，并清理模具；合模，开始下一个循环。

（11）纯胶密封件产品自动脱模

纯胶密封件产品如图3-82所示。使用REPV69Y50型橡胶注射机成型，锁模力为400t，

图3-82　纯胶密封件产品

包括专用自动脱模机构、抽真空系统、液压上顶出器、液压下顶出器，以及辅助加热系统等功能选项。辅助加热系统用于模芯加热，以便在脱模过程中保持模芯温度。

成型直径110mm密封件的注射模具有112个模腔，2个模芯，配2个支注嘴的冷流道体。成型直径50mm的密封件的注射模具，有208个模腔，配4个模芯和4个支注嘴的冷流道体。

模具打开后，顶出器顶起模芯支撑架（图3-83），模芯先伸向机器的后方，然后，皮带机构夹住产品。接下来，芯棒缓慢缩回，两条旋转的皮带将夹在中间的密封件逐个脱模（图3-84），产品随运输带落入产品框。在模芯向后伸出的过程中，两模芯中间的金属刀头，将胶道胶头与产品分离（图3-85）。胶道料头随运输带向前移动，然后落入料头框。产品脱模后，在模芯（图3-86）向机器里运动过程中，一个激光检测装置检测有无密封件遗留在模芯上。如果模芯上有遗留的密封件，将会发出报警，提示操作人员作必要的操作。两种类型密封件的脱模时间均约41s。

图3-83　顶出器顶起模芯支撑架

图3-84　脱模皮带

图3-85　模芯之间胶道料头切断刀头

图3-86　模芯和模腔

（12）半圆帽产品自动脱模

如图3-87所示半圆帽模具结构，使用了机器的上、下顶出器和抽真空选项，模具配16个支注嘴的冷流道体，每个支注嘴向4个模腔注胶。

这种模腔不太深，进胶点在产品顶部的中心位置。注胶道最细处距离产品顶点0.1~0.2mm，以确保拉断注胶料头时不拉伤产品。

胶料最后到达模腔的分型面，排气也方便。由于在产品端口有一个台阶，即在模芯上有一个凹槽，容易夹带空气，所以，为了快速注满模腔、减少飞边、避免产品卷气，采用了抽真空系统。这种产品壁比较厚，有一定的挺性，开模后产品落在中下模上。脱模过程如图3-88所示。

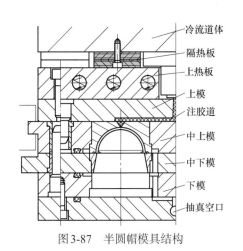

图3-87 半圆帽模具结构

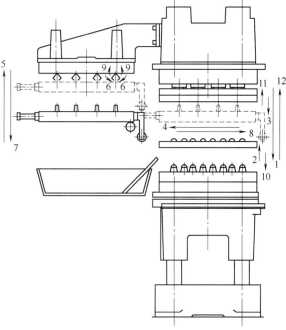

图3-88 半圆帽产品脱模过程

1—开模；2—中下模顶起；3—中上模落下；4—中上模滑出；
5—中上模上升；6—胶道料头夹具合拢；7—中上模下降；
8—中上模返回；9—胶道料头夹具张开；10—中下模下降；
11—中上模上升；12—合模

在图3-88中1~4过程中，中上模后端的滚轮将中下模上的产品向后刮带，产品落在下方的料框，然后是5~12过程，接着开始新的循环。

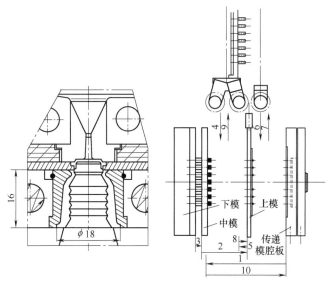

图3-89 密封件产品脱模过程

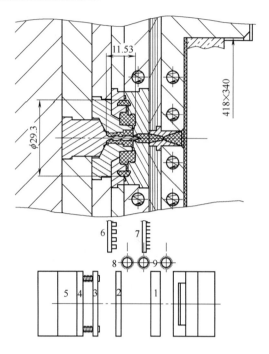

图3-90　垫套产品脱模过程

1—上模板；2—中模板；3—下模板；4—模芯板；5—垫板；
6—左顶出器；7—右顶出器；8—双滚刷；9—单滚刷

（13）密封件自动脱模

密封件产品在卧式注射机上成型，模具为冷传递腔注射结构，如图3-89所示。脱模过程：开模，上模向右顶开，中模向右少量顶开，产品与模芯分离落下，滚刷下行，清理中模右侧面和上模左侧面。滚刷到下方时，顶板上的顶针与上模的胶道对齐。上模（5）向左少量移动，将胶道料头顶出来落下，右滚刷（6）下行清理上模左侧面，右滚刷（7）上行，清理刷传递模板左分型面，上模（8）向右少量移动，左滚刷上行，合模，开始新的循环。

（14）垫套产品自动脱模

如图3-90所示，使用冷传递腔注射模具，在卧式注射机上全自动成型垫套产品。开模时，上、中模板先分开，然后分别由右、左顶出器开模，下模板由弹簧顶出开模。开模后，注胶道料头落在上模板上，产品落在中模板上。左、右顶出器6、7下行，到位后，模板1和2向左移动，将产品和注胶道料头顶下来，分别落在机器下方的产品和料头框。然后，模板1和2向右移动，顶板上行。接下来，滚刷8和9启动，分别清理模板1和2及冷传递腔的分型面。

（15）减震件产品全自动注射成型

减震件产品如图3-91所示，由金属骨架1、金属骨架2和橡胶构成，在旋转注射机上全自动注射成型。每副模具有4个模腔，每个模腔有2个注胶口。每副模具有独立的上、下加热板和侧部锁模机构。模具在环形滑道上移动。

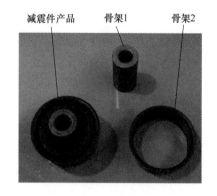

图3-91　减震件产品和骨架

旋转注射机有注射、脱模等工位，可以安装12套模具。在脱模工位，完成模具的开模、取产品和胶道料头，以及安装骨架和锁模等工作。一个胶道料头捅出机构，可以前后、上下移动。开模后，胶道料头捅出机构从上方将模具里的注胶道料头捅出来。一个带两个抓取件机构的机械臂，可以上下、左右、前后移动和翻转，完成将胶道料头和产品取出放到不同的输送带和抓取金属骨架放入模腔的工作，如图3-92所示。然后，锁模机构驱动完成模具合模、锁模等动作。模具转动到注射工位，注射头下行，注嘴对准模具注射口，向模具注胶。接下来，模具转到硫化工位，循环成型动作。

（16）阀片产品自动化生产线

阀片产品由金属骨架与橡胶复合而成。模具是冷传递腔注射结构，模腔数25，如图3-93所示。阀片产品自动化生产线由骨架准备台、硫化区、脱模台、产品脱模台、胶道料框、脱模操作机构和梭板切换机械臂等部分组成，如图3-94所示。动作顺序如下：

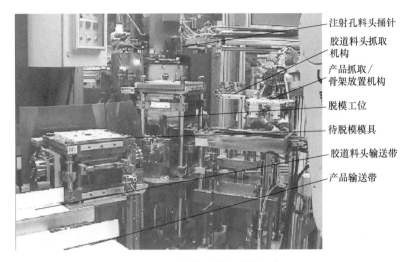

图3-92 旋转注射机脱模工位

图3-93 阀片产品模腔排布

图3-94 阀片产品自动化生产线

a. 在硫化区域自动完成合模、注射、硫化和模具打开工作。

b. 梭板切换机械臂将装好骨架的下模送入硫化区域，将完成硫化的下模拖到脱模台，两块下模在不同高度的滑道上滑动。

c. 脱模操作机构下行抓取下模上带胶道料头的25个产品。然后，向右移动至产品脱模台再下行，与脱模台机构配合将产品与料头分离，产品落入产品框。接下来，向右移动至料头框位置，放下胶道料头。

图3-95　骨架准备台

d. 脱模操作机构向左移动到骨架准备台，下行抓取骨架。然后，向右移动至脱模台，将骨架放到下模。

e. 在骨架准备台，自动将骨架摆放在模芯模型上，如图3-95所示。

橡胶产品的脱模方式与产品结构、机器配置等因素相关。良好的模具结构设计、合适的机器配置，对于快速脱模、保护产品的外观完好具有重要作用。在设计一种产品的脱模方式时，可能有许多选择方式，应根据产品质量和效率要求，确定合理的脱模方式。

3.5▸▸橡胶模具的清理方式

橡胶制品的表面是模腔表面的复制。在橡胶模具的制造阶段，就已经处理好了模腔的表面。在产品硫化过程中，从胶料中分离出来的含硫化合物，迁移到模腔表面形成斑点状的固态物。胶料中所含的水分，也会与模具金属表面化合生成棕色锈蚀。脱模剂中的杂质存留于模腔表面会形成污垢。这些结合物黏附于模腔表面，其厚度随着硫化次数递增。积层表面的不规则，会影响产品表面光泽，有时还会使产品表面产生麻点、斑疤、凹穴等缺陷，而且积层增厚会影响传热效果，所以，模腔表面需要随时检查，定期清洗。在设计模具时，要考虑模具在使用过程中的清模方式，既要模腔表面质量长期保持稳定，又要使模腔表面清理方便。

3.5.1　模腔表面质量变化的成因

橡胶制品成型包括在高温下将胶料注入模腔、硫化和脱模3个过程。在模具打开时，空气会进入模腔，在模腔表面保护层良好的情况下，氧对模腔表面的氧化腐蚀作用很弱。如果模腔表面的保护层被划伤或者破坏，给模腔表面喷涂水溶质的脱模剂，或者胶料里的水分在硫化过程中析出到模腔表面，都会导致一些氧化污染斑点。

当模腔局部卷气时，氧会消耗掉胶料里的促进剂，导致卷气部位的硫化不充分，或者脱模剂喷涂不均匀，也会引起粘模现象。粘模时，产品上可能会出现局部轻微的凹坑等缺陷。在清理模具时，如果方法不当，可能会破坏模腔表面的保护层，使粘模现象加剧。

不同的橡胶配方对模腔表面的污染程度也不同。以硫黄、氧化锌等为主的硫化体系，容易在模腔表面形成污染堆积物；以软化剂石蜡、白色填充剂等为主的各种配合剂，容易在模腔表面形成一层模糊的污染层。同时，车间环境的湿度、粉尘等也污染模腔表面。

在硫化过程中，易引起模具污染的物质受热分解，从胶料中析出迁移并黏附到模腔表面。这些沉积物随硫化时间及次数的增多，受热氧化老化达到一定厚度后，从模腔表面脱落，与橡胶黏合，造成橡胶制品表面不良和尺寸偏差。

对于在聚合体橡胶混合物中所包含的各种硫化物来说，硫化锌容易在硫化过程中引起结垢的反应副产物。结垢最初是由附着在模腔表面上的硫化锌（无机的沉积物）引起的，并形成一个灰色的沉积层。在高温下，混合物中低分子量的成分附着在硫化锌的微晶体上，并引起第二阶段的沉积（有机沉积）。

胶料中的极性化合物，由于分子极性基团的作用，吸附在金属表面。如果是非极性橡胶，则会软化降解，粘在模具模腔表面。若是极性橡胶，则会出现硬化斑点。天然橡胶由于含脂类化合物、蛋白质和无机盐类等非橡胶烃类物质，在硫化过程中最易污染模腔。合成橡胶的含卤素橡胶，在硫化反应时会产生卤化合物，引起模腔污染。例如氯丁橡胶硫化过程中，产生Cl_2和HCl侵蚀模腔，氟橡胶硫化过程中产生HF腐蚀模腔，合成橡胶中乳剂和催化剂等对模腔表面也会产生污染。丁腈橡胶随丙烯腈含量增大污染性增大。硫化体系中硫黄、氧化锌、多元酚（如双酚A）、二元胺等以及TMTD和二苯胍等促进剂均会对模腔产生污染。其他如软化剂、填充剂会引起模腔表面云纹，炭黑的补偿性越好，对模腔的污染越轻。

在聚合反应生成合成橡胶过程中，将具有防护功能的单体与橡胶共聚或接枝在橡胶上，这些非橡胶低分子物质，受热反应，也容易析出污染模具。非卤素系橡胶腐蚀污染性轻些，在丁腈橡胶中，高丙烯腈含量对模具模腔污染大。在丁苯橡胶中，用松香系聚合的1500系列对模具污染大。在橡胶配合助剂中，以硫化体系配合剂对模具模腔造成的污染最大，其中如硫黄、氧化锌和一些溶解度低的促进剂最易产生污染。还有一些迁移性防老剂，硫化活性剂硬脂酸，以及外隔离剂如聚硅氧烷系（溶剂型、乳液型、气溶胶型、复合型），烘烤型滑石粉，石蜡系（天然、合成），氟系（溶剂型、水溶性型、粉末型、薄膜型），等等，对模具模腔污染也大。尤其是石蜡系对模具模腔污染非常严重。

模腔表面被污染和被腐蚀的过程，普遍认为有三个阶段。第一阶段，引起模具模腔表面污染的各种橡胶硫化助剂，在高温条件作用下，与橡胶进行硫化反应，这些反应生成物开始从胶料内部向模腔表面转移。第二阶段，这些能够对模具产生污染的物质，通过黏附和沉积的机理对模腔表面产生污染。这些生成物，经高温和氧化作用，会产生坚硬的氧化物，很难去除。第三阶段，这些污染物，随着模具的连续长期使用，受热氧化而变质，有的附着在模腔表面，有的会粘在硫化橡胶产品上，导致产品杂质、裂纹等缺陷。

在模具方面，高光洁度的表面经过电镀后不易被污染，经过电腐蚀或者喷砂处理，获得亚光效果的模腔表面，对脱模有利，但是极容易残留污染物。瓷釉（陶瓷）和厚的PTFE涂层显示没有微晶体，并在金属表面形成了一个封闭的屏障，不容易被污染。

橡胶硫化所用脱模剂对模具也会造成污染。脱模剂主要分为硅系、石蜡系和氟系。氟系脱模剂对黏性强的橡胶具有良好的脱模效果，对模具污染小。硅系脱模剂，脱模效果好，成本适中，污染物少。石蜡系脱模剂，脱模效果较好，但是对模具污染大。

在硫化成型过程中，工作环境温度高或者相对湿度大，以及硫化温度过高，都会造成模具被污染。比如我国南方湿度大，有的厂家停机时，会使模具温度保持60℃的待机状态，以防止模具生锈。

3.5.2　脱模剂

脱模剂一般分为外用型和内用型两种。传统的脱模剂一般为外用型，即涂覆在模腔表面，习惯上也称作隔离剂，产品主要有滑石粉、云母粉、皂类、石蜡、聚四氟乙烯及硅油等，它们都有一定的脱模效果，但是，具有容易留下模垢和痕迹、对模具有腐蚀作用、价格较昂贵等缺点。

3.5.2.1　脱模剂类型

（1）内脱模剂

内脱模剂一般都以助剂形式通过混炼进入胶料并分散其中。在硫化时，部分迁移到模腔表面，形成薄薄的隔离层。因而无需逐一把脱模剂涂刷在模腔表面。而且，隔离膜不会脱落下来形成模垢。这样对模具保养有利，同时也给成型操作带来了方便。另外，内脱模剂还有助于胶料的流动，减少由于分子内摩擦引起的生热，是名副其实的多功能助剂，因此，在国外被称为"内润滑剂"。

目前应用较为普遍的内脱模剂主要有脂肪酸盐、阳离子型表面活性剂、金属皂基混合物、低分子量聚乙烯四类。其中氟橡胶内脱模剂T18的使用效果较好，它能有效改善胶料的流动，增加未硫化胶料的可塑性，缩短混炼时间，节约能耗，提高生产率。将其用于氟橡胶和丙烯酸酯制品的生产中，脱模效果优良。

为了避免或者减轻胶料对模具的污染，在配方设计时，采用与橡胶相容性好、低分子物质少、不易迁移析出的配合剂，能使模具模腔污染情况得到改善。为了防止二烯烃类胶料对模具的污染，可以采用噻唑类、硫醇类、二硫代氨基甲酸类配合剂，同时并用磷酸盐物质、脂肪羧酸盐等活性剂。

硬脂酸锌、硬脂酸铵、石蜡等宜作内加型脱模剂，模得丽935P脱模剂，可直接加入胶料中使用。

（2）外脱模剂

脱模机理，在模具表面喷涂脱模剂之后，硫化成型时的界面如图3-96所示，胶料与脱模剂的接触面为A面，脱模剂面为B面，脱模剂与模具的接触面为C面，脱模剂层为凝聚层。脱模时，当在A面和C面剥离时称为界面剥离，而在B面剥离时叫作凝聚层破坏。通常使用的脱模剂，要求在B面或A面和B面剥离脱模。由凝聚层引起的脱模，其脱模效果最好。

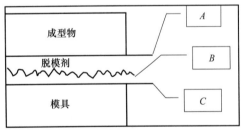

图3-96　脱模机理

脱模剂的隔离性能取决于其表面性质，表面不湿润性物质的物性由其临界表面张力衡量，临界表面张力小的物质，是隔离性最好的脱模剂。

在众多的脱模剂品种中，氟、硅脱模剂因其脱模效果好，适合脱模的应用范围广，是近年来发展较快的两类脱模剂。

3.5.2.2　常用脱模剂

（1）氟系脱模剂

氟系脱模剂继承了含氟材料的特点，能够显著降低固体的表面能，使其产生难浸润和不黏着性，不易与其他物质融合，很好地解决了成品与模具之间的黏结问题。配制成脱模剂时，含氟化合物的用量极小，对热固性树脂、热塑性树脂和各种橡胶制件均适用，模制品表面光洁，二次加工性能优良，特别适合于精细电子零部件的脱模。

有机氟化物是最佳的脱模剂，隔离性能好，对模具污染小，但价格较高。有聚四氟乙烯（分子量1800）、氟树脂粉末（低分子PTFE）、氟树脂涂料（PTFE、FEP、PFA）等类型。

（2）硅系脱模剂

有机硅脱模剂是以有机硅氧烷为原料制备而成的，其优点是耐热性好，表面张力适中，易形成均匀的隔离膜，脱模性能保持时间长。缺点是脱模后制品表面有一层油膜，二次加工前必须进行表面清洗。常用的有硅油、乳化硅油以及硅脂等。

有机硅脱模剂是目前橡塑脱模剂中档市场的主流产品，在聚氨酯、橡胶、聚乙烯和聚氯乙烯等树脂的加工中均有应用。

硅氧烷化合物、硅油、硅树脂，是一种隔离性较好的脱模剂，对模具污染小，主要用于天然橡胶、塑料和丁基橡胶的制品。只要涂一次，就可进行5~10次脱模。主要品种如下。

a. 甲基支链硅油（128号硅油），直接用于脱模。

b. 甲基硅油，将黏度300~1000mPa·s的甲基硅油溶于汽油（或甲苯、二甲苯、二氯乙烷）中，配成0.15%~2%硅油溶液。适用于橡胶、塑料模型制品脱模。

c. 乳化甲基硅油，配成含硅油35%~40%的水乳液（需加乳化剂如吐温-20、平平加或聚乙烯醇，用量约为含硅油量的2%）。然后，加水稀释到含硅油0.1%~5%，喷涂到模具上，经加热除去水分，使硅油沉附于模腔表面上，适用于各种橡胶和塑料制品脱模。

d. 含氢甲基硅油，选用黏度5~50mPa·s的202号、821号硅油各15份、酞酸正丁酯4份、溶剂汽油300份配成溶液，喷到150℃的热模腔表面。宜作内胎脱模剂。

e. 295号硅脂，用甲苯或松香水等溶剂稀释调匀后，喷涂于模腔表面。适用于橡胶、塑料层压板等制品脱模。

f. 有机硅树脂，将1号或2号硅树脂溶于甲苯中，配成3%~9%溶液，适用于橡胶制品脱模。

g. 硅橡胶，将甲基（或甲基乙烯基）硅橡胶配成10%汽油溶液存放，使用时再以1∶28的比例用汽油稀释、混匀。适用于运输带制品的脱模。

h. 硅橡胶甲苯溶液，将硅橡胶溶于甲苯中配成1%~2%溶液。适用于橡胶、聚乙烯、聚苯乙烯制品的脱模。

（3）蜡（油）系脱模剂

蜡油系列脱模剂特点是价格低廉，黏附性能好，缺点是污染模具。其主要品种如下。

a. 工业用凡士林、石蜡和磺化植物油，直接用作脱模剂。

b. 印染油（土耳其红油、太古油），在100份沸水中加0.9~2份印染油制成的乳液，比肥皂水脱模效果好。

c. 聚乙烯蜡（分子量1500~2500）。将聚乙烯与一定比例的乳化剂混匀，宜作橡胶制品的脱模剂。

d. 聚乙二醇（分子量200~1500），直接用于橡胶制品的脱模。

（4）表面活性剂系脱模剂

表面活性剂系脱模剂特点是隔离性能好，但对模具有污染。主要有以下几类。

a. 肥皂水，用肥皂配成一定浓度的水溶液，可作模具的润滑剂，也可作为胶管的脱芯剂。

b. 洗洁净，用洗洁净∶水=（1~3）∶100的比例配制水溶液，对硅橡胶制品具有良好的脱模效果。

c. 油酸钠，将22份油酸与100份水混合，加热至近沸，再慢慢加入3份苛性钠，并搅拌至皂化，控制pH值为7~9。使用时按1∶1的水稀释。用作外胎硫化脱模时，需在200份上述溶液中加入2份甘油。

3.5.2.3 脱模剂的使用方法

橡胶硫化时，脱模剂对模具会造成污染。脱模剂种类以及使用方法不同，对模具的污染程度也不同。实验证明，脱模剂的临界表面张力越小，隔离性能越好，对模具的污染程度也较轻。氟系列脱模剂对黏性特别强的橡胶具有良好的脱模性，污染也轻微，清洗方便，但成本较高；硅系列脱模剂脱模性好，污染物少，清洗方便，成本适中，应用比较广泛，但若使用不当，易种皮；蜡系列脱模剂效果较好，价格便宜，但容易污染模具，必须经常清洗模具；粉末脱模剂污染模具严重，一般不用于金属模具。

模具升温之前，应当用酒精或者丙酮将模腔表面清理干净，因为模腔表面的油渍加热后，会变成黄斑，不易清理。对于新模具，当温度升到硫化温度以后，镶块之间或者孔里的机油会挥发到模腔或者分型面，需要仔细清理模腔表面和分型面。

将模具清理干净以后，待模具达到稳定的硫化温度时，给模腔表面喷涂脱模剂，然后，合模15min后，再均匀喷涂一次脱模剂。合模几分钟后，就可以开始正常生产了。不一定每一模都要喷涂脱模剂，可以10个循环喷涂一次。脱模剂的使用频率取决于产品的脱模状态，一般在容易脱模的情况下，少用脱模剂。

要注意的是：喷涂前要将模腔表面清理干净；如果脱模剂需要用水配兑，一定要使用纯净水，如果水不纯净，会将杂质带到模腔表面；一定要等模具温度升到硫化温度以后，再喷涂脱模剂，而且，初次喷涂时可以喷涂两次，每次喷涂后将模具闭合保温10~15min，以获得良好的脱模剂涂层；喷涂脱模剂要均匀。

3.5.3 模具即时清理方法

模腔表面变差表现为异物剐蹭痕迹、腐蚀斑点或者污染物堆积等，前者与不恰当模腔清理操作有关。模腔表面腐蚀斑点或者污染物堆积原因：模腔表面腐蚀；胶料组分在模腔表面析出沉积；脱模剂中的杂质在模腔表面堆积。

通常，产品脱模以后，有的飞边会和产品连在一起脱模，模具分型面和模腔上还会有飞边碎屑、杂质等需要清除。生产循环中，模腔的清理方式有手工清模和自动清模。

3.5.3.1 手工清模

一般操作工使用专用工具和气枪，清理和吹去模腔和分型面的飞边和碎屑。如果需要，还要给模腔喷涂脱模剂。在确认模腔表面正常的情况下，再开始下一个循环。

当模腔有轻微的腐蚀斑点或者粘模或者脱模剂堆积时，可以手工用金丝球刷或者铜刷，刷除或者用细800~600号砂纸打磨清理。

对于复杂模腔表面或者较严重的腐蚀斑点清理难度大时，可由专业人员现场清理，比如用电动打磨机，用砂套或者羊毛球打磨，尽可能避免损伤模腔表面，使处理后的表面与原来质量一致。对于粘模现象清理过后，需要涂脱模剂。

3.5.3.2 模腔清理工具

一般机台都备有常用的清模工具，不同的产品清模工具不同。工具的材质一般为铜质或者木质，以免操作损伤模腔。比如在成型空心绝缘子时，常常使用的清模工具如下。

（1）铜钳子

如图3-97，材质为黄铜，在模具上操作时，不会损伤模具。主要用来拔模具上注胶口里的料头或者清理模具孔里的料头。

（2）铜铲子

如图3-98，分为宽口铲和窄口铲两种形式，材质为黄铜，用来清理模具分型面的飞边。

图3-97　铜钳子

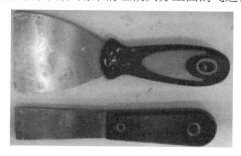

图3-98　铜铲子

（3）锥子

如图3-99，（a）为用钢丝制作的细锥子，用来抠小孔或者坑里的胶料。（b）为普通锥子，用来抠模具上大一点孔或者坑里的胶料。

（4）竹片

在清理模腔伞尖部分的黏胶时，需要用像刀片一样的工具清理，即如图3-100所示的竹片。一般根据模腔大小选择竹片的宽度和厚度，比如小一点的模腔使用宽度20mm、厚度3mm、长度200mm，将端头削成圆弧形尖，在手柄部分缠些布条，以具有舒适感。对于大一点的模腔，选用更大的竹片。如果使用黄铜或者铝质材料做成类似工具，容易将金属碎屑粘在模具上，而且，由于传热快，容易烫手，所以，使用不理想。

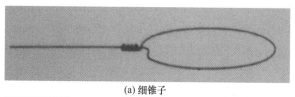

(a) 细锥子

(b) 普通锥子

图3-99　锥子

（5）螺旋锥

如图3-101所示，形状相似于红酒启瓶器，用来清理深孔里的胶料料头。

图3-100　竹片

用钢丝绕制而成，D尺寸取决于料头孔的直径，d的大小与D成比例确定，如d=1mm、1.2mm、1.5mm等。尺寸A一般为40~50mm，L由料头孔的深度确定。

3.5.3.3　滚刷清模

有的注射机的合模单元配有滚刷，用来在产品脱模后清理模具分型面的飞边。滚刷有单滚刷和双滚刷，一般单滚刷一次清理一个分型面，双滚刷一次清理两个分型面。滚刷适合于清理较浅模腔的分型面，深模腔里面的飞边不容易清理。使用滚刷清理模腔，可实现自动化成型操作。

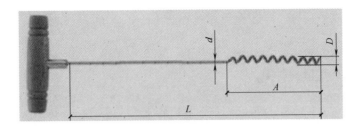

图 3-101　螺旋锥

3.5.4　停机清理模具方法

当模腔表面污垢太厚，或者沉积在模腔凹面、细纹沟槽里的污垢无法现场清理，直接影响产品外观质量时，就需要停机清理模具。清理模腔表面的方法多种多样。

3.5.4.1　干冰清洗

与喷钢砂、玻璃砂、塑料砂方法相似，干冰固态状颗粒在压缩空气的驱动下高速冲击模腔表面（如图3-102），使表面污垢层在极冷条件下迅速脆化龟裂，与模腔表面的黏附力大大降低。撞碎的干冰微粒进入裂隙，迅速升华，体积瞬间膨胀800倍，这样就在冲击点造成"微型爆炸"，将污垢层迅速剥离开，达到最佳清模效果。像其他喷射介质一样，干冰颗粒的动量取决于其质量和速度。由于干冰密度相对较低，故其所需要的冲击能量主要取决于干冰颗粒的速度。

图 3-102　干冰清理模具

与其他喷射介质不同，干冰颗粒温度极低（-78℃）。低温使干冰清洗具有独特的热力学性能，影响黏附污垢的力学性能。由于干冰颗粒与清洗表面之间的温度差，发生热冲击现象。材料温度降低、脆性增大，干冰颗粒将污垢层冲击破碎。干冰清洗法清洗模具有以下优点。

① 干冰清理模具，可以在现场进行。不需要把模具拆下来，只要把模具温度降到80℃左右即可进行。

② 不损伤模具，不会留下任何残留物。

③ 可以清洗细小的排气孔，这是其他方法无法达到的。

④ 应用广泛，只要硬币能刮掉的油污、积炭、水垢、黏结胶、脱模剂层、橡胶烧结物、油漆等各种污垢，均可迅速清洗干净。凹凸不平表面及边角部位，都能非接触清洗干净。

⑤ 与蒸汽和高压水清洗不同，不损伤被清洗物表面，没有磨损，不破坏模具精度，对电路、控制元件、开关都没有损伤。

⑥ 用干冰清理模具时，现场噪声较大，操作者需要戴耳塞。

⑦ 气体对人体，对环境均无毒无害、无二次污染。干冰从模腔表面吹下来的杂质会飞扬在模具以及机器的周围，需要用吸尘器清理这些灰尘。

3.5.4.2　专用清模橡胶

将专用的胶料覆贴在模腔表面合模，硫化后撕下覆贴层时，原来的模垢层也被一起带了下来，从而使模腔表面得到一次彻底的清洗。

这种专用胶的关键是含有能起清洗作用的组分（通常是含氨基或羟胺的化合物），具体品种有：聚乙醇胺、二乙醇胺、2-氨基-2-甲基-1-丙醇。在硫化过程中，能渗入金属与模垢之界面，从而削弱模垢与金属之间的结合力，待硫化结束，除垢过程也同步完成。

目前国外有商品化供应的专供清洗模具用的胶料，如美国的DC-62、DC-63，德国的StruktolMC-A和日本的MCR。MCR外表呈白色，流动性能好，硫化速度快。在160~190℃时，能很快完成硫化。两种模具清洗胶料配方：

① 三元乙丙橡胶100，氧化锌5，白炭黑20，钛白粉10，硫黄0.3，过氧化二异丙苯（CUP 40C）9，2-氨基2-甲基-1-丙醇30。

② 丁苯橡胶100，氧化锌3，硬脂酸1，氧化锌3，白炭黑和钛白粉85，硫化剂和促进剂6，聚乙二醇胺4.5。

胶料清洗模腔的优点：

① 清洗速度快，清洗胶的硫化/促进体系很强，硫化周期很短。如MCR在160~190℃温度下，正硫化时间仅5min。

② 节能效果显著，原位洗模胶所需的洗模时间很短，耗能较少。对于体积大的模具，这种反差更为明显。

③ 不会因为洗模而影响模腔表面光洁度，更不会影响模腔尺寸精密度。

3.5.4.3　电化学法

电化学法是根据电解-电泳原理设计的模具清洗工艺。先将模具放入碱性电解池中，通电。水被电解成氢和氧，在金属表面形成气泡，从而使已被泡松的模垢破碎、掉下来。电解液配方：氢氧化钠130g/L，磷酸钠40g/L，水玻璃50g/L，水1L。模具两半片的间距60mm，电流密度为0.07~0.10A/cm²，温度为常温。

3.5.4.4　碱液法

把模具置于浓度为20%的苛性钠水溶液中，浸泡3~8h。取出用清水冲洗，洗刷模腔。然后，用布抹干，涂上防腐油存放待用。如果把碱液加温到60~80℃，则浸泡时间可以缩短。为了加强手工洗模的效果，加快去污，可以用专用洗模液，添加在上述碱液中，具有很好的洗净效果，如日本生产的KR303j就是常用的一种。

3.5.4.5　干式喷砂法

干式喷砂法是以高速气流夹带磨料向模具污染表面冲刷，利用磨料的切削作用，将积垢磨掉，然后，吹净模腔内的积粉，如图3-103所示。

操作时，用起重机将轮胎模具装入喷砂机内，合上盖后开启除尘器，通过传动机构以6r/min的速度转动轮胎模具，喷枪以9.8bar的压缩空气喷出高强度的 $\phi 0.15\sim0.25$mm 的玻璃珠。喷枪内摇臂机构转成一个角度，每分钟移动一次，清洗一副9.00-20轮胎模具约需要45min。

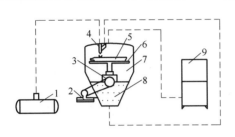

图3-103　模具喷砂机

1—空气压缩机；2—电机；3—传动装置；4—喷枪；5—轮胎模具；
6—转盘；7—罐体；8—玻璃珠；9—除尘器

常用的磨料有果壳粉渣、铁砂、石英砂、玻璃珠及塑料珠等。铁砂、石英砂对模具磨损严重，模具表面容易起凹痕，且会堵塞排气孔，不适合橡胶模具。果壳粉渣对模具无损伤，但其使用寿命短，需要经常更换。玻璃珠虽然对模具有磨损，但清洗效果好，使用寿命长，费用低，因此使用最广泛。塑料珠是新开发的磨料，对不同金属模具有相应的硬度要求。脲醛树脂素塑料、聚酯树脂、三聚氰胺树脂，莫氏硬度分别为3.5、4.0和5.0，前两种一般用于清洗铝质模具，后一种则最适用于清洗钢制模具。

3.5.4.6　激光清洗法

激光清洗技术是利用高能激光束照射工件表面，使表面的污物、锈斑或涂层发生瞬间蒸发或剥离，高速有效地清除模腔表面附着物或表面涂层，从而达到洁净的工艺过程。

激光的特点是具有高度方向性、单色性、高相干性和高亮度。通过透镜的聚焦和能量开关，可以把能量集中到一个很小的空间范围和时间范围内。在激光清洗处理中，主要利用了激光的以下特性：

① 激光可以实现能量在时间和空间上的高度集中。聚焦的激光束在焦点附近可产生几千摄氏度甚至几万摄氏度的高温，使污垢瞬间蒸发、气化或分解。

② 激光束的发散角小，方向性好，通过聚光系统可以使激光束聚集成不同直径的光斑。在激光能量相同的条件下，控制不同直径的激光束光斑可以调整激光的能量密度，使污染物受热膨胀。当污垢膨胀的力大于污垢对基体的吸附力时，污垢便会脱离物体表面。

③ 激光光束可以通过在固体表面产生超声波，产生力学共振，使污垢破碎脱落。

激光清洗的优势：高效、快捷、成本低，对基体产生的热负荷和机械负荷小，清洗对模腔无损伤；废物可回收，无环境污染；安全可靠，不损害操作人员健康；可以清除各种不同厚度、不同成分的污垢层；清洁过程易于实现自动化，实现远距离遥控清洗。

3.5.5　模腔维护操作方法

3.5.5.1　模具刃口抛光方法

对于新的模具，如果刃口太锐利，容易在产品上引起涨模缺陷。此时，就需要抛光模具的刃口，以去除锐角。一般先用什锦锉轻轻倒钝刃口（图3-104）。然后，再用细砂纸抛光，使刃口变成一个小圆弧。倒圆弧的大小，取决于产品允许飞边的高度。一般在打磨头上装上细砂纸抛光刃口比较方便，操作步骤如下。

图3-104　打磨镶块分型面刃口锐角

（1）用具

502快粘胶（图3-105）；气动打磨头（图3-106）；300号砂纸，裁剪成20mm×10mm小片；砂纸卡头（头部有0.5mm的缝隙）（图3-107）。

（2）砂纸安装方法

a.将小砂纸片的一端插入卡头的缝隙，如图3-108；

　　　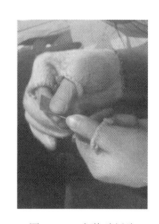

图3-105　502快粘胶　　图3-106　气动打磨头　　图3-107　砂纸卡头　　图3-108　安装砂纸片

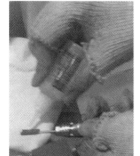

b.将砂纸片沿卡头转动的相反方向绕卡头一周；

c.给小砂纸片的另一端涂502胶，如图3-109；

d.将其余的部分全部缠绕在卡头上；

e.砂纸缠绕好后，就可以使用了。

3.5.5.2　模腔抛光

在模具的使用过程中，如果模腔表面有擦痕或者损伤，就需要抛光处理。模具的抛光也称为镜面加工。它不仅对抛光本身有很高的要求，并且对表面平整度、光滑度以及几何精确度也有很高的标准。镜面加工的标准分为四级：A0=$Ra0.008\mu m$，A1=$Ra0.016\mu m$，

图3-109　涂520胶水

A3=$Ra0.032\mu m$，A4=$Ra0.063\mu m$。抛光应注意以下几点。

① 用砂纸抛光需要利用软的木棒或竹棒。在抛光圆弧面或球面时，使用软木棒可更好地配合圆弧面和球面的弧度。

② 当换用不同型号的砂纸时，抛光方向应变换45°~90°，这样前一种型号砂纸抛光后留下的条纹阴影即可分辨出来。在换不同型号砂纸之前，必须用100%纯棉花蘸取酒精之类的清洁液对抛光表面进行仔细的擦拭，因为即使一颗很小的砂砾留在表面都会毁坏接下来的整个抛光工作。从砂纸抛光换成钻石研磨膏抛光时，这个清洁过程同样重要。在抛光继续进行之前，所有颗粒和煤油都必须被完全清洁干净。

③ 当使用钻石研磨膏抛光时，不仅工作表面要求洁净，工作者的双手也必须仔细清洁。

④ 每次抛光时间不应过长，时间越短，效果越好。如果抛光过程进行得过长将会造成"橘皮"和"点蚀"。

⑤ 为获得高质量的抛光效果，容易发热的抛光方法和工具都应避免。比如抛光轮抛光，抛光轮产生的热量很容易造成"橘皮"。

⑥ 当抛光过程停止时，保证工件表面洁净和仔细去除所有研磨剂和润滑剂非常重要，随后应在表面喷淋一层模具防锈涂层。

3.6 ▶▶ 橡胶制品的修边方式

在橡胶制品的成型过程中，注射或者模压到模腔里多余的胶料和热膨胀产生的多余的胶料，都会从分型面溢流到余胶槽，形成飞边，即使用无边模具压制的产品，也会带有飞边。如果该分型线在产品的非工作表面，少量的飞边是允许的。如果分型线在产品的功能面，则飞边必须修除干净。产品的种类不同，要求的飞边程度不同，修剪的方式也不同。另外，注射或者传递模压成型的橡胶产品上的注胶口料头，也需要清除，以满足产品的外观质量要求。在模具的设计阶段，就要考虑产品的修边方式。

为了使产品符合规定的尺寸和外观质量要求，硫化后的成品需要经过修除飞边的工序，工艺上称之为修边。修边是橡胶制品生产过程中的一个常见工序。修边方法有：手工修边法、磨削法、切削法、冷冻修边法、无飞边模具法等。一般生产厂家都会根据制品的质量要求和工厂的生产条件来确定合适的修边方法。

3.6.1 常用的修边方法

3.6.1.1 手工修边

手工修边是传统的修边方法，其基本操作方式是操作者手持剪刀（图3-110）或者手术刀或者打磨头或者砂纸等工具，沿着产品的外缘，将飞边逐步修除干净。

图3-110 弧形剪刀

手工修边方法可以用于各种形状、各种规格产品的修边，操作比较灵活、简单方便。操作者需要有一定的操作技巧，如果操作不当，就会伤到产品，甚至造成废品。这种操作方式投资小，修边质量不高，效率低，仅适用于小批量产品的修边。用修边刀修除飞边时，飞边越薄越不好修。

对于圆形小规格的产品，如O形圈，可以将其套在内径尺寸与之相匹配的砂棒或尼龙棒上，靠电机带动其旋转，使用砂纸或砂棒修整产品外圆的飞边，如图3-111所示打磨台。此种方法比较简单，使用方便，效率比手工修边高，特别适用于规格小、小批量的产品。但是，这种修边靠旋转摩擦，修边精度稍差，磨削表面稍显粗糙。

3.6.1.2 专用工装修边

使用专用冲切模具在冲压机上冲切掉产品上的飞边，这种方法适用于小型、矮平类连成片制品的修边，比如瓶塞、隔膜、O形圈、皮碗等。这种方式修边比较整齐，效率也高。如图3-112所示瓶塞产品，模压成型后，先将连在制品胶片周围的飞边剪掉，然后，在冲床上冲切为单个的瓶塞产品，如图3-113、图3-114所示的瓶塞冲刀和冲切模结构。

图3-111 打磨台

图3-112 剪掉四周飞边的模压瓶塞产品

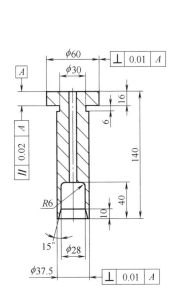

图3-113 冲刀结构

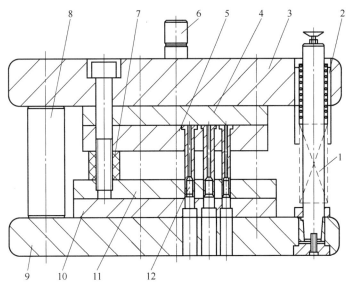

图3-114 冲切模结构

1—导柱；2—导套；3—上模座；4—凸模垫板；5—凸模固定板；6—模柄；7—橡胶垫；8—限位柱；9—下模座；10—凹模板；11—卸料板；12—凸模

对于大型产品，需要借助于专用的设备修边。比如轮胎硫化后外表面气眼和排气线部位有较长的飞边，一般在专用工装上使轮胎旋转，运用带有沟槽的工具将条状料头削除。

3.6.1.3　冷冻去边

橡胶在一定的低温条件下，会逐渐由高弹态转变为玻璃态。成为玻璃态的橡胶会变硬变脆，恢复到常温状态以后，其物理化学特性不会变化。在低温下，橡胶硬化变脆的速度与橡胶制品的厚度有关，在制品上的飞边厚度薄，会先硬化变脆，而制品本体厚度大尚具有弹性，此时，通过高速喷射的塑料弹丸粒子撞击制品上已脆化的飞边，从而在制品本身不受损伤的情况下，达到去除飞边的效果。

3.6.1.4　无飞边模具

图3-115　中间接头产品

无飞边是指成型后，飞边容易与产品分离，比如手工撕边后，产品不再需要进一步修饰，就能满足质量要求。所以，无飞边模具上也有余胶槽，这类模具也叫撕边模。

采用无飞边模具进行生产，使修边工作变得简单而轻松，可以省略修边的工序，提高制品品质和使用性能，降低劳动强度及生产成本。

撕边模具是通过余胶槽结构实现撕边效果的。如图3-115所示中间接头产品，用液态硅橡胶成型，在产品上纵向分型线有比较薄的飞边，在热的状态下，使用两个产品相互搓的方式，就可以将飞边去掉，产品就不需要进一步修边了。关于撕边槽的设计方法在第2章的2.8节里有介绍。

3.6.2　冷冻去边方法

3.6.2.1　冷冻液氮修边机工作原理

如图3-116所示，运用液氮冷冻把橡胶制品温度降低到其玻璃化转变温度以下，橡胶制品的薄飞边先变硬变脆，而制品本身仍保持一定的弹性，随着转鼓的运转翻动橡胶制品，喷枪将塑料喷丸以25~55m/s的线速度射向制品的表面。从而，制品与喷丸、磨蚀剂等之间产生冲击、磨蚀，飞边被打碎脱落，达到修边的目的。

3.6.2.2　冷冻去边机主要组成部分

（1）冷冻系统

控制工作舱室的冷冻温度至胶料的玻璃化转变温度以下，使制品飞边脆化而制品本身又未脆化的最佳温度范围，通常冷媒是液氮。

（2）喷射系统

在制品飞边的脆化温度下，喷射系统使用塑料喷丸对制品进行击打，由于塑料喷丸体积小且具有弹性，所以在去除飞边后又不会损伤制品表面。

（3）投入取出系统

制品飞边去除后，设备可提示加工完成，控制操作取出去边后的制品，投入待修边的制品。

（4）筛分系统

在去除制品飞边的过程中，塑料喷丸与大飞边、粉末飞边一起进入筛分系统，筛分系统会将大飞边、粉末飞边及塑料喷丸分离，大飞边、喷丸粉末、飞边粉末以及磨小了的喷丸被排入专用飞边袋，其余塑料喷丸被继续投入使用。

（5）循环系统

循环系统可使塑料喷丸再次进入抛射系统循环使用，保证整个塑料喷丸抛射循环系统持续稳定地运行。

3.6.2.3 冷冻去边工艺的几个要素

（1）冷冻温度

各种胶料的脆化温度不同，应根据胶种设置冷冻温度（如表3-4），而且，同一种胶料，飞边越厚设定的温度应越低。对于新的胶料或者产品设定温度时，应逐渐降低温度调试，以免温度太低打伤产品，因为同一种橡胶，胶料配方不一样，其脆化温度也有差异。

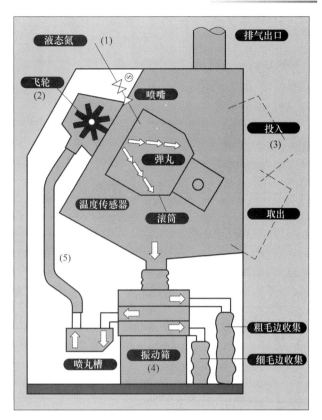

图3-116 冷冻去边机工作原理

表3-4 胶种与冷冻温度

胶种	冷冻温度/℃	备注
天然橡胶	−40~−45	依据产品结构、线径大小和飞边厚度确定参数
顺丁橡胶	−70~−80	
丁基橡胶	−40~−50	
丁腈橡胶	−40~−55	
三元乙丙橡胶	−70~−80	比较难打，有时容易打断产品
三元乙丙橡胶（过氧化物硫化体系）	−80~−90	比较难打，时间要稍长
氯丁橡胶	−40~−45	容易打坏、冻坏产品，温度不能低于−50℃
氟橡胶	−45~−50	温度最低到−60℃
硅橡胶	−100~−110	视产品结构确定温度，时间15min以上
聚酰胺	−40~−45	容易打坏、冻坏，不能低于−56℃

（2）喷丸的材质和粒径

材质越硬对飞边打磨的力度越大。橡胶常用塑料喷丸，粒径在0.5~2mm范围。一般根据产品大小和飞边厚度确定喷丸粒径，对于薄的飞边使用细的粒度。比如线径≥1.5mm的O形圈，使用旧的喷丸或者粒径0.75mm的喷丸，线径≥2mm的O形圈，选用粒径1mm的喷丸。另外，新的喷丸往往比较锋利，如果橡胶制品材质强度低比如硅橡胶，就有可能在产品上打出小坑。此时，可使用旧的喷丸打磨硅橡胶制品。

（3）冷冻时间

由图3-117可以看出，冷冻时间要短于t_2（制品本身开始脆化的时间），最佳的飞边处理时间为$\Delta t=t_2-t_1$。打磨时间的控制很关键，打磨时间短，飞边可能打磨不干净，打磨时间长，可能打磨过度，使产品尺寸变小或者打坏产品。

（4）滚筒转速

根据产品线径确定，比如线径≥2mm时，转速≥5300r/min，线径1.5~1.8mm，转速5000~5200r/min。

（5）喷射压力

视胶料硬度和飞边厚度确定，如果胶料硬度低，设定低的喷射压力，硬度高，设定高的喷射压力。

（6）提篮转速

与产品大小有关，产品大转速低，反之转速高。

（7）硬度

对于邵氏硬度≤50的制品，要注意喷射压力和滚筒转速都不要太高，以免打破产品。

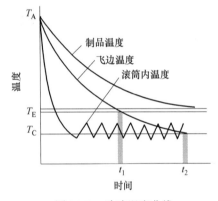

图3-117　冷冻温度曲线

T_A—投料温度；T_E—制品脆化温度；T_C—料仓设定温度；t_1—飞边开始脆化时间；t_2—制品本身开始脆化时间；

图3-118　完成硫化的O形圈胶片

（8）飞边和胶道

在进行冷冻去边前，应先将产品上厚的飞边和胶道撕掉，尽可能使产品上的飞边厚度基本一致，这样会提高去边速度和质量，图3-118为待冷冻去边的O形圈胶片。通过冷冻喷丸打磨后，O形圈上的分型线就看不到了，所以，180°分型面的O形圈也可以用于要求不太高的轴向密封场合。

（9）清洗

经过冷冻去边以后的胶件，需要经过清洗，以除去胶件上的磨料和飞边粉末。

3.6.3　空心绝缘子的修边方法

3.6.3.1　空心绝缘子表面质量要求

① 伞尖分型面飞边高度不大于0.2mm（图3-119）；

② 伞页侧部分型面飞边高度不大于0.5mm；

③ 胶料与接驳伞以及与玻璃纤维套管的粘接牢固，不得有开裂现象；

④ 表面不得有面积大于25mm²高于1mm的凸起或者低于1mm的凹坑；

⑤ 伞页尽可能避免打磨，因为打磨面不利于表面憎水性能。

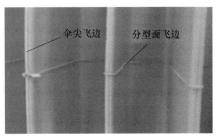

图3-119 产品上的飞边

3.6.3.2 空心绝缘子的修边方法与工具

空心绝缘子伞裙上的飞边一般在操作分型面，有时在加工分型面伞尖上也有飞边，如图3-119所示。在成型空心绝缘子的生产中，有各种各样的修边工具。

(1) 端部料头修除工具

不锈钢铲子如图3-120所示，端头上翘大约30°，并有三角形刃口，材质为不锈钢。用来铲除套管两端头的溢胶，也在剥离试验时铲除伞页。

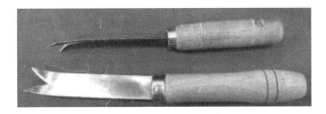

图3-120 不锈钢铲子

(2) 注胶道料头修除工具

a. 切口钳。如图3-121，刃口在钳子端头，用来剪除伞尖的注胶道料头。

b. 斜口钳。如图3-122，用来剪切伞页阴面的注胶口料头，一般贴着伞页即可将注胶口料头平整地剪掉。

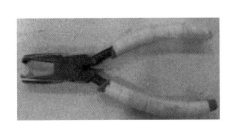

图3-121 胶道切口钳

图3-122 斜口钳

c. 胶道切断钳。有的伞裙护套上的注胶道料头直径比较大，而且伞间空间小，使用专用胶道料头切断钳操作比较方便。由于切断钳端口孔稍大于注胶口料头，端部曲面与伞裙护套吻合，切刀滑动轨迹也是与伞裙护套外径一样的弧面，所以，切断口与伞裙护套基本一样平整。图3-123所示是切断钳与两种不同注胶口料头的切断钳的端口孔。

d. 伞尖注胶道料头修除工具。在使用卧式注射机成型空心绝缘子时，注胶口在伞尖上。

这些胶道料头都用专用的注胶道料头修除工具修除，如图3-124。修除工具上有与伞尖形状相同的滑道和刀口，一般一个直径的伞页有一套修整工具。修整时，将工具放到有注胶道料头的部位，用手推过就可以将胶道料头修除，如图3-125所示。有时，修除后的部位还需要用砂纸打磨，以获得光滑的外观。

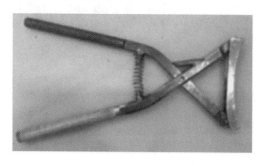  

(a) 注胶口胶道料头切断钳　　　　　　　(b) 窄胶道切断口　　(c) 宽胶道切断口

图3-123　注胶道料头切断钳及端部

图3-124　修除伞尖注胶道料头工具　　　　图3-125　修除伞尖注胶道料头操作

（3）飞边修整工具

a. 勺形修边刀。端头形状像半个勺子，横向和纵向都是圆弧，在里侧有一个弧形刃口，用来修边，其余三边都是钝的棱，防止划伤产品，带有手柄，如图3-126所示。

由于是勺形，与产品圆柱或者锥形表面是点接触，容易使力。刀头比较窄，方便修除伞根圆角处的飞边。一般修直线形飞边时，用中间部分刃口，而修伞根圆角的飞边时，用刀的端头圆弧部分。修整后不需要其他处理。图3-127是修空心绝缘子伞裙根部飞边，图3-128是用勺形修边刀修棒式绝缘子的飞边。

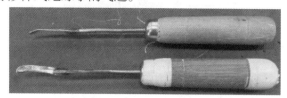 

图3-126　勺形修边刀　　　　　　　　图3-127　用勺形修边刀修边

b. 勾刀。勾刀是将一个专用刀片插在刀杆端头的卡槽里，刀片与刀杆夹角大约30°~45°，如图3-129所示。

刀片是用薄的裁纸刀加工而成，宽度6mm，长度8mm，两端刃口部位有r_1圆角，并将

图3-128 勺形修边刀修除棒式绝缘子飞边

图3-129 修边勾刀

两端宽度2mm用胶带粘住，一方面防止两端头割伤产品，也有助于刀片在产品上滑动。修边时，只靠中间大约4mm的宽度部分刮飞边。操作时，刀杆几乎平行于伞页，只要挂住分型面的飞边，轻轻地向上拉，就可以将飞边剔下来，如图3-130所示。当然，操作要有一定的技巧。这种方式修除伞页两侧的飞边比较方便，不适合修除伞尖或者伞裙护套上的飞边。

图3-130 用勾刀修除伞页侧部飞边

一般用勺形修边刀和勾刀修整过的大部分分型线上的飞边，不再需要用砂纸打磨。只有个别没有修整到位或者用注胶道修整治具修整过的部分，以及伞尖部分需要采用砂纸打磨。

c. 砂纸打磨。通常使用320号砂纸打磨伞尖，用600号砂纸打磨伞页侧部。一般将砂纸固定在竹片上或者专门的手柄上（图3-131），来打磨伞尖和分型面的飞边，如图3-132所示。

图3-131 砂纸的固定方式

图3-132 用砂纸打磨伞尖

d. 打磨头打磨。伞间距小时，操作不方便，需要细长气动打磨头打磨飞边。打磨头为锥形砂纸套，砂纸为320号（图3-133），用来打磨分型面和伞尖（图3-134）。但是，由于伞根部圆弧较小，比如内侧R为3mm，外侧R为6mm，用这种方法打磨不太方便。

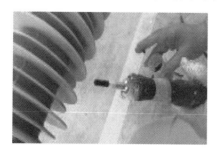

图3-133 用打磨头打磨

图3-134 打磨后的分型面

（4）打磨表面的处理方法

一般不希望用砂纸打磨伞页的表面，因为打磨会破坏产品表面的组织，降低表面的憎水功能。为了改善打磨表面的性能，一般先将打磨过的表面清理干净，再给该表面涂透明的液态硅胶，经过二段固化以后，打磨过的表面与未打磨的表面就基本一致，看不出来差异了，并且具有与未打磨的表面相同的憎水功能。

3.6.4 导电橡胶产品飞边处理方法

在用橡胶成型电缆附件时，往往要用半导电产品作为嵌件成型复合产品。要求半导电产品表面光滑、无凹坑或者凸点、清洁和没有脱模剂，以获得与绝缘胶料的良好黏合。处理半导电产品表面飞边（如图3-135）的步骤如下。

① 用剪刀或者斜口钳剪去产品上注胶口料头。

② 在打磨机（如图3-136）上，修除飞边或者局部（比如注胶口处）的高点。

③ 在磨蚀机（如图3-137）里磨蚀产品表面的细微尖角和脱模剂。磨蚀机里有磨料和水，橡胶件和磨料水混在一起搅动，磨去毛边、尖角和脱模剂。完成磨蚀后，磨料、飞边、产品会被自动分类分离。

图3-135 半导电产品表面飞边

图3-136 打磨机

图3-137 磨蚀机

④ 在工业洗衣机里清洗胶件，除去粘在产品上的粉末或者杂质。

⑤ 将清洗好的胶件放在烘箱里烘干。

⑥ 包装待用，包装的目的是保持胶件表面的清洁状态。

一般根据橡胶产品的材质、形状和飞边的厚度以及产品的质量要求，来确定修边方式，比如有的液态硅橡胶产品，飞边很薄，在热的状态下，产品相互搓，就可以将飞边搓下来，不需要进一步的修边。如果模具分型面错位或者模腔分型面刃口倒圆角大，撕完飞边后，还需要修整。

通常要求修边以后，制品的几何尺寸必须符合产品图纸要求，不得有刮伤、划痕和变形等缺陷。产品外观质量要求和修整使用工具及操作方法，都在作业指导书上有明确说明。在进行产品修边前，操作者必须清楚产品需要修边的部位和技术要求，按照正确的工具和修整方法进行作业。

第4章

橡胶注射模具结构设计

在模具的成型和操作要素设计完成后，就要设计承载这些要素的实体，包括模板、镶块、辅助功能等，以及各件之间的定位与装配方式，同时，考虑在成型过程中各部件动作的实现方法。

4.1▶▶ 模板和镶块设计

4.1.1 模板设计原则

4.1.1.1 板面大小

模板的最大尺寸不要超过机器热板的尺寸，否则，容易引起锁模力不够，或者与机器立柱干涉装不进机器里，如果模具没有辅助加热，容易引起模具中心温度与边缘温度差太大，出现边缘模腔里的产品硫化不熟的问题。模具板面最小尺寸不要小于热板的三分之二，如果太小可能引起热板散失热量太多，或者模板锁模力过大，影响热板的平行度，生产效率也低。

4.1.1.2 模具厚度

模具的总厚度不要小于机器要求的最小模具厚度，各种注射机要求模具的最小厚度不同。如果模具的总厚度小于机器要求的最小厚度，就需要增加模板厚度或者使用垫板。模具总厚度不要大于机器要求的最小厚度太多，因为一般机器的上、下热板之间的开度是定值。模具厚度增加，则模具净打开的距离就减小，上、下模之间的开度小，对于手工脱模操作不

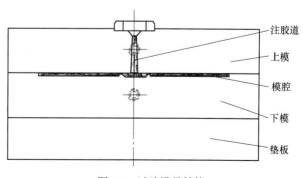

图4-1 试片模具结构

利。如果机器配有滑出板，脱模操作在合模区域外面，则开度小对脱模操作影响不大。

对于扁平产品，当模具厚度小于机器要求的最小厚度时，可以在模具下方使用垫板（图4-1），这样注射孔长度短，模具简单，模腔温度均匀。可以根据产品规格设计标准垫板，以方便使用。

4.1.1.3 模腔构成方式

对于简单模腔，一般在模板上直接加工。当模腔比较复杂时，采用在镶块上加工，然后再将镶块嵌在模板上。

对于生产批量比较大的产品，采用标准模架和冷流道体。模腔镶块批量加工，可以根据生产需要或者镶块损坏时，随时更换模腔镶块。比如用硅橡胶注射成型绝缘子产品，由于产品伞形和伞间距相同，长度规格比较多，一般都使用标准模框，通过调整镶块，来组合不同规格长度的产品。冷流道体固定在机台上，每次只更换模具。

4.1.2 镶块设计

4.1.2.1 镶块定位与固定

大多数模腔镶块在模板上的位置都是固定的，不需要专门的定位件，直接与模框配合定位。对于活动镶块，在产品脱模时需要取下来，要求装拆方便，定位可靠。图4-2是用液态硅橡胶成型吸奶器直角接管的模具，产品大头有裙边，为了方便排气和产品脱模，产品大头模腔使用固定镶块和活动镶块组合结构。固定镶块与活动镶块之间有定位销，与模芯的配合为H8/h7。开模时，活动镶块随模芯被顶起，方便了裙边部分脱模，如图4-3所示。

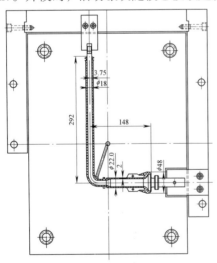

图4-2　吸奶器直角接管模具

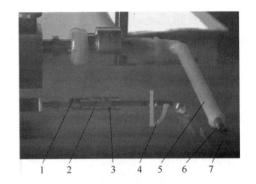

图4-3　吸奶器直角接管模具开模状态
1—活动镶块；2—固定镶块；3—定位销；4—注胶道；
5—产品；6—模芯；7—模芯顶出架

一般模腔镶块与模板的配合有过盈配合、过渡配合和间隙配合，如H7/s6、H7/p6、H8/f7、H8/h7等，主要取决于结构和装配形式。镶块的固定方式，有台阶、压块、螺栓压紧等。当镶块装入盲孔时，模框上要有敲击孔，或者在镶块上有拉出的螺纹孔，以方便取出镶块。

4.1.2.2 镶块加工

为了使同类型镶块高度一致，除了控制镶块高度尺寸偏差外，还采用多块镶块一起磨削的方式实现镶块高度平齐的效果。对于圆形模腔哈夫结构的镶块，一般都将哈夫块组合在一起加工模腔，以避免模腔错位。在镶块上有加工基准面和定位孔，作为镶块加工和检测基准。为了方便区分，在镶块上和模板上都打有模腔号标记。

4.2▶▶ 模具定位系统设计

模具定位系统，就是在模具打开、闭合以及模芯或者模板顶出过程中，确保模板、模芯动作顺畅，不与其他部件发生运动干涉，脱模方便不损伤产品，相互接触部件位置准确，并且具有动作重现性，模腔不发生错位问题。

模具定位系统包括导向和定位两部分。导向保证活动部件按照既定的轨迹运动，定位保证模板之间或者模板与模芯之间位置相对准确。模具定位系统包括模板之间、模芯与模芯之间、模芯与模板之间的定位。

4.2.1 模具定位系统

4.2.1.1 模板之间的定位

（1）定位销类型

模板之间的定位件有圆柱销、圆锥套、圆销、定位锥销等类型，不同类型定位销的定位长度、导向长度和使用寿命各不相同。

a. 圆销（图4-4）。结构简单加工方便，开模时阻力小。当分型面飞边太厚时，容易引起产品错位。如果模板硬度低，使用寿命短。适用于扁平产品模具的定位，比如O形圈模具。使用时，一副模板要有3~4个圆销，而且至少有一对圆销相互垂直放置。

b. 圆柱销（图4-5）。一般圆柱定位段长度≤5mm，导向段长度可以根据需要确定，以减小阻力。结构简单，加工方便。如果模板硬度低，容易卡死或者引起磨损。适用于使用寿命要求不长的模具的定位。

c. 定位套（图4-6）。功能相似于圆柱销，由于使用了导套，故定位可靠、使用寿命长。如果模具需要较长的圆柱定位段，可以采用导向与定位功能分离的定位方式。

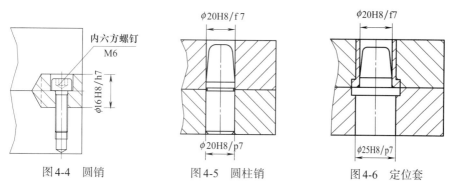

图4-4　圆销　　　　图4-5　圆柱销　　　　图4-6　定位套

d. 圆锥套（图4-7）。功能相似于定位套，但圆柱与圆锥部分同时定位，故定位比定位套可靠。

　　e. 锥套（图4-8）。与定位锥销（图4-9）结构相似，后者比前者定位段长，定位可靠，而且维护拆卸方便。

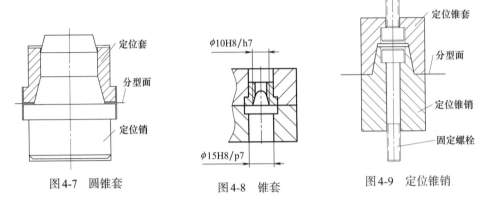

| 图4-7 圆锥套 | 图4-8 锥套 | 图4-9 定位锥销 |

（2）模板定位原则

　　a. 在橡胶制品的注射和硫化过程中，模具是闭合的，模腔中的气体一般都是从分型面逸出。为了方便模腔排气，分型面应尽量避免出现台阶，所以，模板之间的定位一般采用专门定位销，而不采用模板的凸台或者模芯锥面的定位方式。平面分型面清理方便，也有利于流胶道排布。

　　b. 模具定位系统与产品结构和模具结构有关。如果产品扁平而且没有直的棱边，比如O形圈，使用圆销或者锥销即可。如果模具没有模芯而产品有直棱边，使用圆柱销或者圆锥销，以适当延长开模导向，避免擦伤产品。如图4-10密封垫产品是纯胶件，注射模具有4个模腔，包括热流道板三开模。每个模腔有2个针尖注胶口，抽真空口开设在图示容易卷气的部位。模腔由上下模板构成，上模腔凸楞伸入下模腔6mm，凸楞与模腔两侧间隙为2.5mm。定位段高度至少要大于6 mm，而且，定位段顶端导向部分与定位孔的间隙要小于2mm，以防止上模凸棱与下模腔碰撞。该模具使用图4-6所示的定位套，圆柱段定位长度8mm。

　　c. 如果产品里有骨架或者模具里有模芯，可使用定位销或者圆锥销，圆柱段的定位长度，应保证在合模或者开模过程中，模板之间没有相互横向移动，使骨架或者模芯与模板能顺利分离或者靠近。

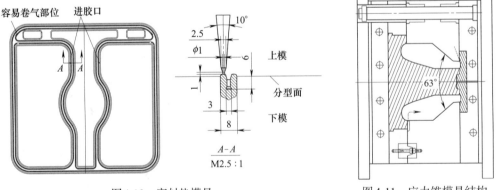

| 图4-10 密封垫模具 | 图4-11 应力锥模具结构 |

　　d. 如果模芯很长，可使用导柱（又叫导向柱）与锥销结合，以防止模腔和模芯碰撞。一般导向柱起导向功能，间隙可以大，锥销起到精确定位功能。如图4-11所示应力锥模具结

构，既有短的定位锥销，又有长的导向柱。长的导向柱在模具闭合或者打开时定向，保护模芯不会碰伤，短的锥销确保上下模腔精确定位。导柱伸入下模板，但并不与下模接触。模芯上端的锥形凹槽与上模配合定位，锥槽处有排气道，以方便模腔上端排气。这样模芯短有利于产品从模芯上脱模。这种模具用于卧式合模单元，在模具打开时，长的导柱兼有支撑中模的功能，导柱与中模导套配合为H8/f7。如果这种模具用于立式注射机，导柱与中模之间可以有1~2mm的间隙。

e. 导向与定位件尽量使用标准件。采用导套式定位结构，使用寿命长，定位销或者导套更换也方便。

f. 定位销的精度应高于制品精度要求。应根据模具大小确定定位销规格，其抗弯强度应大于模板自身的弯曲强度。

g. 定位销的数目一般为四个。定位销的排布要对称，但又要稍有差异，以保证开、合模时阻力均匀，而且能防止维护时，手工合错模具方向。

h. 对于多模腔模具，若各个模腔镶块之间可以自定位，则模板之间可以为较松的方式定位；如果各模腔没有自定位结构，则模板间的定位应当精确。如图4-12所示刮板模具，流胶道开设在上分型面，在流道板与上模之间没有定位销。由于产品扁平，上模与下模之间是锥销定位。

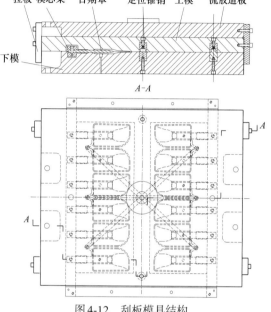

图4-12 刮板模具结构

4.2.1.2 模芯与模板之间的定位

一般模芯与模板之间的定位包括径向定位和轴向定位。定位形式有锥面定位、圆锥定位和圆柱定位等。

当模腔分型面通过模芯轴线时，如果模板与模芯之间有相对运动，可采用H8/f7配合。如果二者之间没有相对运动，采用间隙配合H8/f7或者过渡配合H7/h7，配合长度可以长些，一般以满足模腔封胶需求为宜。模芯与模板的轴向定位通常采用锥面方式，接触面净高度3~5mm，锥度20°~30°。

图4-13所示刮板模具定位系统，模芯与模腔的轴向和径向定位都由模芯架保证，模芯架与模板X方向定位通过锥面实现，锥度30°，模芯架与模板Y方向定位通过定位销实现。模芯与模板配合为H7/h7，长度为13.5mm，既起到径向定位，又具有封胶功能。

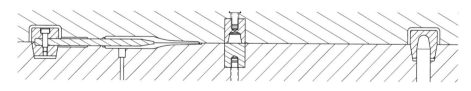

图4-13 刮板模具定位系统

图4-14是外屏蔽层模具，长模芯与短模芯之间由锥面定位，螺纹连接，锥面锥度30°。

长模芯与模板之间是圆柱面与圆锥面组合形式定位，短模芯与模板之间是圆柱面定位，圆柱配合为H8/h7，具有封胶功能。小锥模芯与模板之间是锥面定位，有2组配合锥面，锥度都是30°，配合为H8/f7，以方便手工取出小锥模芯。

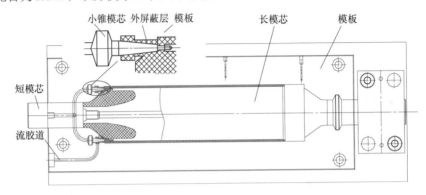

图4-14　外屏蔽层模具

4.2.1.3　模芯与模芯之间的定位

有的产品上有相互贯通的孔，要求成型时两个模芯之间接触紧密，以减少飞边，同时要方便产品脱模。图4-15为肘形头产品和内屏蔽管，肘形头的外屏蔽层上有2个小孔与大孔贯通，而且都是圆柱孔。

肘形头的外屏蔽层模具如图4-16所示，两个小模芯分别固定在两个滑动块上，滑动块在下模的T形槽里滑动起导向作用。合模时，上模板上的斜块带动下模里的滑块使小模芯贴住大模芯。短模芯和长模芯与模板H8/f7配合，配合长度40mm。开模时，在弹簧作用下滑块带动小模芯与大模芯分离。这样一来，产品的贯通孔部位几乎没有飞边，而且，在抬起大模芯后，手工取产品比较方便。

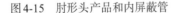

图4-15　肘形头产品和内屏蔽管

图4-16　肘形头外屏蔽层模腔

图4-17为肘形头内屏蔽管的成型模具，由一对长、短模芯成型贯通孔。短模芯大头固定在模芯架上，小头插入长模芯的配合孔里。配合孔由两段组成，一段为20°锥面配合起导向作用，一段为圆柱配合面，配合长度2mm，配合为H8/f7，起到定位和封胶作用。长模芯的另一端搭在模芯架伸出的托杆上，以方便脱模。两个模芯与模板的配合都是H8/h7。开模后，先将产品和长模芯与短模芯分离，再将产品与长模芯分离。产品的贯通孔部位没有飞边。

图4-18是支脚垫产品模具，注射传递成型方式，模腔数为38，四开模结构。胶料为邵

氏硬度60的三元乙丙橡胶，流动性比较好，从产品顶部针尖注胶口注胶，模具配抽真空系统。模芯与中模板是30°锥面间隙配合，方便模腔排气和产品脱模。模腔镶块下端圆柱与上模过渡配合，上端圆柱与上模是间隙配合，由于传递腔底部有一层薄钢板。模芯模腔部分高度是正公差，而模板模腔高度是负公差，从而，模芯顶端与上模贴紧，有利于封胶。开模后顶起中模，产品落在中模上，手工从传递腔取出传递膜片料头，从中模上取下产品脱模。

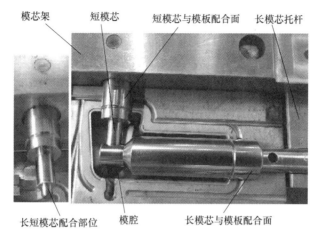

图 4-17　肘形头内屏蔽管的成型模腔

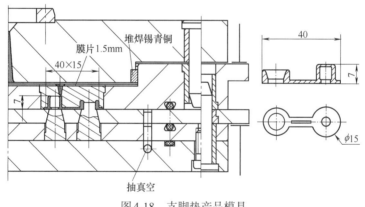

图 4-18　支脚垫产品模具

4.2.2　模具在注射机上定位结构设计

模具在橡胶注射机上安装要素如图4-19所示，包括与注射机热板、顶出器等的定位与固定。

4.2.2.1　定位环

为了确保注嘴与模具准确对中，一般在模具上方装有定位环，以供与注射机对中定位，如图4-20所示。不同机器的定位环外径尺寸不一样，应根据机器要求确定定位环的尺寸。

一般定位环与上热板的定位孔配合为H9/g8。定位环总高度一般为10~12mm，嵌入模板2~3mm深，上部有3×30°的导向角。对于双注胶口的模具有2个定位环。

由于模具与热板接触部位温度比较高，有时为了减少模具向注嘴的传热量，将注胶套与定位环合并为一个定位套，并且，在定位套上端开设环形槽，下端安装隔热环，以减小定位套与模具的传热面积，如图4-21所示。

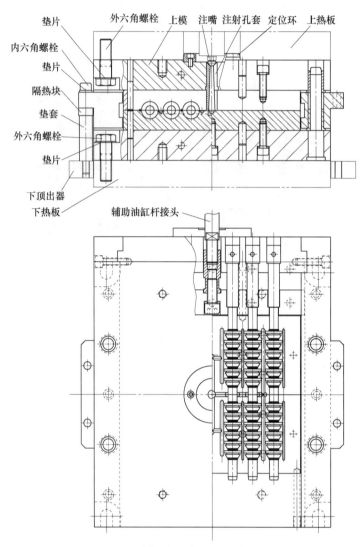

图4-19　模具与注射机的连接方式

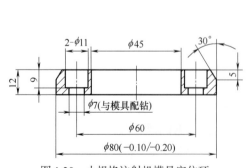

图4-20　小规格注射机模具定位环

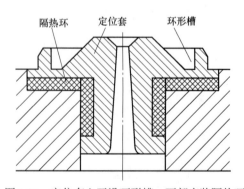

图4-21　定位套上开设环形槽，下部安装隔热环

当模具配有冷流道体时，定位环与注射孔套复合为一个零件，安装在冷流道体上，用来与注射机定位，冷流道体与注射机上横梁用螺栓固定，如图4-22所示。注射头注嘴与冷流道体注射孔靠圆柱配合面密封。

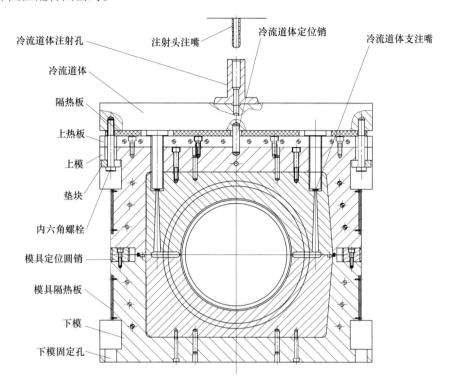

图4-22 配冷流道体模具与注射机的连接方式

冷流道体与上热板由两个定位销定位，用螺栓与上热板连接固定。由于冷流道体需要经常与上热板分离，所以，冷流道体与上热板之间多采用快速连接方式，比如快速卡块等。冷流道体与上热板之间有隔热板，隔热板用螺栓固定在冷流道体上。

模具与机器的上热板接触，由两个定位销定位，用螺栓固定。

由于安装模具时，模具上、下模之间由定位销定位，并由拉板连接为整体，所以，一般下模与下热板之间没有定位销，只有固定螺栓。

4.2.2.2 注胶嘴与模具的接触方式

注胶嘴与模具的接触方式，取决于注嘴端部形状，有球面接触、90°锥面接触、平面接触和自压紧式注嘴等4种形式。一般注嘴孔比模具上的注胶孔小1mm（图4-23），用来补偿模具与冷流道体注嘴孔位置误差。

（1）注射头上的注嘴

通过注射单元油缸将注嘴压在模具的注胶口位置实现密封。注嘴与模具的接触形式有球面和锥面两种。

在确定模具注胶口的深度K时，应使注嘴端部伸出热板高度$C_{max}≥20mm$，以避免模具向注嘴头传热，如图4-24所示。

当注嘴与模具圆弧面接触时（图4-25），模具上的圆弧SR′应大于注嘴圆弧，比如SR′=

SR+1，以确保注嘴与模具良好贴合，如图4-26所示。

当注嘴与模具是90°锥面接触时（图4-27），模具上锥面的锥度要比注嘴锥度大1°，以保证密封，如图4-28所示。

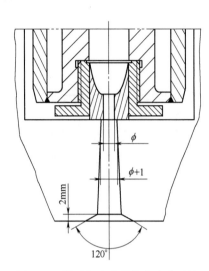

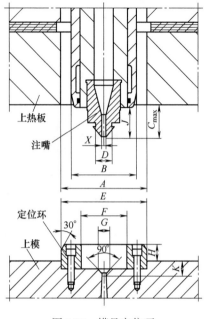

图4-23　模具与冷流道体支注嘴对接　　　　图4-24　模具定位环

（2）冷流道体的支注嘴

有浮动式和自压紧两种形式。

浮动式注嘴，注嘴端部与模具接触面是个平面，这种注嘴适合于配固态橡胶的冷流道体的模具，如图4-29所示。浮动式注嘴可以在注嘴套里一定范围内上下滑动，以适应模具上注胶口接触面高度的误差。注嘴与模具之间的接触压力，通过胶料的推力实现。注嘴上端是个喇叭口，注胶时胶料对注嘴有一个向下的推力，从而实现注嘴与模具接触面的密封。一般在注射结束以后，流道里的胶料还会有残余压力，保持注嘴始终与模具接触，防止胶料从注嘴与模具之间的接触面泄漏。

自压紧式注嘴，在注嘴座与注嘴之间有蝶形弹簧，将模具与冷流道体固定时，在注嘴与模具之间就产生了一个预压紧力，以实现密封，如图4-30所示。自压紧式注嘴适用于液态硅橡胶冷流道体支注嘴密封。由于液态硅橡胶黏度小，仅靠注射时胶料的压力满足不了密封的要求。自压紧式注嘴与模具的接触方式有球面、锥面和平面等形式，可根据实际需要确定接触方式。

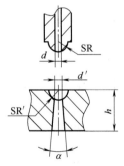

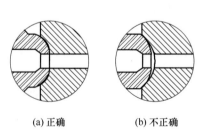

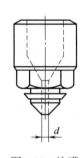

图4-25　圆弧面接触　　　图4-26　注嘴与模具的接触方式　　　图4-27　注嘴

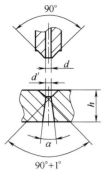

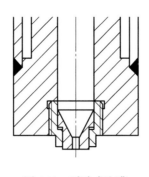

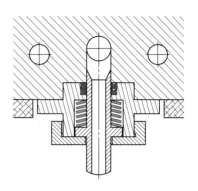

图 4-28　锥面接触　　　　图 4-29　浮动式注嘴　　　　图 4-30　自压紧式注嘴

4.3 ▶▶ 模具功能件设计

4.3.1　模具运输与安装功能件

模具上用于安装和运输的功能件如图 4-31 所示。

4.3.1.1　拉板

在模具存放、运输和安装时，需要使用拉板将模具最上面和最下面的活动模板连在一起，使模具具有整体完整性，以便于保持清洁和安全。拉板一般安装在模具的前面和后面，以便于拆卸。前、后拉板要尽量在模具的重心线位置，以保持受力平衡。拉板上的孔比螺栓杆直径大 1~2mm，以免卡死。拉板尺寸尽可能标准化，具有互换性，以方便使用操作。

4.3.1.2　叉起梁

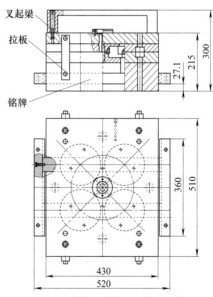

图 4-31　模具安装和运输功能件

叉起梁用来在运输或者安装模具时叉起模具。对于质量小于 300kg 的小模具，一般使用一根叉起梁，位于模具正上方中间位置。也有使用图 4-32 的 H 梁叉模具。有的公司对同类模具使用公用叉起梁，以方便操作。叉起梁、拉板与模具安装，尽量使用相同规格螺栓，但长度可能不一样，以方便加工和使用。

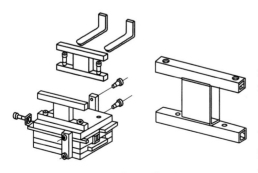

图 4-32　模具吊装 H 梁

4.3.1.3 吊装孔

在加工和维护模具时,需要吊装搬运模具部件或者整体模具。对于较大的部件比如≥20kg的部件需要有吊装孔。一般在不影响模具的其他形状结构的情况下,模具上的吊装孔大小尽可能一致,而且,位置应为部件容易放置和安装吊环的地方,以便于操作。如图4-33所示模板侧部4-M12螺栓孔,既可以用来固定拉板,也可以安装吊环。

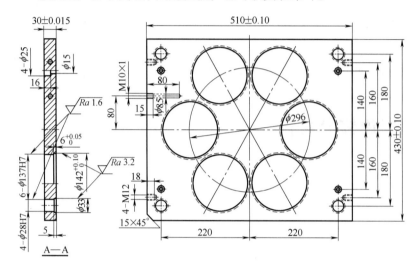

图4-33　模具零件图

4.3.1.4 模具信息

模具信息分为总体信息和零件信息。

(1)总体信息

一般都刻在模具正上方,字体较大,以便于查找,方便操作。也有的在模具的正面安装铭牌,以标明模具的有关信息。模具总体信息包括:①模具编号;②产品编号;③模腔数;④使用的机器型号;⑤模具外形尺寸;⑥模具总质量等。如图4-34所示波纹管模具,在模具主要部件的正面上标注有代号和质量。此模具配4支注嘴冷流道体,8个模腔,2套模芯。使用梭板机构交替滑动两套模芯进行成型与脱模工作。

(2)零件信息

模具上有的零件形状尺寸相同,可是只有局部略有差异,这些零件需要经常拆装,如果装错,可能会影响产品质量,所以这些零件需要单独编号,比如绝缘子模腔镶块,而且,在其安装的模框上,有对应的编号信息。还有一些标准件,比如注嘴、注胶套,都需要标明孔径、外径和长度等尺寸信息。

4.3.1.5 方位标记

有的模具的上模、中模和下模等模板都相似,为了防止模具装配错误,除了刻有部件标记外,还在每件的同一个角上倒角如15×45°,以方便区别方向,如图4-33所示的模板。

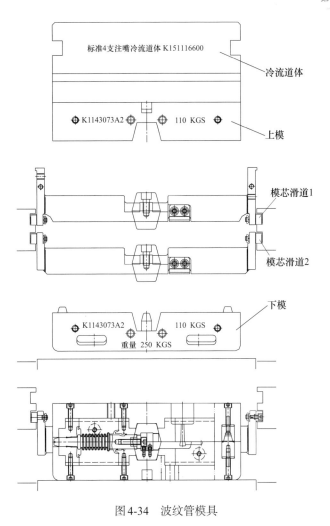

图4-34 波纹管模具

4.3.2 模具其他功能结构设计

4.3.2.1 启模口

模具上有定位销，有时需要从启模口处撬开。拆卸大的镶块时也需要启模口操作。多个启模口要对称排布，单个启模口应在受力中心位置。启模口一般在可能需要撬开的模板或者镶块的边角位置，结构比如长30mm、宽10mm、深3mm的缺口，以方便打开模具，如图4-35所示镶块上的启模口。

4.3.2.2 工艺孔

有时在加工哈夫模腔时，零件需要在车床上定位，零件需要有定位孔。比如绝缘子模具模腔镶块在车床上的定位孔、日期章安装孔底下的拆卸孔等等，如图4-35所示。

4.3.2.3 热电偶插孔

当模具上配有加热管时，模具上需要安装热电偶来控制模具加热。有的机器是通过检测模具温度来控制热板加热，这种模具上也要安装热电偶。有时，在介质加热模具上安装热电偶，以便于检测模具实际温度。

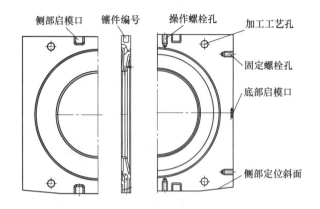

图4-35　空心绝缘子模腔镶块

一般测温孔配有热电偶插座，如图4-36所示。模具上的测温孔，应位于模具后部能够正确反映模具温度的位置。如果模具上加热管是分区控制，各区都要有热电偶。一般采用热电偶插孔尺寸：螺纹M10×1，光孔ϕ7×100mm。

安装热电偶时，要确认插孔干净，没有铁屑类杂质，而且，要使热电偶端头与模具紧密贴合。

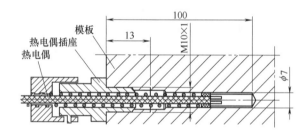

图4-36　热电偶安装方式

4.4 ▶▶模具打开方式设计

在产品硫化完成后，就需要打开模具，取出产品、清理模具和放置新骨架等操作。模具打开的方向有合模方向和横向打开。模具的打开方式有合模油缸、顶出器、拉杆等。一般合模油缸打开的开度大，脱模操作方便。

如果是手工取产品，模具打开的开度，要方便从模腔里取出产品和清理模腔。模具需要的开度大小，与模板大小和开模层数有关，一般以方便操作为宜。板面越大，需要的操作空间越大。如果模具板面小比如长度400mm左右，两开模打开200mm距离，就可以脱模取产品。如果是三开模，开模距离应大于400mm。如果模具板面大比如长度500mm左右，两开模至少要打开250mm距离，才可以取件。如果是三开模，开模距离应大于500mm。如果产品高度高，打开模具的开度需要更大。

4.4.1 模具合模方向打开方式

4.4.1.1 合模油缸打开模具

固定在移动横梁上的模板随移动横梁打开，模具打开的开度大，对于取产品、清理模具方便。如果是两开模，模具打开的最大开度为机器模板开度减去模具的总厚度。

4.4.1.2 顶出器打开模具

一般注射机都配有顶出器，有的顶出器在热板两侧，有的顶出器在机器的前方或者后方，顶出器的顶出高度比合模行程短。如果使用机器前方或者后方的顶出器，要考虑相应模板的滑出和定位方式。

对于多层模具，中间模板的打开或者模芯的顶起等，都使用顶出器操作。对于模芯顶出，一般与下顶出器连接，顶出后模芯高度低，方便从模芯上取出产品。对于三开模，如果开模时产品落在下模，胶道料头落在中模的上分型面，则采用上顶出器顶出中模比较好，由于一般机器的顶出器顶出高度，比合模单元的开模行程短得多。取胶道料头操作需要的操作空间小，而取产品需要的空间大，如图4-37所示模具。

当使用机器侧部顶出器时，要求顶出的模板或者模芯顶出架宽度要与顶出器宽度匹配。当中模板厚度不大时，可直接加宽至要求宽度。当中模板厚度较厚时，采用在中模板两侧加耳子的方式与顶出器连接，如图4-37所示。

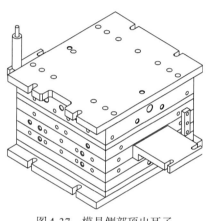

图4-37　模具侧部顶出耳子

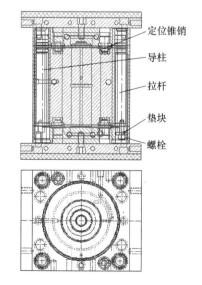

定位锥销
导柱
拉杆
垫块
螺栓

图4-38　拉杆打开模具结构

4.4.1.3 模具的其他打开方式

当模具需要打开的层数比较多，而机器配置的顶出器不够用时，就要考虑其他的打开方式。常用的有拉板、拉杆和顺序拉扣等方式。

（1）拉杆打开模具

如图4-38所示屏蔽管模具用于立式合模单元，三开模结构。上模与中模由4个锥销定位，由于下模模芯较长，下模与中模之间由4个导向柱导向，4个锥销定位。中模由自重通过4个拉杆打开，拉杆固定在上模，下端有垫块和螺栓限位。拉杆伸入下模板，但与下模不接触。

当中模较轻时，为了方便中模下落，在中模与上模之间安装弹簧。在排气开模时，有弹簧的分型面会先打开，有时也会引起分型面飞边多。

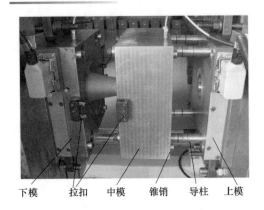

下模　拉扣　中模　锥销　导柱　上模

图4-39　导柱打开模具结构

（2）导柱打开模具

图4-39所示为应力锥模具在卧式合模单元上的开模状态，导柱具有中模导向支承和拉杆的三重作用。导柱端头有垫片和固定螺栓，在下模上的孔比较大，垫片能够穿入。导柱要支撑中模，需要有足够的强度和刚度。开模时，拉扣拖住中模在导柱上滑动，当中模碰到导柱端头的垫片时，就停止滑动，与下模分离。

（3）用拉扣拉动模芯支架

图4-40所示为终端产品绝缘体模具在卧式机器上的打开状态。开模初期，拉扣拉动模芯支架随动模移动，当碰到模芯支架的限位螺栓时，模芯支架停止移动，动模继续打开直至终点，模芯悬在支架上。拉开距离取决于支架上滑动槽长度，滑道固定在定模上。

模芯支架　模芯　拉扣　　　　　定模　　　　　　　　　动模

图4-40　拉扣拉动模芯支架结构

4.4.2　模具侧向打开方式

有时，模块需要侧向打开，以取出产品。图4-41为导套产品模具，在顶出器顶起中模的过程中，斜销驱动推板向两侧滑动，将产品从模芯上推下来脱模。图4-42为护套产品模具，开模时，斜销驱动模腔端块，使其与模芯分离，以便于通过顶出器顶起模芯取出产品。模具侧向打开方式有斜销、侧板滑道和油缸驱动等形式。

4.4.2.1　斜销

如图4-43所示，减震件产品由两个金属骨架与氯丁橡胶复合成型，模腔数为18，使用6个支注嘴冷流道体，3组哈夫块。产品脱模时，通过斜销分开哈夫块。一般斜销结构要求：

① 斜销应有足够的强度和刚度。

② 斜销的斜度应小于哈夫块侧面的定位斜度，比如$\alpha \geq 2°$（图4-42），以保证哈夫块打开时不与模框斜面干涉。

③ 1对哈夫块需要2对（4件）斜销，斜销固定在要与哈夫块分离的上模板上，也有固定在下模上，如图4-43所示模具。如果只打开1块模块，需要2个斜销，如图4-42所示。

④ 斜销的长度取决于哈夫模需要打开的开度，一般斜销拨动距离稍大于哈夫块需要打

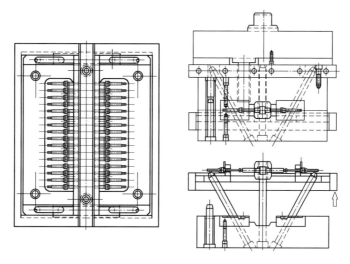

图4-41　导套产品模具

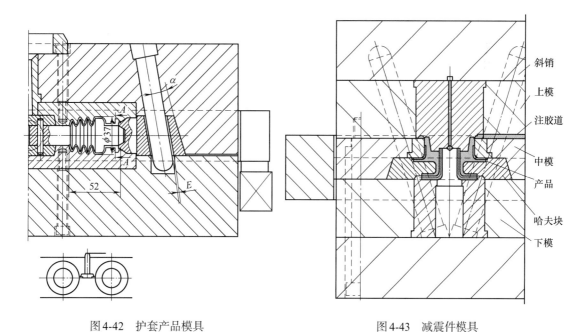

图4-42　护套产品模具　　　　　　　图4-43　减震件模具

开的距离。

⑤　在锁模以后，斜销与哈夫块之间有1~2mm的间隙，并且，在开模或者顶出相关模板时，斜销不得与其他件干涉。斜销的端头为球形以便于导入。

⑥　一般用固定在下模的燕尾条嵌入哈夫块底部的燕尾槽，起到哈夫模打开时滑动导向和限制其向上移动的功能。在燕尾条侧部有侧向耐磨条，用来调整滑动间隙。在燕尾条的底部有碟形弹簧，开模后，燕尾条略微顶起哈夫块，使其与下模微量分离，以减小哈夫块移动阻力。

⑦　合模时，斜销使哈夫块初步合拢，上模与哈夫块相配的斜面使哈夫块X方向精确定位，哈夫块通过其上专门的销钉或者模芯在Y方向精确定位。

⑧　斜销在开模过程中打开哈夫块，不需要机器的其他操作，但是，斜销会占用模板的

图4-44　侧板滑道

4.4.2.2　侧板滑道

　　侧板上有导向滑道，固定在热板两侧的下顶出器上（图4-44）。哈夫块端部的轴承伸入滑道里。当顶出器向上顶出时，侧板滑道引导哈夫块分开（如图4-45），下降时合拢（如图4-46）。哈夫块X方向和Y方向运动导向定位相似于斜销方式。

　　侧板滑道方式模具结构简单、操作方便，适用于多组哈夫块打开的场合。

图4-45　哈夫块打开

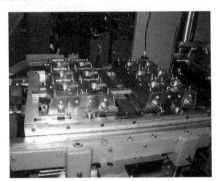

图4-46　哈夫块合拢

4.4.2.3　楔形块

　　如图4-47所示，两个楔形块对称地位于哈夫块两端分型面中间，中模与机器的下顶出器连接。在上模与中模分离后，抬起中模，楔形块就将哈夫块分开，可以从模腔里取出产品。合模时，上模通过斜面将哈夫块合拢定位。这种方式结构简单，适用于小型哈夫模打开场合。要求上模与哈夫块的配合斜度要与需要打开的开度匹配，相关件的导入部位都要有圆弧过渡，而且，有接触滑动的件要耐磨。

4.4.2.4　导向杆

　　如图4-48所示的衬套产品，由内嵌棉线编织网和橡胶复合而成，产品外周有凸起筋。中

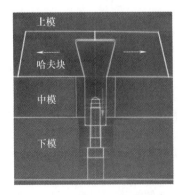

图4-47　楔形块打开哈夫块

图4-48　导向杆打开哈夫块

模是哈夫块结构，实现产品脱模。哈夫块两端滚轮伸入机器两侧顶出器的滑道里。导向杆形状是哈夫块打开需要的运动轨迹，固定在上模上，哈夫块端部有一对滚轮卡在导向杆两侧。开模时，机器上顶出器向下顶哈夫块，哈夫块随导向杆向两侧分开。这种结构简单，占用空间小。

4.4.2.5 端部油缸

图4-49所示为减震件产品与注胶口，两侧金属骨架相向弯曲并且包有胶料，背面有螺栓和销钉伸出，产品在模腔里竖直放置。为了取出产品，模具模腔采用哈夫结构。来自主流胶道的胶料，通过产品上端面的4个针尖注胶口进入模腔主体部分，然后，通过分型面上小的流胶道进入骨架侧部。

在模具上，制品的左侧螺杆长，需要哈夫块打开开度大，右侧开度可以小。哈夫块的开合动作靠位于模具前后两端的一对油缸驱动，由机器液压系统控制，如图4-50所示。将3组左半哈夫块的两端用左侧杆连接，3组右半哈夫块两端用右侧连杆连接。在这一对连杆的两头各有一个油缸，油缸与左侧杆固定在一起，活塞杆与右侧杆固定在一起。这样油缸动作就可以控制哈夫块的开合，两侧的开度通过哈夫块的限位块调整。

油缸驱动方式适用于多组哈夫块打开，要求机器前后端有一定的安装空间。同样，哈夫块X和Y方向运动导向定位相似于斜销方式。

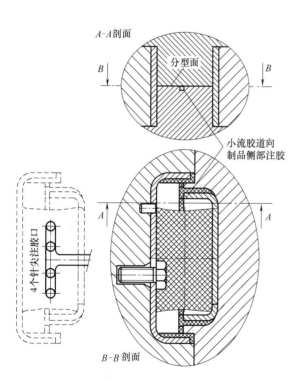

图4-49 减震件产品与注胶口

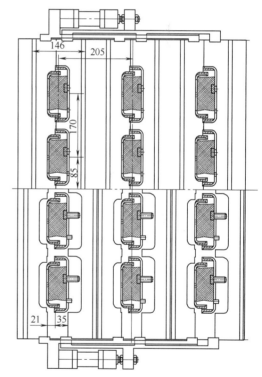

上图：哈夫块闭合，下图：哈夫块打开

图4-50 哈夫块的开合状态

4.5▶▶**模具的固定方式设计**

在产品生产工艺确定之后，提高产品生产过程中各个环节的工作效率，是降低产品成本的一个重要方面。在用注射方式成型橡胶产品时，如果模具更换频率高，模具的更换时间是影响产品成本的因素之一。通常，在设计橡胶注射模具时，需要根据所使用的机器热板结构和操作工艺要求来确定模具的固定方式。

　　一般橡胶产品成型模具的更换过程，包括降低模具温度、拆卸模具、安装模具、加热模具、工艺参数调整等5个阶段。要实现快速更换，就应从这几个方面入手，正确地安装模具，使模具和机器都迅速达到生产需要的稳定温度。同时，在模具升温期间，完成产品成型生产要素的准备工作，以在尽可能短的时间内，完成模具更换，开始新的生产循环。

4.5.1　模具在热板上的固定方式

　　一般模具的上下模板与机器的上下热板连接固定。在橡胶注射机热板和顶出器上，固定模具的方式有T形槽和螺栓孔两种。在不同的机器上模具的固定方式不同，应根据机器确定模具的固定方式。

4.5.1.1　T形头螺栓固定模具

　　如果机器的热板和顶出器上开设有T形槽（如图4-51），就要在模具上对应位置开设螺杆滑槽，用来固定模具。

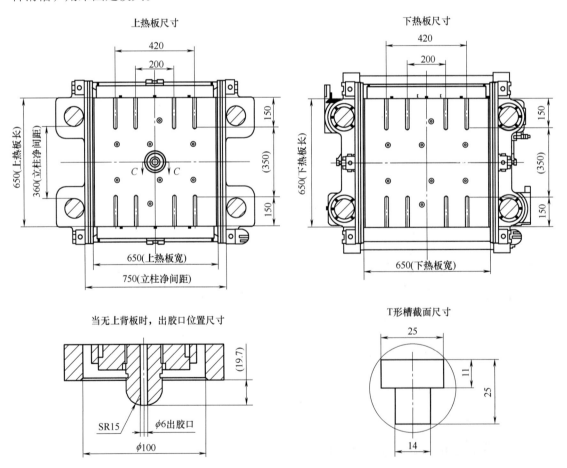

图4-51　300T注射机热板T形槽位置尺寸

　　模具在带T形槽热板的机器上的固定方式有两种，如图4-52所示。一种是T形头螺栓和带凸缘六角螺母的连接形式，另一种是T形螺母和带凸缘六角螺栓的连接形式。使用T形螺母固定模具时，螺栓的长度一定要合适。如果螺栓长，螺栓端头就会顶住T形槽的底部，使模具与热板之间出现间隙或者损坏螺栓。

安装时，直接将T形螺栓与螺母和垫片拧在一起，从T形槽滑入，拧紧螺母就可以了。拆卸模具时，拧松几圈螺母后，就可以将螺栓与螺母一起从槽里滑出来（图4-53）。这种方法结构简单、操作方便、快捷。常用的T形槽和T形头螺栓尺寸如表4-1所示。

图4-53　T形头螺栓固定模具

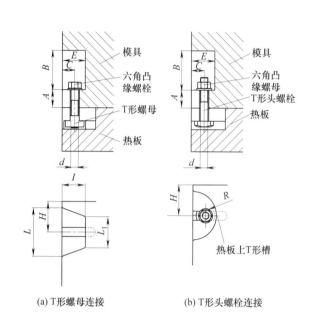

(a) T形螺母连接　　　　　(b) T形头螺栓连接

图4-52　模具在带T形槽热板的机器上的固定方式

图4-54　压板固定模具

表4-1　T形槽尺寸与T型头螺栓

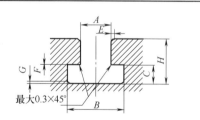
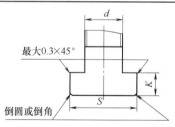

E、*F* 和 *G* 倒45°角或倒圆

T形槽										螺栓头部		
A	*B*		*C*		*H*		*E*	*F*	*G*	*d*	*S*	*K*
基本尺寸	最小尺寸	最大尺寸	最小尺寸	最大尺寸	最小尺寸	最大尺寸	最大尺寸	最大尺寸	最大尺寸	公称尺寸	最大尺寸	最大尺寸
5	10	11	3.5	4.5	8	10	1	0.6	1	M4	9	3
6	11	12.5	5	6	11	13				M5	10	4
8	14.5	16	7	8	15	18				M6	13	6
10	16	18	7	8	17	21				M8	15	6

续表

T形槽										螺栓头部		
A	B		C		H		E	F	G	d	S	K
基本尺寸	最小尺寸	最大尺寸	最小尺寸	最大尺寸	最小尺寸	最大尺寸	最大尺寸	最大尺寸	最大尺寸	公称尺寸	最大尺寸	最大尺寸
12	19	21	8	9	20	25	1	0.6	1	M10	18	7
14	23	25	9	11	23	28		0.6	1.6	M12	22	8
18	30	32	12	14	30	36	1.6		1.6	M16	28	10
22	37	40	16	18	38	45		1	2.5	M20	34	14
28	46	50	20	22	48	56			2.5	M24	43	18
36	56	60	25	28	61	71				M30	53	23
42	68	72	32	36	74	85	2.5	1.6	4	M36	64	28
48	80	85	36	40	84	95		2	6	M42	75	32
54	90	95	40	44	94	106				M48	85	36

为了安装方便，模板和顶出板上的螺栓孔也是开口的，而且，开口朝模具的前或者后方向。一般模具两侧安装螺栓操作空间有限，只有当模具较大时，才使用机器两侧向的T形槽固定模具。当模具比热板尺寸小时，可以用压板来固定模具（图4-54）。

4.5.1.2 螺栓孔固定模具

在有的机器的热板和顶出器上，有各种间距、位置和规格的螺纹孔和光孔，以供各种尺寸模具的固定选择，如图4-55为REP V48注射机热板上螺栓孔位置。

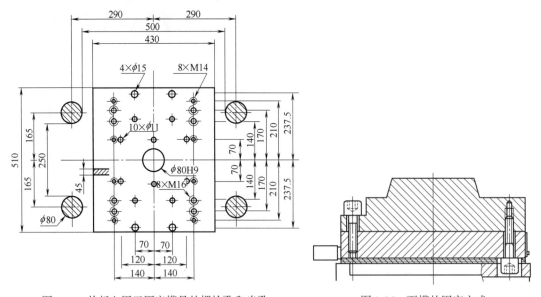

图4-55 热板上用于固定模具的螺栓孔和光孔　　　图4-56 下模的固定方式

与有T形槽的热板相比，只有固定孔的热板与模具的接触面积大，热量散失少，强度也好。但是，当模具板面与热板一样大时，需要将螺栓从机器的上横梁上部或者移动横梁的下部拧入（图4-56），所以，安装螺栓没有T形槽那样方便。但是T形槽固定方式的热板上T形槽数量少，有的模具结构可能满足不了热板上T形槽位置的要求。

当模具板面与热板一样大时，除了模具上的螺栓孔要与机器热板上孔位置一致外，螺栓的操作凹槽，也要方便螺栓的安装操作。如图 4-57 所示，当 $d=10\text{mm}$ 时，取 $A=1.5d$，$K=2d$，$L_1=4.5d$，如果 $d>10\text{mm}$，可适当减小系数。槽高度 B 要能使螺栓放入孔里，并且满足扳手操作空间要求。凹槽尺寸大，拆卸螺栓方便，但是，对于模具传热稍有不利。不同的固定螺栓需要的操作空间不同。比如使用内六角螺栓时，要求 B 值大，使用 T 形螺栓时，需要的 B 值最小。

4.5.2　模具与顶出器的连接方式

一般模具的中间模板或者模芯顶出架与注射机的侧部顶出器连接固定。如图 4-58 所示纸盒模具，上模和模芯架分别由机器的上、下顶出器顶开脱模。

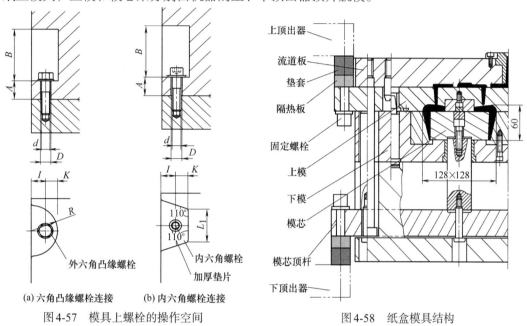

(a) 六角凸缘螺栓连接　　(b) 内六角螺栓连接

图 4-57　模具上螺栓的操作空间　　　　　　图 4-58　纸盒模具结构

顶出器与模具的连接方式有螺栓孔形式（图 4-59）和 T 形槽形式（图 4-60），不同厂家生产的注射机的连接形式不一样。有的顶出器通过行程开关控制顶出行程，有的是由电子尺来测定顶出行程。

一般顶出器缩回时，稍微比热板低 2mm 左右。如图 4-59 所示，顶出器的顶出高度 E 是从与热板平齐位置算起。

要想获得最高的顶出高度 E，应当给顶出器上加垫块和隔热块，在模具闭合状态，使顶出器缩回在最低位置。如果垫套太长，可能出现锁模时顶出器受模具的压力，容易造成模板弯曲。一般在模具闭合状态，可以使顶出器伸出 2mm 左右，以避免此问题发生。

在设计模具时，应查看注射机的说明书，以确定模具上顶出板的安装方式和固定尺寸等信息。

一般顶出器在热板两侧，模具与顶出器连接的模板部分要比热板宽，长度短。

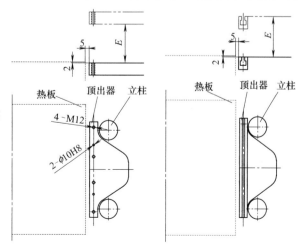

图 4-59　顶出器上的螺栓孔　　图 4-60　顶出器上 T 形槽

钢结构连接的螺栓性能等级分为 3.6、4.6、4.8、5.6、5.8、6.8、8.8、9.8、10.9、12.9 共 10 个等级，其中 8.8 级以上螺栓材质为低碳合金钢或中碳钢，并经热处理（淬火、回火），通常被称为高强度螺栓，低于 8.8 级的螺栓被称为普通螺栓。表 4-2 为螺栓性能等级参数。此表是按照德国工业标准中的最小破断强度经过计算得出的保证载荷值。在实际应用中，螺栓的最大允许拉力应该取其保证载荷值的 80%~90%。

表 4-2　螺栓性能等级参数

| 螺栓规格 | 性能等级 | | | | | | | | | | | | | | |
| | 5.8 | | | 6.8 | | | 8.8 | | | 9.8 | | | 10.9 | | |
	最小拉力载荷/N	夹紧力/kN	保证载荷/N	最小拉力载荷/N	夹紧力/kN	保证载荷/N	最小拉力载荷/N	夹紧力/kN	保证载荷/N	最小拉力载荷/N	夹紧力/kN	保证载荷/N	最小拉力载荷/N	夹紧力/kN	保证载荷/N
M8	19000	10.4	13900	22000	12.1	16100	29200	15.9	21200	32900	17.8	23800	38100	22.8	30400
M10	32000	16.5	22000	34800	19.1	25500	46400	25.3	33700	52200	28.3	37700	60300	36.1	48100
M12	43800	24	32000	50600	27.8	37100	67400	36.7	48900	75900	41.1	54800	87700	52.5	70000
M14	59800	32.8	43700	69000	38	50600	92000	50	66700	104000	56.1	74800	120000	716	95500
M16	81600	45	59700	94000	51.8	69100	125000	68.2	91000	141000	76.5	102000	163000	97.5	130000
M18	99800	55	73000	115000	63.4	84500	159000	86.2	115000	*	*	*	200000	119	159000
M20	127000	70	93100	147000	81	10800	203000	110	147000	*	*	*	255000	152	203000
M24	184000	101	134000	212000	116	155000	293000	159	212000	*	*	*	367000	220	293000
M27	239000	107	174000	275000	152	202000	381000	206	275000	*	*	*	477000	286	381000
M30	292000	131	213000	337000	185	247000	466000	253	337000	*	*	*	583000	350	466000

*指没有此规格的螺栓。

螺栓性能等级标号由两部分数字组成，分别表示螺栓材料的公称抗拉强度值和屈强比值。例如，性能等级 4.6 级的螺栓，其含义是：①螺栓材质公称抗拉强度达 400MPa 级；②螺栓材质的屈强比值为 0.6；③螺栓材质的公称屈服强度达 400×0.6=240MPa。

固定模具的螺栓应选择高强度螺栓，以提高螺栓的使用寿命和模具固定的安全可靠性。

4.5.3　橡胶模具快速固定方法

有的橡胶注射机上配置有模具快速安装机构选项，可供采购机器时选取。

4.5.3.1　快速拉杆固定

如图 4-61 所示，拉杆快速固定机构由压缩油缸、碟形弹簧、拉柱、T 形块和卡紧杆等部分组成。在去掉卡紧杆和压缩油缸缩回的状态下，蝶形弹簧将拉柱缩回，拉柱低于热板平面，以方便模具在热板上滑动。

当将模具在热板上找正、锁模后，按下模具卡紧按钮，压缩油缸就会将拉柱向下压，使拉柱伸入热板。然后，将 T 形块放入模具的 T 形槽，将卡紧杆从机器热板的一侧穿入，穿过 T 形块和拉柱端头的孔。接下来操作压缩油缸泄压，卡紧杆就通过 T 形块、碟形弹簧和拉柱将模具固定在机器上了。拆卸模具时，做相反的操作。

这种方式操作简单，拆卸模具快捷。缺点就是结构复杂，机器上需要配置至少8个小油缸及管路。机器热板上的横向孔也会影响模具加热效果。这种方式只适合于中小型模具的快速固定。

4.5.3.2　同步楔块卡紧机构

如图4-62所示，该机构由锁紧块、拉紧杆组成。拉紧杆埋入热板，其两头有与锁紧块匹配的反向螺纹和拧紧六方。锁紧块可以在热板上的T形槽里滑动，锁紧块上有带斜面的槽。在模具两端有与锁紧块匹配的斜面。

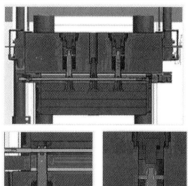
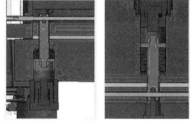

图4-61　拉杆固定模具方法　　　　图4-62　同步楔块卡紧机构

安装模具之前，逆时针转动拉紧杆，使锁紧块滑到热板两端。先将模具放到热板上并找正，合模。然后，从热板一头拧拉紧杆，驱动锁紧块卡紧模具。

这种方式拆卸模具操作方便。不足之处就是由于锁紧块高出热板，必须把模具吊到机器上，不能直接滑入。这种方式只适合于经常需要拆卸的小型模具。

4.5.3.3　几种快速安装模具的方法

（1）快速卡板机构

在机器侧部顶出板上，安装有快速卡紧板。在卡板上开有曲线槽，宽度稍大于固定螺栓杆直径，在卡板的侧部有卡槽，槽高度等于模具顶出板的厚度。当将模具装到机器上以后，将顶出器抬起与模具的顶出块接触，然后，通过手柄将卡紧板滑入卡住模具顶出板，到位后，紧固螺栓压紧卡紧板，就完成模具顶出块连接固定。卡紧板可以置于顶出板的下方或者上方，如图4-63所示。这种方式适合于小型模具顶出连接件的固定。

（2）挂扣机构

在安装或者拆卸模具时，拧入或者拧出一个长的螺栓，会浪费很多时间，如果采用挂扣方式会节约一定的时间。

图4-63　顶出器上快速固定卡板

如图4-64所示，在安装模具与上热板的螺栓之前，需要先拆掉热板与上横梁的固定螺栓，将上热板与上横梁分离。此热板的固定螺栓使用了挂扣机构。在将模具放到热板上并找正以后，做合模动作，使模具与上热板接触。然后，松开热板在上横梁上的固定螺母，将挂扣向左摆动，使之与螺栓分离。接下来开模，热板就与上横梁分离，同时，热板固定螺栓将热板悬空。在安装好模具固定螺栓之后，合模使热板与上横梁接触。再将挂扣向右摆动，卡住热板固定螺栓，拧紧热板固定螺栓。操作比较方便、快捷。

（3）快速固定块

多用于冷流道体与上热板（图4-65）的连接固定。锁模后，将该固定块穿过两个螺栓向左滑动，然后，拧紧螺栓即可。该固定块有两个斜面，在拧紧过程中，对上热板和冷流道体有一个拉紧作用。拆卸时，先锁模，之后拧松螺栓，向右滑动该固定块并取下。结构简单，操作方便。

（4）气动扳手

将带有专用压块的T形头螺栓从热板的T形槽滑入，并进入模具上的凹槽。然后，用气动扳手紧固（图4-66）。这种方式操作简单、方便。使用气动扳手也可以控制螺栓的紧固扭矩。

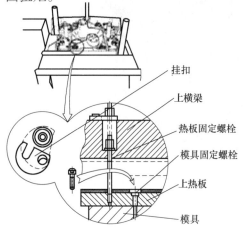

挂扣
上横梁
热板固定螺栓
模具固定螺栓
上热板
模具

图4-64　挂扣固定方式

图4-65　快速固定块

图4-66　气动扳手

（5）气动T形头固定块

该T形头固定块的一头与模具上T形槽匹配，另一头是锁紧驱动电机（图4-67）。安装时，接通压缩空气，气动马达驱动内螺母转动锁紧。拆卸时，反向转动。

图4-67　气动T形头固定块

4.5.3.4　电磁板固定方式

电磁板固定方式是一套将模具快速固定到机器上的专用固定装置，包括电磁板和电磁控制系统等，如图4-68所示。电磁板固定在机器模板上，通过电磁板将模具吸附在机器模板上，模具侧部有防跌落装置，见图4-69。将模具吸附在机器上之后，将防模具跌落的拉块装上即可，模具安装和拆卸都很方便。模具与电磁板之间有定位销，以确定模具与机器的安装位置。

电磁板快速换模系统采用磁路技术和脉冲放电技术，用电控来改变永磁体的磁路分布，靠永磁体吸附模具。在极短的时间（几秒）内电流脉冲就可以激活（充磁）系统，将模具牢牢固定在机器模板上，之后不需要持续的电能，也不产生热量。拆卸模具时，给电磁板通相反的电流脉冲，改变磁力方向使系统退磁，模具即可与电磁板分离。

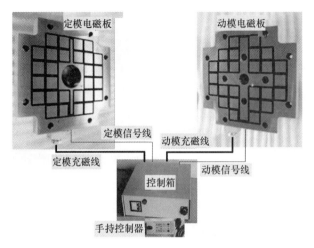

图4-68　电磁板控制回路

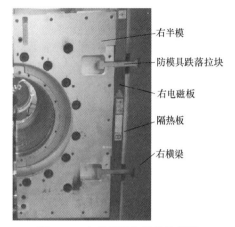

图4-69　电磁板固定模具示意图

　　电磁板系统几乎不耗电、无任何附属物产生、无日常的易损件更换，完全环保，操作简单，安装模具省力、省时。与传统模具固定方式相比，这种方式不需要螺栓紧固元件，直接靠电磁将模具吸附在电磁板上。对模具的磁力吸附点多，模具背板与磁力吸盘的所有接触点都是吸附点，特别是在模具背板的中心部位有很大的吸附力，保证模具在工作过程中的整体刚性。模具所有接触点的吸附力都是完全一致的，避免了螺栓固定模具时模具局部应力与变形。还可以在机器上安装比机器背板更大的模具，适用范围更广。电磁板不占用模具外围的空间，可以省略或者减少模具与机器的固定孔。

　　电磁板固定在机器热板上，电磁板上面有模具的定位孔，侧部有安全拉杆卡槽。在电磁板充磁以后，即使断电，电磁板上的电磁依然有效。只有通电并消磁后，电磁板才会失去电磁。所以，电磁板是安全的，而且，安装、拆卸模具效率较高。模具直接与电磁板接触，热板加热，对电磁波性能没有影响。单边电磁板厚度大约40mm，会占用一定的合模开度，而且，电磁板投资稍大。

4.5.4　快速拆卸和安装模具方法

4.5.4.1　高温拆卸模具

　　当产品种类多，需要频繁更换模具时，快速更换显得尤为重要。一般，在最后一个生产循环结束，清理好模具以后，就开始拆卸模具。为了防止螺栓在高温下自锁卡死，在安装模具时，给螺栓螺纹部分涂高温润滑脂。由此省去了模具在机器上降温的时间。当然，在拆卸模具时，操作人员应有高温操作的安全防护措施。

4.5.4.2　高温安装模具

　　新的模具安装之前，先在专用的加热装置上，将模具加热至一定温度，比如80~100℃。

这样一来，部分模具加热时间就被消化在了非生产循环的时间里了。在合模单元以外，模具预热的方式有下面几种。

① 当模具上有加热装置，比如加热棒和热电偶时，可以直接将模具上的快速加热接线插头，插在专用的电源和控制场合的专用插口，加热模具。当然，这种专用加热接线插头应具有通用性，以提高效率。

② 如果模具上没有加热装置，可以在专用的烘箱里加热模具，此时，模具上的所有元件，必须具有耐高温性能，比如加热导线、隔热板等附件。同时，加热烘箱应当有便于模具的放入和拉出的操作空间，比如拖车滑道，或者可打开上盖及吊葫芦等。

③ 在类似于合模单元的热板上加热模具，上、下热板直接与模具接触，加热模具。由于不需要打开模具，也不需要固定模具，压力和开度不需要太大，结构简单，可以适应于各种规格的模具预热。

4.5.5　规范模具操作步骤

规范地安装和拆卸模具，是提高橡胶产品生产效率的方法之一。可以从下面几个方面规范模具操作。

① 标准化操作，每副模具应当有安装指导书，包括模具安装要素：机器、连接件名称和数量、安装步骤、检查项目、产品成型工艺要求等，明确说明模具安装操作步骤与流程。

② 模具上标记明确，包括产品号码、模具质量和前、后位置标记，避免安装错误。

③ 建立模具档案，记录模具使用时间、维护保养项目，以便于追溯。

④ 如果模具拆卸后暂时不用，应当将模具清理干净，并涂防锈油。

⑤ 实现模具与机器快速对中，一般注射模具通过模具上方的定位环与机器对中。模具上没有与机器定位的机构时，可以根据经常使用的模具尺寸，在下热板安装模具定位块或者标注对中标志，以方便模具安装时对中定位。

⑥ 尽量减少安装连接件的数量，比如垫片只用一片，需要几片叠加时，就做成厚垫片。

⑦ 必要的连接件备件。在使用过程中，可能会出现螺纹损伤、垫片丢失等现象，可以随时补充，避免因寻找备件而浪费时间。

⑧ 采用专用的套筒扳手和扭矩扳手紧固螺栓，以防止出现螺栓预紧力不足或者预紧力过大的问题。

⑨ 必要的模具专用吊装工装，以适应快速运输吊装模具的操作需要，比如用于模具吊装的H梁等。

⑩ 安装模具时，应给螺栓涂高温润滑脂，防止螺栓生锈，便于拆卸。

模具的固定方式直接影响着生产效率。橡胶设备技术的创新发展，为模具固定操作提供了优越的条件，比如电磁板模具固定方式、快速连接配件以及机器上的各种快速模具固定方式等。同时，模具的可靠固定对于提高生产安全稳定性和模具的使用寿命也非常重要。根据具体的模具和设备特点以及生产需要，优化模具安装固定方式和流程，将对提高生产效率大有裨益。

4.6 ▶▶ 选择橡胶模具材料

4.6.1　模具的工况条件与损坏方式

4.6.1.1　模具温度

在橡胶制品的注射成型过程中，要求模具持续稳定在一定的温度。具体要求温度，随使用的胶种、工艺和产品的结构而不同，比如用液态硅橡胶成型电缆附件时，温度为100~130℃，而在用三元乙丙胶成型波纹管时，温度为190~200℃。一般橡胶注射成型的温度在100~210℃范围内。如果模具是由内置加热棒加热，模具局部与加热棒接触部位的瞬时温度，可能在250℃左右。在这样的温度范围下长期工作，对于钢等金属材料的物理性能影响不大。

4.6.1.2　模腔压力

在开模和合模过程中，动模或者中模等运动件，运动速度模式通常是慢速、快速、慢速，在接近运动终点时的速度很慢，所以，模具部件不会受到太大的冲击或者振动作用，一般只在合模时承受静压力。

在橡胶制品的注射成型过程中，即使对于最难注射的氟橡胶，模腔的压力都不会超过50MPa。在锁模状态下，为了防止胶料从模腔分型面泄漏，分型面的压力应大于模腔最大压力的20%~30%，所以，分型面的压力也不会超过70MPa。比较软的A3钢，σ_s=220MPa，因此，在合理设计和使用的情况下，一般钢材和铝材的强度都能满足模具的压力要求。

4.6.1.3　胶料对模腔表面的腐蚀作用

① 在高温下，如果是非极性橡胶，则会软化降解，粘在模具模腔表面，若是极性橡胶，则会在模具模腔表面出现硬化斑点。

② 混炼胶中的某些配合剂和低分子物质，在热硫化反应过程中的生成物会逐渐沉积在模腔表面。

③ 有些胶种如氯丁橡胶、氯磺化聚乙烯橡胶、氟橡胶等，在硫化反应时产生的有害气体、卤素及其化合物如HCl、金属氯化物、H_2S等，都对模腔表面有轻微的腐蚀作用。

因此，模腔表面的腐蚀程度与胶料的种类和配方有关，比如硅橡胶类胶料对模腔表面几乎没有腐蚀作用，而氯丁胶对模腔表面有腐蚀作用，所谓腐蚀，是指在没有防腐措施的模腔表面出现黑斑，不会有严重的锈蚀作用。

在使用某些胶料一段时间以后，会在模腔表面出现一些黑斑，将黑斑清除后就变成凹坑。这是因为模腔局部原有的耐腐蚀镀层薄弱，模腔表面被含有腐蚀成分的胶料腐蚀了。

4.6.1.4　胶料对模具的摩擦作用

在注射过程中，胶料对流经的流道和模腔表面有摩擦作用。模腔表面的磨损程度与模腔表面硬度、胶料流动速度以及胶料的黏度和填料等有关。胶料黏度大、含有玻璃纤维或者氧化硅类填料多，对模具的磨损就厉害。胶料流动速度越快摩擦越剧烈，磨损程度与模腔表面的硬度有关，模腔的表面硬度越高磨损的程度就越低。

一般胶料在模腔里的流动速度低、压力小，摩擦相对轻微。只有注胶口是胶料流经的最狭窄的通道，胶料在注胶口处的流动速度快，压力损失最大，摩擦最剧烈，生热最多。反复摩擦会带来注胶口磨损，所以，模腔注胶口是模具上最容易磨损的部位。一般圆形注胶口要比薄膜形注胶口耐磨。

注胶口磨损后，注胶速度就会变快，模腔的注胶平衡状态就会发生变化，可能会引起产品卷气等缺陷，同时，制品上的注口痕迹也会变大。当注胶口磨损太严重时，就需要补焊修复。如果模腔材质的硬度高，则注胶口修补的频率低，生产效率就高。

橡胶材料比较柔软，脱模时产品与模腔表面的摩擦作用，对模腔表面没有影响。

4.6.1.5 与模具接触的其他工作介质

除了胶料，与模腔表面接触的其他工作介质有空气和脱模剂。

在开模取产品时，空气会进入模腔。如果模腔表面保护层不良，因热氧作用，就会在模腔表面出现一些氧化污染斑点。

常用的脱模剂中水溶液较为常见，如果模腔表面抗腐蚀能力弱，在低温下（≤80℃）喷涂脱模剂时，就可能使模腔表面出现锈斑。另外，如果脱模剂里混入杂质，杂质就会沉积到模腔表面，影响脱模效果或者污染模腔表面。

当借助于压缩空气使产品脱模时，如果压缩空气里有杂质或者水分，也会形成污垢或者锈斑，污染模腔表面。

4.6.1.6 操作对模具的损伤

（1）模腔表面损伤

当出现粘模或者脱模剂杂质黏附在模腔表面上或者模腔表面碰伤时，就需要用砂纸或者喷砂的方式清理模腔表面。打磨方式不当或打磨次数太多时，都会磨损模腔表面的保护层，甚至使模腔尺寸超差，导致模具报废。

（2）撕边槽损伤

撕边槽的锐角刃口对于撕边效果很重要。有几种情况可能损伤撕边槽的刃口：①在脱模或者清理模具的操作中，操作工具可能碰伤撕边槽刃口；②在用研磨方式清理模腔时，操作不当也会损伤撕边槽刃口；③当有杂质的胶料或者硬质胶块落在分型面上合模时，也可能损伤撕边槽刃口；④长期使用后，刃口也会变钝，影响撕边效果。

撕边槽刃口损伤后，就不利于撕边。表现为飞边撕不下来或者撕破产品，或者撕边不整齐等，此时，就需要修补撕边槽。修补时很难保证刃口的硬度和尺寸精度，因此，刃口修复难度很大。

（3）分型面损伤

在硫化过程中模具分型面必须紧密贴合，防止胶料流出来，以形成高的模腔压力。当分型面有异物合模，或者操作工具碰到分型面，都可能在分型面产生凹坑等不平整现象。当分型面凹坑太多时，不利于清理飞边，也可能因封胶效果差或者撕破产品而引起产品缺陷。

4.6.1.7 模具定位部位磨损和模板弯曲变形

大多数模具都采用定位销定位，长期使用，定位销和定位套都会磨损，因为在模具的闭合过程中，定位销最先接触。

如果在安装模具时，各模板之间没有准确对正，或者升温过程中各模板之间温差很大，都会引起模板之间有轻微横向错位，此时，就可能引起定位销受到较大的横向力。这样，不仅会加快定位销和导套的磨损，也可能在开模时，使有的模板受到巨大的弯曲应力，引起模板弯曲变形。

如果产品粘模厉害，或者中模板两侧顶出力不平衡，中模板也会受到较大的弯曲应力，可能引起模板弯曲变形。

定位销磨损后，模板间定位精度变差，模腔分型面错位，严重时会导致产品超差或者质量不合格。

4.6.1.8　模芯变形

在使用有细长模芯，而且模具分型面通过模芯的轴线时，通常采用模芯的一端锥面台阶定位，另一端圆柱定位的方式。当产品与模腔粘得太紧或者模芯锥面台阶定位部分卡住，由一端或者两端抬起模芯时，模芯就会受到很大的弯曲应力，进而就可能变形。另外，由于飞边或者杂质进入模芯与模板的定位配合部分，长期摩擦也会造成配合部分磨损。模芯轻微变形，可以矫正，严重时可能会报废。如果模芯材质刚性低，发生变形的概率就高，会影响生产效率和产品质量。

4.6.1.9　骨架封胶面磨损

在成型有金属骨架的产品时，为了防止胶料流到不需要胶料的部位，则在骨架与模具的接触部位有一个密封带，长期与金属骨架接触，就会出现磨损现象。另外，如果在金属骨架安装不正确的情况下合模，就有可能压伤模腔。封胶面严重磨损后，会使胶料流到不需要胶料的骨架部位，引起产品不良。

从以上分析可以看出，在橡胶产品的成型过程中，胶料对模具的损伤很轻微，而成型工艺操作过程对模具的损伤风险很大。而且，模具的不同部件的不同部位的损坏方式不同。因此，应当针对模具各部件功能要求，选择合理的材质和得当的热处理形式，才会有效地降低模具发生损坏的频率、延长使用寿命，提高生产效率。比如，模腔表面应具有足够的硬度、抗腐蚀能力，注胶口和流胶道应具有良好的耐磨性能，模板还应具有充分的刚度。撕边槽既需要有足够的硬度，还需要有充分的韧性。定位部件应具有较高的耐磨能力和刚度。对于细长的模芯，需要有足够的硬度、刚度和耐磨等性能。

4.6.2　模具材料的基本要求

橡胶注射成型过程包括注射、硫化和脱模 3 个阶段，通常成型循环时间在 2~10min。一般橡胶注射模具需求的使用循环在 30 万~50 万次，超过 100 万次的情况不多。通常，在硫化成型过程中，橡胶对模具的磨损以及腐蚀损伤，要比塑料成型过程弱得多。另外，橡胶制品的公差精度要求也比塑料制品的低，因此，橡胶成型模具材料比塑料成型模具要求低。

一般应根据成型橡胶制品的种类、形状、尺寸精度、外观质量、生产批量大小等，兼顾材料的切削、抛光、焊接、蚀纹、变形、耐磨等各项性能要求，同时考虑经济性以及模具的制造条件和加工方法，来确定模具的材料。

① 如果产品批量大，要求质量高，尤其是对容易磨损的部件应选择性能优良、热处理硬度高、刚性好的钢材，如合金钢，反之，可选择普通钢材。

② 对于同一种性能要求，可能有多种实现方式，可以从加工可靠性和经济性出发，选择合理的材料和加工方式。比如要求高硬度，可以使用合金钢、高碳钢、淬火、电镀、渗氮、渗碳、电火花等方式实现。但是，不同的方式具有不同的特点和成本。

③ 当模腔的形状简单时，容易加工成型，可以选择低成本的碳素工具钢作为主要材料；当模腔形状复杂时，部分位置容易产生集中应力，需要选择高性能合金材料，并配合合理的淬火方式进行加工。对于精度高，要求加工过程中的变形小的模具，需要选择热处理变形小的模具材料。

④ 模具材料应当易于加工和购买。一般模具加工成本组成：切削65%，工件材料20%，热处理5%，装配/调整10%。如果选用预硬刚P20，既加工方便又不需要热处理。

⑤ 尽可能使用同一种和相同硬度的模板材料，以方便热处理，同时，可以防止热膨胀差异引起定位销横向受力；使模具各部件寿命相近。

⑥ 尽可能使用标准件，不仅可以简化加工节约成本，更换也方便，比如标准模框、紧固螺栓、标准注嘴、定位销和导套等。

4.6.3　模具材料选择

4.6.3.1　模框板、模板、试验模材料

模板有垫板、模框板和模架等。垫板多有调整模具总体厚度和将模具固定在机器上的功能。一般垫板厚度随板面大小而定，并具有足够的刚度，比如最小厚度为宽度和长度平均值的1/10左右，如果长度比宽度大得多，应适当增加厚度。

垫板上一般加工有螺栓孔、定位孔、光孔和固定槽等。主要受力形式是压缩或拉伸，由于垫板接触面积比模腔板大，因此，受到的压缩应力相对小。一般要求垫板硬度均匀、内应力小、容易加工、具有一定的强度和刚度，通常选用45、50牌号的钢板。如果预期使用周期短，比如≤10000次，可以不热处理，如果希望使用周期更长，可以调质处理HRC（洛氏硬度）28~32。

模框板是模具的主体，用来固定模腔镶块、垫板、定位系统等。其上面一般加工有螺栓孔、定位孔、光孔和镶块孔等。有的模框板上有分型面、流胶道等结构，在开模与合模时运动。因此，模框板应具有足够的强度、刚度、硬度、耐磨性能和热处理稳定性等。

如果预期使用周期短，比如≤100000次，可以选用45钢、40Cr钢，热处理HRC28~32。

模架的厚度应满足机器要求的最小模具厚度、模具刚度和模腔镶块厚度等要求。也可以按照最小厚度等于宽度和长度平均值的1/10左右的方法确定。材料的确定方法与垫板相似。如果希望性能更稳定，可选用P20、718、Cr5Mn、Cr12MoV等。

4.6.3.2　模腔件材料

通常要求模具模腔尺寸准确稳定、表面光洁度高、耐磨性能和耐腐蚀性能优良。这就要求模腔材料热处理变形小、表面硬度足够高。即模腔材料总体硬度适中，表面硬度越高越好。因此，模腔材料可以用预硬钢或者调质钢，表面电镀或者渗氮处理。

模腔有两种加工方式，一种是直接在模腔板上加工，另一种是在镶块上加工，然后，将镶块镶嵌在模架板上。

模腔件的注胶口和撕边槽的刃口容易损坏，有的胶料容易粘模，需要打磨清理，容易磨损。因此，模腔材料应当具有高的硬度、强度、耐磨性和耐腐蚀能力。如果模腔板有运动需求，还应具有足够的刚度。具体模腔材料的选择，应综合考虑模具的预期使用寿命、模板或者镶块的尺寸大小、模腔可能的损坏方式来确定。

对于寿命要求低于1万次的模具，可选用50钢、40Cr钢或者45钢，热处理硬度为HRC28~32，即直接在模板上加工模腔。

对于寿命要求10万~30万次的模具，可选用优质结构钢或者预硬钢，硬度在HRC28~32，比如50钢、40Cr钢、45钢、P20钢，电镀以提高模腔表面硬度和耐腐蚀能力。

对于寿命要求30万~50万次的模具，可以选用P20、718、3Cr4MnNi，热处理硬度：HRC40~45，表面渗氮。

对于寿命要求50万~100万次的模具，可以选用S136、CrWMn、40CrNiMo、40CrMn-Mo、S136，热处理硬度为HRC45~50，表面渗氮。虽然不锈钢具有抗腐蚀的能力，但是，如果不经过电镀或者渗氮，模腔表面还会出现黑斑。

如果产品批量大而结构简单，可选用优质碳素结构钢和渗氮或渗碳的热处理方法。如果模腔复杂且热处理时容易变形，则应选用热处理稳定性好的合金钢。

大尺寸模具比如厚度大于80mm，直径大于800mm，可以使用预硬钢，对于小尺寸模板可以采用整体淬硬钢。

对于大型模具或者模框比如轮胎胶囊模具，模具里有蒸汽加热通道，要求模框壁部厚度大，模腔直接加工在模框上，采用铸造方式比较理想。可选用50号铸钢，要求抗拉强度不能低于490MPa，铸件不得有裂纹砂眼气孔和疏松等铸造缺陷。粗加工焊接后，必须做二次退火处理，以消除内应力。模腔表面镀铬或者镀锌，以提高防腐和耐磨能力。

4.6.3.3 模芯

模芯一般有定位配合部分，要选择刚度和硬度比较优的材料，尤其对于细长的模芯需要有更高的刚度，比如Cr12、Cr12MoV、S-136、NAK80、GCr15、T8、T10、65Mn等，热处理HRC45~50。

4.6.3.4 导向耐磨件

定位销钉、导套、推板导柱、推板导套及复位杆、模具中的注胶套、楔紧块、耐磨块、滑块压板等，要求具有高强度、高刚度和耐磨性能。这些零件的钢材要具有良好的淬透性，心部和表面都具有高的硬度以获得要求的强度、刚度和耐磨性。可以选用T8A、T10A、GCr15、SUJ2等钢材，进行淬火处理，以提高其硬度和耐磨性，热处理后硬度为HRC50~60，具体热处理方法视应用要求而定。

4.6.3.5 模具附件

模具中的一般结构用件，如定位环、立柱、拉板、限位拉杆等，对硬度和耐磨性无特别要求，可选用国产45钢，热处理为HRC28~32。

4.6.3.6 标准件

模具上的通用零件，尽可能选用标准件，如高强螺栓、垫圈、导销导套、锥销、弹簧、注嘴，材质如40Cr、20MnTiB、Cr12、T8A、T10A、65Mn等。

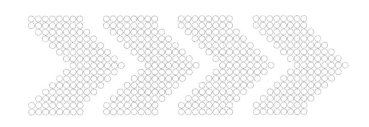

第5章

典型橡胶注射模具设计

随着工业技术的发展，以及人们对橡胶产品成型效率和质量更高的追求，逐渐形成了成熟的典型橡胶产品的注射成型模具结构和工艺。虽然橡胶注射模具的工作原理都基本相同，但是，不同产品的模具结构不相同。

5.1▶▶ "O"形圈注射模具设计

橡胶O形圈（O-rings）是一种截面为圆形的橡胶密封圈。因其截面为O形，故称为O形密封圈，也叫O形圈。O形圈是液压与气压传动系统中使用最广泛的一种密封件，主要用于静密封和往复运动密封，而在旋转运动密封装置中使用较少。

O形圈的材质会因使用场合不同而不同，如油类场合的密封用丁腈橡胶，高温密封场合用硅橡胶，油类且高温密封场合用氢化丁腈橡胶或者氟橡胶，等等。

从密封面的形状可以分为平面密封（图5-1）和圆柱密封（图5-2）两种。平面密封是应用较为普遍的一种静密封。O形圈被用来密封两个零件在平面结合面之间的缝隙，通过O形圈上、下两个弧面进行密封。因此，要求O形圈的上、下两个弧面不得有任何瑕疵。在静态密封中，由于被密封件是相对静止的，所以，密封状态比较稳定，不会有运动形态的影响，相对动态密封，静态密封更容易。静态密封也会因为长期的挤压作用，密封圈发生松弛或者永久变形，丧失密封性能。

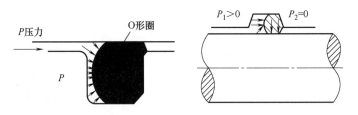

图5-1 平面密封O形圈受力状态　图5-2 圆柱密封O形圈受力状态

圆柱密封主要密封轴和孔之间的环形间隙，起密封作用的是O形圈的内、外两个弧面。如果相对运动件的任何一方接触面磨损或者有杂质进入密封部位或者相对轴线发生偏斜等，都会导致密封失效。因此，动态密封相对静态密封要困难。静密封和动密封的O形圈，一般都安装在外圆或内圆或平面上截面为矩形的沟槽内，起密封作用。

通常，在成型O形圈时，往往会在O形圈的分型面位置留下飞边或者分型线痕迹。尽管这些飞边和分型线会在以后的工序中消除，但是，仍然会在O形圈分型线上留下微观不规则的凹凸不平的痕迹，这对密封极为不利。所以，模具的分型面一般都尽可能避开产品的关键密封部位。

一般用于平面密封的O形圈，使用180°分型面的模具成型，而用于轴向密封的O形圈，使用45°分型面的模具成型。因此，O形圈的模具主要分为180°分型和45°分型两种形式。180°分型面成型的O形圈可以有注射和模压两种成型方式。45°分型面O形圈多采用模压成型方式。

5.1.1　注射成型O形圈

5.1.1.1　注射模压方式

对于内径≤30mm的O形圈，采用注射模压方法成型效率比较高。如图5-3所示注射模压模具，先把模具闭合至0.5~1mm的位置，将胶料注入上下模之间的空隙。然后，通过锁模使胶料在分型面流动进入模腔。

在锁模阶段，可以伴有排气等动作，而且注射料桶保持压力。锁模以后，模腔分型面上下模之间还有大约0.15~0.35mm的间隙。间隙大小取决于制品断面尺寸和脱模的难易程度。硫化结束开模后，分型面胶料膜片将模腔里的O形圈连成片，脱模很容易。

由于在注胶时，胶料流入上下模之间的模腔区域，形成一个料饼，所以，即使黏度较大的胶料也不需要太高的注射压力。这种注射方法模腔没有专门的进胶点，只有很薄的进胶薄膜。在模腔内外侧都有"刀口"，以便于胶件与膜片分离，产品上没有熔接痕。

O形圈注射模压模腔结构与尺寸如图5-4所示，注胶口0.03~0.05mm，膜片厚度0.10mm，撕边槽厚度0.35mm，撕边槽距离模腔0.10mm。模腔以注射孔为中心，以等三角形方式排布在传递区域的圆内。

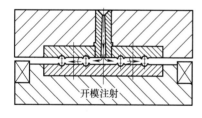

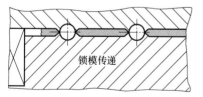

$\dfrac{d}{\text{/mm}}$	$d+$收缩率/mm	内径D_1/mm	外径D_2+收缩率/mm	模腔间距/mm	在传递圆内排布的模腔数 V38，H38	V48，H48
2.4	2.46	7.9	13.02	16.5	178	288
1.8	1.85	18.7	22.86	26.5	73	107

图5-3　O形圈注射模压方式　　　　　　图5-4　O形圈注射模压模腔结构与尺寸

如果使用冷流道体，一个支注嘴对应一个传递区域。如果传递区域太大或者胶料流动性差，位于外围的制品与位于中心部分的制品的性能质量略有差异，因为位于边缘模腔的压力会比中心模腔的压力小。所以，应根据机器的锁模力和胶料黏度确定传递区域的尺寸，如果胶料流动性好，锁模力大，传递区域直径就大。如图5-5所示，用邵氏硬度60的丁腈橡胶成型O形圈时，在REP-H38和V48机器上注射模压模具模腔的排布情况。表5-1是REP各种机器上可排布膜片尺寸与模腔压力，这些数据是按照30MPa的模腔压力计算的。

表5-1　REP各种机器上可排布膜片尺寸与压力

机器型号	单膜片		双膜片		四膜片	
	膜片直径/mm	模腔压力/(kg/cm²)	膜片直径/mm	模腔压力/(kg/cm²)	膜片直径/mm	模腔压力/(kg/cm²)
M36	170	308				
M46	240	310	170	308		
B44	235	300	165	304		
B50	300	361	230	307	160/165	317/298
B66			270	349	205	303

注：1kg/cm²=98kPa。

在传递区域外围有一圈溢胶槽，比如宽6mm、深2mm，以便于模腔多余胶料溢流。溢胶槽与抽真空孔接通，兼有抽真空槽的功能。由于注胶时模具有一定的开度，所以，一般使用双面密封结构，如图5-5所示。

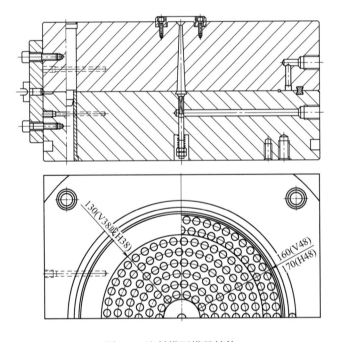

图5-5　注射模压模具结构

如果膜片的厚度太小，脱模时膜片与O形圈容易分离，需要逐个将O形圈从模腔里拿出来，操作时间长。而如果膜片太厚，O形圈尺寸超差，则不容易与膜片分离撕边。因此，有的模具，通过带斜度的框架来调整传递膜片的厚度。该框架位于上下模板之间，而两个模板之间不接触，只与框架接触，如图5-6所示。框架固定在下模板上，其下面带有1%的斜度，与之接触的下模相应面也带有相反的1%斜度。当需要调整膜片厚度时，松开模框锁紧螺栓，通过端部丝杠向前或者向后滑动框架，就改变了上下模板之间的间隙，以获得理想的膜片厚度和撕边效果。

有时将上下模框固定在注射机的热板上，生产不同规格的产品时，只需要更换模腔块即可，如图5-6所示。

注射模压方式注胶速度快，模具温度高、硫化时间短，如果配置以自动脱模和清模机构，机器循环时间短。因此，用注射模压方法生产O形圈不仅节约胶料，生产效率也非常高。

5.1.1.2　流胶道注胶

对于内径大于30mm的O形圈，可采用流胶道注射方式成型。在模具闭合状态下，胶料经过流胶道从注胶口进入模腔，注胶口数目根据产品大小确定。这种模具也可以设计成双层模腔，如图5-7所示。注胶口在模腔侧部形状多为矩形，厚度0.05~0.15mm。对于高黏度的胶料采用鸭脚状注胶口，以增大注胶口宽度，如图5-8。

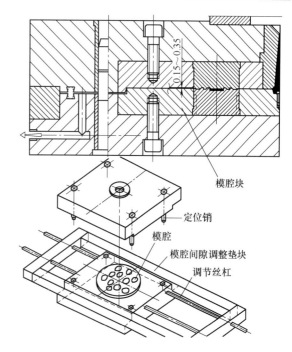

图5-6　传递膜片厚度调节机构

模腔块
定位销
模腔
模腔间隙调整垫块
调节丝杠

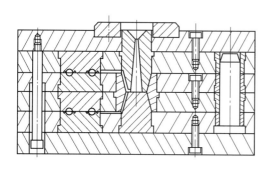

图5-7　O形圈双层模腔注射模具

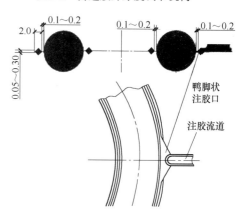

鸭脚状注胶口
注胶流道

图5-8　鸭嘴状注胶口

流胶道注胶方式的缺点：在O形圈的分型线上有注胶口痕迹，影响产品美观；流胶道多，胶料的利用率低；需要有将产品与流道料头分离的工序，生产效率低；当胶料黏度高或者产品直径较大或者模具温度太高时，在产品上容易产生熔接痕，影响产品质量。

图5-9为554.3mm×ϕ8.6mm O形橡胶密封圈，在电力系统高压、特高压开关全封闭组合电器设备中，用于密封SF6气体，开关设备运行压力0.40MPa。胶料为三元乙丙橡胶，在170℃的$T_{10}=54s$，$T_{90}=59s$。注射机参数：锁模力2000kN，开模行程480mm，热板间距560mm，注射压力230MPa，注射容积1500cm^3。硫化条件：170℃×9min。

ϕ8.6±0.16
ϕ554.3±2

图5-9　O形圈产品图

模具为单模腔，注胶口厚度≤0.15mm，宽度20mm左右，4个注胶口。排气槽与余胶槽连通，而不与模腔接通。这种产品使用注射方式成型，生产效率和产品质量都比模压方式高。

5.1.1.3　局部薄膜注胶口

如图5-10所示，O形圈内径7.7mm，断面直径1.8mm，胶料氟橡胶，邵氏硬度77~82，模具配有4个支注嘴的冷流道体。模腔排布在支流道两侧。流道的两侧有薄膜通道，部分与模腔重叠连通，胶料通过局部薄膜进入模腔。流道与注胶口尺寸如图5-11所示。

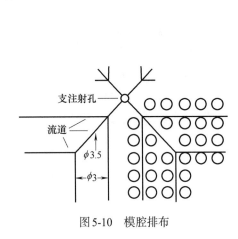

图5-10　模腔排布

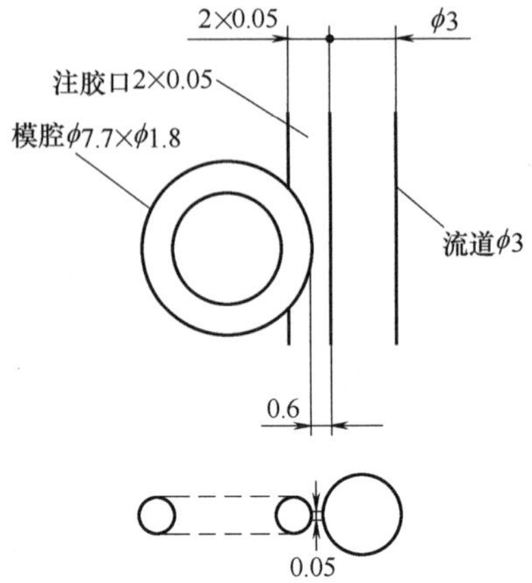

图5-11　流道与注胶口尺寸

虽然每个模腔到支注射孔的距离不等，但由于注胶口很薄，胶料通过注胶口的压力降比在流道上的压力降大得多，所以，基本可以保持注胶平衡。这种模具结构要求机器锁模力大，而且注胶量控制精度高，以避免分型面出现太厚的飞边。硫化后，产品由进胶道料头连成一片，脱模比较方便。

5.1.1.4　分型面通过O形圈轴线的注射模具

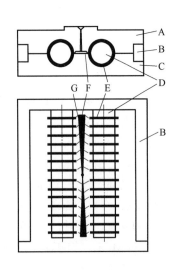

图5-12　使用模芯注射成型O形圈
A—上模；B—模芯架；C—下模；D—模芯；
E—O形圈；F—主流胶道；G—支流胶道

模腔分型面是圆柱面和平面组合形式，一半模腔在上、下模板上，另一半模腔在模芯上。制品分布在一个水平放置的模芯上，其间距为0.25mm/0.45mm，模腔之间没有余胶槽，排布比较紧密。胶料通过分型面的注胶口进入模腔，主流道的断面是渐进变大，以实现注胶平衡，如图5-12所示。在平面分型面模腔的外侧有余胶槽，以便于排气和溢胶。

这种模具结构适合于外径较大（如大于40mm）的制品。可以采用两套模芯交替或者反转的方式，一套模芯硫化，另一套模芯脱模，以提高生产效率。因为在制品上有圆柱面和平面两个分型面，还有一个注胶口，这样，需要修剪注胶口料头，注胶口疤痕也会影响产品质量。因此，这种方式虽然生产效率比较高，但是，产品仅适用于要求不太高的静态密封的场合。

5.1.2 模压方式成型O形圈

5.1.2.1 成型工艺

机器为带真空罩的抽真空平板硫化机，一般为一组液压泵站拖动两台合模单元。

半成品胶料都由切条机精确切制等厚等宽等重的长条。一般每两排O形圈模腔放一根胶条，胶条的尺寸以盖住模腔的1/3~2/3宽度为宜。每两排模腔之间开一个流胶槽，以方便溢胶和排气，流胶槽的宽和深尺寸为3mm×0.2mm。

为了放置胶条位置准确而且快速，采用专用的胶条快速放置托架（图5-13）。先将胶条摆放在托架上，清理完模具后，用托架将胶条放入模具。硫化后的O形圈通过膜片连成一整片，从模腔整片取下产品，操作效率比较高。

一般硫化好的O形圈，操作者需要将胶片周围厚的流胶道飞边撕掉，如图5-14所示。然后，放在冷冻去边机上去边，清洗后，再进行二段硫化。

图5-13 胶条快速放置托架

图5-14 完成硫化的O形圈胶片

通常，O形圈断面相对其外形比较小，用胶量小，硫化时间短。在相同热板大小情况下，模压模具上排列的模腔数目比注射模具多，硫化时间前者比后者长，操作时间二者基本相同；模具和设备成本后者比较大。所以，用模压和注射两种方式成型O形圈，生产效率差不多，但注射成型的O形圈质量稳定。

5.1.2.2 模具特点

① 材料45钢或50钢，硬度HRC30；或者Cr12，硬度HRC45。

② 模具结构。模腔直接在模板上加工而成。一般根据零件大小确定每组的模腔的行数。例如，外径ϕ10mm、断面ϕ1mm的O形圈。一般4行为1组，模腔间距大约3mm，组间距约为15mm。在组之间有流胶槽，以便排气和跑胶。在450mm×450mm的模板上，模腔数：896。

③ E70胶料，收缩率3%，硫化条件：180℃×3min。

④ 加工模具主要机床：CNC加工中心。模腔、定位孔、流胶槽等都在装夹后一次加工完成。对于断面大一点的模腔，可使用两个球形刀依次粗加工和精加工完成。对于断面小一点的模腔，可以一次加工完成。

⑤ 撕边槽的主要损坏方式是刀刃掉渣或堆刃。在粗加工之后淬火再回火，使模具硬度在HRC35~50范围。精加工后，对模具进行辉光离子氮化处理。硬度达到HRC35~50，氮化层0.20mm左右，模具既有很高的强度和硬度，又具有足够的韧性。模具模腔的腐蚀主要是晶间腐蚀，晶粒边界缺陷多，杂质也多。氮化首先在晶粒边界进行，因而处理后晶界耐腐蚀性大大提高。

5.1.2.3　刃口式无飞边模具

图5-15为O形密封圈结构尺寸，材料为6144硅橡胶，邵氏A硬度为40~60，收缩率为2.0%~3.5%。

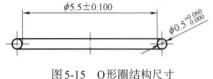

图5-15　O形圈结构尺寸

通常，在精确控制条件下硅橡胶产品的飞边厚度在0.02~0.06mm范围，而该产品的公差要求为0.05mm。

模腔数是81，由模芯和模板组成，模芯与模板是过盈配合。模芯上的溢胶槽加工成倒角状，并且缩小倒角顶部至模腔边缘的距离为0.05~0.08mm。

撕边结构如图5-16所示，每个工作模腔内外各开一个余胶槽，余胶槽和模腔间距0.03mm。成型后，经过撕边，产品外观和尺寸合格。模具设计要点：

① 模芯材料需选用加工性能好、热处理变形小和硬度高（工作部分58~62HRC）的CrWMn。

② 设置承力销，以调整单位面积压力（即剪切力），保护刃口。

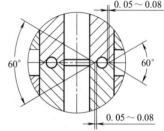

图5-16　O形圈模压模具

③ 采用圆柱形模芯，使81腔的分型面间隙可以调整到一致，也便于模具修理。

④ 模具组装后，调整模芯分型面的间隙后，用1个螺钉固定模芯，组合磨削模具上下安装面。

⑤ 因6144胶料易粘模，模腔需镀硬铬（镀层厚度0.08mm）并抛光，以提高工作表面的耐磨性和耐腐蚀性。

⑥ 要求撕边槽刃口尺寸准确，模腔到撕边槽距离0.03~0.12mm。模腔到撕边槽距离随产品断面尺寸增大而增大，比如断面为3.1mm时，距离为0.03~0.08mm；断面为3.5~5.7mm时，距离为0.03~0.10mm；断面为8.6mm时，距离为0.03~0.12mm。

5.2 ▶▶ 骨架油封模具设计

骨架油封主要用于旋转轴与孔之间的密封。油封中的骨架主要起到固定密封件的作用，分为内包骨架、外包骨架和骨架外露三种形式。骨架有金属骨架和塑钢骨架，塑钢骨架油封如图5-17所示。

油封是用来防止液体或固体（润滑脂等）从系统中泄漏出来的，同时可以防止

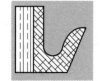

图5-17　塑钢骨架油封

灰尘进入系统内。理论上，油封橡胶唇口与旋转轴之间形成一条线状接触带，在该接触带有一层非常薄的均匀油膜，厚度大约为 $2.5\mu m$。油膜能将唇口与轴之间因相对运动而产生的摩擦热带走，使其润滑；又能在油膜的表面产生一定的张力，阻止润滑油的流出，形成密封。有的油封在主唇口斜面设计有回油线，回油线具有液压泵吸作用，能将流入唇口部位的润滑油泵回油封一侧，起到了密封作用。同时，泵回油使唇口与轴的部位形成润滑油膜，使唇口磨损减少，延长油封的使用寿命。一般回油线到唇口尖点有 0.2mm 的距离，以确保油封唇口在静态时不渗漏。

5.2.1　油封的成型方式

骨架油封产品的成型方式有模压成型、压铸成型、模压传递成型和注射成型等。

5.2.1.1　模压成型和压铸成型

模压成型是直接将胶料和骨架或者把胶料包住骨架再放入模腔，然后，压制成型油封，模具结构如图 5-18 所示。压铸成型油封模具有压铸腔，先把骨架放入模腔，再把胶料放在骨架上面的压铸腔，然后，合模成型油封，模具如图 5-19 所示。模压成型和压铸成型方式适用于全包骨架全切唇油封的成型。多模腔油封模具多采用压铸成型方式，如图 5-20 所示。

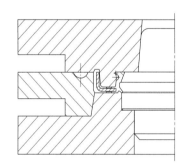

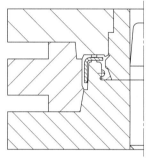

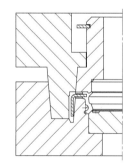

图 5-18　模压成型模具结构　　图 5-19　压铸成型模具结构　　图 5-20　多模腔油封压铸成型模具

5.2.1.2　模压传递成型

全切唇油封模压传递模具结构如图 5-21 所示，每个模腔有一个传递腔，胶料通过注胶道进入模腔。成型步骤为：将骨架放入模腔；将上模压在骨架上；向传递腔装入称量好的胶料，安装柱塞；把模具推入合模单元，合模；硫化；开模、脱模。

模压传递油封模具的注胶口有环形和多点两种方式。如图 5-22 所示，胶料从上模与下模形成的环形注胶口，通过油封唇部上方顶尖进入模腔。环形注胶口尺寸宽度 0.15mm，高度 1.1mm。

图 5-23 为油封模具，注胶口距离唇口 1mm，圆周分布 12 个进

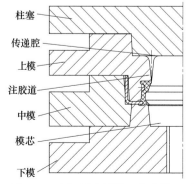

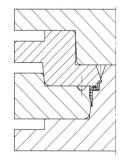

图 5-21　全切唇油封模压传递模具　　图 5-22　模压传递油封模具

胶道，注胶口宽度0.3mm，长度10°的圆弧长。

模压传递成型方式适合于骨架外露油封的成型。压铸和传递模压方式成型油封时，胶料是在常温下放入模腔，模腔放胶量、合模动作控制精度低，一般用于全切唇或者半切唇的油封成型。生产效率低，产品质量稳定性差，多用于需求量不大的油封产品的生产。

5.2.1.3 注射成型

骨架油封注射模具上有注胶口和流胶道，还有抽真空系统和产品顶出等机构，见图5-24。注射方式成型的骨架油封一般不需要切唇。由于模具温度高、注射速度快、注胶量精度高，撕边槽飞边少，所以，产品质量稳定、生产效率高，适用于大批量生产的场合。注射成型骨架油封需要的设备、模具投资大，有时胶道上浪费的胶料也多。

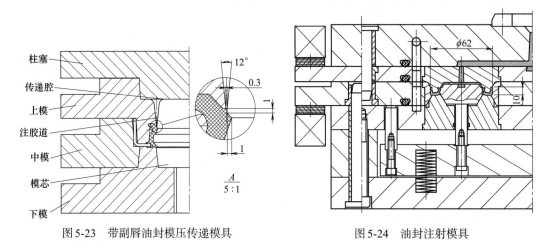

图5-23　带副唇油封模压传递模具　　　　图5-24　油封注射模具

模压传递成型或者注射成型油封时，是在模腔闭合使骨架定位的情况下，将胶料注入模腔，胶料只能进入局部骨架和唇口的部位，所以，这两种方式适合于骨架外露油封的成型。由于在注射状态胶料的流动性好，胶量控制精确，因此，注射方式比模压传递方式成型的骨架油封质量稳定。

5.2.2　选择分型面

骨架油封的关键部位就是密封唇口，也叫刃口，如图5-25的A处，要求光滑、整齐、没有毛刺，断面为钝角。如果把分型面直接选到刃口A处，优点是模具制造简单，但是，刃口处飞边不易清除干净，而且，修飞边时容易损伤刃口，影响制品的密封性能。如果把分型面选在B处，能够保证刃口光滑，模具结构也比较简单。可是由于唇口部位尺寸是模芯上最细的部位，脱模时唇口会被撑大，而且，在模芯上脱模时滑动容易把刃口擦伤。

刃口到弹簧槽径向距离为S，一般将分型面D选在距离刃口S/3处，这样脱模时不损伤刃口，可以成型完整的油封唇口，不需要切唇，如图5-26所示。

为了保证密封唇口的锐利整齐，通常采用切唇的方法。即在胶件成型以后，在油封切唇机上，以金属骨架的外径定位，用刀具切制出主唇口，这样可以使油封获得较高的同心度，唇口整齐、尺寸精确，密封效果好。

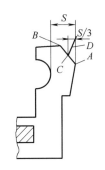
图5-25 油封唇口尺寸

图5-26 分型面D
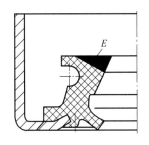
图5-27 全切唇
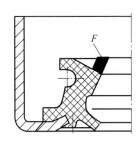
图5-28 部分切唇

切唇形式有两种，一种是全切唇（图5-27），将成型的唇口延伸E部分切掉，切削出主唇口。另一种方式是部分切唇（图5-28），先成型局部唇口延伸部分F，然后，再切削出唇口。使用部分切唇结构，产品容易脱模，不会导致唇口撕裂，唇口尺寸较全切结构一致性好，便于切唇操作，产品合格率高。

5.2.3 收缩率

油封常用胶料有丁腈橡胶、氟橡胶和丙烯酸酯等，表5-2为油封常用胶料的收缩率。可以看出，不同胶料、不同尺寸油封的收缩率不一样。

表5-2 常用胶料的收缩率

尺寸分段	收缩率/%		
（轴径）/mm	丁腈橡胶 170℃×10min	丙烯酸酯橡胶 170℃×15min	氟橡胶 170℃×25min
15~25	1.6~1.8	1.9~2.2	2.2~2.5
25~35	1.5~1.7	1.7~1.9	2.0~2.2
35~50	1.3~1.5	1.5~1.7	1.7~2.0
50~70	1.1~1.3	1.3~1.5	1.5~1.7
70~100	0.8~1.1	1.0~1.3	1.2~1.5
100~150	0.5~0.8	0.6~1.0	0.7~1.2
150以上	0.2~0.4	0.2~0.5	0.3~0.6

当成型有金属骨架的油封时，橡胶会向着与之结合的金属骨架方向收缩。如图5-29所示，气门油封骨架内侧的波纹形状橡胶向着骨架方向收缩，而油封上部的腰部及唇口，受骨

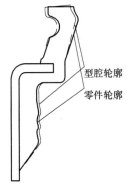
图5-29 气门油封收缩情况

图5-30 骨架油封收缩方向

架及橡胶内应力的综合影响，绕油封腰根部向内旋转收缩。

如图5-30所示，油封外圈由于有骨架，基本不收缩，所以，模腔外径一般取油封外径的上偏差作为模具模腔的公称尺寸，然后加上适当的模具制造上偏差。比如骨架尺寸$\phi75mm+0.35mm$，则模腔尺寸为$\phi75.35mm+0.05mm$。

油封刃口部位纯胶部分虽然距离骨架较远，但还是受到骨架的牵制，该部位的收缩率比纯胶制品小，通常取0.3%~0.9%。一般骨架油封唇部距离骨架越远，向里收缩量越大，而根部受骨架限制，基本不收缩。在计算收缩率时，把油封刃口和腰部视为一个刚体，在硫化结束脱模以后，油封收缩可视为该刚体绕其根部C点向里旋转一个角度α，如图5-30所示。C点选在骨架前端到油封内表面的1/2处，为油封刃口及腰部的旋转圆心。

旋转角度α与腰部的厚度、高度和胶料的硬度等因素有关，通常取α在0.5°~4°之间，包括副唇也一样。一般腰部厚度越薄、纯胶部分高度越高、胶料硬度越低、胶料的收缩率越大，α转角值越大。比如中等硬度（邵氏55~60）的丁腈橡胶，高速油封由于腰部薄，α约为4°，低速油封α则约为2°。同一种胶料，若硬度高，则α角度适当减少0.5°~1°，反之增加0.5°~1°。同时，腰部的厚度方向也要计算收缩率。

5.2.4 骨架的定位和封胶方式

5.2.4.1 油封

骨架油封的包胶形式有内包骨架、外包骨架和骨架外露三种形式。在成型时，不同包胶形式的骨架在模具上的定位和封胶形式不同。

内包骨架油封，胶料几乎把骨架完全包住，只是在局部定位部分有骨架外露。如图5-31所示，骨架上部内侧与上模间隙比较小，起径向定位作用。上模下端和下模上端都有凸台，起到骨架轴向定位作用。合模后，上、下凸台的间隙等于骨架厚度。凸台是间断的、等距离分布的。

成型骨架外露油封时，一般用下端1/2高度的骨架外径与模腔配合，其余高度有10°~15°的导入角，以便于将骨架放入模腔。如图5-32所示带副唇的外骨架油封局部切唇模具，骨架内侧包胶。A面包胶，上模下端只有局部凸台与骨架接触，以使其定位，比如凸台高度0.3~0.5mm，长度5~10mm，宽度3~5mm，凸台间距6~12mm。一般产品会指定凸台形状尺寸，可根据产品图确定。骨架B面无胶部分与模具接触。A凸台与B面对骨架形成0.05~0.1mm的厚度方向过盈量，实现此面胶料密封效果；分型面下模B是凸出0.1mm，压紧骨架

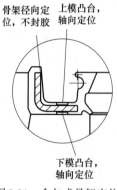

图5-31 全包式骨架定位

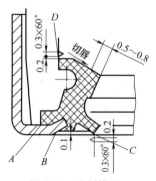

图5-32 油封模具

起封胶作用；分型面 C 是模芯与下模 H7/s6 过盈配合，并且在距离模腔 0.2mm 处开设 0.3mm×60°的止胶槽，经首件硫化后，胶料即可充满该沟槽和缝隙，以后再硫化制品时，此处便无飞边了；分型面 D 处也有与 C 处相同的止胶槽结构。因此，除了主唇口是切制而成的，其余所有分型面都是无飞边的，产品不需要修边。

对金属骨架平面上的封胶，也有采用 0.2×60°尖角封胶环的形式，如图 5-33 所示。不过，这种尖角封胶环长期使用容易磨损，可以采用高频淬火或真空淬火硬度达 50HRC 以上，以延长其使用寿命。

如图 5-34 所示，用浮动模芯封胶。模芯由挡环限位，可以有一定的浮动距离，在模芯下方有蝶形弹簧，使模芯与金属骨架压紧封胶。该产品由氟橡胶和丙烯酸酯与金属骨架复合成型。使用开关式冷流道体，可以顺序控制注胶。在中模的上下面都有弹簧，以便于开模时防止骨架卡住。

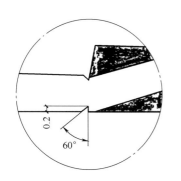

图 5-33　0.2×60°尖角封胶环形式

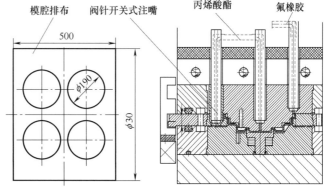

图 5-34　浮动模芯骨架封胶

5.2.4.2　阀杆密封件

骨架上平面止胶结构如图 5-35 所示，为了达到零件图（b）的止胶效果，在冲压骨架时，预先让骨架上翘。合模时骨架与模具之间有 h_1 的过盈量，因模具挤压，骨架变形产生挤压力实现止胶。该结构对模具要求低，对骨架上翘形状及高度尺寸精度要求较高，为保证止胶点粘接牢固，模具的对应点设有小圆弧 R。

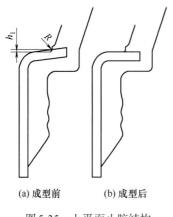

(a) 成型前　　(b) 成型后

图 5-35　上平面止胶结构

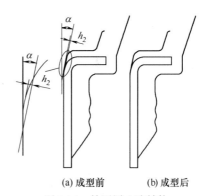

(a) 成型前　　(b) 成型后

图 5-36　外圆周止胶结构

骨架上平面外圆周止胶结构如图 5-36 所示。产品要求骨架上平面覆盖橡胶，在骨架上平面外圆周圆弧处止住橡胶。采用模具与骨架上平面外圆周圆弧过盈相切，控制相切过盈量

h_2 及模具角度 α 实现止胶。α 据经验取 12° 左右，角度一定时，过盈量偏小，骨架配合圆弧变形小，橡胶会溢出，过盈量偏大骨架受挤压变形严重。h_2 据经验取 0.05mm 左右，过盈量一定时，角度偏小，骨架易被卡在上模里，角度偏大骨架高度方向变形太大，甚至鼓肚压塌。

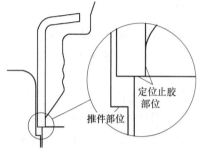

图 5-37　下部端面定位止胶结构

如果参数选择不当，模具与骨架相切处会蹭掉骨架表面的黏合剂，造成局部开胶。该止胶结构对骨架上平面外圆周圆弧及高度尺寸精度要求较高，在圆弧公差尺寸范围内，过盈量必须满足止胶要求。

油封下部端面定位止胶结构如图 5-37 所示。以骨架内孔与模芯配合实现径向定位，骨架端面与模芯台阶面实现轴向定位。骨架内孔与模芯以小间隙或过盈配合，合模后，骨架上部受压，其端面与模芯台阶面紧密接触，骨架内孔及端面与模具共同作用，达到止胶的目的。其中的关键参数：骨架内孔与模芯配合的方式和配合高度。间隙偏大，橡胶会溢出，过盈偏大，油封下部过度受力成喇叭口，不利于装配；配合高度偏短，骨架定位不准，容易溢胶，配合高度偏长，骨架摆放时定位不顺畅，会出现歪斜的情况，由于骨架配合部分包覆橡胶层很薄，若配合高度过长，粘接就会出问题，造成开胶。

5.2.4.3　注胶口的形状与位置

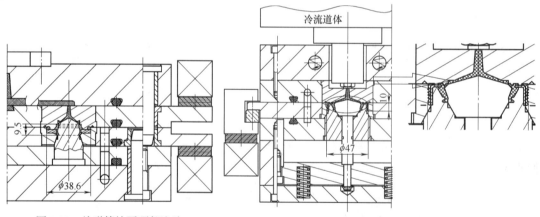

图 5-38　从弹簧挂耳顶部注胶　　　　　图 5-39　从油封副唇注胶模具结构

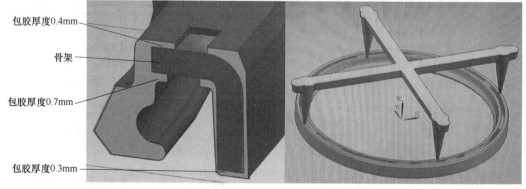

图 5-40　从骨架背面注胶

骨架油封注射模具注胶口位置随产品结构确定，如图5-24注胶口在距离唇口S/3处，图5-38注胶口在弹簧挂耳顶部，图5-39注胶口在油封副唇尖上。图5-40油封有4个注胶口在骨架背面，其中一对在外侧，另一对在内侧，以获得注胶平衡。

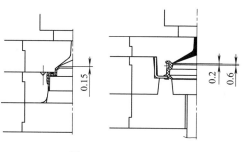

图5-41 环形注胶口

由于油封断面尺寸小，胶料流动阻力大。对于小规格油封，一般使用环形注胶口，与模腔接通部分厚度大约0.1~0.2mm，如图5-41所示，从中心注胶道到模腔注胶口流胶道为圆锥形，其厚度逐渐变薄，比如中心3mm，到注胶口变为0.2mm。这种注胶道料头容易与产品分离，也不需要修边。

对于较大的产品，使用锥形注胶道太浪费胶料，就采用针尖点注胶道的形式，如图5-40所示。

5.2.4.4 流胶道形式

从注射嘴到模腔的流胶道有几种方式。

① 来自注射嘴的胶料通过热流胶道进入模腔，如图5-38所示模具。这种方式没有使用冷流道体。

② 通过冷流道体支注嘴向模腔注胶，如图5-42所示。这种结构注胶平衡，胶道料头少。注胶口处撕边槽结构，有利于注胶和胶道料头撕边。

③ 冷传递腔注射模具，如图5-43所示阀杆密封件注射模具结构。传递腔的温度与注射桶的温度一致，循环中不需要清理传递腔。这种方式胶道浪费的胶料少。开模后，产品与注胶口的料头连在一起落在中模。中模向后滑出，外置上顶器向下顶出产品。前方骨架托盘将骨架装入模腔。中模向里滑入时，滚刷清理中模上下表面。中模滑入后，开始新的循环。表5-3是阀杆密封件冷传递腔注射成型工艺参数。

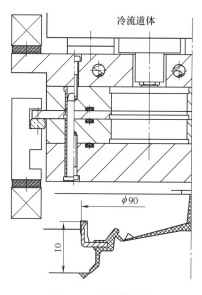

图5-42 油封分型面

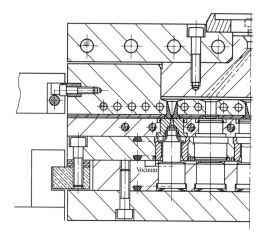

图5-43 阀杆密封件注射模具

5.2.4.5 复合油封成型方式

密封件的唇部是氟橡胶，以发挥其耐磨耐油和耐高温的优点，外圈部分是丁腈橡胶。产品在双注射单元注射机上一次成型，注射氟橡胶的注射单元位于机器上方，注射丁腈橡胶的注射单元在机器的后方，如图5-44所示。

表5-3　阀杆密封件冷传递腔注射成型工艺参数

产品名称	阀杆密封件			
胶料	氟橡胶	胶料质量	0.50g	
注射机	V37Y500配前置气动顶板			
模腔数	25	注射量	17g	
注射方式	冷传递腔注射			
脱模方式	自动向模具放置骨架、产品脱模和清理模具			
硫化时间	60s	循环时间	105s	每小时产量	850件

模具为单模腔，如图5-45所示，装骨架和取产品都由机械手完成，骨架、产品和料头由运输带传输（图5-46），自动化操作。

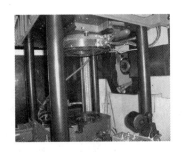

图5-44　双注射单元注射机　　　图5-45　油封注射模具　　　图5-46　骨架准备和产品输出

一般骨架油封外形大而且用胶量少，有时在采用注射成型时，流胶道料头胶量相当于产品用胶量的40%，所以，尽管注射成型油封产品生产效率高，质量稳定，但是，有时人们仍然选择传递模压方式成型油封产品。

5.3 ▶▶减震件模具设计

在汽车上，有许多橡胶减震件。按照减震方式分，有轴向减震件和径向减震件两种。径向减震件多为圆形，轴向减震件多为方形或菱形等。按材料结构分，减震件有纯胶件和复合件，复合件一般由橡胶与金属骨架复合而成。

5.3.1　轴向减震件

轴向减震件主要承受轴向力，一般承压面具有刚性，因此，上下面为钢板，中间部分为橡胶材料。减震件模具（图5-47和图5-48）结构特点如下。

① 收缩率。金属部位一般不收缩，所以，横向收缩率为0，高度方向收缩率取1.5%，只计算橡胶部分的收缩。

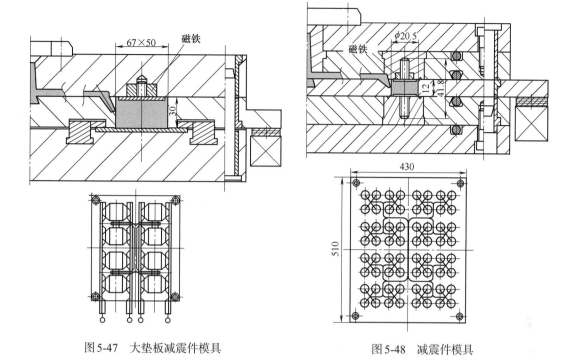

图5-47　大垫板减震件模具　　　　　图5-48　减震件模具

② 一般胶料从减震件的侧面潜水式注胶道注入模腔，注胶道与减震件轴向夹角30°~45°，以方便胶道料头脱模。针尖注胶口直径在1.5~3mm范围内，通常依据模腔注胶量和拉断注胶道料头方便性2个方面确定。模腔一侧注胶口的尖角要倒钝，防止拉断胶道料头时拉伤产品。

③ 为了快速将胶料注入模腔，模具上有抽真空系统。

④ 把嵌件放入下模时，先将嵌件放在托板上，然后，将嵌件对准模腔，拿掉磁板，嵌件就落入下模腔。在上模腔安装有磁铁，当将嵌件上推到位时，就会被吸住。

如图5-47大垫板减震件产品模具，手工脱模动作顺序：开模后，胶道料头落在中模上，由于有下模的活动压条拉着骨架，产品落在下模。然后，手工向前推压条，使压条避开产品，手工取下产品和中模上的胶道料头，清理模具，给上下模分别放入新的骨架，向后拉压条压住下模骨架，就可以开始下一个循环了。

图5-48减震件产品的脱模步骤：开模后产品落在中模，在中模与下模之间放一块软质（铝质）垫板；缩回中模，则产品就被顶出来；取出产品和中模上的流胶道料头；清理模具；抬起中模，去掉垫板；放置新的骨架，开始新的循环。

5.3.2　径向减震件

径向减震件产品形状为圆柱状，分纯胶件和带骨架件两种类型。

收缩率，对于纯胶件，径向和轴向都按照胶料收缩率计算。对于带骨架减震件，只考虑产品径向的橡胶部分壁厚的收缩率，比如0.5%。

注胶口一般在减震件的端部。注胶形式为针尖注胶道，注胶口的数量取决于产品的大小，一般为2或者4个注胶口，对称排布。

　　分型面，通常在产品上最大直径部位分型。对于纯胶制品，如果开模时制品局部压缩量小于30%，可以直接脱模，如图5-49所示的减震件，虽然两端分型部位的直径比中部模腔大3~4mm，但橡胶有弹性，产品还是可以顺利脱模。如果脱模时产品局部压缩量大于50%，强行脱模就有可能撕破产品，此时，就需要使用哈夫模结构。如果胶料硬度高或者热撕裂强度差，脱模时允许压缩或者拉伸的量就更小，应根据具体情况确定是否需要哈夫模结构，也可以做个试验模来测试。

　　如果将产品轴线水平放置，分型面通过产品轴线，可以避免使用哈夫块结构，但是，由于减震件产品高度与直径的比例一般为1.2：1，这样排列的模腔数少，所以，多选用垂直于基轴线的分型面使用哈夫块结构来增加模腔数量。如图5-50所示纯胶减震件模具，只在产品中间脱模困难的部位设置哈夫块结构。

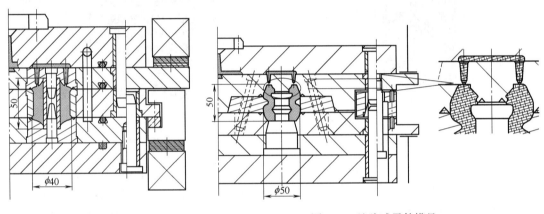

图5-49　径向减震件模具　　　　　　　　图5-50　纯胶减震件模具

　　图5-51是带金属骨架减震件模具。减震件两端有凸缘和凹槽，单边凸缘到凹槽距离为4mm，如果采用整体模腔结构无法脱模，所以，模腔采用哈夫块结构。该产品在REPV47注射机上成型，模腔数为6。使用热流胶道板，通过模流分析设计流胶道，胶料到达每个模腔基本平衡，如图5-52所示。流道板上的注射孔小头直径6mm，锥度6°，主流胶道抛物线形断面，ϕ6mm×6mm，锥度20°，支流胶道断面，ϕ5.5mm×5.5mm，锥度20°，每个模腔有2个直径2mm的注胶口。在哈夫块分型面，有余胶槽，尺寸R1.5mm、深1.5mm，余胶槽距离模腔0.3mm。

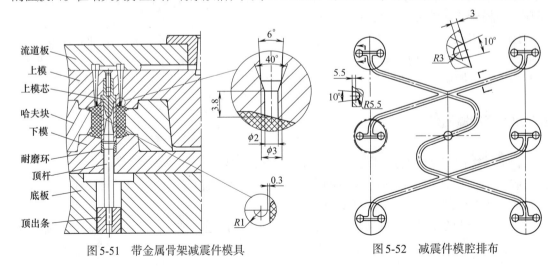

图5-51　带金属骨架减震件模具　　　　图5-52　减震件模腔排布

影响减震件产品生产过程中飞边状态的因素：金属骨架的尺寸与形位公差；模腔与金属骨架接触的封胶刀口尺寸；分型面撕边槽、排气道和溢胶槽尺寸；工艺参数。

开模时，一般径向减震件产品多落在中模，需要将产品从中模顶出脱模。如图5-53，开模后，在中模下方放置带顶块的垫板，然后，缩回中模顶出产品。图5-54模具，下模芯固定在与顶出器连接的顶杆上，直接通过下模芯顶出产品。

图5-53 使用垫板使减震件脱模

图5-54 使用顶出器使减震件脱模

5.4 ▶▶ 密封条接头模具设计

汽车门窗密封件通常都要求是闭环，有些密封件还要求局部断面形状、尺寸有所变化。对于这类制品，若采用单一的模压方法制造，不仅生产效率低，而且，对于中间有孔的制品来说几乎无法模压成型。如果采用挤出方法，只能成型断面形状和尺寸一致的条形产品，也不方便使用。

对于这些产品，如果采用挤出硫化橡胶条与接头成型结合的工艺路线，将会大大地降低模具加工成本和生产费用，提高生产效率。因此，橡胶条接头是橡胶厂生产汽车门窗密封件制品的有效手段之一。

一般汽车门窗密封件的生产流程是，先挤出硫化成型密封条，再将密封条裁剪成要求的长度，然后将裁剪的胶条在注射机上接头成型为环形的密封件。

5.4.1 接头模具类型

接头模具分为直条接头、直角接头和复合接头等类型。

① 直条接头模具，如图5-55，主要用来将胶条两头接起来，形成一个断面形状一致的闭环，用作环形密封件，比如大直径O形圈、V形圈等产品。由于密封件环形直径大，橡胶具有弹性和柔性，因此，虽然接头部分是直线，但也不影响圆弧形状密封。

直条接头模具的模腔是直线形，接头断面和胶条断面一致，一副模具上可以开设多个模腔。

② 直角接头模具，一般将胶条接成直角，在转角部位是90°的圆弧，模腔断面形状和尺寸是变化的，如图5-56所示。有的产品各个角的形状不同，需要用不同的模具分次接成闭环密封件。

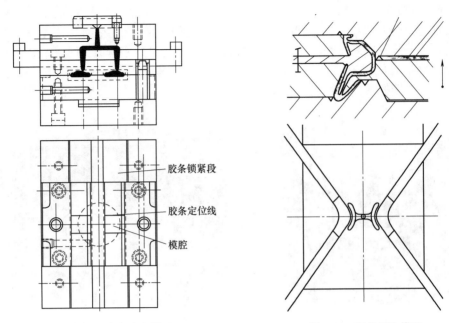

图5-55　直条接头模具　　　　　　　　　　图5-56　直角接头模具

③ 复合接头，对于由两种材料复合的胶条，接头时也是用两种材料接头。使用双注射单元橡胶注射机，在不同的分型面注射不同的胶料，如图5-57所示模具。

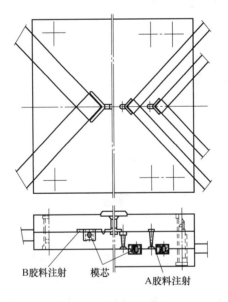

图5-57　复合接头模具

5.4.2　接头工艺

由于接头时，首先需要将胶条两端固定，所以，模压方式不适合这类产品成型。常用的胶条接头方式，有传递模压接头和注射接头两种。

传递模压接头模具，如图5-58所示，用在平板硫化机上对密封条接头。先将裁好的胶条两头放入模具固定，再将称量好的胶料加入传递腔，然后将模具放到硫化机平板上，进行合模、硫化。开模后，手工操作产品脱模。这种接头方式模具简单，但是劳动强度大，生产效率低，而且，控制胶量精度低，接头质量不稳定，适用于质量要求不高，用量较少的接头产品生产。

　　注射接头模具，如图 5-59 所示。模具固定在专用的橡胶注射机上，手工操作将胶条装入模具后，机器自动合模、注胶、加热硫化和开模。开模后，手工取下产品，清理好模具，装上新的胶条就可以开始下一个循环。

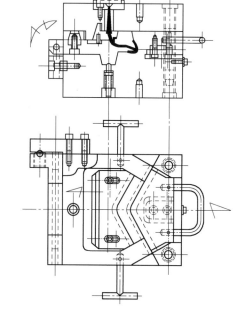

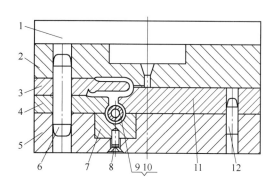

图 5-58　三复合密封条直角传递模压接头模具

1—柱塞；2—上模；3—中上内模；4—中下内模；5—下模；
6—大销；7—下模镶块；8—螺钉；9—模芯Ⅰ；10—模芯Ⅱ；
11—中外模；12—小销

图 5-59　注射接头模具

　　注射方式接头时，部分模具部件的闭合与打开也需要手工操作。由于注射量和注射压力控制精确，容易保证接头部分的形状尺寸，装胶条和脱模操作方便、劳动强度低，接头质量稳定、生产效率较高。一般适用于那些断面形状比较复杂，或断面形状尺寸要求变化（如接成直角）的、批量大的接头产品的生产。

　　接头产品接直角的情况比较多，一般都采用颚式橡胶注射机进行密封条的接头成型。这种机器规格比较小，比如锁模力在 30t 左右，板面在 300mm×300mm 左右，合模距离在300mm 左右，合模部分是个 C 形，有 3 个面的操作空间，方便装件和产品脱模等操作。

5.4.3　胶条在模具上的固定方法

　　接头过程包括：安装定位胶条，压紧胶条形成封闭模腔，胶料注入模腔，保压硫化，脱模。在接头过程中，模腔里的胶料必须形成一定的压力，才能保证充满模腔，并获得新旧胶之间良好的粘接效果。

　　一般接头模具模腔分为定型段、过渡段和夹紧段三部分，如图 5-60 所示。定型段为要成型的接头部分，其尺寸为产品图纸尺寸加一定的收缩率，比如 1% 左右。过渡段是定位胶条与新胶的结合部位，形状与胶条断面吻合，尺寸与胶条完全相同，具有封胶功能。

夹紧段作用是将胶条的两端头固定夹紧，不致在注胶过程中被胶料冲击移动。夹紧段的特点：夹紧段模腔的形状要与胶条断面形状完全吻合；为了获得一定的压紧力，该段模腔尺寸稍小于胶条尺寸，比如收缩0.5%~1%。缩小的断面有时是间断的，即10mm长的模腔缩小1%，另一段15mm长度的模腔没有缩小。胶条压缩部分的断面会在开模后，回弹恢复。压紧胶条的长度和胶条的断面大小有关，断面尺寸大的产品压紧段的长度长，反之就短，比如一般压紧长度为胶条断面高度的3倍左右。

模腔依次从定型段、过渡段到夹紧段，断面尺寸是变化的。但是，变化都是光滑过渡，并且在夹紧段的末端有倒圆角，以免损伤胶条或者在产品上形成压痕，如图5-60所示。

一般接头模具的中模与下模是锥销定位和铰链连接，中模可以向上翻转120°，以方便装胶条或者脱模操作。在将胶条放进模腔后，放下中模以初步压住胶条，然后通过锁模将胶条压紧。

也有使用中模横向锁紧的形式，如图5-61所示。该中模分为内外两部分，内侧中模有手柄并由铰链与下模连接，可以手工翻转开模操作，外侧中模是个活动块。在胶条和中模活动块放入模具后，可以手工扭动固定在下模上的锁紧杆，通过中模活动块初步锁紧胶条，然后，在合模时，通过中模与上模的配合进一步压紧胶条。

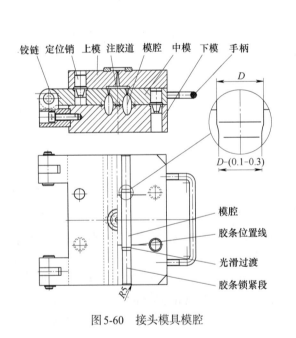

图5-60　接头模具模腔

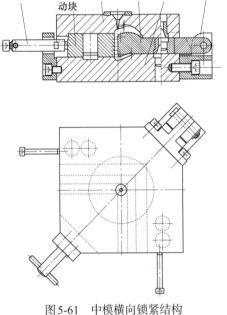

图5-61　中模横向锁紧结构

5.4.4　注胶口

开设在模具上的注胶流道和注胶口，应保证模腔的注胶平衡，尽量避免模腔局部压力过大，以防止胶条移动或者变形等问题。

注胶口的形状有扁平型和针尖注胶口两种。扁平形注胶口厚度很薄，比如0.1~0.5mm，宽度大，这样可以避免过高的模腔压力，注胶口修边也方便，对于小的断面产品可以采用一个扁平的注胶口。针尖注胶口阻力相对小，产品上有注胶口痕迹。有时，为了确保注胶平衡

和避免过大的注胶口，通常使用几个小的注胶口
来调整注胶平衡，如图5-62所示每个模腔有两个
注胶口。

对于较大断面的接头产品，可以开设几个注
胶口，或者分层开设注胶口。如图5-63所示模具，
每个模腔有两个注胶口，上部为薄膜注胶口，中间
部位为潜水式注胶口。胶料在模腔里的流向都是由
里向外，以便于将模腔里的空气挤出去。

一般在分型面上都开设余胶槽。为了防止合
模时模腔刃口啃伤产品，将模腔刃口适当倒成圆
角，比如$R0.1$mm。

为了避免模腔压力过高使胶条移位，在接头

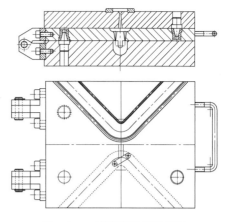

图5-62　U形密封件接头模具

适当位置开设溢流槽，形状为薄膜形，与之连接的是积料槽。只有当模腔压力达到一定值
时，胶料才会由此槽溢流。

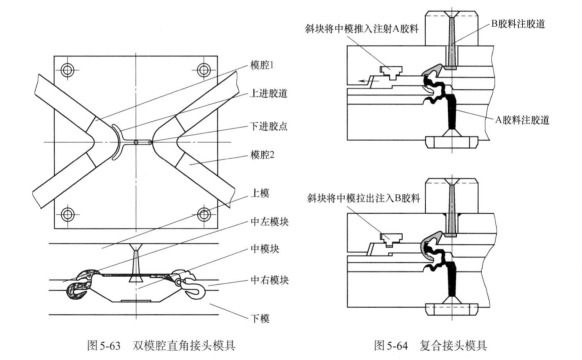

图5-63　双模腔直角接头模具

图5-64　复合接头模具

5.4.5　复合产品的接头成型

复合产品接头有两种方式。一种是模具上有两种模腔，一段模腔注射A胶料，二段模腔
以一段成型件作为嵌件注射B胶料。手工操作将一段制件切换到二段模腔，如图5-57所示模
具。另一种方式如图5-64所示，同一个模腔，开始时中模块滑到右侧将模腔分为A、B两个
模腔，同时注射A、B胶料。在两个模腔注满后，中模块滑到左侧，A、B模腔接通。此时，
A胶停止注射，B胶继续注射，从而成型复合密封件。

5.4.6　接头成型操作

接头模具往往是三开模，而且胶条需要手工放入模腔，为了操作方便，一般将中模手工操作打开和闭合，因此，中模是折页式结构，有转动铰链和手柄。在需要手工操作活动的模块上，都安装有操作手柄。图5-65和图5-66为胶条装模和产品脱模操作。

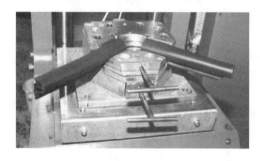

图5-65　胶条装模

图5-66　产品脱模

对于有孔的胶条，需要使用模芯。一般在胶条上打工艺孔，以便于将模芯插入或者抽出。在胶条定位压紧部分的模芯直径稍大，以便于压紧胶条，模腔部分和胶条孔一致。如果接头部分是大的圆弧，可以使用一根弧形模芯成型孔的部分，模芯安装和取出都比较方便。如果是直角孔，有两种成型方式，一种是用由两个模芯端头接触，形成完全连通的孔。另一种是两个模芯端头不接触，产品在两个模芯端头之间有一小段实心部分。

有的产品有金属骨架，而在接头部分没有金属骨架，在接角的部分使用硬度稍高的胶料成型，以满足产品该部分刚度的需要。

为了将胶条装入模具时，位置准确，在模具上开设胶条位置标记线，有的在胶条上划标记或者打定位孔等方式确定装模位置。

5.5▶▶复合绝缘子模具设计

5.5.1　复合绝缘子的特点

复合绝缘子又称合成绝缘子，主要由伞裙护套、FRP棒和端部金具3部分组成，如图5-67所示。其中，伞裙护套由固态硅橡胶高温硫化成型，FRP棒是以玻璃纤维为增强材料、环氧树脂为基体的复合材料，端部金具是外表面有热镀

图5-67　复合绝缘子的结构

锌层的碳素铸钢或碳素结构钢材质。

这种结构的复合绝缘子，具有良好的机械强度与外绝缘性能，与传统瓷绝缘子和玻璃绝缘子相比，具有以下优点。

① 强度高、质量轻，复合绝缘子的强度质量比很高。其高机械强度源于FRP棒优异的力学性能。目前被大量采用的玻璃钢引拔棒的拉伸强度可达100MPa以上，而FRP棒密

度仅为2g/cm³左右，因此其比强度很高，约为优质碳素钢的2~3倍。在相同电压等级下，复合绝缘子质量仅为瓷绝缘子的1/3~1/5。

② 湿闪、污闪电压高，硅橡胶独具的表面憎水性和憎水迁移性，是复合绝缘子优异耐湿污性能的主要原因。在大雾、小雨、露、融雪、融冰等恶劣气候条件下，复合绝缘子表面形成分离的水珠而不是连续的水膜，污层电导很低，因此，泄漏电流也很小，不易发生强烈的局部电弧，局部电弧也难以进一步发展导致外绝缘闪络。运行一段时间复合绝缘子表面积污后，憎水性可以迁移到污层表面的特性，为硅橡胶材料所独有。在相同污秽度下，其污闪电压可以达到相同泄漏距离绝缘子的2倍以上。普通棒形悬式复合绝缘子的等效直径远小于普通悬式瓷绝缘子及支柱绝缘子，这也是其耐污性能优异的重要原因。在不利条件下，憎水性可能因电气、环境等因素的影响而下降或丧失，但其等效直径不会变粗，所以污闪电压仍将保持较高的水平。

③ 运行维护方便，有机外绝缘优异的耐污性能，提高了电力系统运行的可靠性，在污秽地区无需像瓷绝缘子及玻璃绝缘子一样定期清扫，也不存在普通悬式瓷绝缘子零值检测问题，大大降低了污秽地区绝缘子的运行维护费用。

④ 不易破碎，防止意外事故，复合绝缘子耐冲击能力强，大大减少了安装、运输过程中造成的意外破损，并能有效防止枪击等人为因素的破坏。

复合绝缘子的特点和多年使用实践表明，复合绝缘子已经变成了替代陶瓷绝缘子的主要产品，而且复合绝缘子的成型工艺也已经成熟稳定。

5.5.2 模腔结构设计

由于复合绝缘子里面的FRP棒形状细长，如果采用模压的方式成型绝缘子伞裙护套，FRP棒容易弯曲，所以最初采用传递模压方式成型绝缘子伞裙护套。由于模压效率低，质量不稳定，后来发展为注射方式成型绝缘子伞裙护套的工艺方法。用于绝缘子伞裙护套注射成型的模具结构，随产品的形状、机器配置、操作方式等变化。

5.5.2.1 收缩率

环氧树脂芯棒的热膨胀率很小，约为0.15%，因此在计算模腔收缩率时，只需考虑硅橡胶部分的径向收缩率，如2.2%~3%的相对收缩率，在长度方向按0.1%~0.15%的FRP棒收缩率计算。伞裙护套壁厚决定绝缘子的介电性能，按纯胶计算收缩量很小，为了保证绝缘子的介电性能，一般将伞裙护套部分的模腔尺寸取产品的上差尺寸。

5.5.2.2 模腔结构

带有倾角的伞页，只能采用单片镶块拼接的方式组成模腔。直形伞页，可以在整块模板上直接加工模腔，但这种加工方法成本高，也不利于模腔表面的抛光和成型时模腔的排气，故很少使用。所以，直形伞的模具，也多采用镶块组合形式的模腔。

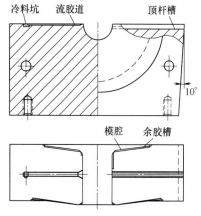

图5-68 绝缘子模具模腔镶块

用固态硅橡胶成型绝缘子时，模腔压力很高，这类模具通常采用模框和镶块组合的结构。一般模腔镶块一侧是直面，另一侧是斜面，斜度为10°~15°，如图5-68所示。镶块与模框侧部为间隙配合，以实现镶块的侧向定位，便于镶块的安装和拆卸。组装时，将所有模腔镶块放入模框后，通过模框一端的楔块轴向锁紧，楔块楔紧斜度为5°~10°。镶块楔紧后，从模框的底部用螺栓将镶块固定在模框里。也有的先用拉杆将镶块串起来拉紧，然后再放入模框的形式楔紧固定。镶块与拉杆精密配合，这样楔块不需要楔得太紧，方便拆卸，也有利于从镶块间的缝隙排气。

对于短模腔，模腔镶块只需通过一端楔块固定。当模腔较长，且需要经常变换模腔长度时，可采用分段固定的方式。例如将不需要经常拆卸的镶块用楔块固定为一段，另外需要更换的镶块单独固定，以便于拆卸更换。

为了避免模腔轴向错位，每对（上、下）镶块都固定在一起，进行磨削、车削、抛光等加工。

镶块上的结构要素包括：伞形模腔，与模框侧面配合的斜面和直面，与模框固定的螺栓孔，流道和注胶口，在镶块侧部和底部有便于拆卸操作的凹坑，吊装螺栓孔，顶杆槽余胶槽和排气槽，镶块编号标识等。

5.5.2.3　撕边槽

常用的余胶槽断面有半圆形（图5-69）和三角形（图5-70）两种。余胶槽宽度为2~4mm，深度为1~2mm。一般产品体积大，选择大尺寸的撕边槽，以便于更多胶料溢流。另外，如果胶料强度低，为了防止清模时拉断飞边，不便于清理飞边，也需要将撕边槽断面设计大些。注射量控制精度高，可选择小断面的撕边槽。撕边槽到模

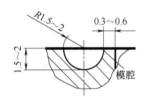

图5-69　半圆形余胶槽

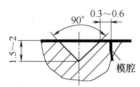

图5-70　三角形余胶槽

腔的距离，一般在0.5mm左右，当胶料的热撕裂强度高时选用小值，反之，取较大值。通常，撕边槽到模腔距离越小，越有利于撕边，但是要求撕边槽加工精度高，到模腔距离太小，有损伤或者磨穿撕边槽刃口的危险。

5.5.3　注胶方式

5.5.3.1　注胶口位置

一般FRP棒可以承受一定的侧向推力，所以，对于短的绝缘子产品，可以从一侧注胶，如图5-71所示绝缘子只有6个伞，两端都有金具，从模腔端部伞裙护套一侧注胶，也不会发生弯曲现象。当伞裙数量少于10个时，从端部伞裙护套或者伞阴面模腔两侧注胶，也有利于玻璃纤维杆受力以及注胶平衡。

一般绝缘子伞裙护套厚度在4mm左右，对于较长（如伞裙数超过20个）的绝缘子，虽然从模腔一端注胶，有利于模腔排气，但是，由于胶料流动阻力很大，容易出现模腔一端飞边很多，而另一端发生缺胶的缺陷。因此，对于较长绝缘子产品，需要采用多点的注胶方式。

从模腔两侧进胶料时，注胶口有对称排布和交替排布2种方式。对称排布，如图5-72所

示。胶料从同一伞裙护套的两侧对称进入模腔，两侧胶料对 FRP 棒的压力大小基本平衡，FRP 棒不易弯曲。这种方式的缺点是流胶道多，也容易引起产品卷气的缺陷。

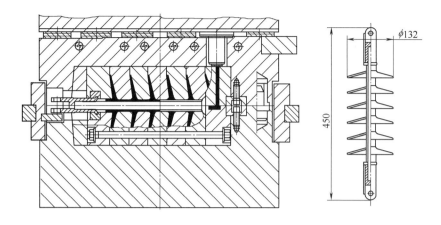

图5-71　绝缘子模具

　　注胶口两侧交替排布，即在一个伞裙护套位置只有一个注胶口，如图5-73（a）所示的模具。注胶口交替排布的优点是流胶道少，节约胶料，也存在在胶料汇合处伞尖出现卷气的问题。

　　模腔分型面注胶口的位置，有从伞页阴面进胶和从伞裙护套进胶2种方式，如图5-74所示。这2种进胶位置胶料的流动阻力大小差别不大。从伞裙护套进胶，胶料对 FRP 芯棒的压力比从伞页注胶稍大，伞页上注胶口料头修整没有后者方便。不过，在开模顶起产品时，伞页上注胶口流胶道料头容易拉伤伞页，所以大多数用户使用伞裙护套上注胶口的方式。

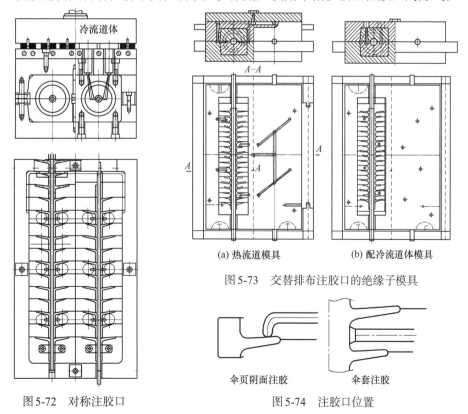

图5-72　对称注胶口

（a）热流道模具　　　（b）配冷流道体模具

图5-73　交替排布注胶口的绝缘子模具

伞页阴面注胶　　　伞套注胶

图5-74　注胶口位置

5.5.3.2　注胶口形状

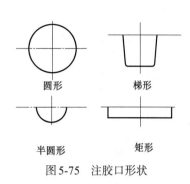

圆形　　　　　梯形

半圆形　　　　矩形

图5-75　注胶口形状

注胶口的形状有圆形、梯形、半圆形和矩形等，如图5-75所示。圆形注胶口胶料的流道阻力小，需要在上下模上开设流胶道。而且，开模时流胶道料头可能粘在上模，也可能粘在下模，清理不方便。梯形、半圆形和矩形注胶口均加工在下模，开模时流胶道料头均留在下模。这几种注胶口对胶料流动阻力从大到小依次为：矩形、半圆形、梯形。矩形注胶口为扁平形状，厚度1~2mm，宽度10~20mm，这种注胶口流道阻力大，胶道料头容易拉断，不损伤伞裙护套，修整方便。一般使用矩形和半圆形注胶口的情况较多。

5.5.4　热流胶道和冷流胶道模具

按流道方式分，绝缘子模具有热流道和冷流道两种，见图5-73。

5.5.4.1　热流胶道模具

早期的绝缘子模具采用热流胶道结构的比较多，这种模具都有一层热流道板。模具为三层，三开模如图5-73（a）所示。开模时，中模由上顶出机构顶起，热流胶道料头落在中模上分型面，制品由下顶出器顶起。

由于胶料在热流道里流动的历程较长，为了防止焦烧，模具温度不能太高。同时，热流道里的胶料与产品同时固化。所以，每次循环必须打开热流道板，清理热流道料头。这样一来，产品的生产循环时间，就包括流胶道料头的脱模和清理时间。

因为胶料的焦烧时间限制了热流道板上流道的长度和模具的硫化温度，热流道模具伞页数不能太多，所以，热流道模具上不能排布太多的模腔，否则不仅浪费胶料，而且模具加工成本高、操作和循环时间长。一般热流道模具适用于生产小批量、小规格产品。

5.5.4.2　配冷流道体模具

这种模具与机器上的冷流道体配套使用，简化了模具结构。一般冷流道体的长度和宽度与模具一样。冷流道体安装在机器上横梁与上热板之间，冷流道体的支注嘴穿过上热板伸入模具与注胶口对接，如图5-73（b）所示。

配冷流道体的绝缘子成型模具，一般为上、下两开模结构。支注嘴的排列多为两侧交替形式，如图5-76所示模具。由于冷流道体的温度与注射单元的温度基本一致，所以胶料在冷流道体里面流动阻力小，不会焦烧，从而配冷流道体的模具可以排布更多的伞页模腔，模具硫化温度可以更高。因此，使用配冷流道体模具的生产方式，生产效率高，节约胶料，比热流道模具提高生产效率30%左右。

5.5.5　顶杆结构设计

当使用注胶口对称排布的方式注胶时，FRP棒受力对称，不易发生被顶偏的现象，如图

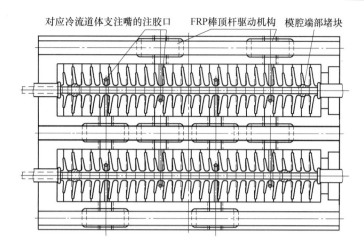

图 5-76 两模腔模具注胶口与顶杆位置

5-72所示。在使用注胶口交替排布方式注射成型绝缘子时，对于直径30mm以上的FRP棒，具有足够的抗拉强度和刚性，可以承受一定的胶料压力，此时，模具也可以不考虑顶杆的结构。

对于较细的玻璃纤维杆（直径<30mm），如果从模腔一侧注胶，胶料会将FRP棒顶偏，造成伞裙护套两侧壁厚不一致的问题。为此，对于细长（如杆径<30mm）的FRP棒，从一侧注胶成型伞裙护套时，必须在FRP棒上注胶口的对面安装顶杆，以防止FRP棒弯曲变形，如图5-77所示。

顶杆结构是在模腔注胶口的对面配有一个顶杆。在注胶过程中，顶杆直接顶在FRP棒上，以平衡注射力对FRP棒的压力，防止FRP棒变弯。在模腔注胶至90%以上时，顶杆缩回至与模腔表面平齐的位置。顶杆端部形状与伞套一致，所以制品是完整的，只是在伞裙护套上有顶杆的印痕。

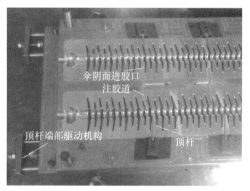

图 5-77 注胶道和顶杆槽

顶杆的操作有手动和自动2种操作方式。手动操作：合模后，手动扳动操作杆使顶杆顶住FRP棒，用模具侧面的挡块卡住顶杆。当注射到90%的胶料时，手动拿开挡块，胶料将顶杆挤出至模腔面平齐的位置。自动操作：采用专用油缸驱动顶杆，机器控制动作，使之与注射工艺匹配。顶杆的材料一般为聚酰胺、铸钢、铜等耐磨材料。采用金属材料有引起金属粉末进入制品的危险。

由于伞页是倾斜的，胶料在流动过程中会对FRP棒有一个向伞页倾斜反方向的推力，因此，模具对FRP棒的抱紧力要足够，以防止FRP棒窜动。同时，模具对FRP棒的夹紧力不能太大，以免夹伤FRP棒，所以，有时需要采用其他措施来防止FRP棒窜动。

5.5.6　排气方式

在注射之前，模具是闭合的，如果在注胶结束后，模腔里有空气残留，就会在产品上形成气泡缺陷，这是产品所不允许的。而且，在采用多点注胶时，如果来自相邻两个注胶口的胶料在远离分型面的位置形成封闭空腔，就会产生气泡。所以，在注胶之前或注胶过程中的排气是必要的。这类模具的排气方式有抽真空排气和开模排气2种。

5.5.6.1 抽真空

在注射之前和注射过程中抽真空。在模具上开设有抽真空通道和密封槽。

伞尖模腔狭窄，是胶料最后到达的位置，所以，在绝缘子产品上的卷气缺陷，一般都发生在距离注胶口最远的伞尖部位。因此，一般将抽真空口开设在胶料最后到达的伞尖位置。与模腔接通的抽真空口应尽可能小，以免过多胶料溢流，一般深度0.1~0.2mm，宽度2mm，视产品大小和胶料黏度而定。连接抽真空接口与主抽真空通道的支抽真空通道断面尺寸，如宽4~8mm，深2~4mm。主抽真空通道断面尺寸可以大些，比如宽8~16mm，深6~12mm，断面尺寸大有利于抽真空，而且可以容纳更多溢胶。一般把抽真空孔开设在模具端部，尽可能远离模腔，以避免胶料进入。在模具分型面开设密封槽，以保障抽真空密封，抽真空道都开设在密封区域内。

5.5.6.2 开模排气

在注射和保压过程中，开模排气。模具打开开度、时刻、次数，通过设定参数由机器自动控制。开设排气口和排气槽的方式与抽真空相似，排气槽直接与大气接通。开模排气操作简单，模具上不需要密封。不足之处就是，开模排气分型面的飞边稍厚，有时也难避免在远离分型面的伞尖位置出现卷气缺陷。

5.5.7 模具材料与模腔表面处理方法

5.5.7.1 模具材料

硅橡胶一般对模腔表面没有腐蚀作用，可能在喷涂水溶液的脱模剂时，会有一定的腐蚀情况发生，而且，有时用金属工具清理模具，有可能损伤模腔。因此，绝缘子镶块材料应具有足够的硬度和一定的抗腐蚀能力。常用的镶块材料有40Cr、P20、4Cr13、718等。镶块材料的选用，主要和期望的模具使用寿命长短有关。对于短期使用的材料，不需太高的硬度，相反，如果使用频率高要求寿命长，就要使用高硬度的材料。

5.5.7.2 模腔表面处理方式

模腔表面的处理方式取决于对产品的质量和脱模方便程度的要求。一种方式是光面，产品表面光亮，缺点是有时候脱模不方便。一般为了提高表面硬度，采用抛光、镀铬0.03mm、抛光的处理方式。另一种方式是亚光面，优点是脱模和排气方便。有几种处理方式：模腔表面的PTFE涂层，非常有利于脱模，使用这种涂层不需要其他的脱模剂或装置帮助脱模，这种涂层的使用寿命大约为2000循环；喷砂后氮化或电镀处理，这种方式处理的表面坚硬、使用寿命长。

5.5.8 绝缘子成型工艺

5.5.8.1 接伞工艺

绝缘子产品长度变化较多，而且，许多产品长度很长，不能一次成型所有的伞裙。因此，分段成型比较普遍，如图5-78。分段成型时，在完成第1段之后，成型后续各段时，需要将前一段成型的至少1个末端伞页放到模腔，以实现模腔端部封胶。

为了简化操作，一般用同一组模腔成型第1段和以后各段的伞裙，即模腔镶块不做改变，就可成型第2段伞裙。在成型第1段时，在模腔端部放1个堵头，如图5-79所示，也有的堵头是两半结构形式。堵头材质为聚四氟乙烯，既耐高温也不会损伤模具或者FRP棒。堵头与FRP棒和模腔是动配合，长度为1个伞，外径只有伞页的1/2，安装和拆卸都很方便。当最后一段的伞页数目与前一段不同时，需要更换模具调整模腔镶块的组合。

图5-78　分段成型绝缘子

图5-79　模腔端部堵头

在接伞时，为了使前一段成型的伞页放入模腔方便，并且不受损伤，一般将需要嵌入伞裙的模腔加工得比标准模腔稍大，比如单边大0.2~0.3mm，而且，将该模腔分型面的刃口适当倒钝处理。同时，为了补偿嵌入伞页的收缩和强化嵌入伞页的封胶作用，将前段末端伞裙护套的模腔尺寸增大0.7mm左右。

当产品端头有金具时，金具与模腔端部模块的配合方式很重要。配合间隙太大容易漏胶，配合太紧容易损伤模具或金具。一般采用较长的间隙配合段，比如接触长度20~30mm，金具与模腔端部镶块配合H7/g9等。两者的配合距离长，对于封胶和金具的传热有利，也允许有稍大的配合间隙。

5.5.8.2　成型工艺要点

① 环氧树脂的玻璃化转变温度一般在140℃左右，为了防止环氧树脂FRP棒软化，模具的硫化温度不能太高，比如145~150℃，以期获得与胶料的良好黏合，同时避免环氧树脂在高温下降解。

② 绝缘子产品一般都要经过二段硫化，一段硫化时间过长易导致粘模，所以，通常在一段硫化程度至95%~99%时开模，有利于脱模防止粘模。

③ 为了使制件落到上模或者下模，可以将希望制件落到的一方模腔温度设定低一些，或者给另一方模腔喷涂脱模剂。

④ 一定要等模腔温度上升到硫化温度而且稳定以后，再给模腔喷涂脱模剂。喷涂后应合模5~10min，使脱模剂固化。

⑤ 一定要用纯净水配制脱模剂，并使用干净的压缩空气清理模具，防止水里或压缩空气里的杂质污染模腔表面，进而在产品表面产生斑纹或者粘模问题。

⑥ 清理模腔使用的工具，由铜质或者竹质等材料制造。也有采用红酒启瓶器螺旋头工具来拉出注射孔料头。

⑦ 使用较慢的初始开模速度，有利于拉出注胶道料头及防止损伤伞裙。

⑧ 可使用洗洁精或肥皂与水配制脱模剂，比例为3%~10%。

⑨ 改善将硅橡胶喂入挤出机的方法有：给胶条表面涂滑石粉或者Al(OH)₃粉；提高挤出机转速，必要时可使用高转速；使用表面涂滑石粉的圆形断面的胶条，并在加料口配置同步转速喂料辊；硅橡胶喂料器；降低注射单元的温度，比如40℃或者更低。

经过几十年的发展，复合绝缘子的成型技术已日趋成熟，应用非常广泛。绝缘子伞裙的成型方式多种多样，但应用冷流道体的注射成型方式较普遍，效率高。在模具设计方面，模具加热、流胶道和排气方式设计，对生产效率和产品质量影响很大。一般除了根据经验和实际试模调整外，使用模流分析设计模具更为有效。在模流分析时，确定实际胶料的流变和焦烧特性系数很关键，一般需要经过模拟设计与实际试模效果进行比对，来不断地完善。

5.6▶▶橡胶瓶塞注射模具

作为与医药接触的橡胶瓶塞（如图5-80），它是定义为初始的包装工具，用来保护药品，

图5-80　瓶塞外形

防止外来的污染。其材质是卤化丁基橡胶，具有优异的气密性、抗吸湿性、化学稳定性，同时具备医药规范要求的无毒、耐高温消毒、高弹性、生理惰性。

瓶塞产品的外观要求：无污点、杂质；无气泡、裂纹；无缺胶、粗糙；无胶丝、胶屑、海绵状、毛边；无去边造成的残缺或锯齿现象；无明显成型痕迹；色泽均匀。

为了防止在成型过程中，在瓶塞产品上残留飞边或者碎屑，一般成型的瓶塞用膜片连接起来，然后，通过冲切、清洗和烘干等工序获得干净整洁的瓶塞。

橡胶瓶塞生产包括5个主要阶段：胶料的生产（炼胶）；模制（硫化）；修边（胶片的分离）；清洗（采用医用清洗机）；包装（在清洁的房间进行）。

5.6.1　橡胶瓶塞的成型方法

橡胶瓶塞有注射成型与模压成型两种。

5.6.1.1　注射成型法

膜片相连的瓶塞片的特点使瓶塞比较适合注射模压的成型方式。一般在带冷流道体的橡胶注射机上使用专用的注射传递模具成型橡胶瓶塞产品。

瓶塞产品体积小、厚度薄，一般都采用较高的硫化温度，比如170℃。为了防止胶料在流动过程中发生焦烧现象，胶料在模腔里的流动距离不能太长。因此，这类模具一般都采用多支注嘴双层的冷流道系统，以排布更多的模腔。

通常，以胶料在流动过程中的焦烧安全为原则，根据胶料的黏度和焦烧时间确定模具上每个传递腔的直径。胶料的流动性好，片就大，排布的模腔数就多。

对于规格13瓶塞，在REP V68橡胶注射机上成型时，每个传递圆片排列191个模腔，

一层4个传递圆片，2层共有191×4×2=1528个模腔。如果在REP V68注射机上成型规格20的瓶塞（图5-81），每个传递圆片排布91个模腔，一层4个传递片，2层共有91×4×2=728个模腔。模腔镶块外形如图5-82所示。

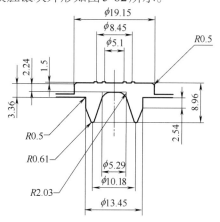

图5-81 规格20瓶塞尺寸

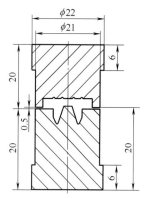

图5-82 规格20瓶塞模腔镶块外形

5.6.1.2 模压成型法

模压成型法是在普通的抽真空平板硫化机上成型。这种硫化机有前滑出板、抽真空罩、排气等功能，并且为两联机组，即两台合模单元，一套液压泵站和控制系统。

一般先将胶料出成2mm左右厚与模腔区域大小差不多的胶片，然后，将胶片放入模腔，进行合模、抽真空、排气、硫化的成型过程。

在与V68注射机热板相同尺寸的平板硫化机上，规格13的瓶塞每一层可排布1323个模腔，一个工位2层，双工位共有1323×2×2=5292个模腔，20的瓶塞每一层774个模腔，一个工位2层，双工位共有774×2×2=3096个模腔。

模压成型时，手工将常温下的胶片放入模腔。为了胶料的安全，设定的模具温度要比注射成型低，硫化时间就相对长。模压成型的产品也是连成片脱模，胶料在模腔流动距离短，产品上很少出现流痕或者云斑现象。

由于是直接模压形式，胶料流动距离短，需要的平均锁模力小，而且，硫化机的抽真空罩在模具外围，所以，可以在模压模具整个模板上排布模腔，排布的模腔数多。

注射成型时，注射桶将已经被预热至80℃左右的胶料快速注入模腔，而且，注胶过程中，摩擦生热以及热传递，胶料到达模腔时温度超过100℃。由于注胶速度快，胶料的状态也可以被精确控制，所以，设定的模具温度比模压成型高，硫化时间也很短。因此，综合对比，注射法优于单工位模压成型，但不如双工位模压成型的效率高。

5.6.2 注射成型模具设计

5.6.2.1 机器条件

综合注射时间和脱模操作方便性的因素，常用于橡胶瓶塞注射成型的合模单元：锁模力 400tf（吨力，1tf=9806.65N）， 热板尺寸670mm×780mm，上和下两层热板，配有上顶出器、抽真空、后滑出板、冷流道体和用于模具加热的辅助加热系统等装置。合模单元开模行程：>600mm，上、下和冷流道体三开模动作，分别从与冷流道体相连的中模的上方和下方取出产品。

冷流道体为双层，上、下各有4个支注嘴，分别与上、下模具的注胶口对接，注射机的注嘴位于冷流道体上部的中心主进胶孔。支注嘴中心距280mm，如图5-83所示。

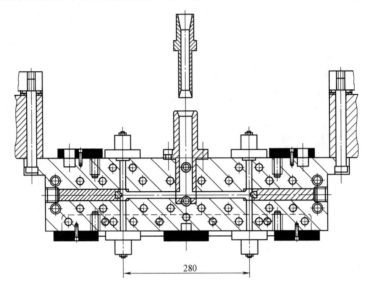

图5-83　双层8支注嘴冷流道体

5.6.2.2　模板结构

在冷流道体上、下方各1套模具，分别与冷流道体的上、下面配合。每套模具厚度130~140mm，每块热板厚度58~60mm。

冷流道体的支注嘴与模具的支注射孔对接，支注嘴为浮动式结构，通过胶料的压力使注嘴与模具贴合。在冷流道体与模具之间有隔热板，以保证模具与冷流道体温度的差异。与热板相连的模板由热板加热，靠近冷流道体的模板配有由加热棒和热电偶组成的加热系统，如图5-84所示。

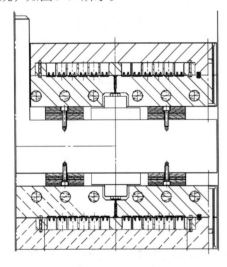

图5-84　每个胶片注胶的位置

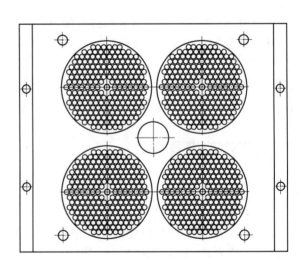

图5-85　4个传递胶片的分布

模腔分为4个组，每组一个传递腔，传递腔尺寸$\phi260$mm，传递腔中心距280mm。传递膜片厚度：0.8~0.9mm。每组模腔以支注嘴为中心等三角形方式排布在传递腔圆内，以获得对称一致的注射效果，如图5-85所示。

5.6.2.3　模腔镶块

模腔镶块有两种结构，一种模腔由上、下镶块构成，如图5-86，这种方式灵活，加工和更换镶块方便，但是，镶块数量多，加工工作量大，而且，模腔间距稍大，排列的模腔数少。另一种方式就是直接在上模腔板加工模腔，下模腔采用镶块的方式，如图5-87，这种方式模具结构相对简单，加工工作量小，但是，如果某上模腔板需要修补，操作比较麻烦。

镶块在模板上有两种固定方式。一种是镶块尾部带个台阶，利用台阶轴向定位，台阶宽度一般为1mm左右，这样固定方便，但是，排布的模腔数目少，如图5-86。另一种方式是镶块镶嵌在模板的盲孔里，用内六角螺栓将模腔嵌件固定在模板上，以增加模板的强度。比如，$\phi12.5$mm的瓶塞，模腔嵌件直径：14.5mm，模腔中心距：18mm，镶块是圆柱形，没有轴肩，如图5-87。这种加工也方便，加工工作量稍大，镶块的外径小，可以排布更多模腔。

镶块与模框之间的配合一般为间隙配合或者过渡配合，比如H7/g6或者H7/h6等。如果配合间隙大，胶料容易进入镶块缝隙，引起不必要的飞边。如果配合太紧，容易形成内应力，可能会引起模板变形。

有时，将每个传递模腔加工成独立的模块，用热板作为模架，如图5-88。这种方式更换产品时，只需要更换传递模腔块，模具成本低，更换方便。

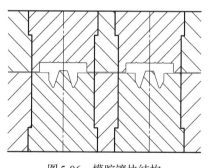

图5-86　模腔镶块结构

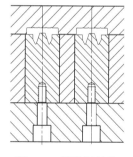

图5-87　模腔板结构

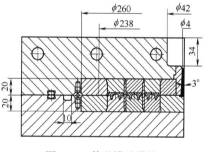

图5-88　传递模腔模块

5.6.2.4　模腔表面处理

瓶塞产品的硫化成型过程中，会分解出污染模具的物质，因此，模腔一般需要具有防腐能力。采用不锈钢材料成本太高，一般采用镀铬或者PTFE涂层的方式，亚光表面。

模腔镶块材料一般是40Cr，有时也用不锈钢 4Cr13或者GCr15。热处理淬火HRC48~55，或者抽真空淬火320HB。模板材料2312，硬度230HB。

5.6.2.5　模腔排列方式

对于模压模具，由于是将半成品胶片手工放入模腔的，为了排气方便，模腔排列以正方形方式较多，如图5-89。注射模具胶料是通过注胶孔注入模腔，一般模腔以正三角形方式排列在一个圆内，如图5-90所示。

图 5-89 模压成型瓶塞模具上模

图 5-90 下层注射模腔与产品

一般，综合考虑锁模压力、模腔工艺排气要求、模板刚度、瓶塞冲切间距等因素，确定模腔的排列间距。

5.6.2.6 注射成型方式的特点

① 硫化时间短，如 90~110s，生产效率高。

② 各种工艺参数由机器闭环控制，生产循环重现性好，产品质量稳定。

③ 由于胶料是从中心支注射孔注入模腔板之间，然后，再以锁模的方式将胶料挤入模腔，距离注射口较远的模腔所获得的压力相对低，所以，有时位于最外圈制品的尺寸较中心部位的制件的尺寸略微小点。

④ 有时胶料与注射活塞摩擦产生黑斑，在产品上表现为稍深色流痕。

⑤ 设备、模具投资较大。

5.6.3 模压成型特点

模腔结构相似于注射模具，只是模腔的排布方式不同。由于是手工将片状胶料装填到模腔里的，胶片厚度 2~3mm，大小和模腔区域的模板一样大，胶料在模具里的流动距离短，所以，需要的锁模力大小与注射成型差不多。一般 500mm×600mm 的模板上，分为 3 组模腔，每组模腔分布在 150mm×500mm 的矩形框里，每组之间空白间距大约 10mm，以便于排气，每层胶坯是分 3 片放入模具，脱模时三组连成一片一起脱模。

由于胶料是在常温下手工放入模腔的，每个机台两层模具，所以，虽然排布的模腔数多，产品质量也比较稳定，但是，产量没有注射成型高。

5.7 ▶▶ 轮胎胶囊模具设计与成型工艺

在轮胎硫化成型过程中，轮胎胶囊像模芯一样，通过其内部的过热蒸汽，把轮胎胶坯鼓起来与模腔壁面相贴成型，并将过热蒸汽的热量传递给轮胎胶坯，使轮胎成型硫化，如图 5-91，因此，轮胎橡胶胶囊的质量直接影响到轮胎的质量。

在轮胎硫化过程中，胶囊要承受 2.2~2.5MPa 的过热蒸汽压力。轮胎胶囊模具设计，既要满足胶囊图纸几何形状尺寸要求，还要与胶囊硫化机准确安装及动作配合，确保成型的胶囊满足质量要求。

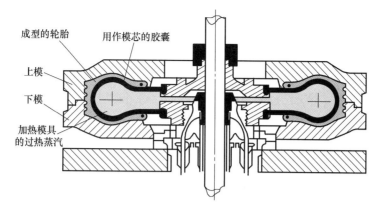

图5-91 橡胶轮胎的成型过程

按形状分,轮胎橡胶胶囊分为两种类型:一种是只有一端有口的闭口式胶囊,也叫A形胶囊(图5-92),另一种是两端都有口的开口式胶囊,也叫B形胶囊(图5-93)。按照轮胎的结构,胶囊也可以分为全钢轮胎用胶囊和半钢轮胎用胶囊。轮胎胶囊也随轮胎分为不同的种类和规格。轮胎胶囊主要用具有优异气密性能和良好耐老化、耐热性能的丁基橡胶硫化成型。

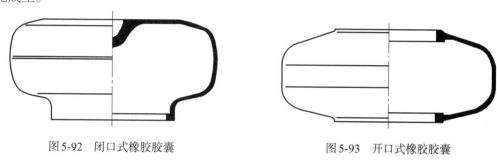

图5-92 闭口式橡胶胶囊　　　　　图5-93 开口式橡胶胶囊

5.7.1 轮胎胶囊成型方式

轮胎胶囊成型有模压成型法和注射成型法两种,不同的成型方式使用不同的机器和模具。由于轮胎胶囊形状的特殊性,轮胎胶囊都使用专用配置的硫化机或者注射机成型。

5.7.1.1 模压成型法

(1)模压工艺过程

传统的轮胎橡胶胶囊的生产是在专用的胶囊硫化机上进行的,模具结构相似于传递模压,如图5-94所示。胶囊的生产成型过程如下。

① 准备胶料。把用于胶囊的胶料通过橡胶挤出机挤出成矩形胶坯,其大小随胶囊大小

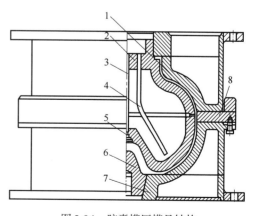

图5-94 胶囊模压模具结构
1—上模;2—上芯模;3—冷风管;4—蒸汽管;
5—单向阀;6—下模芯;7—下模;8—传递腔

和模具结构而变化，比如挤出的截面为100mm×80mm的条状胶坯。为了防止胶坯粘连，常常将挤出来的胶坯经过隔离剂溶液槽，以达到冷却和涂隔离剂的目的。然后，将风干后的胶坯放在烘箱里保温，一般保温80℃左右，以备模压成型之用。

② 装模。因为传递胶量比较多，从装料到最终锁模，需要的操作时间比较长，比如5min以上。因此，通常需要先将模具温度降低到安全温度（比如90℃）以后，才开始将胶料放到模具里，以防止胶料在传递过程中发生焦烧现象。一般根据装模操作时间和胶料焦烧时间确定装模温度。

这种胶囊模具都是使用过热蒸汽加热方式，一般通过调节过热蒸汽的压力来调整模具温度。降温时，将模具过热蒸汽加热通道关闭，把模具打开以便于模具散热，把这个过程叫作"晾模"。在模具温度降低至80~90℃后，才把预热的胶坯放入传递模腔，然后合模。

③ 将胶料压铸至模腔。在合模过程中，上模与下模的配合部分形成一个与外界封闭的传递室，随着模具闭合，胶料被挤入模腔。在此过程中，逐步合模、停顿、合模，需要反复开模、合模，以排出模腔里的空气。排气时，模具打开的开度一般都很小，比如1~2mm。在模具的上下模和模芯的特定位置，都有排气槽和孔，用来排气和溢胶。

④ 硫化。在传递阶段结束后，锁模。然后，通过阀门，提高模具里过热蒸汽的压力，将模具温度升高至170~180℃，进行硫化。

⑤ 脱模。在硫化结束时，模具打开脱模。一般胶囊类模具都有上模芯和下模芯，有的还有吹气阀。在开模过程中，上模芯、下模芯和吹气阀根据动作顺序设定，按照一定的顺序、速度和距离要求进行动作，最终使产品脱模。机器的操作模式有手动操作和自动操作两种。

（2）模压法缺点

① 装料少了产品缺胶，装料多了会冒胶，飞边大，而且可能使产品厚薄不均匀。

② 胶坯装入时难免夹气，而丁基橡胶气密性好，夹带的气体较难排出来，硫化后胶囊可能有气泡缺陷；有时需要用针扎胶囊上的小气泡，来消除气泡。

③ 硫化时间较长（每条胶囊硫化时间为3.5h左右），生产效率不高。

④ 模芯也有蒸汽加热通道，冷却时冷凝水积聚在模芯的底部，造成模具上、下温差很大，导致胶囊硫化程度不均现象。

⑤ 有时在合模成型过程中出现模芯歪斜，成型的胶囊壁厚不均匀，最终导致胶囊使用寿命短。

5.7.1.2　注射成型法

注射成型法是在专用的橡胶注射机上成型橡胶胶囊。成型时，常温状态的胶条喂入挤出机塑化，经过挤出机塑化的胶料温度达到80℃左右，然后，被送入温度恒定在80℃左右的注射桶。胶料在注射桶里的温度恒定，处于塑化状态、流动性能极佳，而且，塑化计量的胶料体积也很精确。

合模后，先开始抽真空，使模腔真空度达到95%以上。注射时，继续抽真空，胶料以一定的速度和压力被注入模腔。通常，注射时间很短，2min左右。在注射过程中，不需要降低模具温度，胶料不会产生焦烧。

硫化结束时，模具打开、胶囊和分流盘料头都是自动脱模，操作者只需要在合模单元的安全门打开后，拿掉胶囊和料头、清理模具，就可以开始下一个循环了。

注射法生产轮胎胶囊的优点：

① 在注射和硫化过程中，模具温度不变，而且比模压模具温度高，产品硫化速度快；

② 注射速度快，注射量精确；

③ 脱模时间短，从胶料塑化到脱模自动化操作。通常，注射法的效率是模压法的2～3倍；

④ 工艺参数控制精确，具有重现性，产品质量稳定。

有人统计过，注射成型法的胶囊比模压成型法的胶囊使用寿命高40%左右，如图5-95和图5-96所示。

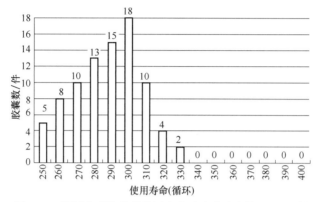

图5-95 模压成型的胶囊使用寿命（试验胶囊数目：100件）

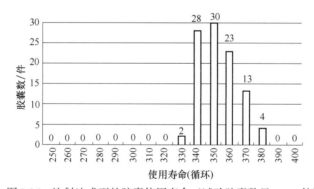

图5-96 注射法成型的胶囊使用寿命（试验胶囊数目：100件）

5.7.2 注射胶囊模具设计

5.7.2.1 注胶方式与模具结构

（1）A形胶囊模具

对于A形橡胶胶囊一般采用直接注射方式成型，即胶料直接通过注射孔进入模腔。由于A形胶囊产品形状结构对称，而且，胶囊底部凹坑部分壁厚最厚，所以，直接注射方式注胶道短、阻力小，胶料流动基本平衡，模具的结构也简单。直接注射方式的模具主要由上模、下模、模芯组成，如图5-97所示。

这种注射成型模具，注射孔直接开设在上模上，产品及注射孔料头脱模比较方便。注胶道的大小与产品尺寸有关，比如对于10kg重的胶囊，注胶口小头直径8mm，注射孔锥度一般为4°左右，以便于拉出注射孔料头。开模后，胶囊停留在模芯上，通过模芯上的吹气阀吹气，可以使胶囊与模芯分离脱模。

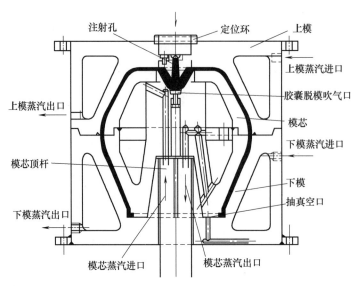

图5-97　A形胶囊模具结构

当胶囊的用胶量超过15L时，就需要使用双注射单元的注射机成型A形胶囊，模具结构如图5-98所示。由于产品比较大，为了便于脱模，除了在模芯上安装有吹气阀外，常常在模腔的上顶部也装有吹气阀，在开模时吹气，促使产品与上模腔和模芯分离脱模。产品上的注射孔料头直接切掉就可以了。

（2）B形胶囊模具

B形胶囊有两种注胶方式，一种是注射传递方式，即从模腔侧部通过传递腔注胶，如图5-99，另一种是直接注射方式，从模具上部的分流盘将胶料注入模腔，如图5-100。

① 注射传递法。注射传递胶囊生产工艺过程如下。

当上、下模合到一定程度时，停止合模，在上、下模之间形成一个封闭的加料室。然后，注射机注射嘴与模具对接，先抽真空使模腔形成一定的真空度，然后，注射机将胶料注入环形加料室。注射结束后，合模单元开始锁模加压，把加料室内的胶料挤压到模腔中，接下来，注射头缩回，开始硫化。

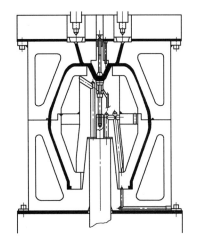

图5-98　双注射单元成型A形胶囊模具

注射口和抽真空口分别位于模具两侧，如图5-99中的5和12。当模具完全压紧后，注胶口和抽真空口被模板挡住，使模腔形成一个完整的封闭腔。

硫化结束后，打开模具，胶囊在吹入的压缩空气作用下先与上模芯分离，然后下模芯顶起，使胶囊脱出。

也有人采用挤出机代替注射单元，从模具侧部向传递腔注胶的方法，结构类似于图5-99，注胶量通过模腔压力或者注胶时间控制。这种方式的优点是注射单元简单、注射量不受限制。不足之处，注射量控制精度低，注胶时间稍长，虽然螺杆旋转速度越高，注射速度越快，但是旋转速度越高，胶料摩擦生热也越多，因此，为了避免塑化的胶料产生早期焦烧，螺杆旋转速度有一定的限制。

② 直接注射法。B形胶囊产品两端都有孔，一般采用从一端多点注胶的方式。

在模具上方使用胶料分流盘，通过大断面的流胶道将胶料从注胶道输送到各支注胶点，然后，胶料由支注胶点进入模腔。多点注胶方式模具主要由上模、下模、模芯和分流盘等组成，如图5-100所示。

支注胶点一般为针尖注胶口形式，锥度为30°，进入模腔处的直

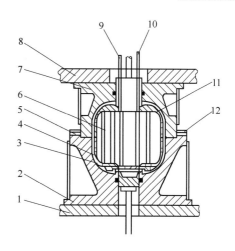

图5-99　注射传递模压模具结构

1—下横梁；2—下模；3—下模芯；4—上模芯；5—注胶口；6—加热管；
7—上模；8—上横梁；9—导线；10—吹气管；11—胶囊；12—抽真空口

径一般为2~3mm，圆柱段长度为1.5~2mm，以便于拉断胶道料头，如图5-101所示。分流盘上针尖注胶口的数目、主注胶口的大小和流道的深度，取决于产品的大小和所用胶料的流动性。如果胶料流动性好，可以选择少的支注胶口数目和浅的流道，反之，就要选取多的注胶点和深的流胶道，比如B形14寸的胶囊成型模具有24个支注胶口。这些参数，也可以通过模流分析或者试模来确定。

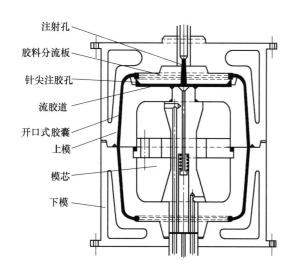

注射孔
胶料分流板
针尖注胶孔
流胶道
开口式胶囊
上模
模芯
下模

图5-100　开口式胶囊注射模具结构

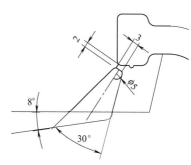

图5-101　支注胶口

当胶囊的注射量超过15L时，一般采用双注射单元的橡胶注射机，因为如果用注射量过大的注射单元，机器就会太高，而且注胶距离长，不利于注射。如图5-102所示为双注射单元轮胎胶囊注射机，图5-103为双注射单元成型开口式胶囊的模具。

为了使注射机的注嘴与模具紧密贴合避免漏胶，注射头采用浮动式注胶嘴，注嘴与模具是平面接触。靠胶料的压力将注嘴压在模具上，形成密封。

如果直接在上模和分流盘上开设注射孔，虽然结构简单，但是胶料容易从上模与分流盘之间的间隙泄漏，清理飞边困难。为此，一般在上模与分流盘之间使用注射孔嵌套，嵌套固定在上模，与分流盘是锥面研配，以防止胶料泄漏，如图5-103所示。

图5-102 双注射单元轮胎胶囊注射机

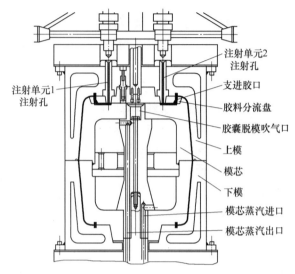

图5-103 双注射单元成型开口式胶囊模具结构

注射单元2
注射孔
支进胶口
胶料分流盘
胶囊脱模吹气口
上模
模芯
下模
模芯蒸汽进口
模芯蒸汽出口

注射单元1
注射孔

胶料在分流盘处的压力很大，为了防止分流盘弯曲变形，除了使用高强度的材料加工分流盘外，一般将模芯加热腔的立柱外径设计为与分流盘大小相同，以给分流盘提供足够的支承刚度。图5-104为双注射头分流盘。这种模具一般不需要拉胶道料头的冷料槽。

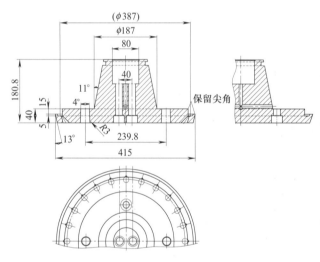

图5-104 双注射头分流盘

在产品端部凸缘上的注胶点孔径和间距一致，分布均匀。为了使来自两个注射单元的胶料基本均衡地到达每个注胶点，首先两个注射单元的注射参数一致，两半流胶道形状尺寸也是对称一致的。一般使用模流分析来设计分流盘上的流胶道，确保每个注胶点的注胶速度平衡一致。比如，离注胶孔近的支注胶点的流胶道狭窄并且浅，反之，流胶道宽而且深。有时，需要通过实际试模来修正流胶道，图5-105为B型胶囊双注射单元模具结构图。

在胶囊脱模时，胶料分流盘需要与上模分离，因此，在使用单注射单元时，分流盘固定在注射头的端头，与注射单元一起上升或者下降移动。当然，只有在模芯和分流盘分离后，注射头才可以向下运动，而且，分流盘向上运动的距离受上模的限制。对于双注射单元的注射机，有一个专用油缸驱动分流盘落下或提升。

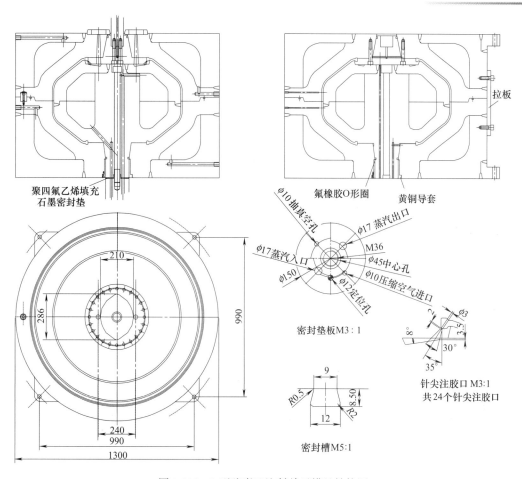

图 5-105　B 型胶囊双注射单元模具结构图

5.7.2.2　抽真空

　　用注射方式成型橡胶胶囊时，模具是闭合的。如果采用开模方式排气，不仅注胶速度慢，也容易引起过多的飞边，所以，一般都采用抽真空的方式将模腔里的空气抽除。

　　通常，抽真空口开设在模腔的底端。在模芯与下模的接触面，距离模腔内圈大约 10mm 位置，开设有大约宽 15mm、深 5mm 的环形槽，与下模芯的真空孔接通，如图 5-106 所示。在环形槽与模腔之间有排气槽，尺寸如 5mm（宽）×1mm（深），并且，在与模腔接通部分深度为 0.1mm（长度 2mm）的排气口，以防止胶料进入排气槽。排气槽的个数取决于产品的大小。有的抽真空孔开设在下模上，排气槽结构与上述相似，这种真空管路连接方便。

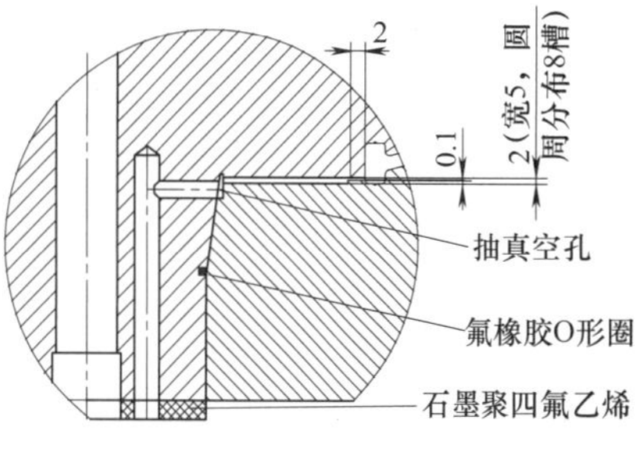

图 5-106　抽真空通道

　　为了保证模腔的密封，在分型面、模芯轴处，都设置密封件。抽真空密封条规格为 ϕ10mm，材质为氟橡胶。下顶出器与下模芯端面的密封垫既要满足密封和隔热的作用，也要承受较大的压力和高的温度，所以，材质一般选用石墨聚四氟乙烯，如图 5-106 所示。

5.7.2.3 其他要素设计

（1）余胶槽

在下模的上、下分型面上都有余胶槽。在胶囊端口分型面上开设余胶槽时，需要用铆钉或者堵头的方式将余胶槽断开，以便于清理飞边。余胶槽可以是三角形比如宽4mm、深2mm，或者半圆形R2mm、深2mm，余胶槽距离模腔0.2mm左右。

（2）拉板和保温层

模具两侧有拉板，模具顶部和侧部有用于安装吊环的螺栓孔，以便于运输、吊装之用。一般胶囊模具都是靠过热蒸汽直接加热，为了减少热量散失，一般模具与机器模板之间安装有隔热板，隔热板必须具有足够的强度。在模具周围有隔热层，隔热层可以是石棉等材质。

（3）吹气阀

在模具上的吹气口位置安装有吹气阀，如图5-107所示，阀芯与阀座配合锥面研配，吹气时，压缩空气吹气阀芯进入胶囊使其膨胀脱模。停止吹气时，弹簧使阀芯复位，锥面密封阻止胶料进入吹气孔。脱模过程的吹气动作由机器控制。

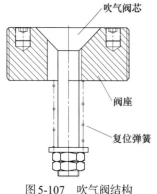

图5-107　吹气阀结构

吹气阀芯

阀座

复位弹簧

（4）表面质量

模腔错位量一般不大于0.02mm。模腔表面粗糙度参数Ra为0.4μm，分型面、配合面Ra为0.8μm，其余Ra为3.2μm。由于胶囊胶料对模具有腐蚀作用，为了防止模腔生锈，给模腔表面镀锌或者镀铬，厚度0.01~0.05mm，一般依次经过抛光、镀铬、抛光处理。也有的模具采用渗氮的方法，渗氮深度0.3~0.7mm，硬度HRC65~70。

（5）模具定位与固定

模具在单注射单元的注射机上安装时，一般使用定位环定位，定位环与机器上模板的配合为H8/g9。由于模芯与下顶出器有孔位定位的要求，所以，这类机器的模芯与下顶出器之间有定位销定位，以确保模芯上的孔与下顶出器柱上的孔位对正定位。用于双注射单元的注射机的模具上有两个定位环，如图5-103所示。

模具上模与下模及上模芯以锥面定位，锥度40°，定位高度大约25mm。在上下模之间还有一对定位销，以确保上下模之间的精确定位。

分流盘与上模为20°的锥面配合，分流盘与模芯为40°的锥面配合。模芯与下模之间为16°的锥面配合。这些锥面都要求研配，接触面积不得小于90%。

在下模上有一个黄铜质的模芯导套，以增强耐磨。模具四角通常都焊接有底脚凸缘，用来将模具固定在机器上。模芯是靠底部中心的螺栓与顶出柱固定连接，如图5-105。

5.7.3　模具材料与加工方法

5.7.3.1　模具材料

轮胎胶囊模具的体积大、结构简单和内腔都有高压蒸汽流通腔的特点，决定了胶囊模具一般采用铸造毛坯和焊接的方式来制造，模具材料要求具有易于铸造和焊接的特性。

模具的上模、下模和模芯均采用铸钢材质，其抗拉强度不能低于490MPa，硬度约70N/mm²，铸件不得有裂纹、砂眼、气孔和疏松等铸造缺陷。常用的铸钢有50号、45号、40号、35号等。其余附件如压板、固定脚板等，可用45钢。

铸件毛坯必须做退火处理，目的是消除铸件内应力，防止几何变形和方便刻花操作。铸件的壁厚应尽可能地一致，以使焊接时的温度均匀，减少焊接应力。为了减小焊接应力，应尽量避免在模具的中央位置焊接。在粗加工后焊接焊完成时，必须做二次退火处理。

这类模具，在加工完成后，蒸汽通道需要进行3MPa以上压力的水压实验，保压8h，不得有渗漏现象。

5.7.3.2 模腔排气线的加工方式

在完成模腔形状的加工以后，就需要加工模腔表面的排气线。胶囊外表面有螺旋形凹槽，用来在成型轮胎时排气，叫排气线。因此，胶囊模腔表面一般都有成型排气线的凸棱。排气线特点：断面多为梯形；螺旋角度通常为30°；排气线的数量一般为90~100根；排气线开到模口。加工模具排气线的方式有铣削法、电火花法和腐蚀法3种。

（1）铣削法

铣削法就是在加工中心上，通过编程来自动铣削加工出要求的排气线。铣削法加工精度高，但是，费用高、工艺复杂，由于是在半凹模腔里加工，操作空间小，要求刀头能够灵活地伸入凹腔里加工。也有的在雕刻机上加工排气线。

（2）电火花法

使用的电火花加工机床，配有光栅数显精确定位的水平旋转式工作台，具有自动控制分度和加工深度的功能。

电火花腐蚀加工轮胎胶囊模具的优点是分度定位精确，纹路深度控制误差较小。理论上加工的轮胎胶囊模腔表面可不经抛光直接使用，对操作工人技术水平要求不高，质量稳定性较好，劳动强度不大。

一般先用大脉冲大电流和相对小的脉冲间隔对模具进行粗加工，它具有较高的生产效率，但加工精度和表面质量较差。二次加工时，选用小脉冲小电流和相对大的脉冲间隔进行加工，从而获得较高的加工精度和较好的表面质量。

（3）腐蚀法

操作步骤：用防锈漆在模腔表面画出排气线的阳纹图案，在不需要花纹的部分也涂上防锈漆；将腐蚀液（17%的盐酸）倒入模腔至要求腐蚀的高度，进行模腔表面腐蚀。腐蚀速度大约为每6~8h腐蚀1mm深度；当达到要求的排气槽深度时，将稀盐酸倒出来，并将模腔清洗干净，做必要的修整，使排气线尺寸符合图纸要求，并修除锐角。腐蚀法加工简单、成本低，但是，尺寸精度低。

5.7.4 模具的加热

在用注射机生产轮胎胶囊时，模具温度一般为190℃左右，有时也高达200℃。胶囊模具不仅体积大，而且高度比较高，很多情况下模具的高度比直径还大。如果靠机器的热板给模具传热，显然满足不了模具温度均匀性要求，如果给模具增加电加热棒辅助加热，加热棒的排布也比较困难。因此，大多数胶囊模具都采用过热蒸汽加热。从过热蒸汽的压力与温度的关系（表5-4）可以看出，考虑到热量损失和压力降，要使模具温度达到190℃，锅炉的蒸汽压力至少应大于1.7MPa。

表5-4 蒸汽压力与温度

压力/MPa	0.80	0.90	1.00	1.10	1.20
温度/℃	170.444	175.389	179.916	184.100	187.995
压力/MPa	1.30	1.40	1.50	1.60	1.70
温度/℃	191.644	195.078	198.327	201.410	204.346

蒸汽加热方式，要求模具的蒸汽加热腔体积大、流通面积大。因此，一般模板或者模芯里的加热腔都由筋板分割为蒸汽回转的流通道，以增大传热面积。加热通道内为圆角过渡、没有死角，以方便过热蒸汽流通。而且，蒸汽进口和出口位置距离较近，进、出口之间由筋板隔开。一般蒸汽的入口在上方，出口位于下方，这样有利于排出冷凝水，以获得尽可能高的传热效率和均匀的模具温度。在上模和下模侧部都开设有热电偶探头的插孔，以方便监测模具温度。

下模芯里也有一个环形的蒸汽加热空腔。为了保证蒸汽能流通到所有的腔体和增加强度，通道上分布有若干的筋。另外，中间立柱部分应尽可能地大，以保证在巨大的注射力的作用下，模芯不会变形。

轮胎胶囊种类繁多、体积也比较大，需要专门的成型设备，不同的成型方式所需要的成型模具、机器配置、胶料配方和工艺都不尽相同。注射模具的设计需要兼顾成型工艺路线、成型机器配置、胶料配方等因素，只有充分考虑了这些因素设计的模具，才会获得高质量的产品和高的生产效率。

5.8 ▶▶ EPDM成型电缆附件的模具与成型工艺

5.8.1 110kV中间接头模具设计

110kV EPDM中间接头产品如图5-108所示，由应力锥、屏蔽管、绝缘体和外屏蔽层构成。其中应力锥和屏蔽管用EPDM导电橡胶成型，绝缘体由EPDM绝缘胶成型，外屏蔽层由EPDM导电橡胶喷涂而成。

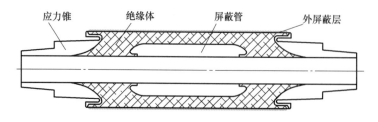

图5-108　110kN EPDM中间接头产品

成型的工序是先分别成型应力锥和屏蔽管，然后以应力锥和屏蔽管为嵌件成型绝缘体，最后，喷涂外屏蔽层。

5.8.1.1 应力锥成型模具

（1）模具结构

应力锥产品和模具如图5-109和图5-110所示。注射成型模具为单模腔，三开模结构。两个分型面都有撕边槽，撕边槽断面为三角形，宽4mm，深2mm，到模腔距离大约0.2mm。

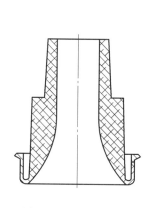

图5-109 应力锥产品

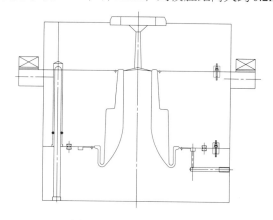

图5-110 应力锥模具结构

注射孔的胶料从产品的上端圆环状胶口进入模腔。注射孔小头直径6mm，锥度6°，进胶道为锥形膜片，其中心厚度3mm，注胶口厚度0.2mm，脱模后，胶道料头很容易与产品分离，不需要修边。

模具上开设有抽真空系统，抽真空槽开设在模具的下分型面，也是胶料最后到达的位置。在上、下分型面都有密封件。

由于模具是通过机器热板加热，模芯比较长，为了确保模芯传热，在模芯里面埋设有导热棒。产品外表面有1°的锥度，在脱模时，产品通常落在模芯上。为了方便产品脱模，模芯表面加工为亚光，并涂有PTFE涂层。

（2）成型过程容易出现的缺陷

在产品成型过程中容易出现的缺陷：卷气，如果抽真空效果变差，会在产品下端的外缘出现气泡；注胶口裂纹，当模具温度太高、注胶量太大时，就容易在产品注胶口处产生裂纹现象。

5.8.1.2 屏蔽管产品成型模具

（1）模具结构

屏蔽管产品如图5-111所示，性能要求在产品两端不得有分型面和注胶口，据此原则设计的模具结构如图5-112所示。

两个模腔，水平放置。模芯由长、短两段组合，保证产品两端圆弧部分完整，长的模芯一端固定在模芯架上，短的一端由圆柱定位和螺纹与长模芯连接，两段模芯都有锥面与上、下模板定位。模芯框架的前端横梁可以拆掉，以便于拆装短模芯。装上模框架前端横梁时，可以支撑模芯前端，使模芯在开模时受力均衡。

三元乙丙导电橡胶黏度大（邵氏硬度70），流动阻力大。胶料从一侧中间部位注入模腔，注胶口厚度2mm、宽度120mm，注胶道为楔形，对应注射孔部分厚度10mm，流胶道周边有圆弧过渡，没有死角，注射孔下方有倒锥形冷料坑，以便于开模时拉下流胶道料头。

在注胶口对面靠近模腔两端的位置开设有抽真空槽。在分型面有密封件，包括模芯圆柱部分，以保证注胶流畅防止卷气。

（2）产品注胶口开裂问题解决方法

初始试模时，产品注胶口出现开裂问题，主要原因是产品壁厚，模具温度高，胶料热膨胀量大。解决方法如下：

a. 将注胶口厚度由2mm缩小为1mm，通过在注嘴和注胶口摩擦生热，提高胶料温度；

b. 将注胶口尖角修改为圆角，比如R0.2~0.5mm，分型面刃口倒圆角R0.1mm，避免注胶口刃口在高压下割伤产品；

c. 降低模具温度，≤160℃，减小胶料热膨胀量；

d. 设定合适的注胶料量，降低模腔刚注满时的压力；

e. 加快塑化速度，提高胶料温度，塑化后胶料温度大约85℃，以降低胶料黏度；

f. 适当减小锁模力，使部分胶料从分型面溢流到余胶槽，以减小模腔压力，避免涨模发生；

g. 注射结束后，延长注射单元提升时间，避免胶料从注胶口回流；

h. 缩短硫化时间，防止过度硫化；

i. 降低开模的速度；

j. 也有的采用从产品端部台阶处注胶，以避免产品注胶口开裂的问题，如图5-113所示模具结构。

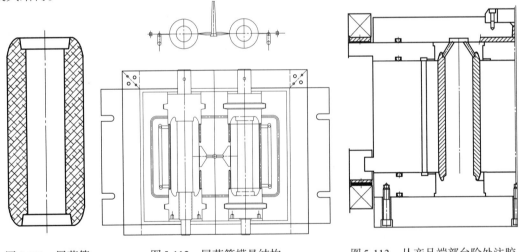

图5-111　屏蔽管　　　　图5-112　屏蔽管模具结构　　　　图5-113　从产品端部台阶处注胶

5.8.1.3　绝缘体成型模具

（1）模具结构

在成型好应力锥和屏蔽管后，就可以成型中间接头绝缘体（图5-114）。绝缘体模具结构如图5-115所示。

模具为单模腔，胶料从一侧中间位置注入模腔。模具偏机器一侧安装，模具占热板2/3的宽度。注胶口为矩形2mm（厚）×200mm（长），流胶道为楔形，后端厚度20mm。注胶口部分刃口为R0.5mm的圆角，以防止产品注胶口处出现裂纹。

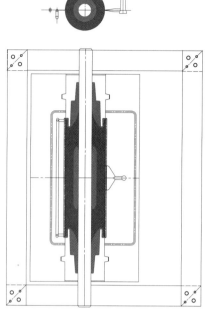

图5-114 中间接头产品 　　　　　图5-115 中间接头模具结构

　　模芯放在支架两端的C形槽里，模芯支承架安装在垫板两侧的下顶出器上。在上热板一侧装有一根滑杆，滑杆可以前后滑动。滑杆上固定有一对吊钩。当将吊钩挂住模芯两端时，可以将模芯移入或者移出模具，进行装模或者脱模操作。

（2）产品出现的问题

　　① 屏蔽管两端有变形，结合部位卷气。由于注胶时，胶料先流入宽敞的模腔部位，在屏蔽管两端凹槽部位容易形成窝气。在成型绝缘体之前，增加一个屏蔽管端部绝缘胶的成型模具和工艺，就解决了变形和卷气问题，如图5-116所示。

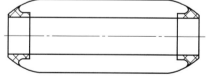

图5-116 屏蔽管端部绝缘胶部分

　　② 绝缘胶与导电胶粘接不良

　　原因：a.导电胶制件表面不干净；b.导电胶制件温度低。在成型前，先用水清洗导电制件表面，再放烘箱预热导电胶制件120℃×40min（检测表面温度在85~90℃范围），然后，放入模腔注射成型绝缘体。这样的操作方式，黏合效果良好。

　　③ 内孔绝缘胶与导电胶结合部位缺胶原因：应力锥内孔尺寸偏小；绝缘胶流动性差；模腔压力偏低。采取措施：增大应力锥内孔尺寸至$\phi60mm$；减小胶料黏度；降低保压压力；延长保压时间和注射单元提升时间以后，结合部位平整光滑。

　　④ 注胶口开裂解决方法：将注胶口修成圆角；降低硫化温度为≤145℃。

　　用三元乙丙橡胶成型电缆附件成本低，工艺简单。在20世纪80~90年代，常用三元乙丙胶成型高压电缆附件。由于电缆附件产品要求严格，不允许有气泡、裂纹、杂质等缺陷，对固态橡胶的成型电缆附件产品工艺具有很大的挑战性，而且，有些事故使人们对于用三元乙丙橡胶成型高压电缆附件产品的可靠性提出了质疑，因而，进入21世纪后，用液态硅橡胶成型高压电缆附件产品逐步形成主流。

5.8.2 中压T形头产品注射模具与成型工艺

用三元乙丙导电橡胶和绝缘橡胶注射成型的中压T形头产品结构如图5-117所示。

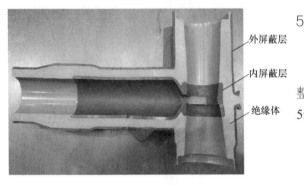

图5-117 中压T形头产品结构

5.8.2.1 产品要求与成型机器

（1）产品要求

a. 两种胶料的结合线部位光滑、平整，绝缘胶料必须到位，过胶量不大于5mm。

b. 两种胶料结合紧密。

c. 尺寸和表面质量符合产品图纸要求。

d. 无杂质、凹坑、气泡、开裂、划伤等缺陷。

（2）成型机器

绝缘胶注射机SIGMA400：注射量6000cm³，注射压力174MPa，锁模力4500kN，热板854mm×665mm。

导电胶注射机SIGMA270：注射量4000cm³，注射压力180MPa，锁模力2700kN，热板670mm×780mm。这些注射机都配有上、下顶出器，下模板滑出，辅助加热系统等。

5.8.2.2 成型T形头内屏蔽层

（1）模具结构

模具由流胶道板、上模、下模和模芯等组成，三开模结构。上模与上顶出器连接，模芯架固定在下顶出器上，如图5-118所示。模腔数：16，两排模腔对称排列（图5-119）。模芯架位于模具中间位置，模芯端头固定在模芯架上（图5-120）。

胶料从热流道板通过纵向倒锥形流胶道进入分型面，从产品端部注入模腔。锥形流胶道小头直径ϕ6mm，注胶口尺寸4mm（宽）×2mm（深）。模腔周围有余胶槽和排气槽。余胶槽尺寸R为1mm、深为1mm，距离模腔0.2mm，排气槽R为2mm、深为2mm。排气槽在注胶道和余胶槽外围，在局部与余胶槽接通，如图5-121所示。

图5-118 T形头内屏蔽层模具开模状态

（2）成型工艺

模具温度174℃，挤出机温度60℃，注射桶温度65℃，注胶量1220cm³，注胶时间70s，硫化时间450s。开模后，产品落在顶起的模芯上，手工从模芯上取下产品。由于模板大，取后排产品时，操作者需要绕到机器后方操作。

图5-119　两排模腔对称排列

图5-120　模芯顶起状态

图5-121　下模腔

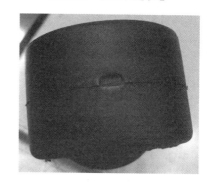

图5-122　在产品注胶口处出现凹坑

（3）产品在注胶口处凹坑问题的解决方法

开模后，流胶道料头在产品注胶口处被拉断，并出现凹坑如图5-122所示。注胶口和流胶道断面尺寸大，胶料流动阻力小，同时，胶料逆向流动的阻力也小。只有流道里的胶料硫化到一定程度时，才能阻止模腔里的胶料沿流胶道回流。导致产品注胶口处凹坑的因素：

a. 如果保压时间短，或者挤出机开始塑化早，在保压结束注射活塞压力泄除后，模腔里的胶料在内压作用下，就会向注射桶方向逆流，比如在保压结束瞬间，显示的注射量由1cm³变为35cm³。

b. 如果注射结束后立刻抬起注射单元，模腔里的胶料会从模具注胶口溢流出来。

c. 保压阶段的保压压力越高，模腔内压力越高。在保压结束后，瞬间回到注射桶里的胶料量就越多，因为流胶道里的胶料还处于黏流状态。

d. 模腔里的胶料是通过与模腔表面的热传导获得热量，而且，橡胶是热的不良导体。因此，在硫化初期，模腔表面胶料与模腔中心胶料之间有一定的温差，这种温差与产品壁厚度和模具温度成正比。温差越大，在硫化过程中胶料的热膨胀体积量就越大；模腔内压升值越高，将胶料向低压部位推动的压力就越大。

e. 胶料从注胶口处溢流后注胶口附近的压力降低，模腔中心的高压将胶料向低压部位挤压。从而，固化的胶料在被挤出注胶口的过程中，会与滞留在模腔里的胶料发生分离，在注胶口形成裂纹。模腔注胶口刃口越锋利，产生裂纹的深度越深。

f. 胶料的固化速度越快，在相同模具温度和硫化时间情况下，越容易在产品注胶口和分型面处产生裂纹缺陷。

g. 当注胶口有轻微裂纹时，如果产品和胶道料头不在同一模板上，机器快速开模，有可能拉断流道料头，将产品拉出凹坑。如果产品与注胶道胶头落在同一模板，先手工剪断注胶道料头然后脱模，就能防止胶道料头被拉断的问题。

h. 当达到一定硫化程度时，被模腔压力推出注胶口的胶料发生的是弹性变形，在注胶口处的模腔压力与流道阻力达到一个新的压力平衡。开模后，模腔以及流道对各部位胶料的约束解除，产品内压以膨胀的方式释放，则模腔注胶口部位发生弹性变形的胶料回缩，从而在产品上形成凹坑。

注胶口处凹坑的解决方法：降低模具温度；降低保压压力，延长保压时间；延长注射单元提升时间；延长塑化开始时间；将注胶口尖角倒钝。

5.8.2.3 成型T形头外屏蔽层

（1）T形头外屏蔽层模具

T形头外屏蔽层模具由流胶道板、上模、下模、下模垫板和模芯等组成，三开模结构，4个模腔。上模与流胶道板之间由拉板实现开模分离（图5-123），模芯固定在模芯架上，模芯架与下顶出器连接，如图5-124所示。模芯由横向长模芯与上、下竖向短模芯组成（图5-125），长模芯与模板及短模芯配合为H7/f7。这些配合保证了模芯配合部位没有飞边，而且模腔排气方便。长模芯与模芯架过渡配合，并有定位销。模芯架与模板由导向柱导向。

机器正面　　　　　　　　　　机器背面

图5-123　T形头外屏蔽层模具开模状态

每个模腔有2个注胶口，在模腔中间部位两侧，尺寸1mm(厚)×6mm(宽)，如图5-126所示。

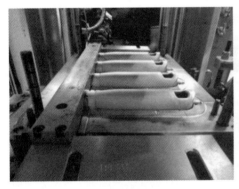  

图5-124　模芯落下状态　　　图5-125　下模芯镶块　　　图5-126　模芯与模腔局部

（2）成型工艺

热板温度180℃，挤出机和注射桶温度65℃，注胶量1118cm³，注射时间38s，硫化时间400s。开模后，产品落在长模芯上，如图5-123所示。

（3）产品缺陷与解决方法

产品主体长度变短、表面橘皮，原因：胶料配方里促进剂过量，导致胶料的焦烧时间太短；模具温度太高，胶料在该温度下的焦烧时间短；设定的注射速度太慢或者设定的注射压力偏低，使得实际注射速度慢。胶料在注射过程中发生焦烧，导致产品上出现抽边、橘皮或者缺胶缺陷。焦烧的胶料到达模腔端部时，发生的是弹性变形而不是塑性变形，开模后，产品末端弹性收缩，导致产品长度变短。如果分型面的余胶槽被飞边堵住，导致模腔端部排气不畅，空气阻止胶料向模腔端部流动也会导致产品缺胶或者卷气缺陷。

解决方法：在注射阶段增加排气动作，开设排气槽；降低模具温度、提高注胶速度和压力，延长保压时间。

5.8.2.4　成型T形头绝缘体

（1）模具结构

T形头绝缘体模具由流胶道板、上模、下模、下模垫板和模芯等组成，三开模结构，如图5-127所示。模芯由3部分组成，上模芯镶块固定在流道板上，下模芯镶块固定在下模板上，横向模芯固定在模芯架上，模芯架固定在机器的下顶出器上。上模由拉板挂在流道板上。胶料从前端外屏蔽层导胶孔进入模腔。

（2）T形头绝缘体成型工艺

热板设定温度165℃，挤出机和注射桶温度68℃，注射量3412cm³，注射时间193s，硫化时间600s。

成型时，先将内屏蔽层装在长模芯上，再把外屏蔽层套在长模芯上，如图5-128所示。在落下长模芯时，缓慢操作，随时用吹气的方式纠正外屏蔽层与下模腔的位置。合模时观察外屏蔽层上端头的导入情况，必要时停止合模，用吹气的方式纠正，确保外屏蔽层正确地导入上、下模腔。

图5-127　T形头绝缘体模具结构

图5-128　T形头绝缘体模具装模状态

（3）产品缺陷与解决方法

① 内孔绝缘距离太短

a. 在成型内屏蔽层制件时，如果模具温度低或者硫化时间短或者胶料的促进剂量不足，

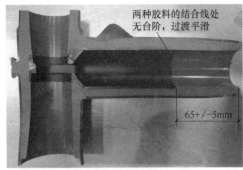

图 5-129　T形头内孔结合部位要求

都会导致内屏蔽层制件硫化不充分。从而，在脱模时会将内屏蔽层产品拽长。用这样的内屏蔽层制件成型绝缘体时，就会导致内孔绝缘距离短。

b. 在成型绝缘体时，内屏蔽层预热温度过高或者在模腔放置时间太长，受热膨胀变长后才开始注胶，也会导致绝缘距离短的问题，如图 5-129 所示，要求是（65±5）mm，而实际是 55mm。

② 绝缘胶溢流到外屏蔽层端部。在成型绝缘体时，如果外屏蔽层制件预热时间短，绝缘胶料会溢流到外屏蔽层端部，如图 5-130 所示。如果外屏蔽层安装不正，绝缘胶会溢流到外屏蔽层端部局部，如图 5-131 所示。

图 5-130　胶料溢流到外屏蔽层端部

图 5-131　外屏蔽层端部局部溢流

③ 外屏蔽层端部被压坏。如果把外屏蔽层安装到模腔以后停留很长时间，外屏蔽会热膨胀伸长，此时合模就容易挤坏外屏蔽层端部。

5.8.2.5　33kV盖帽产品

模腔数16，模具由流胶道板、上模（图 5-132）和下模（图 5-133）3 层组成。支流胶道开在模腔分型面，形状为 U 形，尺寸 6mm 宽、4mm 深。注胶口在产品外缘侧部，尺寸 1mm 厚、4mm 宽。在分型面，每个模腔周围有 4 个对称的排气道，距离模腔 2mm。由于溢胶、排气方便，所以，模腔周围没有余胶槽。开模后，模腔周围没有飞边，只在流胶道周围有很薄的飞边，如图 5-133 所示。工艺参数见表 5-5。开模后，产品落在下模。

图 5-132　上模开模状态

图 5-133　下模开模状态

表5-5 33kV盖帽注射成型工艺参数

温度设置			
上热板	下热板	挤出机	注射桶
190℃	190℃	65℃	60℃

塑化过程				
阶段	塑化延时	1	2	3
胶量/cm³	0	103.9	600	660
螺杆转速/(r/min)		50	85	50
背压/MPa		0.2	0.1	
时间/s	190			

注射过程					保压	
阶段	注射延时	1	2	3	1	2
胶量/cm³	660	600	519.3	51.9		
速度/(mm/min)		10	10	8		
压力/MPa		14.3	13.5	13.5	25.0	23.0
时间/s	1				2	2

硫化过程		
硫化时间	锁模力	注射单元提升延时
300s	2545kN	295s

注：塑化时间100s；注射时间46s；功能选项：上顶出器。

5.8.3 中压肘形头注射模具与成型工艺

中压肘形头与应力体和端盖配套使用。其中内屏蔽管、外屏蔽层和端盖由导电三元乙丙橡胶成型，外屏蔽层里还有接地导线环。应力体由半导电三元乙丙橡胶成型。肘形头绝缘体（图5-134）以内屏蔽管、外屏蔽层和铝质封胶盖为嵌件，用绝缘三元乙丙橡胶注射成型。

5.8.3.1 应力体

胶料为深灰色三元乙丙半导电胶，硬度（邵氏A）40°。产品内孔直径26mm，壁厚10mm，如图5-135所示。

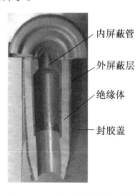

图5-134 中压肘形头产品

图5-135 应力体

模具由流道板、上模、中模、下模和下模底板5层组成。其中上模和中模固定在一起，下模和下模底板固定在一起（图5-136），所以是三开模，如图5-137所示。

图5-136　下模

图5-137　模具开模状态

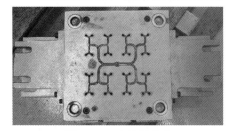

图5-138　流胶道分布

模腔数为16，模腔表面为亚光，模芯表面为光面，模腔电镀。流胶道开设在上模板的上平面。流道以注射孔为中心对称排布，主流胶道、次流胶道和支流胶道断面都为U形，宽度依次为10mm、8mm、6mm，深度为宽度的2/3。在流胶道交汇处，都有圆弧过渡，以减小阻力，使流胶顺畅，如图5-138所示。每个产品的上端有两个对称的针尖注胶孔，小头直径0.7mm，圆柱段长度2mm。

模腔上、下分型面都有余胶槽，余胶槽距离模腔0.2mm，余胶槽尺寸R为1mm、深1mm。

成型工艺：上热板温度170℃，下热板温度168℃，挤出机和注射桶温度68℃。注射量2130cm³，注射时间67s，注射单元提升时间40s，硫化时间720s。开模时，流胶道料头从针尖注胶道处拉断落在上模，产品落在中模，可借助于气枪手工脱模。

5.8.3.2　内屏蔽管

模具由流胶道板、上模、下模、下模底板和模芯等组成。上模与上顶出器连接，模芯架固定在下顶出器上，三开模结构，如图5-139所示。模腔数：4，模芯表面为光面，模腔表面为亚光，有利于排气和产品与绝缘胶粘接。

模芯由长短两部分组成，短模芯固定在模芯架上（图5-140），长模芯与短模芯为间隙配合，孔直径为模芯直径的1/2。在模芯架两侧有横向支梁，用来支承长模芯，防止其转动，以使长模芯和短模芯可以同时顶起脱模，如图5-139。

图5-139　长模芯与短模芯

胶料从产品肘部端头注入模腔，注胶口尺寸深1mm，宽

6mm。模腔周围有余胶槽。余胶槽距离模腔0.2mm，尺寸 R 为1.5mm、深为1.5mm，余胶槽距离注胶口3mm。在距离余胶槽6mm处有排气槽，排气槽尺寸 R 为2.5mm、深为2.5mm，距离注胶口5mm，如图5-141所示。

图5-140　长模芯拿掉状态

图5-141　肘形头内屏蔽管模具模腔

　　开模后，产品落在模芯上（图5-142）。先将长模芯和产品与短模芯分离（图5-143），然后，将长模芯与产品分离。清理完模具后，插入长模芯（图5-139），即可开始下一个循环。工艺参数见表5-6。

图5-142　模芯顶起状态

图5-143　手工取产品和长模芯

表5-6　33kV肘形接头内屏蔽管注射成型工艺参数

温度			
上模	下模	挤出机	注射桶
183℃	185℃	65℃	60℃

塑化过程				
阶段	塑化延时	1	2	3
胶量/cm³	0	103.9	300	345
螺杆转速/(r/min)		50	70	30
背压/MPa		0.2	0.1	
时间/s	80s			

注射过程						
阶段	注射延时	1	2	3	保压	
					1	2
胶量/cm³	345	300	250	51.5		
速度/(mm/min)		8	7	7		
压力/MPa		120	100	100	120	110
时间/s	1				2	2

硫化过程			
硫化时间	锁模力	注射单元提升时间	
400s	2545kN	150s	

　　注：塑化时间60s；注射时间28s；功能选项：上顶出器、下顶出器。

5.8.3.3 成型肘形头外屏蔽层

（1）模具结构

模具由流道板、模芯、上模和下模组成，三开模，模腔数为2（图5-144）。来自注射孔的胶料，通过主流胶道对称地进入两个竖直的支注胶道，然后，由注胶口进入模腔。主流胶道是U形，宽8mm、深6mm，支注胶道是锥形，锥度4°，下端是小头直径ϕ5mm。注胶口在肘形头内侧直角附近，距离模腔5mm，注胶口尺寸深1mm、宽5mm。

产品上有两个与大孔贯通的小孔，成型这两个孔的短模芯固定在可在下模里滑动楔块上，合模时，上楔块驱动下模上的楔块使短模芯与大模芯贴住，开模时，在弹簧作用下，楔块带动短模芯脱离大模芯，产品上的贯通孔部位没有飞边，操作简单方便，如图5-145所示。

在产品端部挂耳部分有导线环嵌件。成型时，先给嵌件包胶，并给该部位模腔放入适量的胶料，再将该嵌件放入模腔。

注射成型工艺参数：上热板温度180℃，下热板温度185℃，挤出机65℃，注射桶60℃。注胶量400cm³，塑化延时300s，注胶时间61s，硫化时间400s。开模后，产品落在模芯上。模芯可以向上旋转120°，小头朝外，便于从模芯上取产品操作，如图5-146所示。

图5-144 下模开模状态

图5-145 产品脱模前状态

图5-146 手工脱模

（2）肘形头外屏蔽层嵌件部分卷气缺陷原因

在成型肘形头外屏蔽层时，将导线环嵌件放入模腔，同时给其上下面放入适量的胶料。如果给模腔嵌件部位（图5-147）添加的胶料量不足，就会导致产品在该部位卷气的缺陷，如图5-148所示。

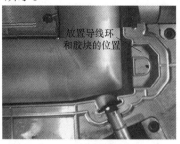
图5-147 放置导线环嵌件模腔位置

图5-148 肘形头导线环嵌件部位卷气

5.8.3.4 成型肘形头绝缘体

（1）模具结构

肘形头产品如图5-149所示，以内屏蔽管、外屏蔽层和铝质封胶盖为嵌件，用绝缘胶注射成型。模腔数为4，模具由流道板、模芯、上模和下模组成，如图5-150所示。胶料从产品端头外屏蔽层的孔注入模腔，注胶孔直径ϕ6mm。模芯由长短两段模芯组成，短模芯固定在模芯架上，长模芯插入短模芯的孔里，间隙配合，长模芯另一头搭在模芯架侧部的横梁上。

图5-149　肘形头产品与注胶道

图5-150　下模开模状态

（2）成型工艺

开模后，产品落在模芯上。工艺参数见表5-7。

表5-7　33kV肘形头绝缘体注射成型工艺参数

温度				
上模	下模	挤出机	注射桶	内屏蔽管、外屏蔽层和铝质封胶盖预热
170℃	168℃	65℃	65℃	60℃
塑化过程				
阶段	塑化延时	1	2	3
胶量/cm³	0	103.9	2080	2130
螺杆转速/(r/min)		90	130	50
背压/MPa		0.1		
时间/s	250s			
注射过程					
阶段	注射延时	1	2	3	保压	
胶量/cm³	2130	1500	600	51.9	1	2
速度/(mm/min)		7	7	7		
压力/MPa		80	80	70	130	140
时间/s	1				5	5
硫化过程		
硫化时间	锁模力	注射单元提升时间
800s	3976kN	560s

注：塑化时间300s；注射时间165s；功能选项：上顶出器、下顶出器。

（3）肘形头绝缘体封胶盖处开裂缺陷

封胶盖外端尺寸ϕ22.05mm，中部尺寸ϕ17.05mm；模腔对应尺寸ϕ21.8mm，中部尺寸ϕ16.9mm。每次成型后，嵌件卡在模腔里，强制脱模时，就将产品上嵌件侧面拉破或者拉裂，如图5-151所示。这样一来，裂纹就成为产品被击穿的隐患，如图5-152所示。

当将封胶盖嵌件修改为外端尺寸ϕ(21.8±0.10)mm和中部尺寸ϕ(16.9±0.5)mm后，再没有发生产品卡在模腔里的问题了，产品外观也正常了。

图5-151　肘形头封胶盖嵌件与胶料之间开裂

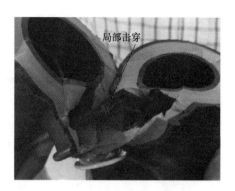

局部击穿

图5-152　击穿发生在开裂位置

5.9▸▸ 波纹管模具设计

5.9.1　波纹管产品特点

① 波纹管产品外观形状为波纹形，波纹的深度大约为波纹间距的一半，比如两个波纹间距20mm，波纹深度就为10mm左右。波纹管具有径向和轴向的挠性伸缩特性，多用于保护包覆的线缆等用途，比如汽车转门上线缆护套、线束穿线管、汽车或者机器上的防尘罩等。

② 波纹管中间部分壁比较薄，一般壁厚0.8~2mm，两端用于连接固定的部分比较厚，约3~5mm。

③ 波纹管除了有波纹外，其端头形状有不同的方式，以满足不同的安装要求。比如有

图5-153　线束波纹管产品

的一头大一头小，有的一头有90º的转角，有的两头都有转角，而且，转角角度也不同等。图5-153为线束波纹管，一端是矩形条和卡口，另一端是旋转90º的椭圆形卡口。

④ 波纹管外形分为圆柱形、锥形、矩形和多边形等形状，矩形和多边形尖都有过渡圆角。

5.9.2　波纹管模具设计

5.9.2.1　分型面选择

对于轴向较长的波纹管，一般选择分型面通过波纹管的轴线，而且垂直于开模方向，如图5-154所示。这种分型方式，模具加工容易，脱模时，产品落在模芯上，采用吹气的方式脱模比较方便。图5-155为与8支注胶嘴冷流道体配合的波纹管模

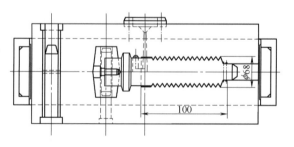

$\phi 68$

100

图5-154　波纹管模具截面图

具，每个支注嘴对应2个模腔，共16个模腔。

对于长度短的波纹管，采用哈夫块结构，开模方向平行于波纹管轴线，可以排布更多的模腔。在这种模具上，模芯固定在下模，开模后，模腔自动分开，产品落在模芯上，顶起模芯通过吹气的方式将产品脱模，操作也比较方便，如图5-156所示模具。

对于轴线是曲线的管状产品，可以选择通过轴线或者垂直于轴线的面作为分型面。如图5-157所示弯管产品模具分型面是通过波纹管的轴线的曲面，有利于模腔加工和产品脱模。

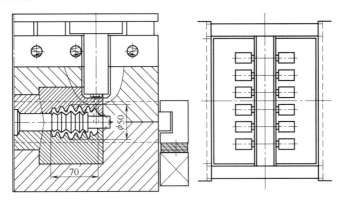

图5-155　配冷流道体波纹管模具

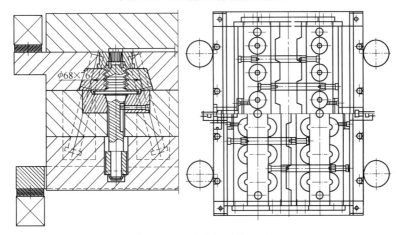

图5-156　哈夫块结构模具

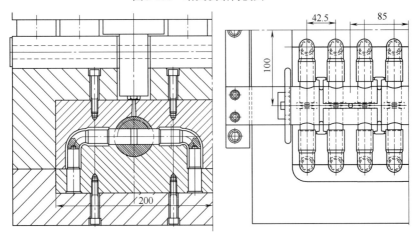

图5-157　曲面分型面模具

5.9.2.2 注胶方式

（1）端部注胶点

对于端部厚度大而且允许有较大注胶口痕迹的产品，可以选择端部点注胶方式。如图5-155所示，胶料从产品的端部侧面注入模腔，图5-156胶料从产品顶端的针尖注胶口注入模腔。

（2）端部环形注胶口

通常，波纹管细长，端部厚，中间壁厚均匀而且比较薄。如果产品不允许有较大的注胶口，就采用环形注胶口，如图5-158和图5-159所示模具。在距离模腔大头0.5mm的位置，有一个环形注胶槽，断面形状为4mm×5mm梯形，与模腔由厚度为0.2~0.5mm的环形注胶口接通。注胶槽和注胶口厚度根据产品大小和胶料流动性确定。在注胶槽支流道的对面，有一个螺钉状堵头，以便于脱模时，进胶槽料头由此处断开。胶料从模腔大头向小头流动，从分型面或者模腔小头端部排气。因此，这种结构有利于模腔的排气，不需要抽真空。

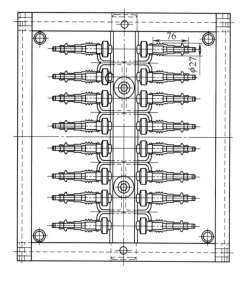

图5-158 配冷流胶道体波纹管模具

图5-159 多模腔波纹管模具

（3）多点注胶口

当波纹管比较薄，从一头注胶时胶料流动阻力大时，就采用侧部多点的注胶方式。在每个波纹处有一个注胶口。脱模后，胶道料头与产品分离后在产品上留有一个小痕迹，如图5-160所示，注胶口直径1mm。

图5-161为线束波纹管模具，8个模腔对称排布在模芯架两侧，模芯固定在模芯架上。波纹部分壁厚0.8mm，不适合端部注胶，采用多点注胶方式。主流胶道和支流胶道对称开设在模芯架上面。胶料从模腔一侧波纹顶部注入，注胶口尺寸ϕ0.8mm。在非注胶区域的分型面有余胶槽，以便于溢胶和模腔排气，余胶槽距离模腔0.4mm，尺寸R为1.5mm、深1.5mm。脱模架固定在下顶出器上，脱模架中间梁上有T形凸缘，与模芯架下端的T形槽匹配。模芯架前端有手柄，可以手动拖动滑出。两套模芯架交替成型和脱模。在机台前方有放置模芯架的操作台，供脱模用。硫化完成后，在脱模架顶起后，先将带产品的模芯架拉出来，清理好模具后，将另一套模芯架放入模腔，开始新的循环。然后再从模芯上取下波纹管产品。

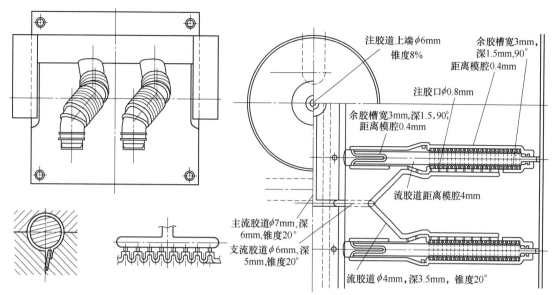

图 5-160　转弯波纹管模具侧部多点注胶

图 5-161　线束波纹管侧部多点注胶模具

（4）侧部薄膜注胶口

有的产品不能有明显的注胶口痕迹，采用薄膜注胶口，可以避免明显的注胶口痕迹。如图 5-162 所示，在流胶道与模腔之间是一个楔形注胶口，注胶口后端厚度 2mm，与模腔接通部分厚度 0.05mm，距离模腔 0.2mm，与模腔重叠部分宽度 2mm。

5.9.2.3　定位方式

模芯与模腔板的定位方式，一种方式是通过模芯大头的锥面轴向定位，两头的圆柱面径向定位，如图 5-154；另一种方式是通过模芯架轴向定位，模芯两端圆柱部分径向定位，如图 5-159 所示。

对于哈夫模结构，上、下模板靠定位锥销定位，哈夫块之间 X 向通过与之相配的上模的斜面定位，Y 向通过销钉（图 5-156）或者模芯定位。

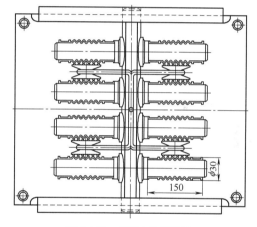

图 5-162　8 腔波纹管模具

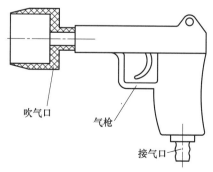

图 5-163　脱模气枪

5.9.2.4　波纹管的脱模方式

一般波纹管壁薄，在热的状态下，用气枪吹很容易脱模。当开模方向垂直于波纹管的轴线时，开模后，波纹管落在顶起的模芯上，借助于脱模气枪（图 5-163）就可以使波纹管脱模。当有一排模腔时，一般排列在模芯架的一侧，波纹管的小头向着操作者。当有两排模腔时，一般对称地排列在主模芯架的两侧，波纹管的小头朝着机器两侧。开模后，操作者从模芯架两侧取产品。

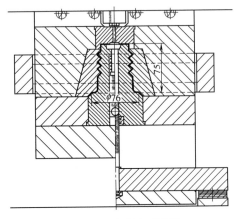

图 5-164　产品自动脱模

对于一头没有口的波纹管，可以使用自动吹气的方式使产品脱模。开模后，模芯顶起，压缩空气通过吹气阀将产品从模芯上吹下来。操作者只需要拿下产品，清理模腔，即可开始下一个循环，如图 5-164 所示。

图 5-165 是护套模具，有 16 个模腔。胶料从模芯架底部和侧部流胶道到达模具两端，然后，经过支流胶道和注胶口进入模腔。每个模芯上有一个吹气阀，开模后，机器控制压缩空气通过模芯架里的通道和吹气阀，吹胀产品脱模。

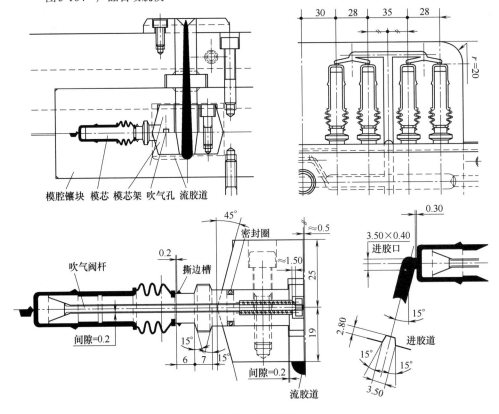

模腔镶块　模芯　模芯架　吹气孔　流胶道

图 5-165　护套模具

5.9.3　波纹管模具实例

5.9.3.1　线束波纹管模具

模腔数为 16，两开模结构，两套模芯交替硫化和脱模。模具配 8 支注嘴冷流道体，每个支注嘴在分型面向两个模腔注胶，如图 5-166 所示。在每个模腔大头端部有个环形注胶道，向模腔注胶。环形注胶道不是整圆环，以便于注胶道胶头脱模。模具没有抽真空系统。

　　模芯架左、右两侧对称各固定8个模芯（图5-167）。模芯由模芯端头和模芯主体两部分组成。每侧8个模芯端头由一个模芯架的边框梁连接，可以同时与模芯主体分离，如图5-168所示。模芯架的顶起、落下以及滑出、滑入动作，均由机器自动完成。模芯架滑出后，一侧一个操作工，同时进行清理模具和产品脱模操作，如图5-169所示。

　　顶出器有两层滑道，每层滑道上有一套模芯架。开模时，机器自动将有产品的模芯架推向前方准备脱模（图5-170），将另一套去掉产品的模芯架推入机器，准备成型产品，如图5-167所示。上层模芯在模腔区，模芯框伸向机器后方，图5-171，下层模芯在机器前方，在脱模。

图5-166　模腔

图5-167　模芯架

图5-168　模芯端头与主体分离

图5-169　两侧同时操作脱模

图5-170　开模中

图5-171　模芯架后端

　　模具温度：170℃，硫化时间：2分30秒。由于南方环境湿度太大，当停机时，设定待机温度包括注射单元为60℃，以防止机器或者模具生锈。同时，在成型时，设定注射单元温度90℃，以便于挥发掉胶料里的水分，防止产品上出现气泡缺陷。

5.9.3.2　异形防尘罩模具

　　图5-172为异形防尘罩产品，轮廓为不等边六边形，比较矮宽，适合于水平放置成型。模具结构为四开模（图5-173），模腔为哈夫块结构。第1层是热流道板，第3层是哈夫模腔板，斜销装在第2层模板上，模芯装在底板上，如图5-174所示。

　　哈夫分型面平行于产品长的侧边，并且在产品断面最大的位置分型，分型面是有3个平行面的阶梯分型面。

　　哈夫块通过底部的T形条与启模框连接在一起，启模框固定在机器的下顶出器上。开模后，下顶出器顶起哈夫块，产品落在下模，取产品和清模都很方便，如图5-175所示。

　　注射孔的胶料通过流道板的注流道和纵向锥流道（图5-176），进入哈夫块之间的流胶

图 5-172　异形防尘罩产品

图 5-173　合模状态

图 5-174　排胶状态

图 5-175　产品脱模状态

图 5-176　开模状态

图 5-177　产品与胶道

道，然后，对称地从注胶口进入模腔。注射孔孔径 6mm，锥度 6°，流道板上流胶道为 U 形，6mm（宽）× 5mm（深）。哈夫块里的支注胶道尺寸为圆形直径 4mm，注胶口 0.2mm（厚）×6mm（高）。模具流道系统分布和尺寸对称，以使各模腔获得平衡的注胶速度，如图 5-177 所示。这种从哈夫块分型面注胶，既保证了注胶口的痕迹小，又方便了模腔排气。

　　哈夫块侧面斜度 15°，斜销的斜度 14.5°。这样在斜销拉开哈夫块的过程中，哈夫块与模板配合的斜面不会干涉。哈夫块上斜销孔内侧较大，即斜销只拉开哈夫块，哈夫块的合拢靠与之相配的斜面推动。

5.10▶▶隔膜模具设计

　　隔膜也叫皮膜，按材质结构分类，有夹布隔膜、带金属骨架隔膜（图 5-178）和纯胶隔膜（图 5-179）。隔膜有 2 种形状：一种是中央有孔，另一种中间没有孔。后者隔膜比较小，如图 5-180 所示。隔膜的形状多为圆形，中间部分壁很薄，在 0.6~1.6mm 左右，孔周围和外边缘都比较厚，用于固定隔膜。隔膜多用于隔离介质和传递压力，对壁厚尺寸公差要求很严。

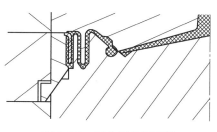
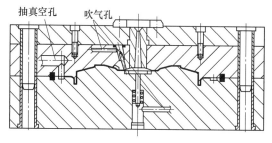

图 5-178　带金属骨架隔膜　　　　　　　图 5-179　纯胶隔膜

成型隔膜的方法有模压法和注射法，其中夹布隔膜不适合注射方式成型。与模压法相比，注射法成型控制隔膜壁厚尺寸精度高，质量稳定，生产效率高。

5.10.1　隔膜的注胶形式

隔膜产品的壁厚一般都很薄，通常采用对称均衡的注胶方式。对于中间有孔的隔膜，采用环形注胶口方式，对于中间没有孔的隔膜，采用中心注胶口形式。而且，抽真空是隔膜成型的常用选项。

5.10.1.1　中心注胶口

图 5-180 为多模腔膜片模具，该膜片中心部分壁厚周围壁薄，外廓尺寸小，采用中心针尖注胶口的注胶方式，以保证模腔均匀注满。注胶口直径 1.5mm，脱模后，留在膜片上注胶口痕迹轻微。该模具与 4 支注嘴的冷流道体配合，每个支注嘴对称地向 4 个模腔注胶。膜片比较浅，采用吹气方式脱模。

图 5-181 所示膜片产品壁薄而且高，使用支注射孔直接注胶方式，注胶口阻力小。分型面选在产品外径最大的台阶处，有利于模腔排气和产品脱模。在模芯锥面配合的下端有抽真空通道，在分型面和模芯上有密封件。开模后，顶起模芯，手工取产品脱模。支注射孔料头带在产品上，需要修除。

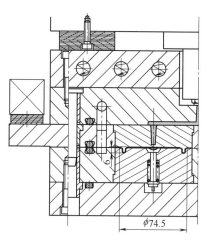
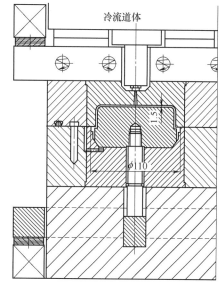

图 5-180　多模腔膜片模具　　　　　　　图 5-181　中心注胶点模具

5.10.1.2　环形注胶口

对于中间有孔的隔膜，一般使用环形注胶口。如图5-182所示，小膜片产品中间孔比较小，胶料从产品顶部内孔端部环形胶口进入模腔。模芯顶部是球形，有利于胶料对称进入模腔，注胶口厚度0.1~0.2mm，高度0.2~0.3mm。开模时，注胶道料头在注胶口位置与产品分离，手工取出胶道料头和产品。在分型面的排气槽与每个模腔的余胶槽接通，使模腔排气畅通，在热流道板上的流道对称排布，保证注胶平衡。

如图5-183所示，来自冷流道体支注嘴的胶料，通过膜片形的胶道进入模腔。膜片中心厚度约2mm，与模腔接通的尺寸为0.2（厚）mm×0.5（宽）mm。在模腔与膜片胶道之间有一个三角形的环形槽，距离模腔0.1~0.2mm，深度1.5mm左右，以减小胶料的流动阻力，也有助于膜片与胶道料头在注胶口处撕边分离。

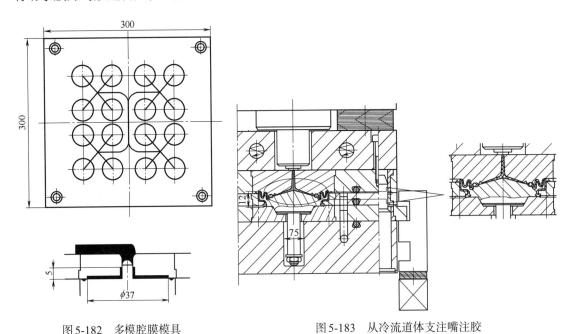

图5-182　多模腔膜模具　　　　　　　　　图5-183　从冷流道体支注嘴注胶

5.10.1.3　流道注胶

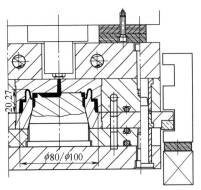

图5-184　流胶道注胶模具

对于大产品使用膜片方式注胶时，膜片胶道料头浪费的胶料会很多。如果产品内孔附近壁比较厚，可以采用流胶道的注胶方式。如图5-184所示，来自冷流道体支注嘴的胶料通过4个流道进入模腔。注胶口为矩形，厚度0.2~0.4mm，宽度12~15mm。

图5-185所示，来自流胶道的胶料，通过潜水式注胶道进入模腔比较宽敞的部位。注胶口尺寸φ1.5mm，在模腔上注胶口有一个0.3×45°的倒角，以便于拉断注胶口料头时，不拉伤产品。

5.10.1.4 传递注射

当隔膜轮廓尺寸小而端部壁厚度比较大时，可以采用注射传递的方式，以排布更多的模腔，减小胶道废胶。如图5-186所示传递注射模具，每个模腔2个针尖注胶道，注胶口直径为1~2mm。

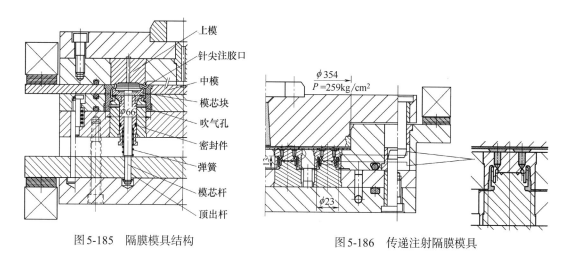

图5-185 隔膜模具结构   图5-186 传递注射隔膜模具

5.10.2 隔膜的脱模方式

一般隔膜壁薄，借助于压缩空气手工脱模比较方便。如图5-187，中模与下模分离后，在模芯顶起过程中吹气，使产品与模芯分离。然后手工取下隔膜。对于图5-188所示浅的膜片，在卧式注射机上，使用吹气阀和滚刷功能，实现产品脱模和清理模具自动操作。

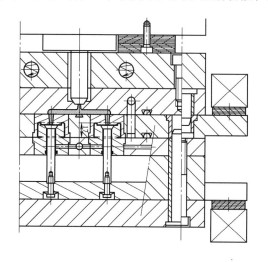
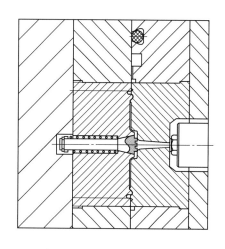

图5-187 多模腔中心注胶点模具   图5-188 卧式注射机上的膜片模具

对于如图5-185所示较深的隔膜产品，需要顶出与吹气结合的方式脱模。在将模芯杆顶出到一定高度时，模芯块在弹簧的作用下向上移动，当模芯块与下模形成间隙时，启动吹气动作使隔膜产品脱模。

5.10.3 双层模腔模具

使用双层模腔模具，会使生产效率提高将近1倍。图5-189是隔膜产品，规格：236.47mm×88.34mm×35.96mm；胶料：EPDM（自润滑）；收缩率：2.2%。该产品内孔最大允许飞边尺寸：0.4mm厚、0.6mm宽，所以，选择环形注胶口。模具结构如图5-190所示，特点如下。

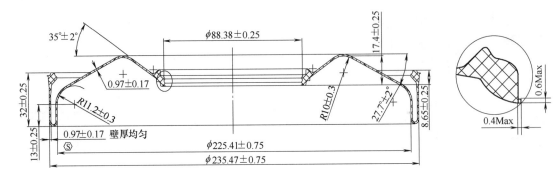

图5-189 隔膜产品图

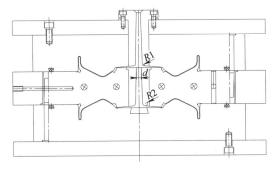

图5-190 双层隔膜注射模具结构

① 在产品脱模时中模需要悬空，在中模上安装有加热棒和测温探头，以确保模具温度稳定；

② 在中模与下模之间有弹簧，确保在开模排气时，中模与上模和下模的分型面都有缝隙；

③ 进入两个模腔胶料的平衡，可以通过注胶膜片厚度或者尺寸 d、R_1、R_2 调整；

④ 注射孔料头在开模时直接从最细处被拉断，或者手工剪断；

⑤ 产品成型参数：机器 REPV58，锁模压力 17MPa，注射压力 230MPa，模具温度 180℃，注射单元温度 65℃，注射时间 5s，硫化时间 90s；

⑥ 通常情况下，开模后，产品落在上模和下模；

⑦ 容易引起产品表面流痕缺陷的原因：模具温度不均匀；注胶时间太长；注胶量不足；模腔压力低；抽真空效果差；注胶不平衡。

5.11 ▶▶ 几种模具结构

5.11.1 汽缸垫模具

汽缸垫是由金属垫片与橡胶构成的复合密封件，主要用于汽缸的密封。汽缸垫一般工作温度比较高，而且还与油类介质接触，所以，密封胶料都采用耐高温和耐油类型的橡胶，比如氟橡胶，胶料黏度比较大。

橡胶一般在金属板上孔的周围形成一个封闭区域，高度1~2mm左右，宽度2~3mm，所以，用胶量很少，可是产品平面面积很大。如果采用模压的方式，胶量很难控制，操作难度大。一般都采用多点的注射方式，如果使用热流道板，流胶道浪费胶料量很多。因此，采用冷流道的注胶方式比较多。

由于冷流道体的支注嘴数量有限，而汽缸垫上需要的注胶点多，因此，即使使用冷流道体，还需要将来自支注嘴的胶料再分为多点注胶，也需要热流道板。一般冷流道体的支注嘴位于各进胶点的中央，如图5-191所示，每个模腔3个支注嘴，每个支注嘴分别向4~8个点注胶。

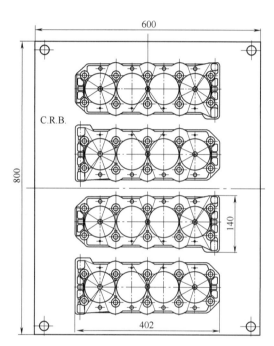

图5-191 模腔与支注嘴分布

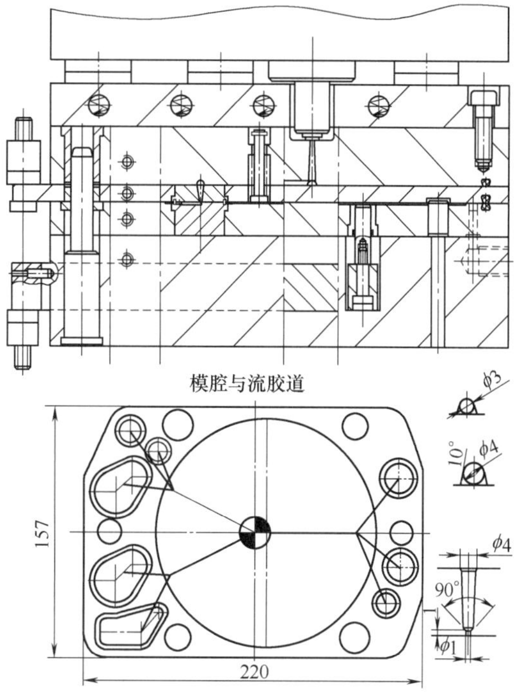

图5-192 汽缸垫模具和流胶道

热流道板上流胶道断面多为抛物线形，纵向流胶道为针尖注胶道，以方便脱模，如图5-192所示。主流道ϕ4mm、锥度20°，支流道ϕ3mm、锥度20°，注胶孔直径4mm，针尖注胶口直径1mm。

胶料一般从侧部进入密封模腔，如图5-193所示，如果纵向针尖流胶道直接进入模腔，胶口部位就不平整，容易影响密封效果。

成型时，模具上的定位销与金属件定位，并有压紧块，以免金属件翘起。流胶道都开设在模板上，尽量不要让胶料流到不需要胶料的金属件部分，由于金属件上有黏合剂，清理不方便。为了精确快速注胶和避免卷气，模具上

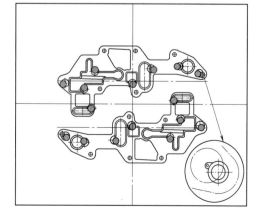

图5-193 汽缸垫模具上的注胶口

开设有抽真空系统。有时，为了方便汽缸垫产品脱模，使用顶出系统，在顶杆周围也有密封圈，防止抽真空泄漏，如图5-192。

螺杆泵的主要工作部件包括具有双头螺旋空腔的定子和在定子孔内与其啮合的单头螺旋螺杆即转子组成，如图5-194所示。二者相互啮合便形成密封腔，当螺杆被外力驱动时，它就在定子内做行星运动，并使密封腔容积不变地、匀速地向定子出口端移动，连续运动的螺杆产生连续运动的密封腔，从而使介质从定子的入口不断地吸入，从定子的出口不断地排出，所以螺杆泵是容积式泵。

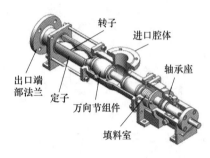

图 5-194　螺杆泵结构

由于橡胶定子在工作状态一直处于90℃钻井液中，且受到转子的高频率挤压，因此，要求橡胶定子的胶料具有强度高、硬度适中、耐老化性能好、疲劳强度大、扯断永久变形小以及与壳体的黏接强度高等物理机械性能。

定子产品一般由金属外壳和内橡胶层组成，内层橡胶在金属壳里形成内螺旋孔。定子模具就是用橡胶在金属壳里成型内螺旋孔。

（1）橡胶定子成型方法

成型橡胶定子的方法有一步注射成型、分步成型和连续成型等。

① 一步注射成型。对于小规格橡胶定子，一般在注射机上直接注射成型，如图5-195所示，这种方式产品质量稳定，生产效率高。模腔尺寸与定子外套相同，间隙配合。模芯与

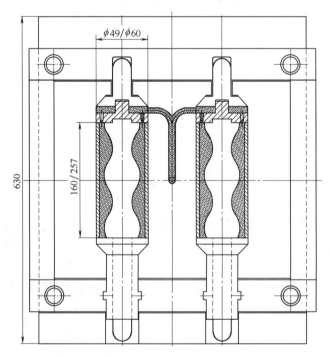

图 5-195　定子注射模具

定子腔体一致，由于橡胶与定子外套黏合，所以，在轴向几乎不收缩，只考虑径向橡胶部分的收缩率。模芯由两段组成，长模芯伸入定子外套，形成主要模腔。短模芯与定子外套端盖形成注胶道。长短模芯和端盖使定子外套在模腔里定位，同时，在开模时，顶起定子脱模。

② 分步成型。对于大规格定子，由于产品外形大，橡胶部分壁厚，如果在注射机上注射成型，要求的合模单元板面大，注射单元的注射量大，而且，产品硫化时间长，有时模芯需要在室温下脱模，生产效率比较低。因此，对于大规格定子，多采用分步成型，先给定子模具充胶，然后，再将定子放到烘箱里加热硫化。

给定子充胶有注射和挤出两种形式。分步法成型工艺如下：

a. 将模芯组件和定子外套在烘箱预热至80℃；

b. 将预热的模芯组件和定子外套与充胶机器连接；

c. 将预热至90℃左右的胶料挤入模腔；

d. 将充满胶料的定子和模芯组件与机器分离；

e. 把充满胶料的定子组件和模芯放入烘箱，升温150℃，硫化，硫化时间由胶料和产品壁厚确定，比如30min；

f. 将定子和模芯从烘箱取出来，冷却；

g. 将模芯组件与定子分离，修除飞边和注胶道料头。

注射充胶方式的优点：注胶速度快、压力高，注射速度和压力可以按照需求控制，注胶量准确；缺点：设备投资大，注胶量受机器最大注射量限制，如果超出机器的注射量，需要多次注射。

挤出充胶方式优点是机器简单，操作方便，充胶量没有限制，充胶速度稍慢，充胶量控制精度低。

③ 连续成型。连续法成型橡胶定子装置，包括多组定子模具加热装置和夹紧机构，一组可移动挤出注料挤出机或者注射单元，多组模芯抽出机构，定子吊装操作等装置。

定子模具加热装置，加热方式是通过热油在夹套里循环。该夹套是哈夫结构，可以打开取出模具，闭合加热模具。另外，夹套长度可伸缩，以适应不同长度产品的成型，如图5-196所示。

有多个模具加热工位，每个工位都有模具与充胶机器快速对接夹紧机构和模芯分离机构。有一台注胶注射单元或者冷喂料挤出机。注胶设备可以横向移动，与各工位的模具对接注胶。注射头与定子模具通过快速连接机构连接或者分离。机头有压力传感器，通过压力有效地控制注射量。

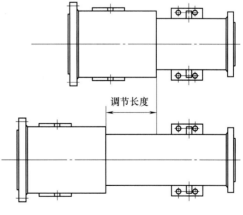

图5-196 加热烘道

硫化结束后，将模具和产品与机器分离，取走模具在别的工位冷却脱模。然后，安装新的定子外套，成型下一个产品。

硫化工位的个数依据注胶和脱模时间长短来确定。连续成型法的产品成型过程在一个场

图5-197 前端盖快速锁紧机构

地进行，设备投资少、生产效率高。模具卡紧、模芯分离机构都由液压系统驱动控制，操作快捷省力。

（2）模具结构

分步法和连续法模具结构相似，模腔由模芯、定子外套、前端盖和后端盖组成。

前端盖有凸缘，用来将模具在机头（图5-197）上装夹。前端盖里的注胶道孔径与机器流胶道（图5-198）对接，应平滑过渡，尽可能避免死角。胶料通过4个或者2个流胶道进入模腔（图5-199），具体尺寸取决于胶料黏度和产品尺寸大小。有时，在模具与注胶机器分离后，为了防止胶料从注胶口泄漏，在注胶口上加装堵头，堵头上有小孔，用来在硫化过程中胶料溢流，避免模腔压力太高。

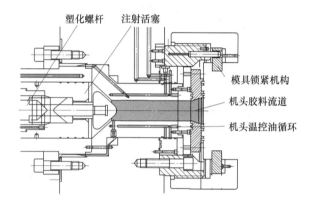

图5-198 注射头结构

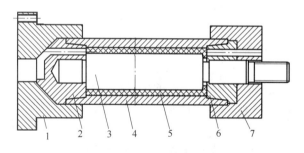

图5-199 定子模具结构

1—前端盖；2—注胶锥头；3—定子芯轴；4—定子钢管；5—定子橡胶衬套；6—出胶锥头；7—后端盖

后端盖，用来支撑模芯和封胶。在后端盖上，开设有排气孔。排气口的大小保证模腔里的空气畅通排出，同时，保证模腔里形成足够的成型内压。有时为了加快注胶过程的排气效果，在注胶过程中拆掉排气口堵头，注完胶后再将排气堵头装上。

定子产品要求橡胶壁厚一致、同心。从一端注胶时，模具会受到巨大的推力。模芯应当固定牢固，避免模芯变形。注胶口对称排布，使胶料均匀进入模腔，避免偏心。一般模芯一端固定，另一端径向定位轴向自由，防止胶料对模芯的轴向推力导致模芯弯曲；模芯使用强度高的材料加工。

定子模具加热结构如图5-200所示。模芯与定子脱模前如图5-201所示。

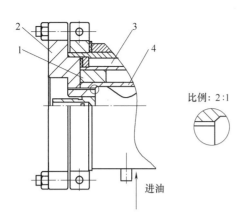

比例：2∶1

图 5-200　定子模具加热结构

1—定子环；2—后端盖；3—热油通道；4—定子

进油

图 5-201　模芯与定子

5.11.3　垫环模具

垫环产品和模具结构如图5-202所示，模具为两开模，分型面通过产品的轴线。模腔排列6排，每排12个模腔，其中分为前后两组，每组6个模腔，两组之间距离较大，供流胶道通过。

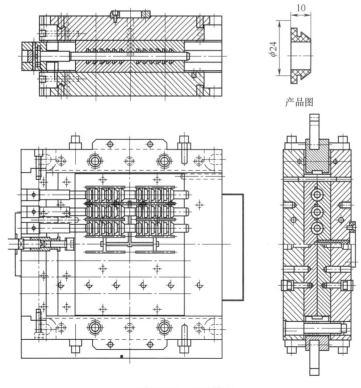

10

ϕ24

产品图

图 5-202　垫环模具

　　来自注射孔的胶料，在分型面中央主流胶道流向两侧支流胶道。每两排模腔之间有一个支流胶道，支流胶道在对应于模腔的位置，有向两侧模腔注胶的注胶口。支流胶道距离模腔0.35mm，注胶口宽度3mm、深度0.1mm。由于流胶道不是对称排布，所以，主流胶道、支流胶道，都采用鱼尾状流道结构，以保证所有模腔注胶速度平衡。在模腔的另一侧有溢胶槽，也可以排气。溢胶槽很浅，而且距离模腔较近，溢胶飞边可以与产品连在一起脱模。

　　流胶道跨过模芯时，是等效流通截面积的环形流道。模芯与模板是过渡配合，所以流胶道在模芯上的飞边很少。

　　模芯架是个匚形结构，两侧横梁与机器顶出器连接固定。每排产品使用一根模芯，模芯固定在端部横梁上。

　　在模腔与模芯架端部横梁之间有一个脱模推板，推板套在模芯上，由固定在端部横梁上的汽缸驱动。

　　模具打开模芯架被顶起时，汽缸动作，推板向前将模芯上的产品和流胶道料头推下来脱模。也可以在推板上、下安装吹气阀，这样在推产品同时，可以吹气清理模腔。

　　这种产品全自动操作成型，生产效率高。使用这种脱模方式要求产品内孔光滑没有台阶，并且，产品允许有轴向分型面，允许从侧部注胶，即有侧部注胶口痕迹。

5.11.4　垫套模具

　　垫套产品的内部环形槽较大，脱模比较困难。采用图5-203模具结构脱模就相对方便了。开模时，先使上模与下模分开，然后，下顶出器顶起模芯和胶件，飞边也连在模芯上，手工完成产品脱模。为了使飞边在脱模时由产品带出模具，在模芯底部的余胶槽是间断的，而且余胶槽与模腔之间由0.1mm（宽）×0.1mm（深）的槽连通。这种模具不需要抽真空，操作比较方便。

5.11.5　医用多孔软管接头模具

　　在医疗中，用到多孔导管（也叫多孔软管）如图5-204所示，用来通过不同的孔向人体内输送不同的液体或药物。多孔导管需要大口接头以便于连接或者添加药物操作。这些导管和接头都是由医用硅橡胶加工，一般先用挤出方法成型多孔导管，然后，用模压或者注射的方法成型接头。

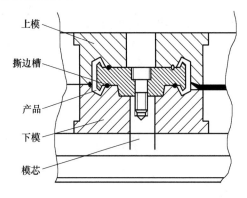

图5-203　垫套模具结构

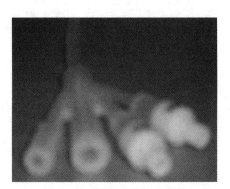

图5-204　医用多孔软管产品

接头形状也很小，用液态硅橡胶注射成型时，用胶量很少。由于一根导管接头需要几个模芯，如图5-205所示，操作比较复杂。通常一副模具分两层模腔，成型4个接头产品，如图5-206所示。用注射模具成型导管接头的工艺要点如下。

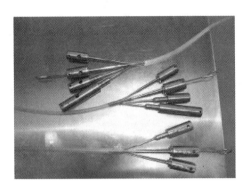

图5-205　模芯与多孔软管

图5-206　医用多孔软管接头成型模具

① 模芯伸入导管后，模芯端头应与软管支孔吻合，一般模芯与导管为过渡配合。而且，几个模芯端头形状相吻合，比如4个模芯端头组成一个圆柱。模芯伸入导管的深度应超出模腔5mm左右，以便于模腔密封。

② 一般接头端口较大，在模腔模芯部分为锥形，逐步渐进变大，具体尺寸由产品要求确定。模芯与模板配合为动配合，为了精确定位模芯，每个模芯与下模有一个短的定位销。模芯伸出模板20~30mm，而且大端有一个孔，以便于脱模操作时用。

③ 胶料从注射孔到这两个分型面，然后，在每个分型面由两个支流胶道进入两个模腔，支流胶道为圆形，直径4mm。注射孔距离模腔约12mm，小端直径4mm、锥度6°，在下层锥孔下模有个冷料坑，以便于在开模时拉断注胶孔料头。

④ 进入模腔的注胶口为薄膜状，比如10mm（宽）×0.1mm（深），胶料从一侧进入模腔。为了防止注射时模腔压力太大将软管挤变形或者移位，一般采用等压注射，只设定注射时间和注射压力比如2MPa，只要注射时间完成，就开始硫化，保证了模腔压力不会太大。

5.11.6　插头垫模具

用硅橡胶成型的插头垫安装在插头或者插座上，起到绝缘和缓冲插头插接作用。产品结构比较简单，像一个圆周带凸缘的圆形垫片，中间有许多孔。垫片直径20~30mm不等，小孔直径1.5mm左右，每个垫片上有30个左右的小孔，厚度3mm左右。

由于这类产品规格比较多，用量也不相同，为了便于成型，将每个规格的产品做成一个独立组合的模腔镶块。每对镶块的外形、定位位置、注胶口位置和尺寸都相同，如图5-207和图5-208所示。镶块可以被装在一个通用的模框上，如图5-209和图5-210所示。

模腔镶块上、下模都有独立的定位系统，镶块与模框也有定位销。模腔镶块的流道和注胶口与模框上的流道对应匹配。一个模框上有6个模腔镶块的安装位置。需要成型某个产品时，只需要更换相应的模腔镶块组合即可。模腔镶块与模框由螺栓固定。6个模腔镶块的安装位置可以安装不同的模腔，一般模腔对称安装比较有利于模腔平衡，比如同时生产1种或者2种或者3种产品。另外，也可以安装空白镶块，满足不同生产量的需要。

图5-207　上模镶块　　　图5-208　下模镶块　　　图5-209　上模　　　图5-210　下模

为了防止将模腔里的细针压坏，在细针底部有一层铜皮和一层3mm厚的橡胶垫，这样既保护细针防止损伤，又使细针的顶部始终与上模接触，避免孔部位产生飞边，如图5-207所示。

由于用胶量很少，成型时选择压力控制注胶的方式。当注胶压力达到设定值并保压时间完成时，就结束注胶，从而避免在分型面产生太多的飞边。

5.11.7　三指套模具

三指套产品像一个手伸出的3个指头，如图5-211所示。使用时，大套套在电缆上，3个支孔套在分开的3根支线上，起到电缆绝缘和防护作用。产品材质一般为固态硅橡胶，要求有较大的伸长率，如300%左右。这类胶料的收缩率大约3%。

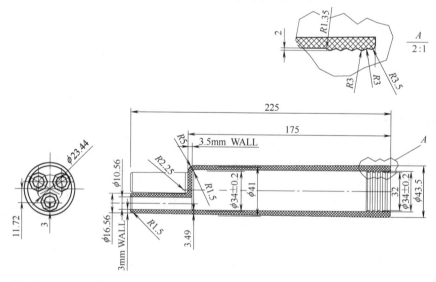

图5-211　三指套产品图

模具结构如图5-212所示，4个模腔对称分布。模具由4组模芯和7层模板等组成，包括1层热流胶道板，成型时按3层模打开。

　　如图5-213所示，来自注射孔的胶料，在热流胶道板上经过主流胶道、支流胶道和次流胶道，对称地分为与指套对应的12个注胶点，然后，经过竖直注胶孔到达每个指套顶端的膜片状注胶道。流胶道断面为半圆形，主流胶道断面尺寸$R4mm$、深4.5mm，支流胶道$R2.5mm$、深4mm，次流胶道$R2mm$、深3mm，竖直胶道是锥形上端小，直径2mm，锥度2°。膜片状注胶口，膜片中心厚度2.7mm，注胶口厚度为0.2mm，如图2-214所示。产品内孔端部有一个0.3mm×0.3mm的台阶，胶料从此台阶处进入模腔。在大套的底端有抽真空通道，模具的分型面上都有密封条。

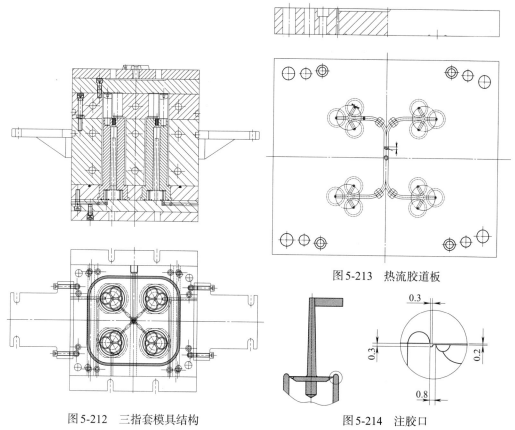

图5-213　热流胶道板

图5-212　三指套模具结构

图5-214　注胶口

　　为了脱模方便，在大套顶端有吹气阀。吹气阀上有复位弹簧，当停止吹气时，阀芯自动复位堵住气孔，防止胶料进入。吹气动作由机器控制，通过吹气时间控制吹气状态。一般开模后，产品自动吹气完成后，机器安全门打开，操作工取下产品，清理模具。脱模后，注胶膜片料头与产品分离很方便，不会损伤产品。

　　这种模具比较高，如果单靠机器热板加热模具，中模温度会比较低，不利于生产。为了确保模具温度均匀，除了机器上下热板加热模具之外，在模具的中模和模芯里（大套部分）都有加热管和热电偶。

　　模腔表面为亚光，以方便脱模和排气。

5.11.8　婴儿奶嘴注射模具

　　婴儿奶嘴由液态硅橡胶成型，模具是传递注射结构。如图5-215所示，模具有一个热传

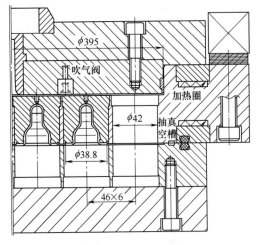

图5-215 婴儿奶嘴热传递腔注射模具结构

递腔、一个分型面，三开模结构。模腔以等三角形方式分布在传递腔的圆形范围内。

针尖注胶口在奶嘴的顶部，注胶口直径1mm，长度1mm。传递腔传递膜片厚度0.3~0.5mm，在传递腔有吹气阀，以便于脱模时取出传递膜片料头。在下分型面有一个0.1mm左右的缝隙，与模腔周围的抽真空槽连通，在抽真空槽外面有密封件。抽真空有利于快速传递注射，保证产品生产的稳定性。

加上传递腔后模具比较厚，在中模上、下面安装有加热圈和热电偶，以确保整个模具的温度均匀一致。

开模后，操作工从传递腔取出传递膜片料头，从下分型面取出由薄膜连在一起的产品，清理模具后，开始下一个循环。生产循环时间大约2min。由于两个薄膜分别把产品和飞边连在一起，清模很方便。在下分型面有撕边槽，产品脱模后，很容易与薄膜分离。

5.11.9 护套产品注射模具

护套产品结构简单、尺寸小，胶材料为SBR与NR并用，硬度50（邵氏A硬度）。模具为冷传递腔注射传递结构，在卧式注射机上成型，自动化操作，如图5-216所示。

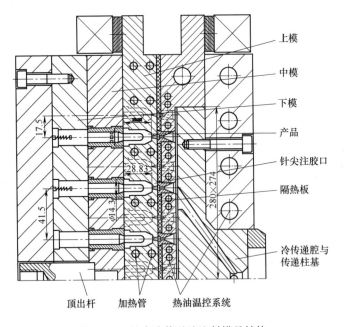

图5-216 护套冷传递腔注射模具结构

传递腔是矩形，在四角有圆角，模腔以正方形方式排布在传递腔的投影范围内。冷流道传递腔温度由上热板和温控油路控制，温度与注射单元温度一致，在生产循环中传递腔的传递膜片胶料不固化。在传递腔与模腔板之间有隔热板。上模由自带加热系统加热，中模和下模由下热板加热。

针尖注胶口在产品顶部。硫化结束时，固化的注胶口料头连在产品上，未固化的流道胶料与传递膜片连在一起，并在下个循环进入模腔成型产品。

动作顺序：中模和下模向左移动与上模分离；中模向右移动与下模分离，将模芯上的产品推下来；模具上方的滚刷下行，清理上模两分型面的飞边；模具闭合；向传递腔注射胶料；锁模传递胶料至模腔；硫化。在硫化过程中，挤出机塑化向注射桶输送胶料。一个循环时间大约2分30秒。

5.11.10　穿线盖模具

图5-217和图5-218分别是穿线盖产品和模具结构。如图5-219所示，模具为三开模结构，模具结构特点如下。

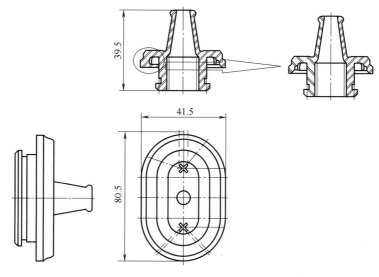

图5-217　穿线盖产品图

① 热流胶道，来自注射孔（小端直径5.5mm，锥度5°）的胶料，通过主流胶道（U形，宽6mm、深5mm）、支流胶道（U形，宽5mm、深4mm）、次流胶道（U形，宽4mm、深3mm）从潜水式注胶口进入模腔，潜水式注胶口直径1.5mm，长度2mm。

② 在上模垫板与上模之间使用了注胶套，避免胶料进入上模垫板与上模板之间的缝隙。

③ 下模镶块伸入中模板，二者之间是间隙配合H8/f7，由于模腔距离该配合面有大约4mm，所以，胶料不容易进入该配合面。

④ 开模后，产品和胶道料头落在中模上分型面，取产品和清理模具需要的空间大，清理下模飞边需要的空间小，所以，中模由机器的下顶出器顶起。

⑤ 模芯下端与下模镶块之间有0.05mm的间隙，因此，余胶槽胶料飞边可与产品连在一起脱模。

⑥ 由于机器的最小模具高度是210mm，而此模具实际高度约100mm，所以，模具使用了下模垫板。

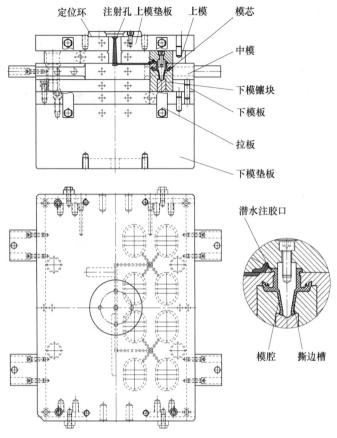

图5-218　穿线盖模具结构图

图5-219　穿线盖模具工作图

5.11.11　气囊模具

　　气囊产品和模具结构如图5-220所示，产品壁厚均匀、形状对称。鉴于产品顶部壁厚较厚，注胶口选择在产品顶部。胶料在热流道板经过主流胶道、支流胶道，然后，通过纵向针尖注胶道进入模腔。流胶道、针尖注胶道都对称排布、光滑过渡，保证注胶平衡。

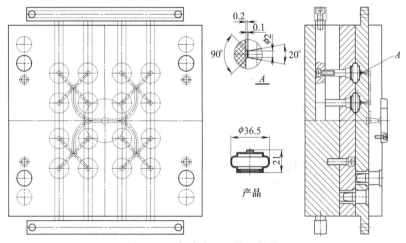

图5-220　气囊产品和模具结构

为了使针尖注胶道料头不拉伤产品，针尖注胶道的最细部位在距离产品顶部0.2mm的位置。这样，开模时，注胶道料头从最细处拉断，比较整齐，产品不需要修整。

胶料从上端注入模腔，下端排气比较方便。由于模腔下端的筋部位容易卷气，所以，末段注胶速度应慢，以避免卷气。

气囊产品中间大，两头小，开模后，气囊产品落在模芯上。模芯杆固定在横向连杆上，连杆两端与机器的下顶出器连接。顶出器顶起模芯后，手工从模芯上取下产品。

5.11.12 减震座模具

如图5-221（e）所示，减震座产品由骨架1、骨架2、骨架3和橡胶复合成型，其中骨架3是7层不同直径的钢质薄锥形环。产品要求骨架位置准确，与橡胶黏合牢固。模具结构如图5-221所示，有如下特点。

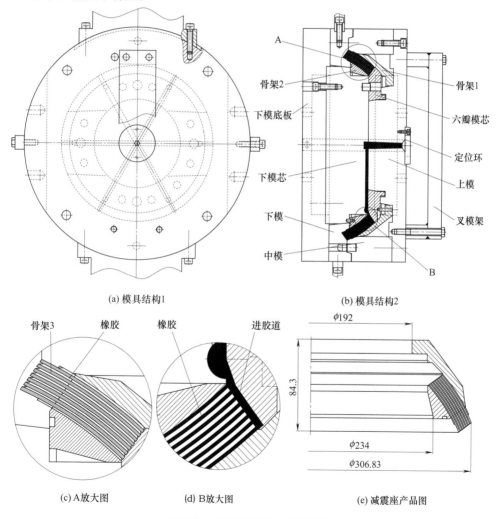

(a) 模具结构1　　　　　　　　　　　　　　　(b) 模具结构2

(c) A放大图　　　　　(d) B放大图　　　　　(e) 减震座产品图

图5-221 减震座产品与模具结构

① 来自注射孔的胶料在分型面流入6个流胶道，每个流胶道对应一个注胶口。注胶口在产品的上端，与骨架3的每层模腔相通。胶料进入模腔的顺序是由上至下，由内向外。在

注胶过程中，模腔里的空气沿着骨架1和2以及分型面逃逸，排气顺畅。

② 这种带骨架的产品，弹性变形很小，如果使用整体模芯，产品无法与模芯分离。为了在成型后上模能够与产品分离，将上模与产品接触部分分为六瓣模芯件。开模后，六瓣模芯可以向外滑动，以方便产品脱模和放置产品骨架。

③ 流胶道开设在上模芯上端，如果上模芯位置转动，胶料就有可能进入六瓣模芯的分型面，为此，上模芯与骨架1、上模和下模都有定位销，以确保上模芯位置固定。

5.11.13　中压冷缩终端产品模具

中压冷缩终端产品由固态硅橡胶成型。成型后，将其扩张约300%〔图5-222（b）〕，放入塑料支撑条管，使其保持扩张状态。使用时，先将其套在电缆上，然后，拉出支撑条，冷缩终端就紧紧抱住电缆端头，起到保护电缆的作用。

由于产品小头扩张比例大，如果小头端分型线处有凹坑、裂纹等缺陷，都会引起产品在扩张过程中或者扩张后的存放期间出现从小端头分型线部位撕裂的问题。为此，给产品小头端与注胶道之间增加了一个厚度1.5mm、宽度2mm的过渡段，因为过渡段壁薄扩张时内应力小不容易撕裂。这种硅橡胶流动性好，而且产品壁厚（3mm）比较均匀，适合于环形注胶口，因此，在过渡段端部开设环形注胶道，注胶道断面为半圆形，半径2.5mm，如图5-223所示。由于注胶道和过渡段增加了产品长度，对产品的使用性能没有影响，所以，成型后保持环形注胶道在产品上。实践也证明这种方式对防止产品开裂很有效。

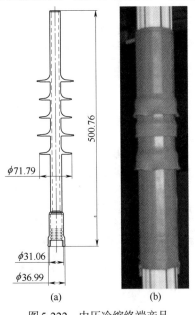

图 5-222　中压冷缩终端产品

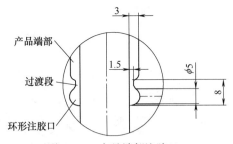

图 5-223　产品端部注胶口

如图5-224所示，中压冷缩终端注射模具由上垫板、流胶道板、上模板、下模板和下垫板5层组成。模腔由上下模腔镶块和模芯构成，4个模腔。上模板与上顶出器连接，模芯架与下顶出器连接，三开模结构。

在分型面距离抽真空密封槽15mm和距离模腔大约8mm的区域，加工1mm深的凹槽，该区域与抽真空孔接通。这样既方便模腔抽真空，也有利于分型面封胶，减小飞边厚度。抽真空口在胶料最后到达的模腔部位，尺寸0.2mm（深）×3mm（宽）×2mm（长）。

产品收缩率3%~5%，不同部位收缩率不同，伞页径向收缩率最大。模腔镶块材料B30HP，渗氮深度0.2mm，硬度HV580。

注射时，胶料从注射孔进入热流道板，然后，经过主流胶道、竖向流胶道、支流胶道和端部进胶道进入模腔。注射孔和竖向流胶道，都采用的胶道套，避免胶料进入模板接缝，也便于胶道维护。由于与环形进胶道接通的支流道直径比较大（ϕ5mm），开模后，需要先把胶道料头剪断，再将产品脱模。

模具由注射机的上、下热板加热，因为上模板距离上热板远，如果仅靠上热板加热，流胶道板温度会过高，不利于胶料流动安全。所以，在上模板上安装有加热棒和热电偶的辅助加热系统。在硫化中，可以稍微调低上热板温度，有利于胶料在流道板的焦烧安全。

产品上有伞裙，模芯抬起产品时脱模阻力大，而且模芯细长，所以，在模芯支架前端的横挡是活动的。抬起模芯时，模框两头同时支撑模芯。取产品时，将模芯支架前端横挡拿掉，操作方便。在前端横挡的模芯孔里安装有PTFE衬套，以减少模芯与横挡的传热，也防止模芯前端碰伤。中压冷缩终端产品模具结构如图5-224所示。

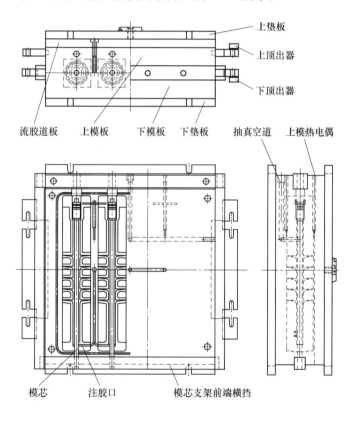

图5-224　中压冷缩终端注射模具

5.11.14　S20油封模具

S20油封胶料为丁腈橡胶，邵氏硬度75±5，收缩率2.2%。模具为三开模结构，按照流胶道等距离和对称原则，分为六组排布模腔，每组6个模腔，共36个模腔，如图5-225所示。根据产品质量要求，注胶口开设在产品的侧部，尺寸4mm宽，0.2mm厚，如图5-226所示。抽真空管从上模板后方接入，通过竖向孔上模、中模以及下模上的环形抽真空槽连通，然后，通过每组模腔的环形槽，与模芯上下端连通，通过模芯的锥面配合间隙抽真空。开模后，中模顶起，产品和流胶道料头落在中模上。手工取产品和胶道料头脱模。

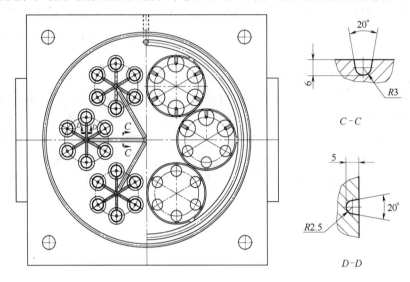

图5-225　S20油封模腔排布

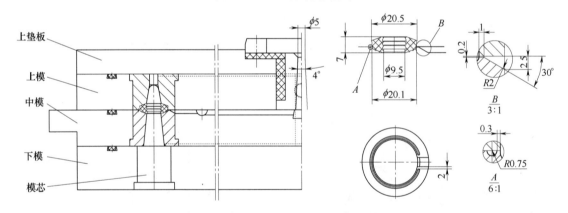

图5-226　S20油封模具结构

第**6**章

液态硅橡胶注射模具设计

液态硅橡胶具有低的黏度、无毒无害、耐高低温、良好的伸长率与强度等特性，广泛地应用于国计民生各个领域。液态硅橡胶的流动性决定了其成型设备、模具和工艺与一般固态橡胶不同。

6.1▶▶ 液态硅橡胶的性能与工艺特点

众所周知，硅橡胶产品从诞生到现在已有70多年了。硅橡胶分子主链由硅氧原子交替组成，在硅原子上带有有机基团，见图6-1；其分子链上的有机基团可以是—CH_3、—C_2H_3或—C_6H_5等，相应地称其为甲基硅橡胶、乙烯基硅橡胶或甲基苯基硅橡胶。硅橡胶耐高低温（–60~250℃），耐臭氧老化，并具有良好的电绝缘性能。

硅橡胶的硫化反应是一种放热化学反应，具有不可还原性；硫化后，其三维网状分子结构赋予了硅橡胶优异的物理和化学特性。

硅橡胶的硫化体系有过氧化物硫化体系和铂金硫化体系，其胶料主要由硅聚合物和填料构成。硅橡胶有液态硅橡胶和固态硅橡胶两种形式，其中固态硅橡胶的门尼黏度较高，通常称其为高密度硅橡胶（HCR），其加工方式与一般固态橡胶相同。

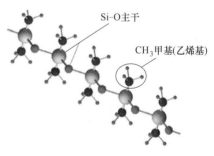

图6-1　硅橡胶主干结构

固态硅橡胶的分子量在400000~600000范围，属于线型聚合物。这些聚合物，含有平均6000个硅氧烷，黏度范围在15000~30000Pa·s之间。固态硅橡胶常用催化剂是芳酰基过氧化物和烷基过氧化物。

高密度硅橡胶是预处理型材料，在其混合处理过程中，就可能有非常轻微的硫化反应发生，然后桶装或者包装储存。

固态硅橡胶产品加工成型时，先将胶片剪裁或预成型，制成要求形状和尺寸的胶块，再把胶块放到模压模腔或传递模腔中，硫化后再从模腔里取出制件，经修边，再对一段产品进行二段硫化工艺，排出制品中残存的小分子物质。也可以使用注射方式成型。

液态硅橡胶的分子结构与固态硅橡胶相同，但液态硅橡胶中的聚二甲基硅氧烷分子链长度比固态硅橡胶短约6倍，其黏度减小了约1000倍。采用铂金催化剂催化氢化硅烷加成反应的液态硅橡胶的硫化反应没有副产物，这对于医用行业特别重要，除了不含有毒物质外，还具有更加稳定的力学性能、电性能和化学性能。

通常，硅橡胶分为单组分或双组分体系的室温硫化硅橡胶和高温硫化硅橡胶。高温硫化硅橡胶又可分为与一般橡胶加工方式相同的高密度硅橡胶和液态硅橡胶（LSR），见图6-2。

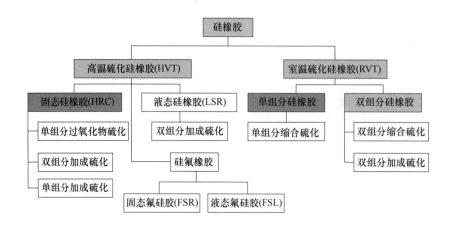

图6-2　硅橡胶的分类

液态硅橡胶一般由A和B双组分组成，其中A组分里含有铂金催化剂，B组分中含有用于交联的甲基氢硅氧烷和醇抑制剂，各组分组成为：

A组分主体聚合物为乙烯基封端硅油 $ViMe_2SiO(Me_2SiO)_nSiMe_2Vi$，$n=200\sim1500$，填料为白炭黑，催化剂为铂金化合物以及各种添加剂。

B组分主体聚合物为乙烯基封端硅油 $ViMe_2SiO(Me_2SiO)_nSiMe_2Vi$，$n=200\sim1500$，填料为白炭黑，交联剂为含氢硅油 $(Me_2SiO)_n(MeHSiO)_m$，各种添加剂，阻聚剂为炔基和多乙烯基化合物。

6.1.1　液态硅橡胶与固态硅橡胶的比较

6.1.1.1　成分比较

液态硅橡胶一般为双组分聚合物，其主体聚合物为乙烯基封端硅油：

$$CH_2{=}CH{-}[Si(Me)_2O]_n{-}Si(Me)_2CH{=}CH_2,\ n=200\sim1500$$

填料为白炭黑，催化剂为铂金化合物，交联剂为含氢硅油 $(Me_2SiO)_n(MeHSiO)_m$，理论上无副产物。

固态硅橡胶为单组分聚合物，其主体聚合物为甲基乙烯基硅生胶［聚合度($n+m$)为3000~10000］，填料为白炭黑，催化剂为有机过氧化物，交联基团为硅生胶上的甲基和乙烯基。

6.1.1.2　硫化工艺比较

液态硅橡胶工艺采用铂金硫化剂，通过浇注或注射方式成型产品。在常温下A、B组分精确混合，用于精密制件的生产，无需二段硫化工艺，只有在A、B组分混合后并在一定温度下硫化促进剂才具有活性促进作用，所有硫化在成型过程中进行，硫化速度具有重现性。

固态硅橡胶工艺过程，在一定温度下混合各种组分，添加过氧化物硫化剂。在加入促进剂过程中因胶料温度较高，故轻微的硫化就已经开始，半成品具有一定的硫化程度。硫化速度与硫化温度相关，用模压或者注射方式成型硫化制品。一般除去飞边的制品需要二段硫化。

图6-3为液态硅橡胶加成型交联过程。只要组分A和组分B混合在一起就会发生交联反应，温度越高反应速度越快，交联过程中没有副产物生成。

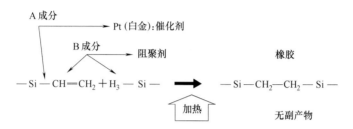

图6-3　液态硅橡胶加成型交联过程

图6-4为固态硅橡胶过氧化物交联过程。HCR硫化温度必须高于过氧化物分解温度，过氧化物会分解出不参与硫化反应的副产物。另外，氧会阻尼交联反应进行，比如在模具分型面的胶料容易发黏，这是因为氧使这部分胶料硫化不充分。

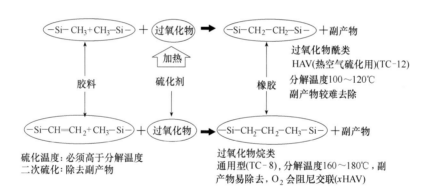

图6-4　固态硅橡胶（HCR）过氧化物交联过程

6.1.2 过氧化物硫化与铂金硫化的区别

6.1.2.1 过氧化物硫化反应

多年来，硅橡胶的交联就是过氧化物的交联反应。用于硅橡胶的有机过氧化物有2,5-二甲基-2,5双己烷，2,4-过氧化二氧苯甲酰或二枯基过氧化物。过氧化物触发的硫化分为"二次"反应且有3个步骤，见图6-5。

第1步，当胶料放入到热模腔中时，过氧化物热分解形成自由基。

第2步，这些自由基攻击甲基或者乙烯基官能团，形成可交联的活性部位；攻击哪个基团，主要取决于聚合物的类型和所用的过氧化物。

第3步，硅橡胶聚合物上的活性部位结合，形成C—C键。

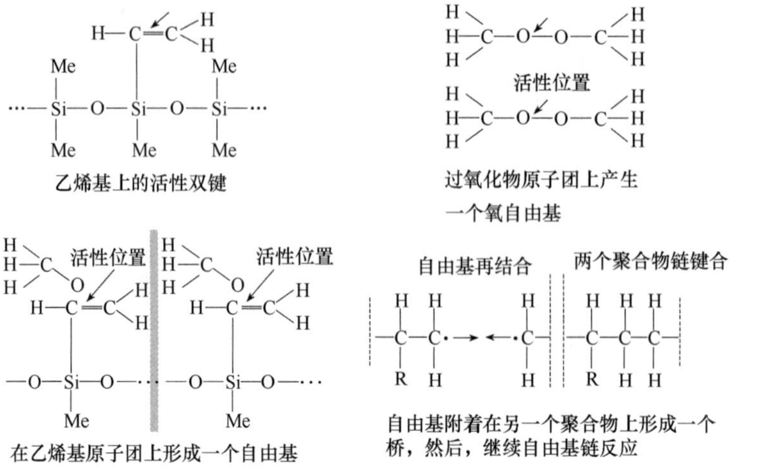

乙烯基上的活性双键

过氧化物原子团上产生
一个氧自由基

在乙烯基原子团上形成一个自由基

自由基再结合　　两个聚合物链键合

自由基附着在另一个聚合物上形成一个
桥，然后，继续自由基链反应

图6-5　过氧化物催化反应过程

尽管常使用"催化剂"一词，但在这种情况下过氧化物只是一个硫化反应诱导者，而不是一个真正的催化剂，在硫化反应中被消耗了。硫化速度是所用过氧化物的量和模具温度的函数。交联密度取决于胶料中乙烯基程度和过氧化物含量。

过氧化物硫化的缺点是没有一个有效方式来调整反应速率。例如，当工艺人员试图改变过氧化物的量来加速硫化或者延迟焦烧时，硫化物交联密度和物理性能会随之受到影响。同样，降低模具温度能促使胶料更好地填充模腔，但会延长过氧化物在模腔里的触发反应时间。通过提高模具温度加速硫化会增大胶料在模腔里发生焦烧的风险。

6.1.2.2　铂金硫化反应

铂金硫化技术用于硅橡胶的成型已有很长时间了。铂金硫化也叫"加成硫化"，其结构比过氧化物复杂得多，这类反应要求反应物中含有乙烯基官能团。从图6-6~图6-9可看出，在铂金同位场作用下，乙烯基上活性双键打开形成自由基，两个具有活性单键的自由基结合交联，发生加成反应。通常，乙烯基通过改变其双键形成一个聚合的单键，导致乙烯基交联，在这种情况下，每个交联的分子上有一个Si-H基团自由，可催化下一个交联。

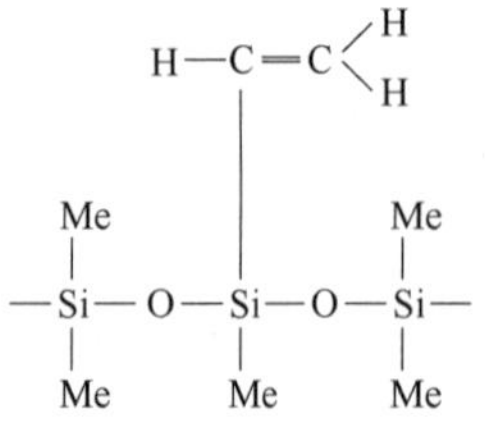

图6-6　乙烯基含有活性双键 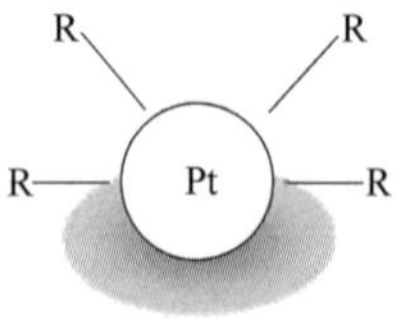　　　图6-7　铂中心同位场 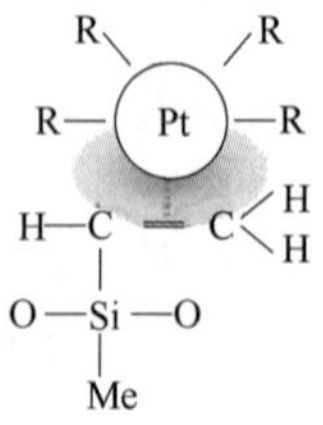　　图6-8　铂中心交互作用活化双键

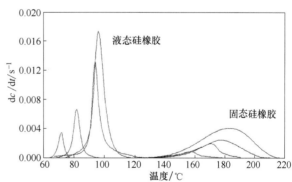

图6-9 乙烯基交联反应原理

与过氧化物硫化机理不同，铂金在这里是真正的催化剂，而且在该反应中，铂金没有受到消耗。通常，在铂金催化的胶料中有一种抑制剂，以抑制室温下发生硫化反应。这里的第1个反应比过氧化物触发的第1个反应快很多，这时的反应与后者决定速度的第2步没有关系。

图6-10为不同硫化体系的硫化曲线对比。铂金促进剂硫化曲线陡峭而且t_{90}短，在材料最大扭矩期达到平坦，而过氧化物硫化曲线上升缓慢，其硫化速度慢，t_{90}相对较长。

图6-11采用差热法比较了LSR与HCR硫化速度，图中$\mathrm{d}c/\mathrm{d}t$是硫化反应速度；$C=Q/Q_\mathrm{T}$。式中，C是硫化反应程度；Q是到达某一时刻硫化反应释放的热量；Q_T是硫化反应完成时的总反应热量。从图6-11可看出，与LSR相比，HCR需要的硫化温度高、硫化时间长，在机器上消耗的能量多。

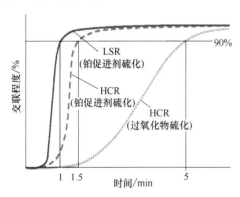

图6-10 不同硫化体系硫化曲线对比

图6-11 液态硅橡胶与固态硅橡胶硫化速度对比

6.1.2.3 铂金硫化的固态硅橡胶

铂金硫化技术给固态硅橡胶及其制品带来了新优势，因为这种硅橡胶一般是完全混合型混炼胶。使用橡胶注射机成型产品时，借助于硅橡胶喂料器和塑化单元，将高黏度HCR送到注射桶，以便注射成型，不需要计量泵和混合单元。铂金硫化成型速度快，生产效率高、废品率低，与过氧化物硫化相比，降低了成本。采用铂金硫化技术生产的HCR制品力学性能比过氧化物硫化制品有很大改善，如扯断伸长率、拉伸强度、剪切强度和热撕裂强度普遍获得提高。与过氧化物硫化胶相比，铂金硫化胶具有更好的工艺适应性；再者，基于特殊化学结构，铂金材料是天然阻燃剂。

表6-1为两种常用硫化体系胶料性能对比。这两种胶料除了硫化体系不同外，基本配方都相同，采用了美国材料与试验协会的实验方法，经过相同的模压硫化和二段硫化。从表6-1可看出，铂金体系硫化胶性能优于过氧化物硫化胶性能。一般模压情况下，铂金体系硫化胶循环时间较短。

表6-1　两种常用硫化体系胶料性能对比

性能	过氧化物硫化体系		铂金硫化体系	
硫化条件	176.7℃×10min	204.4℃×1h	176.7℃×10min	201.9℃×1h
邵氏A硬度	39	41	37	39
拉伸强度/MPa	4.9	5.9	7.8	7.2
拉断伸长率/%	520	550	890	820
撕裂（B）强度/(kN/m)	9.46	10.68	18.21	18.39
相对密度	1.17	1.17	1.18	1.18
100%定伸应力/MPa	0.97	0.97	0.73	0.78

6.1.2.4　铂金硫化体系的特点

与过氧化物硫化体系不同，铂金硫化体系在模压和二段硫化过程中都不产生挥发物。二段硫化对铂金硫化体系胶料来说是一个完全交联的过程，对于过氧化物硫化体系胶料来说是排出残余过氧化物分解的挥发物过程，这些物质有潜在降低硫化状态的作用。

铂金硫化体系的硫化过程比过氧化物硫化体系的硫化过程稳定，即受温度波动的影响小。在温度波动的情况下，比如从模具中心到周边，温度差值可能会达到±5℃，甚至会更高，对于铂金硫化体系来说温度波动对制品力学性能的影响要小些；硫化速度会略有变化，最终硫化状态也略有差异。对于过氧化物硫化体系来说，这种现象可能会导致硫化状态产生波动，引起制品力学性能发生变化，其原因可能是力学性能与硫化状态相关联。另外，铂金硫化体系的诱导时间由胶料配方组成确定，材料供应商会根据制品制造商特定的模压工艺要求提供优化胶料。胶料中的抑制剂延迟硫化开始时间，并不改变硫化速度和交联密度。

采用过氧化物硫化体系时，基于氧的抑制作用会导致硫化不充分，比如飞边或制品粘模；铂金硫化体系硫化时不受氧的抑制，不会招致飞边不完全硫化或胶料粘模现象。这一特性可以缩短模具清理时间，减小模具温度波动的影响，起到节能作用。

铂金硫化体系模压胶料不易发黏，有利于制品脱模、飞边清理、检验和包装。与过氧化物硫化体系相比，铂金体系胶料能快速硫化，控制温度更为方便，胶料流动更为理想，可以获得高的产品质量和高的生产效率。需要说明的是，铂金硫化体系还有一些缺点，其胶料对硫化抑制物更为敏感，比如硫、锡或者胺基团的出现，都会抑制硫化完成，充分了解这些问题可避免使用胶料时发生不测现象，比如，模腔里粘有油脂类污染物会导致制品局部不能完全硫化或粘模。

6.1.3　液态硅橡胶的性能特点

液态硅橡胶单键稳定使其具有优异的物理化学特性，表现如下。

① 液态硅橡胶硫化过程中形成了一种稳定的分子间交联结构，这种结构为材料提供了优异的拉伸强度、高伸长率、高撕裂性能、高弹性和良好的抗蠕变抗应力松弛性能。

② LSR具有优异的耐化学性能和抗老化性能、良好的抗氧化性、耐光性、耐紫外线性和耐射线性。

③ 具有高电绝缘性和抗高电压、抗电晕性。

④ 具有低浸润性和低吸水性能。

⑤ 具有耐热性、抗阻燃性和自熄性。

⑥ 液态硅橡胶分子主链为硅基氧化物分子链，通过改变此结构某一侧组 [R]（见图6-12 CH_3 位置），可将该材料加工成满足特定功能或性能的材料。因此，LSR材料种类较多，虽然保持了液态硅橡胶的一些基本性能，但每种LSR都有其特殊个性。

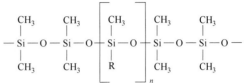

图6-12 硅橡胶分子结构

⑦ 一般情况下，液态硅橡胶使用温度在-50~180℃范围，具有良好的热稳定性。添加耐热助剂后可在250℃以上长期使用，经过特殊助剂配合后在-90℃低温下具有良好弹性。

⑧ 液态硅橡胶具有极高透明性和轻微芳香气味，对可见光具有透明性，所以容易着色，可使用无害颜料改变其最终产品的颜色。

⑨ 自粘型LSR种类多。LSR与热塑性塑料通常具有杰出相融性，大多数配方胶料对热塑性塑料表面，铝、镁和钢质表面具有很强的结合键。采用液态硅橡胶包覆热塑性塑料时，由于硫化温度高，所以要求热塑性塑料的玻璃化转变温度也要高，这些热塑性塑料有聚合物PBTS和PCE等。

⑩ LSR不含任何增塑剂、稳定剂或促进剂，其独特的化学结构赋予了LSR优良的弹性；硫化过程中没有危害物质排出，即使未完全硫化也不会有危害物质释放；优异的无毒无害特性使得液态硅橡胶可用于制作各种生活用品，如婴儿奶嘴等。

⑪ LSR品级较多，如导电级、医用级、食品卫生级、自粘级、自润滑级及多功能级等。在电传导类中，通过添加碳元素来获得传导性能；医用LSR通过严格试验和质量控制而制成。

⑫ 同一个硅橡胶制件可适用于不同尺寸的截面，当其被压缩时会产生一个作用于密封面的同等应力，应力解除后恢复到原始高弹态。这些特性使得液态硅橡胶可用作密封件、垫片材料的生产；用作电缆附件时，安装非常方便。液态硅橡胶用于400kV级及以下电压系统的电气绝缘已有30多年了。

6.1.4 液态硅橡胶成型工艺特点

① 双组分液态硅橡胶混合前，各组分可在常温密封条件下单独长期存放，安全性高。

② 具有低黏度和良好的流动性，如液态导电硅橡胶黏度约500~650Pa·s，液态绝缘硅橡胶黏度约为120~350Pa·s。良好的流动性使得液态硅橡胶可以通过泵送操作以较低压力注满模腔。

③ 在运输、混合或注射等操作过程中，胶料都存储在密闭容器里或管路里，不易受到外界污染，保证了其成分纯净，不会夹带空气。

④ 交联过程中液态硅橡胶没有挥发物或副产物产生，也就是说，液态硅橡胶不会污染模具。如果制品里有气泡，一定是进入了空气或杂质。

表6-2　242-2/06液态硅橡胶黏度与温度的关系

温度/℃	黏度/Pa·s	
	A组分	B组分
0	192	147
5	180	132
10	169	117
15	155	107
20	137	97.5
30	112	80.2

⑤ 低温下，液态硅橡胶门尼黏度对温度很敏感。表6-2为242-2/06液态硅橡胶黏度与温度的关系。当环境温度稍有升高，液态硅橡胶门尼黏度会明显降低，在相同注射速度下注射压力也会相应降低。在冬季或夏季，胶料的流动、膨胀率和硫化速度等会有变化。必要时，液态硅橡胶的成型工艺参数要随季节做出适当调整。

⑥ 低注射压力成型复合橡胶制品时，橡胶嵌件不易被挤压变形，成型方便。

⑦ 在低注射速度下注胶时，胶料具有向低处流动的倾向。因此，在卧式合模单元上成型液态硅橡胶产品比较常见，见图6-13绝缘子模具。

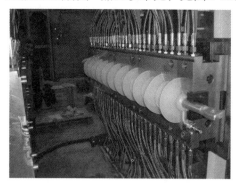

图6-13　绝缘子模具开模状态

⑧ 液态硅橡胶半导电胶料与绝缘胶料的黏合以化学键方式完成，二者黏合界面不需要其他黏合剂；与其他特定材料嵌件可直接粘接，也不需要黏合剂。当然，黏合表面清洁程度和温度会直接影响黏合效果。

⑨ 液态硅橡胶浇注成型设备简单，可直接使用计量泵向模具注胶，使用普通平板硫化机锁模成型。一台泵可以向几套模具注胶，可使用低强度材料如铝合金加工模具。

⑩ 图6-14为胶料黏度试验锥盘。图6-15为实验获得的一些液态硅橡胶剪切速率与黏度曲线，实验温度为25℃。从图6-15可以看出，在低剪切速率下液态硅橡胶黏度相对较高，而在高剪切速率下黏度急剧下降。液态硅橡胶与许多

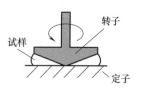

图6-14　黏度试验锥盘

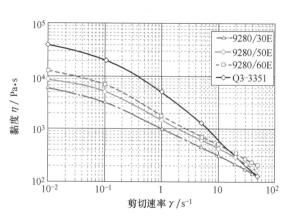

图6-15　剪切速率与黏度关系曲线

聚合物一样也具有剪切变稀现象，也就是说，黏度大小与剪切速率直接相关。这种特性有利于注射工艺，比如，对一个长径比大的制品可用较低压力注射。同样，液态硅橡胶剪切变稀的特点使其容易钻入微小缝隙，因此要求模具镶嵌件接合面必须紧密，分型面必须平整光滑，以防止胶料泄漏或产生不必要的飞边。

⑪ 注胶时，胶料一般先流向宽敞模腔和通道，然后再回流到狭窄通道，这样容易在死角位置引起卷气或在产品上出现融接痕或流痕等缺陷。

⑫ 常温下液态硅橡胶注入模腔硫化时，胶料升温幅度大，体积膨胀也大，由此会引起模腔内压力升高，所以，锁模力主要用来平衡硫化中后期胶料热膨胀在模腔里产生的内压，而不仅是在注射阶段的注射压力。模腔里内压的大小与注胶速度、胶料温升、产品壁厚度和排气口尺寸等因素有关。

⑬ 液态硅橡胶不含溶剂，其硫化反应为加成反应，反应过程不产生副产物，可在密闭状态下硫化，硫化曲线陡峭。混合后在中低温度下可较长时间保持液体状态；当被加热到100℃以上时，几乎立刻硫化；在80℃以下硫化速度缓慢；在90~130℃时硫化速度非常快。因此，液态硅橡胶如果注胶时间较长，注射阶段胶料温度应低于90℃，以防胶料产生焦烧现象。

⑭ 使用同一副模具硫化时，提高硫化温度会加快硫化速度，但会带来更大的模腔压力，即需要增大锁模力；与此同时，制品收缩率也会略微增大。

⑮ 在相同温度下，液态硅橡胶比固态硅橡胶硫化速度快，硫化曲线平坦，见图6-10。

⑯ 与固态硅橡胶相比，液态硅橡胶交联密度要大得多。因此，在液态硅橡胶已交联分子链之间有许多硅氧烷，这些长聚合物缠绕一起像弹簧一样，使得液态硅橡胶在相同负载下具有比固态硅橡胶更长的拉断伸长率和大的定伸应力。

⑰ 液态硅橡胶不需塑炼、混炼和预成型等工序，可大大减少设备投资、占地面积和能量消耗，节省了人力和物力。与固态硅橡胶模压成型相比液态硅橡胶注射成型生产效率高。

⑱ 液态硅橡胶具有液体特性，在注射及硫化过程中模具必须闭合。基于此，在注射前或注射过程中应当考虑模腔排气方式。有时，液态硅橡胶在负压下有沸腾现象发生，抽真空时容易导致卷气。开设排气槽是一种简易的排气方式，排气槽应位于胶料最后到达的模腔位置；排气槽不能太大，以免太多胶料溢出，导致制品上留下凹坑。

⑲ 液态硅橡胶具有良好的抗热撕裂性能和较低的表面能，使产品脱模方便。空气对硫化速度没有抑制作用，分型面上的胶料也可充分硫化，分型面上不会发生粘模现象。

⑳ 使用硫化动力学可表述液态硅橡胶A和B两组分反应状态，但很难检测硫化过程中已反应的和未反应的A和B两组分的量。一般地，利用反应中放出的热量来检测硫化程度，图6-16采用差示扫描量热分析仪检测了邵氏硬度50的LSR实验数据和相应模型，二者之间吻合关系良好。

㉑ 一般地，如果停机不超过3d，只要保持室温状态，就不需针对胶料管路采取防焦烧措施；如果停机时间超过

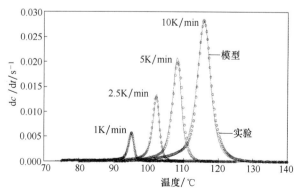

图6-16 邵氏硬度50的LSR的实验数据和相应模型

3d，需要将胶料管路和静态混料器存放在冰箱里或采用单组分胶料冲洗含有混合胶料的管路。

㉒ 液态硅橡胶室温下硫化速度非常慢，但其焦烧现象还是会发生，表现为连续生产时，沉积在静态混料器和料管内壁上的凝胶会越来越厚，这一结果使得注胶速度在相同压力下变得越来越慢。一般在持续生产达到6个月左右时，需要彻底清理混料器和混合料管路，以保证注胶状态正常，防止凝胶进入产品。

㉓ 在液态硅橡胶混合体里的Pt容易与释放电子的物质键合，如与胺类或硫混合形成稳定复合物，钝化了Pt的催化作用；与液态硅橡胶相接触的容器、管路和模具中不得含有这些成分的材料，如合成橡胶、松香、环氧树脂（氨硫化）、蜡和缩合型硅橡胶等，都不适宜用作操作液态硅橡胶的零件，否则产品上可能出现粘模或硫化不熟等缺陷。

㉔ 可以溶解液态硅橡胶的溶剂有甲苯和二甲苯等，常用来清理黏合界面的溶剂有酒精、丙酮和二氯甲烷等。

液态硅橡胶不仅具有优异的物理化学性能，而且还具有良好的、特殊的工艺成型特点，其种类繁多，特性各异，广泛用于国民经济各个领域，如医疗卫生、航空航天、汽车和电子电力等。只有根据产品性能需求选取合适的液态硅橡胶牌号，根据其工艺特点解决成型过程中遇到的问题，才能高效率地生产出高质量的产品。

6.2 ▶▶ 液态硅橡胶制品成型设备与工艺

6.2.1　液态硅橡胶与固态硅橡胶注射工艺区别

液态硅橡胶制品生产方式与固态硅橡胶制品相似，即先将胶料加入模具的模腔里，再加热硫化，最后脱模、取出产品；但二者之间还有以下4点不同。

① 固态硅橡胶黏度大，需经挤出机塑化，才可送入注射桶进行注射；液态硅橡胶黏度低，无需塑化，可直接泵送混合浇注或者注射。

② 固态硅橡胶硫化前需通过混炼工艺加入所用配合剂，形成单组分混炼胶；液态硅橡胶注射前不管是双组分或者三组分，都需要先混合才可以注射。

③ 液态硅橡胶黏度小，注射前模具必须完全闭合，否则胶料容易从模具的分型面处泄漏，硫化前不能开模排气；固态硅橡胶可以在注射过程中，多次开模（微小开度）排气。

④ 液态硅橡胶注入模具前基本是室温，在模具中被加热至硫化温度，胶料在硫化模腔里的升温幅度大，即热膨胀量大，若溢胶口不合理或模具锁模力小，就可能产生涨模缺陷；固态硅橡胶加入模具之前已被塑化，温度达到60~80℃，在硫化模腔里升温幅度小，体积膨胀量稍小。在同等条件下，模腔压力升高值比前者小。

6.2.2　液态硅橡胶的计量方式

6.2.2.1　液态硅橡胶计量泵

液态硅橡胶的黏度较低，可以像液体物质那样通过计量泵和管道加压输送。一般地，多采用柱塞式计量泵输送。常用计量泵的驱动方式有2种：液压驱动泵料柱塞、压缩空气驱动泵料柱塞。

（1）液态硅橡胶计量泵工作原理

液态硅橡胶一般由A和B两组分组成，这2种组分的用量比例通常为1∶1。输送A和B两组分的计量泵结构完全相同，通过液压管路与2个液压缸或汽缸串联，以实现2泵同步运行（见图6-17），即2个泵料柱塞的上升、下降动作和相应位移量完全同步，确保2组分计量体积在每一时刻都完全相同。

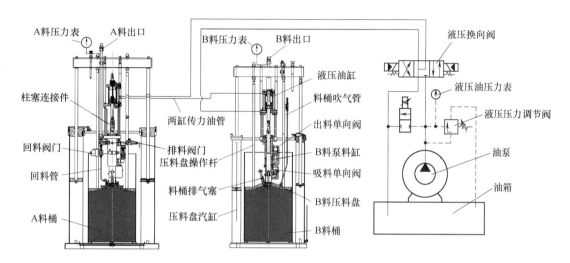

图6-17　液态硅橡胶计量泵结构

压料盘大小和料桶内径基本一样，并在其与料桶内壁之间设置有密封圈。压料盘进入料桶之后，将料液与外界空气基本隔离。机架上位于料桶两侧的汽缸，通过拉杆与压料盘连接，驱动压料盘上、下移动，实现装桶、压料和换桶等功能。

压料盘压胶料时的压力大小，根据胶料黏度大小进行调整。当胶料黏度较大时，需调高压料汽缸的压力，反之亦然。计量泵和胶料输送管路都安装在压料盘上，并随压料盘上、下移动。压料盘上还装有排气塞、进气管、出料管和回料管。

排气塞，用于安装新料桶时排出料桶里的空气。进气管既可与压缩空气接通，也可直接排空。当需要上提压料盘时，可通入压缩空气，将压料盘向上推。压料时，排气管排空以排出料桶中的空气。

进料管将压料盘与泵体连为一起，使料液进入泵体。回料管与泵体一端压力腔连接，另一端与桶料接通，中间有一个阀门，控制胶料流向。当阀门打开时，泵料缸中的胶料会直接回流到料桶，以泄除料管里的压

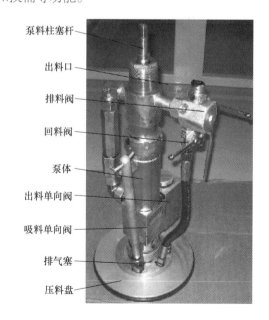

图6-18　液态硅橡胶计量泵

力。也可以打开一个桶的回流阀，关闭另一个桶的回流阀，实现只泵送另一单组分料的操作。回料管上的旁通管与排料阀连接，用于在换料桶初期，排出泵料系统夹带有空气的胶料，见图6-18。

当液压油缸活塞杆驱动泵料缸柱塞上行时，出料单向阀关闭，吸料单向阀打开，胶料进入泵料腔，抽料。当柱塞下行时，吸料单向阀关闭，出料单向阀打开，液压油缸活塞杆驱动泵料缸柱塞向胶料施压，将胶料从出料单向阀挤出，泵料。泵料柱塞如此反复上、下移动，实现连续脉动，泵送胶料。

一般，可以通过调整驱动油缸的液压压力、泵料柱塞上下往复频率或活塞行程（即电磁阀切换时间），来调整注胶速度和压力，如需慢速注胶，可调低柱塞往复频率或液压油压力。

对于有颜色的液态硅橡胶，可以通过两种方式实现：可在原料厂里就将色料加在A组分里，这样A、B组分混合即可获得需要颜色的胶料了；A、B组分都是透明液料，另外添加专门色料，这就需要与专门的色料计量泵+双组分计量泵配合使用（即三组分计量泵）。一般色料用量比例很小，大多为1%~4%，色料泵也比较小，以压缩空气驱动方式居多。通过改变泵料活塞往复运动频率或行程来满足色料不同比例的输送要求。

液态硅橡胶的料桶有200L和20L两种。一般计量泵都配有2种压料盘，以适应不同料桶的需求，计量泵的其他结构完全一样。更换不同料桶时，只需更换压料盘就可以了。

计量泵中的两组分胶料和色料，一般需要通过混料器混合。常见的混料器有静态混料器和动态混料器两种形式。静态混料器主要由交错叶片和管子组成（见图6-19），可使胶料混合均匀；当有色料时，为保证颜色混合均匀，可将两节静态混料器连接使用。动态混料器类似于挤出机，其优点是在混料的同时对胶料有一个推力。动态混料器多与静态混料器结合使用。

图6-19　静态混料器叶片

（2）液态硅橡胶计量泵特点

液态硅橡胶A和B两组分的用量比例是1∶1，固定不变，色料的用量比例可通过调节柱塞往复频率或行程大小来实现。

供料工序一般是手动操作，或者由其他设备通过自动控制来完成。泵送液态硅橡胶的压力可通过液压泵压力来调整。一般液压压力高，胶料压力高、流速快。通常，胶料压力在20~30MPa范围，流量在2~5kg/min范围，随泵的规格变化。胶料流动是脉动形式，即瞬时速度是变化的，见图6-20。对于标准型计量泵，注胶速度脉动大，容易在成型薄壁制品时产生气泡缺陷。有时，为了稳定注射速度，在标准型计量泵的下游增加一套行程和频率均可调整的往复式计量装置，用以精确控制注射速度。由于抽料柱塞的行程短、频率高，使得胶料流动过

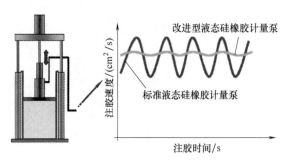

图6-20　计量泵料液泵送速度曲线

程中瞬间速度波动幅度小，见图6-20浅色曲线。

A、B两组分的计量柱塞行程完全同步，以1∶1比例精确计量A、B两组分。两种主要组分和一种色料的充分混合是液态硅橡胶获得良好性能以及颜色均匀的必要条件之一。如果有某一个油缸或者汽缸发生内部泄漏，或者某一个组分管路上的单向阀密封不严，发生了内部泄漏等异常，都会导致A、B两组分的计量比例发生变化。

6.2.2.2　组分增压缸计量注胶系统

组分增压缸计量注胶系统，由A、B、C（色料）3个独立计量泵和3个注射缸组成，见图6-21。增压缸柱塞由液压油缸活塞杆驱动。3个计量泵独立工作，分别向与之对应的增压缸输送胶料。3个增压缸根据要求协同工作，同时按照设定比例将胶料注入模具。来自3个组分料管的胶料在料管连接块处汇合，然后通过静态混料器混合，最后由料管送入模具。

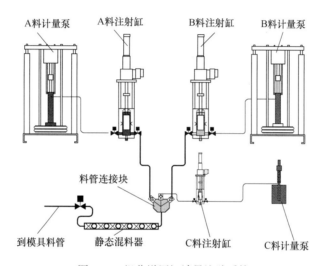

图6-21　组分增压缸计量注胶系统

在注胶过程中，每个增压缸的注射量、注射速度以及与其他组分的比例可以独立设定，各增压缸的注射速度、压力同步控制。组分增压缸计量系统的特点，是可以精确地控制各个注射阶段各组分的速度和压力以及比例。调整工艺控制比较方便，比如需要获得慢一点的硫化速度可通过降低A组分比例来实现。注射压力比计量泵压力高，约35MPa。

通常，各组分的比例是固定的，胶料在进入模具之前处于常温状态，而且，在注射桶里的胶料都是单组分。只有在注射时，来自各注射桶的胶料组分同时以固定的比例射出，并通过混料器充分混合以后，才进入高温模腔硫化。所以单组分胶料在注射桶里是安全的。组分增压缸计量系统适用于大体积产品，比如高压电缆终端或者接头、复合空心绝缘子等产品的注射成型。这种方式的缺点是设备占地面积大，可成型产品的最大体积受增压缸的体积限制。

6.2.2.3　混合料注射缸的计量系统

混合料注料缸计量系统由一台双组分计量泵和一个注料缸组成（图6-22）。注料柱塞由液压油缸活塞杆驱动，注料柱塞的行程通过电子尺检测。计量泵将混合后的胶料送到注射缸，当达到设定体积时，计量泵停止输料。注料缸的注胶体积、注射速度和压力可根据工

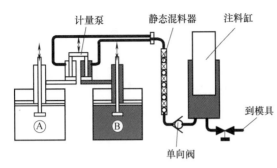

图 6-22 混合料注射缸计量系统

艺需要设定。

与标准计量泵相比，混合料注射系统混合胶料流动历程比较长，混合比较充分。只有一个注射缸，结构紧凑，可精确控制注射量和注射速度与压力，避免了计量泵注射速度脉动的不足。最高注射压力受限于注射缸到模具之间输料软管的力学强度，一般不大于 35MPa。另外，进入注射缸的胶料是混合胶料，当停机时间超过 7d 时可能出现焦烧问题。如果焦烧严重就需要拆开料缸，进行清理。这种注射方式适合于需求量少，中、小规格产品的注射成型。

6.2.3　成型方式的选择

用液态硅橡胶成型橡胶产品，有各种各样的成型方法和工艺路线。不同的成型方式需要的设备不同，模具结构不同，产品质量的稳定性和生产效率等都各有差异。因此，应根据工厂的设备条件、产品结构特点、产品质量和批量大小等需求，来确定成型方式和工艺路线。各种液态硅橡胶产品成型模具的特点见表 6-3。

表 6-3　模具种类与特点

项目		手工模	自带加热系统手工模	平板硫化机用模具	液态硅橡胶注射机用模具	通用橡胶注射机用模具
合模方式	立式合模	无合模单元，手工操作	手工或者压力机	√	√	√
	卧式合模			√	√	√
锁模方式		螺栓	螺栓或者压力机	合模单元		
模具加热方式		烘箱	模温机（导热油或者过热蒸汽介质），或者电加热棒	机器热板，或者模温机，或者模具埋设加热管		
注胶方式		计量泵或者增压缸		注射桶		
注胶压力/MPa		20~30		30~50		50~100
液态硅橡胶计量泵作用		给模具注胶或者增压缸储胶		给注射桶储胶		
注胶温度		胶料和模具均为室温	胶料室温，模具为胶料的安全温度	胶料在注射桶预热，模具为硫化温度		
注胶速度		慢		快		
注胶速度控制		通过计量泵液压油压力手动调节或者增压缸自动控制		自动控制		
最大注胶量		无限制		注射桶的最大容量		
注胶量控制精度		低		精确		
硫化温度/℃		110~120	110~130	120~160	140~180	
模腔压力范围/Pa		20~40		30~60		
脱模温度		室温	室温或者注胶温度	硫化温度		
脱模方式		手工，在操作台	手工，借助于吊装设备	机器自动开模，手工或者自动取制件		
注胶、硫化、脱模所在场所		在不同场所	可以在同一场所	在同一场所	在同一机器上	

项目	手工模	自带加热系统手工模	平板硫化机用模具	液态硅橡胶注射机用模具	通用橡胶注射机用模具
模腔数	单模腔		单模腔或者多模腔	多模腔	
适用产品规格	中、小型产品		中、大型产品	中、小型产品	
生产效率	低	稍低	稍高	高	高
模具成本	低	稍低	稍低	高	高
设备成本	低	低	稍低	稍高	高
适用范围	小批量的中、小规格产品的生产	小批量的中、大型规格产品的生产	中等批量小、中规格产品的生产	中大批量小、中规格产品的生产	大批量、小规格产品的生产

6.2.4 注胶系统的维护要点

① 混合后的液态硅橡胶，在常温下停放3d，胶料会有非常轻微的凝胶，但不会影响胶料流动。因此，如果停机不到3d，比如周末，只要保持胶料在室温状态即可，一般不需要采取特别的措施。

② 如果要长时间停机，比如超过1周，有两种方式防止胶料焦烧：用A组分冲洗混料器、注射单元和冷流道体；将混合了的胶料的部件如静态混料器和混料管，拆下来存放在冰箱（−5~10℃）里，直至下次使用。

③ 短时间停止生产时，应停止模具和注射单元的加热。如果有冷流道体，应将冷流道体与热板或模具分离。在冷流道体和注嘴温度降到室温之前，不要停止冷却系统的工作，以防止机器和模具里的余热将混合了的液态硅橡胶固化。

④ 即使是连续生产，也应每持续生产6个月左右，清理一次混料器、混胶料管路和冷流道体，因为管壁沉积的凝胶的厚度会越来越厚。应根据车间的温度确定定期清理时间，如果车间温度高，比如35℃左右，就需要3个月清理一次。如果不清理，注胶系统的阻力会越来越大，可能会引起产品上缺胶等缺陷。清理时，应将混料器里固化了的胶料凝胶清理干净，以免这些颗粒堵住流道或者进入制品里。对于不能清理的混料管路，长时间使用后，若阻力增大时，也要更换。

⑤ 常用的模具清洗剂：乙醇、丙酮、二甲苯等。

6.2.5 液态硅橡胶产品的成型方式

6.2.5.1 计量泵+手工模具+烘箱

当制品体积较大时，不仅需要大型合模机构，而且硫化时间也比较长；另一种情况是产品体积小，需用量少。对于这两种情况，使用手工模具、计量泵和烘箱相结合的成型方式，会使设备投入小，操作简单、方便。

手工模具一般采用螺栓拉紧实现锁模功能，而且，所有合模、开模和取出产品的操作都是手工完成。图6-23为手工模具与液态硅橡胶计

手工模具　产品

液态硅橡胶计量泵

图6-23　手工模具与计量泵

量泵。手工模具有两种加热方式：一种是烘箱加热，另一种是模具自带加热。自加热手工模具，通常采用模温机热油加热或者电加热棒加热。不过，热油或过热水加热时模具温度稳定，使用居多。

小型模具可在注完胶料后，将其放入烘箱中硫化。大规格产品可在模具上安装加热装置加热硫化；这类模具尺寸大，开模、合模等操作均需借助于吊装设备。

6.2.5.2 计量泵+模具+平板硫化机

计量泵通过料管和静态混料器，直接将胶料输送到装在平板硫化机上的模具里（见图6-24）。平板硫化机可以采用立式或卧式结构。

液态硅橡胶硫化之前呈现液态，在注射和硫化过程中模具必须闭合，要求在注射之前或注射过程中排出模腔里的气体。

通常排出气体的方法有两种：在注射前或注射中通过抽真空抽去模腔里的气体；注射胶料把模腔里的空气通过排气槽挤出去。抽真空方式采用真空泵和抽真空系统，包括抽真空管、槽和密封件等。另外，由于液态硅橡胶黏度低，在抽真空状态下注射时有沸腾现象发生，如果抽真空不充分或注射压力不足，制品上容易出现气泡缺陷。排气槽方式不需要外围设施，结构相对简单。

低速注射时，液态硅橡胶在高剪切作用下会变稀，使其黏度更低，需要的压力较低。流动过程中，液态硅橡胶在自重作用下，趋于向模腔内低方位流动，即模腔充满的趋势是自下而上，气体多是集聚在模腔上方。因此，采用卧式合模单元（见图6-25）可将注射口开在模腔下方，将排气口开在模具上方，会大大方便模腔排气。

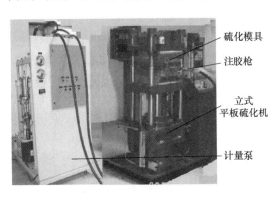

图6-24 液态硅橡胶计量泵与立式平板硫化机

图6-25 卧式硫化机上模具处于开模状态

对于用于卧式合模单元的多模腔模具，要想使注胶口和排气口有统一的排布位置，模具结构会很复杂。因此，卧式合模单元比较适合于模腔数为1或者2的中、大型制品的成型生产。使用立式合模单元时，当模腔太深或者结构复杂，如果利用胶料压力挤不出模腔里的空气时，就需采用抽真空方式来排出模腔里的空气时。立式合模单元的优点是取件容易，而且，多模腔模具可将每个模腔的注胶口位置和排气口位置设计成统一格式，模腔排布比较方便。

注胶量用手工控制或由硫化机上的计时器或压力信号控制。与模具上注胶嘴相连接的注射枪可以使用快速拆卸结构，以防止注射枪里的胶料发生焦烧。

对于结构简单制品的效率和质量要求不太高的场合，可以选用这种方式。

6.2.5.3 计量泵+增压缸+模具+平板硫化机

增压缸分为组分增压缸和混合料增压缸，平板硫化机有卧式平板硫化机和立式平板硫化机，可以有多种不同的组合形式。这种方式的特点：增压缸注料可按需要设定注射时间、注射速度和注射压力等参数，也可精确控制注胶过程；最大注胶量受增压缸体积限制；增压缸最大注射压力受软管强度限制；计量泵、增压缸和合模单元可灵活布局；占地面积大，有时现场显得比较凌乱。

6.2.5.4 计量泵+模具+专用注射机

来自计量泵的胶料经静态混料器和搅拌螺杆混合后，进入注射缸，见图6-26。这种机器结构简单，如果胶料在混合后固化或者焦烧，清理管路就比较麻烦。另一种情况是，A和B两组分缸注射。液态硅橡胶先被送入A组分注射缸和B组分注射缸，通过这两个注射缸和静态混料器将胶料注入装在合模单元上的模具里（见图6-27），加热，硫化。注射量和注射速度可事先设定。

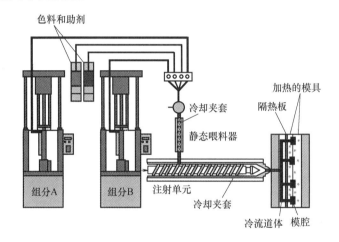

图6-26 计量泵+简易注射桶

图6-27 计量泵和注射缸及合模单元

这种机器可精确控制注胶量，其注射压力可以达到50MPa，甚至更高，专门用于注射液态硅橡胶，具有注射曲线控制和各种脱模功能配置，适合于小规格、大批量产品的生产。

6.2.5.5 计量泵+模具+注射机

将液态硅橡胶计量泵与橡胶注射机结合来注射液态硅橡胶（见图6-28）。注射部分与普通注射机相比，具有5点不同（见图6-29）。

① 液态硅橡胶通过进料管直接向注射桶进料。也有通过挤出机桶进入注射桶的情况，在这种情况下胶料可进一步混合，但更换胶料时清理机筒比较麻烦。

② 隔离板将挤出机与注射桶隔离。

③ 适合液态硅橡胶的专用注射活塞，普通固态胶用的注射活塞不能满足密封要求。

④ 使用专用的开关式注嘴，机器控制注嘴开关的开合动作。该注嘴配有水冷却循环回路，以防止胶料焦烧。如果使用普通固态胶料开放式注嘴，容易泄漏胶料。

⑤ 具有专用的工艺控制程序。

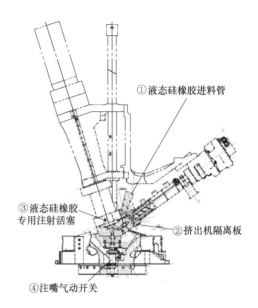

① 液态硅橡胶进料管

③ 液态硅橡胶
专用注射活塞

② 挤出机隔离板

④ 注嘴气动开关

图6-28　液态硅橡胶注射机　　　　图6-29　液态硅橡胶注射单元

这种注射机既可注射液态硅橡胶，也可注射固态橡胶，切换时需要进行上述5方面的更换（见5点不同），注射压力高，可达到100~150MPa。高注射压力有助于将气体挤出模腔；注射速度快，可精确实现多段速度的注射，能在最短时间将胶料注入模腔；注嘴上设有自动控制开关和冷却装置；注射单元（图6-29）可在注满模腔一定时间后自动与模具分离，以免注嘴里的胶料产生焦烧；配置有更多的辅助机构，如抽真空机构、顶出器、滑板和冷流道体等。短的注胶时间，允许设定较高的模具温度，实现快速硫化，产品成型时间短，生产效率高；参数控制精度高，产品质量高而且稳定。这种注射机适合于小规格、单一胶种的制品生产。

输送液态硅橡胶的管体必须由聚四氟乙烯层或其他材料制成。一般橡胶管含有硫黄，硫黄会污染液态硅橡胶，有时还会阻尼液态硅橡胶的硫化反应，不能使用。

当更换胶料时，必须清洗有混合胶的注射系统。一般采用三氯乙烷作溶解液，溶解已硫化物料，然后再用异丙醇清理硫化物料；使用待更换胶料清洗也是一种有效方法。

选择注射机时，一般以实际用胶量为参考选择注射行程，注射行程在注射活塞直径的1~5倍的长度范围为宜。如果注射行程很短，注射量控制精度就低，动作控制质量就差。

6.2.5.6　计量泵+模具+复合式注射成型机

液态硅橡胶具有良好的结合性能，能够直接与不同种类的液态硅橡胶、固态硅橡胶、TPE和TPR等材料硫化成型为复合零部件。二者结合界面不需涂覆黏合剂，只要后者表面清洁且温度适合，就可直接作为嵌件与液态硅橡胶一起硫化成型为复合零部件。不同材料之间的硫化成型，需采用不同的机器和工艺流程。图6-30和图6-31为采用液态导电硅橡胶和绝缘硅橡胶硫化成型电缆附件的双注射单元注射机和冷流道体。

一般，先成型硬度较高的制件，再以此为嵌件硫化成型另一复合材料。图6-32密封件由液态硅橡胶和TPR复合制成，这种产品采用能硫化成型两种材料的复合注射机成型。先

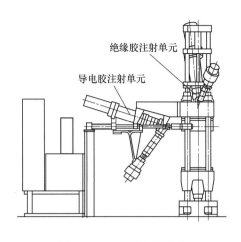

图6-30 双胶料注射单元

图6-31 双胶料冷流道体

成型热固性材料，再成型液态硅橡胶，不需清理结合界面和预热嵌件，生产效率较高。

采用同一副模具成型复合零部件时，平衡2个模腔的温度和硫化时间是这种操作的关键。有的热塑性塑料采用冷却固化，而液态硅橡胶采用加热硫化。确定模具温度时，热塑性塑料的模腔要求冷却，甚至可以脱模也不致零件变形；而液态硅橡胶的模腔温度要求足够高，以保证充分硫化。经验数据表明模具温度一般在110~130℃范围。当2个模腔温度差异较大时，需采用分区域控制温度的方式。

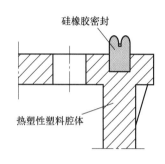

图6-32 复合产品结构

在复合零件成型时，将TPE制件转换到液态硅橡胶成型模腔，可采用手工操作或自动操作的方式。在卧式机器上生产这种复合零件时，使用自动旋转切换中模或者模芯，顶出使零件掉落的方式脱模，采用滚刷方式清理料头和飞边，实现自动化操作，提高生产效率。

根据注射压力的大小，液态硅橡胶制品的成型可分为低压浇注成型和高压注射成型两种方式。一般低压浇注成型时，浇注压力≤30MPa。低压浇注成型工艺的特点是设备投入小、生产效率低和产品质量稳定性略差，适合于小批量、中型和大型产品的成型。高压注射成型时，注射压力≥35MPa。高压注射成型工艺的特点是设备投资大、生产效率高和产品质量稳定，适合于中型和小型产品、中批量和大批量的生产。

同一种液态硅橡胶制品成型时，可能会有多种成型工艺路线，选用不同的成型设备，模具结构不同，生产工艺、生产效率和效益也会不同。因此，应当根据产品规格、产量、质量和投入需求确定合理的产品生产工艺路线。

6.3 ▶▶ 手工成型模具特点与高压充油式终端产品的成型

手工模具，顾名思义就是不需要专门的合模单元，用手工操作成型橡胶制品的模具。当橡胶制品的需求量很少，也没有合适的合模单元时，采用手工模具在烘箱里硫化的成型方式，具有设备简单和操作方便的优点。有时，产品的壁厚较大，需要很长的硫化时间，产品的用量也不大，这时，采用手工模具在烘箱里硫化的成型方式也比较经济，因为省略了合模单元甚至注射单元。还有一种情况，产品外形尺寸非常大，比如直径3000mm、高度500mm、壁厚50mm的大型闸阀密封件。这种产品的需求量很小，无法采用合模单元和烘箱的硫化方式成型。在这种情况下，只能使用带加热系统的手工模具成型。模具的锁模力通过螺栓或者手动油缸夹紧的方式实现。模具加热可以是加热棒或者热介质循环的方式。借助于吊车或者行车进行合模、开模操作。这种手工模具也比较经济、简单。

6.3.1 手工模具的特点

① 手工模具不需要合模单元，多采用螺栓连接的形式获得锁模力，也有采用手动液压泵油缸夹具加压的方式。模具、机器的投入小，生产效率比较低。

② 可以成型很长或者分型线有特殊要求的制品，比如要求没有纵向分型线的长产品。图6-33是中间接头模具，要求产品表面不得有纵向分型线，如果在合模单元上成型，就需要开度很大的合模单元，并且脱模操作比较困难，因为机器内的操作空间太小。

图6-33 手工中间接头模具和产品

③ 由于模具是在室温状态下注胶或者装填胶料，在烘箱里加热硫化，所以模具的加热升温的顺序是由外至里。在硫化中后期，排气口附近的胶料已经固化，模腔里层胶料膨胀溢出阻力增大，进而在模腔内形成很高的的膨胀内压。所以，要求模具有足够的强度和锁模力，以及合理的溢胶泄压通道。

④ 当产品壁厚很厚时，模具升温不能太快，需要采用分段升温的方式，即在模具被加热至硫化温度之前，停止加热，使热膨胀多出来的胶料有足够的时间从模腔里溢流出来，以避免产品产生涨模裂纹等缺陷。

⑤ 对于固态胶料，在室温下，可以手工仔细地向模腔装填胶料，确保模腔充分填满。合模时，上、下模之间需要有一定的压缩量，以排出胶料里的空气，操作比较复杂。因此，手工模具不适合于形状复杂的固态橡胶产品的成型。

⑥ 对于液态硅橡胶，室温注胶没有焦烧危险，可以用计量泵以较低的注射速度，进行任意注射量的注胶，无需大的注射机。而且，在注胶过程中，可以任意调整模具的放置角度，以及手工调节排气口螺栓，以获得最佳的排气效果。比如，注射时，将注胶口置于最低点而将胶料最后达到的位置即排气口置于最高点。

⑦ 在室温下，用手工完成合模、注胶、开模、取出橡胶制件的操作。而且，由于模腔壁薄、模具体积小质量轻，可以在小的空间里灵活操作。

⑧ 这种模具需要配置烘箱或者专门的加热系统，来加热硫化产品。

⑨ 模具注满胶料后就被放入封闭的烘箱，所以，不易观察和控制模具上的溢胶状态。

⑩ 模具的加热是以热空气为介质，热传递效率低，所以，所需要的硫化时间长。硫化完成后，需要等待模具温度降到室温，才能脱模。而且，溢胶很多，需要清理所有的溢胶和模腔，因此，劳动强度大、循环时间长，生产效率低、不能实现自动化。

⑪ 手工模具用于液态硅橡胶成型特殊产品的情况居多。

6.3.2 手工模具的要素

6.3.2.1 模具材质

考虑到要求操作轻便和热传递效率高，在满足必要强度和刚度的情况下，要尽可能地减小模具的壁厚，同时，对于在烘箱里硫化的模具，需要考虑热空气加热对模具的氧化锈蚀作用，以及模具材料要求有较高的热传递效率。

通常采用铝质或者铝合金材料加工手工模具。铝合金密度小、热传递效率高、耐腐蚀，强度也高，比较适合手工模具。当模具较大时，常常采用铸合金铝加工。铝质模具的缺点就是模腔表面容易碰伤，有时在模腔表面会出现铸造砂眼等缺陷，修补比较麻烦。

也有使用不锈钢或者优质结构钢如45钢加工模具的情况。使用优质结构钢加工模具时，需要对模腔表面进行电镀或者渗氮的防腐处理。

6.3.2.2 模具的锁紧方式

通常，液态硅橡胶的黏度低流动性比较好，在模腔达到5~10MPa的压力时，就可以充满模腔获得密实的制品。由于在烘箱里加热硫化时，模具是由外至里的传热顺序，模腔里胶料压力可能达到20~30MPa，甚至更高。因此，手工模具锁模力按40MPa内压测算。

大多数手工模具采用螺栓锁紧的方式，也有的采用千斤顶或者手动液压泵油缸和模框组成的简易合模单元的增压方式。

当使用螺栓锁模时，应根据模腔投影面积计算锁模力，并预留足够的裕度。可以根据模具端部锁紧法兰等强度分布的方式，确定锁紧螺栓大小和数目。螺栓小数目多，锁紧力均匀，法兰外廓尺寸也小，但是，需要拧紧的螺栓数目多。

由于拆卸频繁，即使使用高强度螺栓，螺栓也会经常损坏。为了使螺栓锁紧力均匀和防止螺栓受力过大，通常采用扭力扳手拧紧螺栓。

如果直接将螺栓拧在合金铝材质的模具上，螺孔就容易磨损，而且还会有铝屑掉下来，会对产品性能、质量造成影响。因此，对于铝制模具，为了防止螺孔磨损，常常使用钢质拉紧圈的方式，即将螺栓拧在拉紧圈上，螺栓头一端也有钢质压紧圈，避免螺栓与模具铝材端部接触产生铝碎屑。

6.3.2.3 模具的加热方式

手工模具的加热方式有两种：一种是直接将装有胶料的模具放到硫化箱里进行加热硫化，另一种是模具自带加热系统。自带加热系统有两种情况：一种情况是模具壁内的热介质循环方式，比如过热水循环或者热油循环；另一种就是电加热方式，比如在模具里埋设加热管或者在模具外面包覆加热圈等等。

模具壁内的热介质循环的加热方式，模具温度均匀，不会出现模具局部高温的现象，温度控制效果比较好。电加热方式，在模具温度均匀性和升温过程控制方面不如介质加热方式。采用模具自加热的方式，方便控制模具温度和观察模具的溢胶状态，比如使用模温机加热模具，介质管路使用快速接头连接，拆卸操作比较方便。

6.3.2.4　胶料的装填方式

对于液态胶，一般采用浇注的方式，即将模具直接与液态硅橡胶的计量泵连接，用泵送的方式，将胶料注入模腔。模具上需要设置注胶口接口和排气槽，并配阀门或者堵头，以便于注胶排气孔操作。如果模腔有死角存在，还需要在死角位置开设专门的排气孔。

对于固体胶料一般采用手工装填和铸压的方式将胶料充入模腔。因为手工装胶时，模腔胶料里的空隙比较多，需要将胶料压实把空气挤出模腔，所以，手工模具上需要有压铸腔。压铸腔要方便胶料装填。一般模腔里的空气会从压铸柱塞周围和分型面跑出去。当模腔复杂时，应开设必要的排气孔。由于固态橡胶的黏度比较大，需要的推动力大，当使用螺栓推动压铸柱塞时，不仅要求推力大而且柱塞受力也要平衡。另外，进入压铸柱塞圆周的胶料固化后，拆卸压铸柱塞比较困难，有时需要有压铸柱塞与压铸腔的顶开分离螺栓。因此，螺栓压紧方式的手工模具，用于固态胶料产品成型的情况不多。

6.3.2.5　模具操作结构

对于小型模具，模具上应有供搬运和操作的手柄。对于大型模具，应有供安装、拆卸、运输的吊环孔。必要时，还要考虑模具放置的底座。模具上需要有启模口，以便于打开模具。模具上要有撕边槽、跑气槽、溢胶槽和溢流孔。因为给模腔注胶量控制精度差，在注胶时常常会有很多的胶料溢出模腔，而且，在硫化过程中，还会有胶料从排气孔溢出来，所以，模具上要开设溢胶槽，尽量避免胶料溢流到烘箱里。

溢胶口既要保证模腔里的空气正常排出去，又不能使产品上在溢胶口附近产生凹坑缺陷。如果溢胶口尺寸太小，有可能导致因为硫化后期模腔压力过大，使产品出现涨模等缺陷。如果排气口太大，排气口附近模腔压力低，有可能在产品上形成凹坑缺陷。可以采用带小孔堵头，在试模过程中调整溢胶口的大小和位置。

对于自带加热系统的模具，可以在模具周围包覆隔热材料，以减小模具的热量散失。

6.3.3　高压充油式终端产品模具

6.3.3.1　产品要求

高压充油式终端产品，由电场控制部件和绝缘本体两部分组成，如图6-34所示。成型方式是先用导电液态硅橡胶成型电场控制部件，然后，以电场控制部件为嵌件，用绝缘液态硅橡胶成型绝缘本体部分。高压充油式终端产品要求：两种胶料的结合线光滑、平整，绝缘胶料必须到位，过胶量不大于5mm；尺寸和表面要符合产品图纸要求；无凹坑、杂质、气泡、开裂、划伤等缺陷；外表面为亚光。

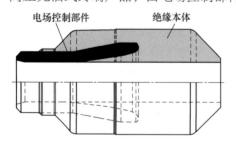

电场控制部件　　　绝缘本体

图6-34　高压充油终端产品图

该产品用量少，而且要求不能有纵向分型线，所以，采用手工模具，在室温下注胶，在烘箱里加热硫化的成型方式。

6.3.3.2 模具结构

图6-35为高压充油式终端绝缘本体的成型模具。模具材质为合金铝AlZnMgCu$_{1.5}$。为了传热均匀，尽量使模腔部分的模具壁厚度一致。胶料收缩率取2%~3%。根据产品不得在关键部位有分型线的要求，将模具设计为两开模，模具两半模由螺栓固定锁紧。为了防止锁紧螺栓与铝材摩擦产生铝屑，在模具法兰上下增设钢制垫圈。

胶料从模具底部ϕ8mm注胶口注入模腔，4个排气孔对称地开设在模腔顶部。在模芯上对应导电胶的部分也有排气口，以便于排出结合线附近的空气。

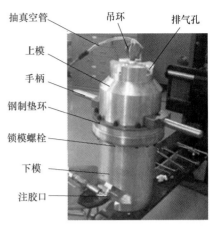

图6-35 高压充油式终端产品模具

堵塞注胶孔和排气孔的堵头有带0.5mm、1mm孔和实心等形式，以备调试时使用。模腔表面粗糙度为1.6μm，亚光。模具两侧有手柄，顶部有吊环孔，供搬运模具之用。模具底部有平面，供竖直放置。

6.3.3.3 产品缺陷与解决方法

（1）问题和原因

① 分型面有裂纹（如图6-36）。原因是最初使用的大螺纹锁模方式，没有形成足够的锁模力。在烘箱里加热模具时，靠近模腔表面的胶料先固化，排气口被固化胶料堵塞，而远离模腔表面的胶料还在升温阶段，胶料热膨胀导致模腔压力不断升高。当模腔压力超过模具的轴向锁模力时，模具就被胶料撑开，使胶料挤入分型面缝隙，在产品分型线形成涨模裂纹。

② 内孔结合线部位没有注满。原因是结合线部位模腔狭窄是胶料最后到达的部位。当模芯直径偏大时，电场控制部件紧贴在模芯上，结合线附近的空气无法沿模芯表面排出，从而导致内孔结合线部位没有注满的缺陷。

③ 采用抽真空后，产品内孔过渡部分平滑了，但是，产品上端卷气。原因是在注胶过程中抽真空时，抽真空改变了胶料的流动方向。在即将注满模腔时，胶料先流向了抽真空口，从而，在远离真空口的位置形成死角，进而产生气泡。曾尝试预热胶料和模具后再注射胶料的操作，但是，都没有解决上述问题。

图6-36 产品缺陷

（2）解决方法

① 用12个M12的高强度螺栓，替换原来使用一个哈夫大螺母的锁模方式，以增加锁模

力。原来的哈夫大螺母容易产生间隙，锁模力不足。

② 缩小模芯直径0.3mm，并在模具上胶料结合线附近开设弧形排气槽：15mm(宽)×0.1mm(深)。

③ 在模腔上端开设 4个ϕ0.5mm的排气孔。可以根据需要开放排气孔个数和大小，比如在硫化过程中，仅由2个ϕ0.5mm的孔排气。

④ 强化抽真空，并在注胶时适当倾斜模具，使胶料先到达容易卷气的模腔部位。

经过上述改进和工艺优化后，成型出了合格的产品，并且，质量稳定。

6.3.3.4 成型工艺

① 用缠密封胶带的螺栓堵头堵住所有与模腔相通的排气孔，并且给注胶枪接头也缠生胶带，保证模腔密封。

图6-37 注射过程中的溢胶状态

② 用透明管将真空泵与该模具连接，以便于观察胶料从抽真空孔溢出状态。

③ 注射之前抽真空，当检查真空度达到99%时，打开注射阀门，开始注胶，注射速度大约0.18L/min。

④ 关注抽真空管的状况，当胶料从抽真空口里冒出来时，停止抽真空，拆掉抽真空管子。

⑤ 拧松另外3个排气螺栓，继续注胶，使排气口有胶料溢出，如图6-37所示。

⑥ 当从3个拧松的螺栓周围溢出来的胶料里没有夹带气泡时，用2个带有0.5mm孔的螺栓堵头更换2个无孔的堵头，然后，拧紧这4个堵头。

⑦ 停止注胶，拆除注胶管，用适当的螺栓堵头封住注胶孔。

⑧ 将模具放到专用推车上，推入烘箱进行硫化，硫化条件：120℃，6h。

手工模具是成型橡胶制品的简单方便方法之一，适合于产品结构简单、需求量小、质量要求不高的场合，而且比较适合于液态硅橡胶产品的成型。在选用手工模具成型橡胶产品时，需要评估手工模具结构与操作的可行性、成型的工艺流程的合理性、生产成本与效率是否满足产品的生产需求等等。在设计手工模具时，需要考虑分型面、注胶与排气孔位置、加热方式和锁模力计算等要素。

6.4 ▶▶ 挠性高压终端模具与成型工艺

与固态橡胶相比，液态硅橡胶黏度比较低，具有良好的流动性，如LSR2345-06导电橡胶的黏度：550Pa·s；LSR242-2/06绝缘胶黏度：50~60Pa·s。优异的流动性对于成型有半导电嵌件的挠性终端比较有利，因为低黏度的胶料在模腔里流动阻力小，需要的注射压力小，胶料不仅容易流入比较狭窄的模腔，而且，在流动过程中对半导电嵌件的挤压力小，半导电嵌件发生变形和位移的可能性就小。当然，低的注胶压力对于模腔里空气的排出也不利。

对于低黏度的液态硅橡胶来讲，注胶速度太快容易形成湍流，夹带空气。有人做过试验，如果将一个透明的模腔先抽真空，然后，一边抽真空一边注射黏度很低的液态硅橡胶。这时，注入模腔里的胶料就会呈现"沸腾"的现象，即进入模腔里的胶料立刻变成泡沫。当注满的胶料从抽真空口溢出来时，里面还夹有气泡。所以，快速注射或者抽真空对注射液态硅橡胶不利，而低速注胶对排气比较理想。液态硅橡胶黏度低，当以较低的速度注射时，胶料重力会对其流动方向有一定的影响。

　　110kV挠性终端产品如图6-38所示，产品长度较长，体积较大。在中小型机器上成型时，一般先成型端盖、1段遮雨伞裙护套、2段遮雨伞裙护套和终端主体4段单体，然后，通过粘接的方式将4段连接为一个整体。其中，终端主体由绝缘部分（材质液态硅橡胶LSR242-2/06）和应力锥嵌件（材质导电液态硅橡胶LSR2345-06）组成。由于终端主体的绝缘胶局部壁厚达到90mm左右，所以，是成型难度比较大的部分。此处着重介绍绝缘主体成型模具与工艺。

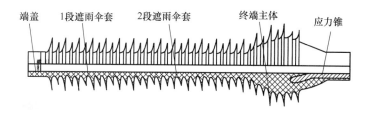

图6-38　110kV挠性终端产品结构图

6.4.1　模具设计

6.4.1.1　选择注胶方式

　　挠性终端接头产品的伞裙是锥形，从伞根到伞尖模腔越来越狭窄。如果从产品端部注胶，越接近伞尖胶料流动的阻力就越大。所以，在注射时，最远伞裙模腔的外圈上方最后注满。

　　如果选择立式合模单元，将注胶口和排气口都开设在水平方向的分型面，由于重力的作用，胶料最后到达远离分型面和注胶口的上模伞尖模腔，很容易形成封闭的气穴。

　　如果采用开模的方式排气，由于液态硅橡胶在固化之前具有流动性，胶料就会流出模腔，从而，在分型面产生较厚的飞边或者在产品上出现缺胶的缺陷。因此，对于较大规格的用液态硅橡胶成型的产品，立式合模单元并不理想。

　　选择模腔轴线水平放置和竖直分型面的方式，并且，将注胶口开设在模腔一端的下方，在对应每个伞裙的顶端开设必要的排气槽，以便于模腔排气。这样的模具结构，在卧式合模单元上成型，可以在产品上避免卷气缺陷，模具结构如图6-39所示。

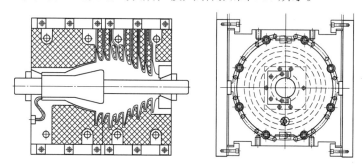

图6-39　110kV挠性终端模具结构

6.4.1.2　模具结构

　　模具主要由左半模、右半模和模芯三部分组成，分型面通过产品的轴线。由于伞裙阴面

图6-40　分型面的注胶流道

倾角是0°，采用了加工整体模腔的方式。液态硅橡胶注胶压力低，每半模腔分前后两段加工，然后，通过螺栓将两段模腔板连接固定，再与底板固定为一体。

一般整体模腔的方式模具结构简单、加工方便。缺点就是模腔抛光不太方便，而且模腔排气没有镶块组合式模腔方便。

产品靠近模芯部分的绝缘胶壁厚度大，而且，产品端部的电场强度不是很大，所以，选择从产品端部的注胶方式。注胶接头固定在一半模上，注胶道开设在模具下方的分型面，胶料从模腔端头下方的注胶口进入模腔，注胶流道直径8mm，如图6-40所示。注胶口偏下没有正对着应力锥嵌件，以免浇注绝缘胶时应力锥移位。

由图6-39可以看出，在成型绝缘主体时，将半导电胶成型的应力锥放入模腔作为嵌件。取模腔收缩率2.2%，模芯收缩率2.5%。模芯尺寸对于应力锥孔内绝缘胶与半导电胶的结合状态影响较大。一般要求绝缘胶必须达到该结合线，但是，不得超过该线10mm，并且，结合部位必须平整光滑，不得有凹坑、卷气等缺陷。所以，初始将模芯直径加工稍大，在模具调试过程中，再根据实际情况修整。

模腔材料：B30HP（上海宝钢）=P20，硬度HRC28~32，模腔表面亚光处理后渗氮深度0.3mm，硬度HRC55~60，亚光处理对于模腔排气和产品脱模都有好处。模芯材料40Cr，调质HRC28~32，表面光面，产品内孔光面是为了方便电缆安装的需要。

这种厚壁制品，模腔里的空气需要通过胶料顺序堆积的方式被挤出模腔，否则，卷在模腔中部的空气，即使增大注射压力也挤不出去。室温状态的胶料进入模腔后，在硫化过程中温升比较大，体积膨胀也大，会使模腔压力不断升高，压力升高也有助于胶料的进一步密实，挤出模腔边缘部位的空气。

在硫化过程中，模腔压力升高的程度与模具温度以及从排气口溢胶的状态有关。当模具的溢胶点多、溢胶口大时，溢胶量就大，模腔最终的压力就低。但是，如果溢胶口太大，溢胶量过大，就可能会在产品的溢胶口附近形成凹坑。当溢胶口太小模腔压力升高太多，就会出现涨模，即在产品分型线上出现开裂的问题。所以，除了在精确地控制注胶量，保证较低的初始模腔压力3~6MPa外，还要开设合适的排气口和溢胶槽。

排气口也就是模腔的溢胶口，用来连接模腔与溢胶槽，一般开设在胶料最后到达的部位和模腔狭窄部位的末端。在分型面对应于每个伞裙的顶部都开设一个微小的排气口，排气口形状多为矩形，尺寸2mm（宽）×0.05mm（厚）×1mm（到模腔距离长度）。溢胶槽是模腔的排气通道，尺寸通常5mm（宽）×2mm（深）。加工排气口应尽可能小，以备在试模时根据需要扩大调整。以使硫化过程中模腔压力在6~12MPa的范围，并获得良好的产品。

为了强化分型面的密封效果又方便跑气，减少分型面两半模的接触面积，将定模分型面距离模腔、排气槽大约4mm和定位销大约14mm以外的区域铣低大约1mm，在分型面模腔边缘接触宽度为4mm。

在模芯与端部模腔块之间配有"O"形圈，以防止胶料沿模芯泄漏。在动模与定模之间安装拉板，供拆装、运输操作模具时用。模具与合模单元模板之间有隔热板，模具前后端面有绝热板，以保温。

6.4.1.3　模芯结构

对于这种特厚的产品，只靠模腔表面加热胶料，再通过胶料热传递加热模芯，产品硫化时间会很长。为了提高产品的硫化速度，选择模芯加热。在模芯的绝缘胶一端配有加热系统，包括模芯中心位置的加热棒、偏一侧的热电偶和接线插座。为了保持橡胶嵌件在模芯上稍低的温度，模芯里的加热棒没有伸到应力锥嵌件的位置，即加热棒只加热绝缘胶部分的模芯，使模芯上绝缘胶的硫化顺序是从绝缘胶一端到导电胶一端，以确保结合部位排气方便、平整。

在注胶过程中，模腔里的胶料会逐步和应力锥与模芯形成一个封闭的锥形空腔。这个空腔里的空气一般是通过应力锥与模芯之间的缝隙从模腔端部逃逸，如果应力锥对模芯抱紧力太大，就容易在导电胶与绝缘胶结合部位出现卷气或者不到位的缺陷。因此，在模芯上距离该处结合线5~8mm，开设一个宽0.5mm、深0.3mm的环形跑气槽，该槽断面是光滑的弧形，在产品上不会留下任何痕迹。该槽上有一个ϕ0.5mm的径向孔，通过模芯里ϕ6mm的轴向孔与大气相通，如图6-41。

为了在开模时支撑模芯和脱模，在模具两端有一对模芯支撑滑板，通过两端的滑道将支撑滑板固定在模具上。在滑板的端部安装有拉扣，拉扣的另一半固定在动模上。开模时，拉扣拉住滑板，使模芯与模腔分离，如图6-42。

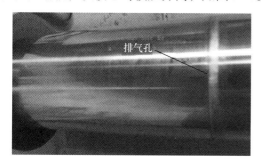

图6-41　模芯上的排气孔

图6-42　模芯支撑滑板

6.4.1.4　模具的加热方式

一般模具温度高，硫化时间短，生产效率高，但是，当注胶时间很长时，模具温度高容易引起胶料在注射过程中焦烧，造成废品。为了避免注射过程中发生卷气和橡胶嵌件变形问题，必须适当降低注射速度。

这个终端主体产品绝缘胶量约为15L，只有以较慢的速度注胶，才可以避免产品出现卷气缺陷，并获得完美的结合表面。注射时间大约需要20min。

为了确保注胶过程中胶料不发生焦烧，而且硫化速度快，采用了注胶阶段和硫化阶段不同的模具温度的方式。确定注射阶段模具温度不得高于85℃，硫化温度是105℃。

图6-43　模具加热元件接线槽

试模发现，由于产品壁厚，如果硫化温度太高，产品就容易出现涨模问题。

如果仅使用加热棒加热模具，将模具温度从105℃降到85℃，需要的时间就会很长。所以，在模具上增设了冷却水循环通道，这样不仅有利于在注射前快速降低模具温度，也有利于均化模具温度。加热棒和热电偶的接线由绝缘带包裹在接线槽里，接在专用插座上，如图6-43所示。模具周围装有隔热板，以保温和保护模具上的接线通道。

6.4.2 成型工艺要点

6.4.2.1 终端主体生产要素与工艺参数

（1）生产要素

① 卧式合模单元：热板尺寸 1250mm×1250mm，锁模力100t，最大开模行程800mm。

② 2KM922液态硅橡胶计量泵，料桶200L。

③ 绝缘胶排号：GE的 Electro 242-2液态硅橡胶，颜色淡灰色。

④ 终端主体模具和应力锥嵌件。

（2）注射工艺特点

① 模具设定温度见表6-4，注射参数见表6-5。

表6-4　模具温度

项目	注胶过程	硫化
时间/min	19.3	150
模具/℃	85	105
模芯/℃	50	95

② 由于A、B组分的黏度略有差异，所以A、B组分的注射压力设定值不同，不过，选择的是A、B组分注射速度同步，实际比例为1:1，因此，压力设定只是参考。

③ 在第三阶段，只以注射速度控制注射，所以，将压力值设定为0。

表6-5　注射参数

注胶阶段	注胶量/L	注胶速度/（L/min）	A组分压力/bar	B组分压力/bar	暂停时间/s	颜料比例/%	混合比例/%
1	4	0.6	100	90	60	3	100
2	8	0.8	125	115	30		
3	3.1	0.9	0	0	0		

注：1bar=0.1MPa。

6.4.2.2 成型操作步骤

① 当模具温度升至设定值时，打开模具清理模具，包括分型面、模腔、注胶道等。

② 在每班的第一模，给模腔喷涂脱模剂闭合模具，烘烤脱模剂5min，烘烤温度必须高于100℃。

③ 用水清洗橡胶嵌件，并用压缩空气吹掉橡胶嵌件上的水渍。然后，用异丙醇擦拭橡胶嵌件，用压缩空气吹干橡胶嵌件。

④ 将橡胶嵌件装到模芯上的正确位置。

⑤ 当检测模具温度达到85℃时，将装有嵌件的模芯放到脱模架上，闭合模具，把温度传感器和加热电源的插头插到模芯端头的相应插口，如图6-44。

⑥ 将注胶管接到模具上，如图6-45，打开注胶管上的阀门，按控制台上的注料开始按钮，向模腔注胶。

图6-44　模芯加热接线

图6-45　模具注胶口

⑦ 当有胶料从模具上方的排气槽溢出时，按下停止注料按钮，并关闭注料管上的阀门，停止注料。

⑧ 将模具温度调至105℃，模芯温度调至95℃，将模芯加热开关旋至加热位置。

⑨ 大约12min后，从模具上拆下注胶枪。

⑩ 硫化时间完成后，先松动模具上溢出的飞边，然后，手动操作方式打开模具。当打开模具至50mm左右时，使飞边和注胶料头与模具分离，以免拉坏橡胶制品。

⑪ 从脱模架上取下带有橡胶制品的模芯，竖起模芯，借助于压缩空气取下橡胶制品。

6.4.2.3　操作注意事项

① 在成型半导电制件时，由于产品体积大注胶时间长，如果模具温度太高就有可能引起产品涨模等缺陷，一般控制模具硫化温度在105~110℃范围。

② 用于绝缘胶和半导电胶的脱模剂不同。半导电制件表面有脱模剂，不利于其与绝缘胶的黏合，因此，将半导电制件放入模腔之前，应使用酒精清洗掉半导电制件上的脱模剂，并充分干燥，以确保与绝缘胶良好黏合。

③ 为了保护模腔，用竹或者木条清理模腔。如果需要使用溶液清洗，建议用酒精清洗模腔，其他溶剂有腐蚀模具的危险。

④ 开始新的循环前，应确保模腔、分型面、排气槽、注胶流道和注胶管接口清洁，否则，就有可能在产品上出现疵点等问题。

⑤ 将模芯放到脱模架上时，应保证模芯上的通气孔朝上，由于胶料最晚到达模芯上方位置。

⑥ 将注胶料枪接到模具上之前，应检查接头处清洁，防止凝胶进入模腔。

⑦ 注射时间越长，要求在注射阶段模具的温度就越低。比如，如果注射时间5min，则注射时模具的温度可以是100℃，如果注射时间是20min，则注射时模具温度不要超过85℃。

⑧ 模芯温度越低，需要的硫化时间越长。而如果模芯温度太高，胶料到达模芯时，容易早期焦烧，不利于胶料到达结合部位。另外，模芯温度高，半导电嵌件在高温下膨胀量大，容易贴紧模芯，导致半导电嵌件与模芯之间的空气逃逸困难，从而，容易在产品的绝缘胶结合部位出现不到位或者卷气缺陷。

⑨ 注射前必须用温度计检查模腔和模芯温度，确保模具：80~85℃，模芯：<60℃。

⑩ 注射完成以后，从模具上拆下注胶枪的时间，取决于模具的温度和产品的壁厚。其原则是，注嘴里胶料的硫化程度足以抵抗模腔里的内压，即将注射枪拔下来以后，不会有胶料从注嘴里被挤出来。另一种方式就是在注嘴与注射枪之间安装一个球阀，当注射完成后，关闭球阀就可以把下注射枪拔下来。这种方式要求每模清理阀门到注嘴端焦烧了的胶料。

⑪ 伞裙上缺胶的原因是注射量不足或者注射温度太高导致胶料焦烧，由于伞尖厚度薄，胶料容易固化，而且是胶料最后到达的部位。

⑫ 脱模时，可借助于专用特氟龙材质的喇叭状导套，从模芯端部向产品内孔吹气的方式脱模。

6.5▶▶ 应力锥模具与成型工艺

应力锥产品是电缆附件之一，由液态导电硅橡胶的导流环和液态绝缘硅橡胶复合成型而

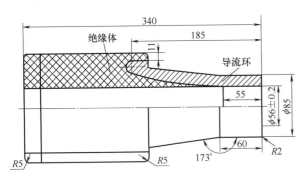

图 6-46　应力锥产品图

成，如图6-46所示。成型分两步进行，先用液态导电硅橡胶成型导流环，然后，再以导流环为嵌件，用液态绝缘硅橡胶成型绝缘体部分。导流环的成型工艺比较简单。成型绝缘体部分时，因为有导电胶成型的导流环作为嵌件，导流环具有弹性及良好的导热性使之被放入模腔后，会迅速受热膨胀，其形态的变化对注胶状态有一定的影响。因此，本节着重介绍应力锥绝缘体的成型模具结构与工艺。

6.5.1　绝缘胶成型模具结构

该应力锥绝缘体是在卧式合模单元上成型，由液态硅胶计量泵注胶。应力锥绝缘体成型模具为三开模加工，两开模成型，即绝缘胶一端（图6-47排气口1处）在成型时不打开，分型面在绝缘胶两端的圆弧与直线的切点位置，如图6-47所示，模具是可拆卸的形式。模具由自带的上、下热板加热，上、下热板底部与机器之间有隔热板。

模腔有4处排气口，如图6-48所示，连接模腔与溢胶槽的排气口1和2位于两个分型面的上方，排气口宽2mm、深0.1mm、长1mm。溢胶槽1宽3mm、厚2mm，并带有10°的斜度，以方便拉出溢胶料头。排气口3为台阶孔形式，与模腔接通处直径1.5mm、长度2mm，尾部孔径3mm。注胶口在分型面的下方，注胶口为4mm（高）×5mm（宽）的梯形。模腔胶料收缩率为2%。

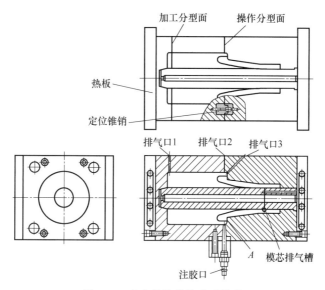

图6-47 应力锥绝缘体成型模具

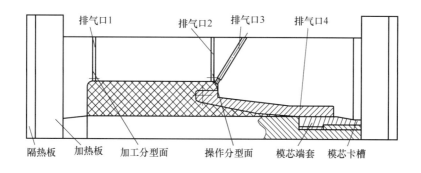

图6-48 应力锥模具排气口

6.5.2 产品缺陷与解决方法

6.5.2.1 绝缘胶在内孔结合线处不到位

根据电气性能要求，应力锥内孔绝缘胶与导电胶的结合表面应当光滑、无台阶，并且绝缘胶必须到达该结合线处，但是，过线量不得超过10mm。经验证明，如果将导流环内孔两种胶料的结合线位置设计成曲线平滑过渡，绝缘胶很难整齐地到达孔内绝缘胶与导电胶的结合线，即图6-46距离导流环右端端部55mm的位置。因此，在不影响产品电性能的情况下，将导流环内孔结合线处加工成0.2×45°的台阶，绝缘胶到达结合线的位置就容易控制了。

6.5.2.2 卷气

导电橡胶嵌件是热的良导体，当将常温下的导流环放入模腔后，它就会很快被加热膨胀。由于模腔限制，橡胶嵌件就会向着模芯方向膨胀，抱紧在模芯上。这样，一方面使绝缘胶不容易到达结合线部位，造成绝缘胶不到位的缺陷。另一方面，封住了模腔空气的逃逸空隙，导致产品内孔结合线部位卷气。曾尝试将导流环加热后放入模腔，即使绝缘胶流过结合线，结合线处还是有卷气现象。为此，在距离结合线大约3mm的位置，给模芯增加了一个端套，如图6-48所示，端套上有一个直径6mm的排气孔与大气接通，在模芯与端套结合面开设8个宽2.5mm、深0.1mm的径向排气槽，与端套上的排气孔接通，使模腔里结合线部位的空气从端套上的排气孔排出。端套与模芯螺纹连接，外径与整体模芯一致，并且在二者的结合部位修整光滑，没有毛刺和台阶。

同时，把模芯外径尺寸修改为$\phi57.2$mm，将导流环在烘箱里预热至50~70℃范围后再放入模腔成型。试模表明，即使使用内孔没有0.2mm×45°倒角的导流环，成型的应力锥内孔结合线部位也平整光滑，排气效果也很好。

6.5.2.3 绝缘胶溢流到导流环

绝缘胶溢流到导流环的A部位（图6-47），虽然模腔是按照导流环尺寸确定的，但是，导流环在注胶过程中受热膨胀，由于模腔径向空间限制，导流环就朝着轴向方向膨胀，导致在导流环与模腔A处形成缝隙，使胶料进入模腔A处。当将模腔长度适当加长后，A处还有轻微的溢胶。原因是该处距离注胶口近，模腔压力太高，胶料容易被挤入A处。于是，就在A面开设了排气口3，该排气口是一个锥形孔，模腔处孔径1.5mm，方便胶料溢流，以避免在A处出现过高的模腔压力，从而，解决了A处溢胶的问题。

6.5.2.4 脱模困难

起初，模芯与右半模固定在一起。可是，开模后，产品总是粘在右半模，因为导流环膨胀后卡在模腔里，使得产品脱模很困难。只有将模具拆下来，使右半模与模芯分离，才能将产品取下来，脱模操作需要的时间很长。为此，将模芯修改为可拆卸形式。即在模芯端头有10°的锥面与右半模定位，在模芯尾部开设个卡槽，在右半模尾部装一个用铰接杠杆驱动的滑动式卡块，如图6-49所示。这样，把模芯放入右模腔后，将卡块压下，锁住模芯。在硫化结束后，打开模具，产品和模芯落在右半模。这时，拉起卡块，将产品与模芯一起从模腔取下来。在操作台上，将产品从模芯上脱下来，产品脱模很方便。 产品成型工艺参数见表6-6。

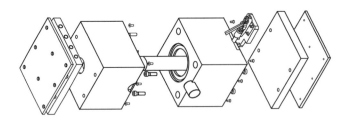

图6-49 应力锥模具外形图

表6-6 产品成型工艺参数

	阶段	注射阶段	硫化阶段
温度	动模	80℃	110℃
	定模	75℃	95℃
	导流环预热	45~50℃	

阶段		注射阶段	硫化阶段
注射	注射量	2.85L	
	注射速度	0.3L/min	
	预压压力	8MPa	
硫化		在注射完成30min后,开始升温	
	硫化时间	120min	

6.6▶▶避雷器模具与成型工艺

6.6.1　避雷器产品

　　如图6-50所示,避雷器产品由氧化锌片、端盖、玻璃纤维外壳和包覆液态硅橡胶伞裙护套等部分组成。硅橡胶伞裙护套成型的要点就是确保伞裙护套与玻璃纤维外壳良好粘接以及相关组件的完好无损,要成型的避雷器产品如图6-51所示。

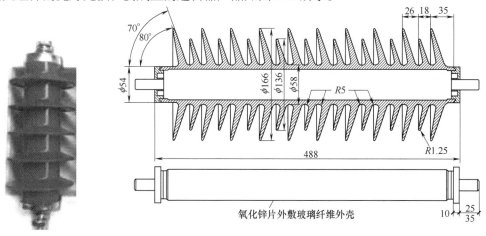

图6-50　避雷器　　　　　　　　　　图6-51　避雷器产品图

　　成型避雷器产品的伞裙护套材料有液态硅橡胶和固态硅橡胶两种。有的氧化锌片是装在玻璃纤维环氧树脂套管里,有的是直接用玻璃纤维布加环氧树脂缠绕包裹氧化锌片。前者在成型硅橡胶伞裙护套时,模腔压力不能太高,以防止将套管压伤,后者可承受较高的注射压力。成型时,模具温度不能超过环氧玻璃纤维玻璃化转变温度,模具温度太高也不利于硅橡胶与套管的粘接。

6.6.2　模具设计

　　液态硅橡胶的黏度低硫化温度也低,因此,对于成型避雷器产品比较有利。用液态硅橡胶成型伞裙护套时,模具温度一般在100~110℃范围,在此温度下玻璃纤维膨胀率很小。所以,用液态硅橡胶成型伞裙护套模腔的轴向不考虑收缩率,只计算径向纯胶部分的收缩率,约为3%。

模腔数目，该产品使用100tf（1tf=9806.65Pa）的卧式合模单元和922A液态硅橡胶计量泵浇注成型。从锁模力、注胶时间和操作效率诸方面评估，模腔数确定为2。模具结构为两开模。每半模由隔热板、底板、加热板和模腔板组成，如图6-52所示。

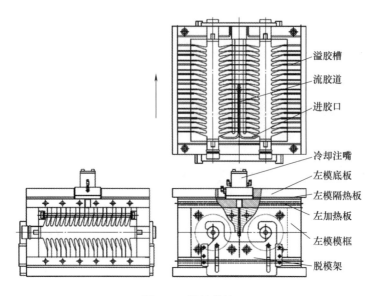

图6-52　模具结构

模腔由镶块组合而成，每个镶块上加工两个并排伞页模腔，将所有的镶块用螺栓串联固定在一起，然后，将镶块组件安装在模框里，用螺栓与底板固定在一起。由于液态硅橡胶浇注成型时模腔压力低，用螺栓轴向连接模腔镶块，可以满足镶块的固定和受力要求。

考虑到模腔两端有避雷器支架，选择冷却注嘴从模具的背面插入模具中心（图6-53），胶料通过主流胶道和支流胶道从伞裙护套底端侧部进入模腔（图6-54），有利于模腔排气。主流胶道直径10mm，到达模具端部后，分为二支流胶道与模腔连通，支流胶道直径7mm。为了防止流胶道里的胶料溢到分型面，影响模腔排气，在流胶道周围开设了密封区，用密封条将流胶道与模腔分离。

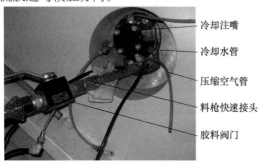

图6-53　模具背面冷却注胶嘴

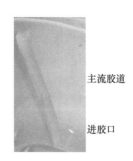

图6-54　主流胶道

起初，将模具水平放置试模（图6-55），在下模腔的上方伞尖位置经常出现卷气缺陷。原因是两模腔间的排气槽被堵住后，导致下模腔排气不畅。虽然下模腔注胶口在其端部上方，但是，由于注胶速度慢，胶料还是先流入下模腔的下方，而上模腔的充胶顺序也是自下而上。这样一来，来自上模腔下方的溢胶先进入下、上模腔（共享的）之间的排气槽，从而导致后来自下模腔上方的溢胶和空气排不出去，引起卷气。后来，将模具竖直安装（图6-56），并以较慢的速度注胶，胶料从下至上逐渐进入模腔，避免了卷气缺陷，因此，最终选择模腔竖直放置的安装方式。

在每个模腔的两侧都开设有溢胶槽，溢胶槽深4mm、宽10mm，距离大伞尖模腔5mm。在距离伞尖0.5mm位置有宽3mm、深2mm的支溢胶槽与主溢胶槽相通（图6-57）。在伞尖模腔与支溢胶槽之间有大约深0.1mm、宽2mm的排气槽。排气槽的深度在模具调试过程中修正。由于胶料黏度低、锁模力足够、溢流槽适当，所以，在分型面模腔周围没有开设专门的撕边槽，在生产过程中，分型面的飞边很薄，很容易清除、修整。

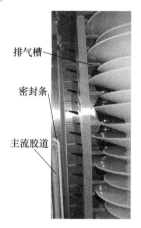

图6-55　模腔轴线水平放置　　图6-56　避雷器模具竖直放置　　图6-57　排气槽

由产品图可以看出，避雷器一端是螺杆，另一端是螺孔，两端凸缘宽度10mm，这样的结构不适合直接在模腔里固定。为此，给避雷器两端各安装一个定位杆，定位杆外径与模具间隙配合。另外，下端的定位杆与模具之间有一个定位环，以实现避雷器在模腔的轴向初步定位。而且，在对应定位杆的位置开设有密封槽，以防止胶料从模腔两端溢流出来。

在模具的两端各有一个滑动式脱模架。脱模架固定在定模上，可以前后滑动。避雷器主体装上定位杆后，就可以被放到脱模架上，然后，手动将脱模架推向模腔。脱模架与动模之间安装有拉扣，当打开模具时，拉扣将脱模架拉出，使避雷器与模腔分离。

避雷器模具用电加热棒加热，每半模6根加热棒、一个温控探头，加热棒功率0.8kW。

也有的模具将冷却注嘴安装在模具端部，胶料直接从模腔端部注入模腔，主流胶道短、阻力小（图6-58）。模芯架由液压油缸驱动，脱模更方便，如图6-59所示。

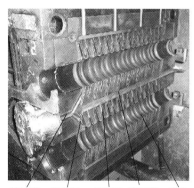

流胶道　注胶口　排气口　溢胶槽　模腔

产品顶出架　冷却水管　注嘴开关驱动油管
　　　　　　胶料管

图6-58　冷却注嘴固定在模具端部　　　图6-59　液压顶出机构

6.6.3 成型工艺

（1）设备

工业烘箱：SCO-33；合模单元：1000kN，1400mm×1000mm；LSR计量系统（包括色料）；模具：HRSC，模腔数为2；冷却注嘴。

（2）材料

LSR：ELECTRO 242-1 A/B 及灰色颜料；比例：A∶B=100∶100；颜料：3%；
黏合剂：MOMENTIVE Bonding agent 2TP3980 A/B；混合比例：A∶B=9∶1；
避雷器芯棒：ND3。

（3）避雷器涂黏合剂步骤

依据9∶1配制一定量的 2TP3980 A/B黏合剂；搅匀混合的黏合剂，注意该黏合剂最多可停放1d；用酒精清理避雷器，在空气中风干10min；均匀刷涂黏合剂于避雷器上要与硅橡胶黏合的表面，然后，将其放在90℃的烘箱烘烤1h。

（4）成型参数

烘箱温度90℃；合模单元锁模压力9MPa；计量泵最大压力限制25MPa；色料泵压力2.3MPa；压缩空气0.43MPa；注射量2.26L；注射速度0.5L/min；定模温度90℃，动模温度95℃；硫化时间45min；在闭合模具前再拽掉注嘴里的胶道料头，以免胶料泄漏；应逐步打开模具，以免拉坏避雷器。

6.7 ▶▶中压中间接头模具的设计

6.7.1 产品结构与要求

中压中间接头橡胶制品，主要用于小于或等于42kV的电缆连接部分的电场屏蔽和绝缘。最初，中间接头都是热缩形式。近二十年来，新发展的由液态硅橡胶成型的冷缩式中间接头橡胶制品，由于对电缆接头部分有紧密的抱紧作用和良好的绝缘特点，使得冷缩式中间接头产品得到了广泛应用。如图6-60所示，冷缩式中间接头一般由应力锥、屏蔽管、绝缘体组成，其外部涂有外屏蔽涂层；应力锥和屏蔽管使用导电液态硅橡胶注射成型，绝缘体以应力锥和屏蔽管为嵌件，使用绝缘液态硅橡胶注射成型，外屏蔽层多用导电橡胶喷涂而成。

图6-60　中压中间接头结构

随着使用的电压等级以及电缆直径的不同，中间接头产品要求的耐电压等级和规格尺寸也不相同。对于中间接头产品成型环节的质量要求包括：①产品尺寸和表面光洁度符合产品图纸要求；②产品上不得有杂质、气泡和裂纹等缺陷，凸点高度和凹坑深度及错位量不大于0.1mm；③嵌件与绝缘胶黏合紧密，不得有分层现象；④内孔绝缘胶必须达到与导电胶的结合线，但不得超过结合线5mm，并且内孔2种胶料的结合部位光滑、平整。

6.7.2 收缩率和成型机器

导电液态硅橡胶比如LSR2345-06，收缩率一般为2.3%。由于成型绝缘胶部分时，要求作为嵌件的导电胶应力锥在模芯上具有足够的抱紧力，以避免其在模芯上移动，并且应力锥嵌件内孔在成型绝缘体的过程中有进一步被撑大的倾向。因此，将导电胶嵌件内孔的收缩率取为2.2%，其他部分收缩率取为2.3%。

绝缘液态硅橡胶如2030，在没有嵌件的情况下，收缩率约为2.15%；当有半导电嵌件时，其制品径向收缩率约为2%，轴向收缩率约为1.3%。这是因为模腔里的橡胶嵌件收缩率比较小，限制了绝缘胶的收缩。

此中压中间接头产品使用普通平板硫化机和液态硅橡胶计量泵结合，用液态硅橡胶成型的方式。立式平板硫化机型号为330TL，热板尺寸为600mm×800mm，功能选项包括注射时间控制，上、下顶出器和前下模板滑出等。液态硅橡胶计量泵型号为922A型。使用过热水模温机加热模具，最高使用温度120℃。绝缘胶模具配2支注嘴冷流道体，导电胶模具配4支注嘴冷流道体。

6.7.3 设计应力锥模具

应力锥产品外形见图6-61，模腔镶块结构见图6-62，模具模腔、流道和排气槽布局见图6-63。

该模具采用液态硅橡胶计量泵通过冷流道体实现注胶。冷流道体有4个支注嘴，模腔数16。模腔以支注嘴为中心排布，每个支流胶道与一个模腔接通。每个模腔的支流胶道及注胶口尺寸都完全一样，不仅流胶道的长度短、流道阻力小，也保证了所有模腔都能在同一时间注满。

由于产品上分型面注胶口周围容易产生飞边，修整注胶口料头和飞边时，会影响产品局部形状，所以，将注胶口开在产品的小头上，这是因为大

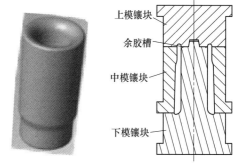

图6-61 应力锥　图6-62 应力锥模腔镶块

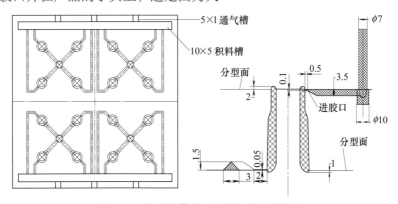

图6-63 应力锥模腔、流道和排气槽布局

头是产品相对关键的部位。该产品厚度小、高度低,胶料从模腔顶部注入模腔时也不会夹带空气。注胶流道为U形,宽度4mm、深度3.5mm,注胶口为扇形,注胶口为宽度10mm、深度0.12mm的矩形。为了避免在产品上的注胶口处产生裂纹,将注胶口的刃口倒成圆角,比如R0.05mm。

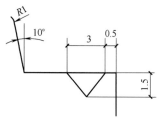

图 6-64 模芯上端分型面余胶槽

液态硅橡胶流动性好,且模具下部模腔宽敞,因此,只在胶料最后到达的位置处设排气槽,既可排气也可将膨胀的胶料溢出模腔,避免产生飞边。在模具的上、下分型面上都没有开设余胶槽,只在模芯上端分型面处开设余胶槽,余胶槽尺寸为3mm×1.5mm,距离模腔0.5mm,见图6-64。

在模腔下分型面注胶口对面设有排气口,其宽度3mm、深度0.05mm、长度2mm。排气槽为三角形,宽度3mm、深度1.5mm,排气槽与模具两端头的积料槽相通。积料槽宽度10mm、深度5mm,积料槽上设有3个通气槽,其宽度5mm、深度1mm。开设积料槽会防止胶料流到模具外面,同时在积料槽里的胶料容易固化,便于清理模具上的余胶。

由于模具高度低,只在上模和下模上开设加热通道。模具的上、下表面都有隔热板,起隔热保温作用。模具由过热水加热并要求防锈,故选择模具材料为4Cr13。为了方便脱模、排气以及与绝缘胶良好的粘接性能,模腔表面粗糙度为1.6μm,亚光,模芯为光面。模腔表面先采用60目金刚砂喷砂,再进行氮化处理。当模具壁较厚时,氮化过程中模具容易出现裂纹,可采用电腐蚀方式获得模腔亚光表面和防止氧化的效果。

6.7.4 设计屏蔽管模具

屏蔽管模具的模腔、流道和排气槽排布以及外形见图6-65和图6-66。模具使用2支注嘴的冷流道体,模腔数为8腔。

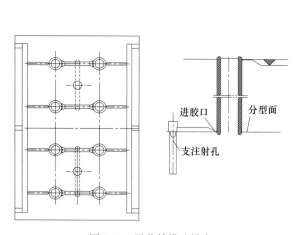

图 6-65 屏蔽管模腔排布

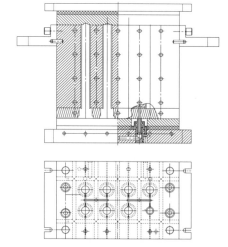

图 6-66 屏蔽管模具结构

屏蔽管长度较长,产品性能要求其表面不得有纵向分型线。因此,选择模腔竖直放置和两端部水平分型面的方式。由于模腔高度较大而且注胶速度慢,在注胶过程中胶料重力会影响胶料流向。如果从模腔上端注胶,就有可能出现胶料掉下来堵住排气口,而模腔还有空隙没有注入胶料，因而在产品上容易产生卷气缺陷。为此，将注胶口设在模腔下端，将排气口设在模腔上分型面注胶口对面的位置，排气槽和流胶道尺寸与应力锥模具相似。

由于模芯较长，为了保护模芯，需采用导向柱与定位销结合的定位方式。导向柱高于模芯，导向柱顶部有圆弧导向，并与导套之间的间隙是产品壁厚的1/3，以防止模芯与模腔碰撞。锥面定位销用于中模与下模、中模与上模的精确定位。开模时，屏蔽管产品一般落在下模模芯上，从中模下表面到下模上表面的距离太小，无法将产品从模芯上脱下来。为此，采取上模固定在合模单元的上横梁、中模与上顶出器联结、下模固定在下滑板上的固定方式，使产品在下模滑出后脱模。

开模操作顺序：开模、中模与下模分离，滑板滑出下模，手工从模芯上取下产品，落下中模，拿掉中模上的注胶料头和飞边，清理上模、中模和下模，按循环开始按钮，开始新的循环。

模具材料和模腔的处理方式与应力锥模具相同。

6.7.5　绝缘体模具设计与成型工艺

6.7.5.1　模具结构设计

绝缘体制品的成型方式有两种。一种是在100t卧式合模单元，使用冷流道注嘴，模腔数为2，模具结构见图6-67。另一种是在330t立式合模单元，使用两支注嘴冷流道体，模腔数为4，模具结构见图6-68。

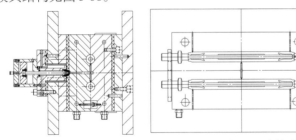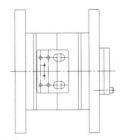

图6-67　卧式合模单元2模腔绝缘体成型模具结构

两种模具都采用过热水循环模温机加热，模温机最高温度120℃。在模腔板与底板之间加有隔热板，模具端面也加有隔热板。

（1）注胶系统

两种模具采用的注胶和排气系统都一样，注胶系统见图6-69，来自冷流道注嘴的胶料依次通过主流胶道和支流胶道进入模腔。在支流胶道上安装有胶道拉断机构，在模具打开时，支流胶道就被拉断，产品与胶道料头分离。支注射孔料头依然留在模具上，防止冷流道里的胶料外流。

（2）排气系统设计

由模具结构图可以看出，胶料是从模腔中心位置注入，向两端流动，最后充满模腔。而在模具的两个端部都是圆

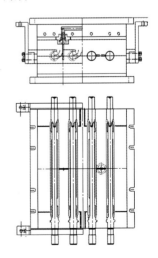

图6-68　4腔绝缘体成型模具

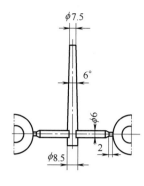

图 6-69 注胶系统

柱面和平面的分型面。由于平面分型面必须接触，圆柱面的分型面基本是动配合状态，即圆柱面的分型面上有一定的间隙。在开设排气口之前，我们做了注胶试验。当给模腔持续注胶时，胶料就会从模腔的两端溢出来。由此证明，这种复合分型面有足够的气体逃逸间隙。最初，我们将排气槽开设在模腔端部，排气效果很好。即使胶料溢出非常少，制品上也鲜有卷气现象发生，而且，应力锥嵌件在成型过程中没有移位现象。但是，由于计量泵注胶很难精确控制注胶量，当溢胶较多或模具温度偏高时，应力锥嵌件就会在溢胶较多的一端发生移位现象。这是因为在常温下胶料注入模腔后，胶料温度会逐步升高，其体积也会因受热而膨胀，模腔内部压力增大，从而推动胶料向排气槽和分型面等一切可能的缝隙逃逸。而且，主要膨胀胶量都是从中部模腔向端部溢流。在胶料从模腔端部溢流的过程中，就会推动应力锥向模腔端部移动，发生移位缺陷。而且，移位缺陷多发生在模芯没有锥面定位的一端，因为胶料从这端溢流阻力小，溢胶量大。

基于此，在模腔靠近应力锥尾端位置开设排气槽，排气槽尺寸 5mm（宽）×2mm（深），排气道接通排气槽与模腔，尺寸为 2mm（宽）×0.1mm（深）×2mm（长）。在距离模具边缘 10mm 处开设溢胶槽，溢胶槽深度 5mm，宽度和长度与产品大小有关。通气道接通溢胶槽与大气，尺寸一般为 4mm（宽）×0.2mm（深）。这样，胶料溢流到溢胶槽里并且固化，清理模具比较方便，解决了应力锥的跑位问题。

6.7.5.2 模芯设计

模芯两端头大，中间小，必须是两段模芯组合结构，见图 6-70。为避免在产品上留下模芯 2 段结合处分型线的痕迹，将 2 段模芯结合部位设置在安装应力锥的位置，距离应力锥小头端面 5mm。两段模芯用 30° 锥面定位，用 M10×1 的螺纹连接。将模芯结合处端面的尖角倒圆 0.05mm，以防止割伤应力锥内孔。模芯与模板一端通过锥面环定位，另一端为圆柱面配合。为尽可能地减小模芯脱模阻力，将锥面配合高度确定为 5mm，并带有 R1mm 的圆角。模芯形状细长，为提高模芯刚度防止弯曲，选用模芯材料 NAK80 钢，热处理 HRC45~50。

对于卧式机器上的产品脱模，使用简易的脱模机构，见图 6-71，即后端是一个固定在定模上带腰形孔的拉板，模芯小头可以穿入，允许模芯脱离模腔最多 30mm；前端是带导向槽和挂钩槽的托板，在开模过程中只能有 3mm 的移动距离，以使模芯松动。模具打开后，通

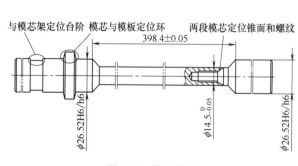

图 6-70 模芯结构

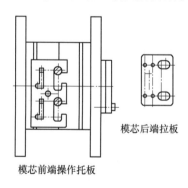

图 6-71 模芯脱模机构

过手柄上提并向右拉托板，模芯就会落入下方沟槽，很方便地从模具一侧手工取下模芯。安装模芯时，前托板在下方，沟槽仍然与模腔平齐。当模具闭合后，模芯将托板向后推，托板导柱与竖槽对齐，托板就会自动下落勾住模芯。托板在模芯有锥面定位环的一端，因为这一端的脱模阻力大。这种方式结构简单，操作方便，也可以防止模芯两端因移动距离差距太大而导致弯曲的问题。

　　立式硫化机上的脱模架结构见图6-72。模芯放置在脱模架上，模芯上的卡槽与脱模架横梁匹配，使模芯轴向定位。模芯随脱模架下落时，模芯落入模腔，或者被脱模架顶起。脱模架固定在机器的下顶出器上，脱模架与模板由定位销导向，以确保模芯与模腔位置固定。在模芯两端与脱模框接触的部位安装有特氟龙套，以减少模芯与脱模架之间的传热，同时也方便模芯的操作。脱模后，手工将模芯尾端卡在脱模操作台上，就可以进行产品脱模和安装应力锥屏蔽管的操作，见图6-73。模芯端部由汽缸驱动，卡紧块夹紧。

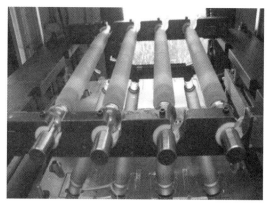

图6-72　脱模架实际结构

图6-73　脱模操作台

6.7.5.3　产品开裂问题

　　起初，设定的硫化温度是125℃，即使缩短硫化时间，在产品分型面处出现裂纹缺陷的频率还是很高，而且裂纹很深，在应力锥内孔对应于模芯分型面位置也有裂口。分析其原因，胶料注入模腔后，在模腔内被加热而开始硫化。这种产品壁厚度大，远离模腔表面的胶料温度达到硫化温度所需要的时间较长。模腔里胶料被加热和硫化的顺序是从模腔表面向里层慢慢延伸。贴近模腔表面、分型面的胶料最先硫化，这部分硫化的胶料失去了流动性，阻止了模腔深层处于流动状态的胶料从分型面或排气口等部位溢流。胶料的体积膨胀量不能释放，则会在模腔里形成很高的压力。当胶料对模腔的总推力大于锁模力时，就发生涨模现象。在高的模腔压力下，在模芯接缝处的应力锥表面被挤入接缝，导致应力锥内孔表面接缝处开裂。当将模具温度降为120℃时，裂纹缺陷明显减少，但这种缺陷还是时有发生。后来，通过提高合模单元的锁模力并用砂纸将模腔注胶口、排气口和分型面的尖角倒钝为$R0.1mm$圆角以后，就完全解决了产品开裂的问题。

　　根据产品性能要求，绝缘胶与半导电胶2种胶料在产品内孔结合线必须到位，并且光滑、平整。在产品试制初期，出现过胶料没有到达结合线、结合线处凹坑和胶料超过结合线太多等缺陷。经过修改模芯尺寸和工艺调整，解决了这些问题。影响结合线平整度的因素如下。

　　① 绝缘体模芯直径大，应力锥对模芯的抱紧力大，应力锥与模芯在过渡部位的空隙狭

窄，胶料到达结合线的阻力大；同时，过渡部位模腔空气沿着模芯的逃逸不顺畅，产品结合部位的平整度就差。

② 应力锥预热温度高，应力锥膨胀量大，胶料到达结合线的阻力就小，容易招致胶料超过结合线距离太大的问题。一般应力锥预热温度在80℃左右。

③ 如果模腔两端的排气口尺寸小，并且模芯两端与模板配合紧密，在相同工艺条件下，模腔形成的内压就高，胶料容易到达结合线。

④ 模具温度高，胶料的膨胀量大，形成的内压高，容易形成平整的结合线。

⑤ 注胶速度快，胶料在注射过程中吸收的热量少，胶料到达模腔时的平均温度低，则胶料在升温至硫化温度时的膨胀量就大，对胶料到达结合线的状态也有利。

6.8▶▶145kV电缆中间接头模具与成型工艺

6.8.1 冷缩式中间接头产品

145kV冷缩式电缆中间接头产品由屏蔽管、应力锥、外屏蔽层和绝缘体组成，如图6-74所示。其中应力锥、屏蔽管和外屏蔽层的材质是液态导电硅橡胶，绝缘体材质为液态绝缘硅橡胶。为均匀电场分布消除局部场强集中，冷缩式中间接头主绝缘与导体之间有一层半导电屏蔽层，加之冷缩主体有很强的收缩能力及弹性变形能力，既可充分消除电缆突出处的电场集中，又可消除间隙内的电位差，使接头主体的工频耐压大幅度提高，有效地提高了电缆接头部位的安全可靠性。

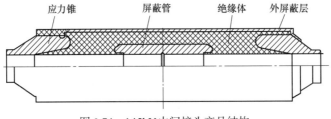

图6-74　145kV中间接头产品结构

145kV电缆中间接头的成型方式：先用液态导电硅橡胶分别成型应力锥、屏蔽管，再以应力锥作为嵌件成型外屏蔽层，然后，将应力锥、屏蔽管和外屏蔽层放入模腔作为嵌件，用液态绝缘硅橡胶成型绝缘体部分，从而获得中间接头产品。

对于这类产品，一般采用液态硅橡胶在卧式平板硫化机上，通过计量泵低压浇注的成型方式。比如，成型设备包括100t卧式合模单元、液态硅橡胶计量泵和水介质的模温机等。

6.8.2 屏蔽管成型模具

6.8.2.1 选择分型面

145kV电缆中间接头的屏蔽管产品结构如图6-75所示，结构比较简单，其作用就是均匀电缆接头处的电场分布，避免出现局部过高电场。从模具加工方便性、制品的完整性、脱模容易这些方面考虑，模具的分型面位置如图6-76所示，即模具为左、中、右三开模结构。由于该模具被用于卧式合模单元，所以，采用短锥销实现左、中、右模板之间的精密定位，长的导柱用于在开模时支撑定位中模。同时，由于左模的模芯较长，导柱也具有防止模芯与中模模腔碰撞的作用。

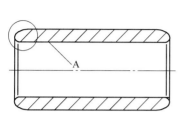

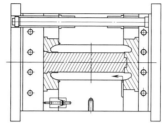

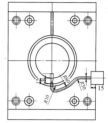

图6-75 屏蔽管产品图   图6-76 屏蔽管模具结构图

6.8.2.2 确定注胶口位置

从有限元电场模拟分析的屏蔽管在工作状态时的电场强度的分布图6-77可以看出，在屏蔽管的两端头的圆弧A处的电场分布相对集中。如果在产品A处表面有凹凸不平或者毛刺或者裂纹，就有可能引起产品在工作过程中发生局部放电击穿的风险。所以，A部位的形状和外观质量对产品的性能有着决定性的影响，要求A部位的表面必须平整、光滑，不得有任何裂痕、凹坑、气孔等缺陷。因此，在设计模具时，应尽量避免在该圆弧部分附近出现分型面、注胶口和排气口。

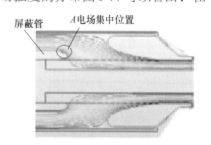

图6-77 屏蔽管工作状态的电场分布图

为此，将模具两端的分型面尽可能向产品中部偏移，以远离产品关键的圆弧部位。但是，如果分型面远离圆弧部位的距离太大，使得左模或者右模模腔端部凹坑深度加深，这样会带来一些缺点：模腔加工、表面处理不方便；可能招致产品端部产生卷气缺陷；脱模时，产品容易卡在（左模）模芯上，导致脱模困难。因此，一般将分型面选在距离圆弧与直线切点大约5~10mm的位置。

6.8.2.3 注胶口的形状

通常，流胶道和注胶口都设计在分型面，如图6-78所示。注胶口一般为矩形，比如1mm（厚）×12mm（宽）。这种注胶方式流道阻力小，清理胶道飞边也比较方便。但是，这种方式容易引起产品在注胶口附件表面不平整的缺陷，由于这类产品上注胶口痕迹多是通过打磨的方式修整。为此，选择圆锥状针尖注胶口流道方式，使得注胶口远离产品端部，如图6-79所示。

产品上针尖注胶口距离分型面大约12mm，从而使注胶口位于产品上电场较弱的部位。注胶道与模腔接通部分最细，直径约2mm、长度约2mm。针尖注胶孔锥度为30º。针尖注胶口在产

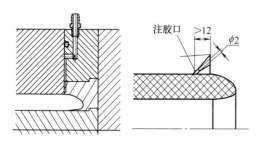

图6-78 分型面注胶口   图6-79 针尖注胶口

品上留下的疤痕的面积很小，修整比较方便。另外，将模腔注胶口处的锐角倒成$R0.1mm$的圆角，以保证开模时，注胶道料头能够在远离产品表面的位置被拉断，不会在产品上出现凹坑的缺陷。

针尖注胶口相对于分型面注胶口的阻力稍大，所以，在注胶过程中，分型面流道里的背压比较大。这就需要比较大的锁模力，或者采取慢一点的注胶速度方法，以避免分型面出现漏胶或者较厚飞边的现象。

6.8.2.4　排气方式

在注胶过程中，模具是闭合的，因此，必须考虑模腔里空气的排出方式。通常，将注胶口开设在模具的下方，胶料逐渐由下向上注满模腔，模腔里空气在胶料的挤压下，会慢慢向模腔上方积聚、逃逸。所以，排气口一般开设在胶料最后到达的模腔部位，即模腔的最上方。

模腔排气槽开设在分型面，形状为矩形，比如5mm（宽）×2mm（深）。与模腔连通的部分应尽可能薄，比如2mm（宽）×2mm（长）×0.2mm（厚）。如果排气口太厚，硫化过程中会有过多胶料从中排气口溢出，使得模腔里排气口附近的胶料形成不了高的压力，从而，可能在产品上出现凹坑的缺陷。

如果注胶流道和注胶口的阻力太大，有可能使模腔里胶料的内压太低，导致产品卷气的麻烦。

在胶料注入模腔的过程中，并非完全由下至上一层一层地填充，而是以最小阻力的流动取向流动。即先充满宽敞的模腔，后填充相对狭窄的模腔，由于此时胶料重力作用与流动阻力相比太小了。所以，胶料最后到达的位置在排气口一端圆形端头B处（图6-80），而不是排气口部分的模腔最高点A。所以，B部分的空气逃逸比较困难，容易出现卷气现象。解决这种问题的方式有抽真空和内嵌式排气通道两种。

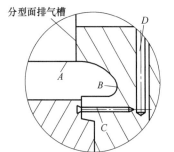

分型面排气槽

图6-80　辅助排气通道

（1）抽真空方式

使用抽真空时，在模具的分型面要安装密封条，一般使用硅橡胶或者氟橡胶密封条。密封槽要距离模腔尽可能远，必要时，在模腔余胶槽与密封槽之间开设溢胶槽，以防止胶料溢流到密封槽。

一般在注射之前和注射过程中抽真空，并且，使用透明的抽真空管，以观察抽气口的溢胶情况。在注胶过程中，当观察到有胶料从抽真空口溢出时，即拉掉抽真空管，停止注胶。这种方式观察方便，但是，容易发生溢出的胶料进入抽真空管，清理抽真空通道比较麻烦。

（2）内嵌式排气通道

如图6-80所示，在距离容易卷气位置最近的模芯端面开设内嵌式排气通道C-D。排气孔C距离模腔较近，但不直接与模腔接通，从而使进入该孔的胶料量很少。D孔与外界接通，使气体可以方便排出。而且，在C到D连接通道很小比如直径0.2mm，空气流过容易而胶料通过不容易。一般只有部分胶料进入C孔而不进入D部分。开模后，排气道胶料料头粘在模芯上，清理比较方便。当然，需要控制注射量和压力，防止因压力过高使胶料进入D孔，带来清理麻烦。

6.8.2.5　模具加热

这类模具一般都是单模腔，模具体积比较小，通常采用在左、右模板上安装加热棒的方式加热。考虑模板加热的均匀性，加热棒排布采用中间疏、两侧密的方式。热电偶插入孔应尽量靠近模腔。在每块模板上安装一个电源和热电偶的快速接线插座。

6.8.2.6　其他

模腔收缩率取2%。屏蔽管内孔尺寸对绝缘体成型有影响，如果屏蔽管的内孔太小，安装屏蔽管不方便，也不利于模腔排气，如果内孔太大，绝缘胶有可能溢流到屏蔽管的内孔，因此，模芯的外径需要严格控制。

模腔表面粗糙度为1.6μm，仅模芯圆柱段为光面，其余部分为用60目砂砾喷砂的亚光面。模腔表面氮化处理，以提高硬度和防锈能力。屏蔽管内孔光面有利于电缆附件的安装以及与电缆端头紧密的贴合，但是，光面模芯容易吸附产品，脱模阻力大。有的厂家，给模芯表面涂聚四氟乙烯涂层，这样更有利于产品的脱模和排气，不足之处就是涂层寿命比较短，一般约2000个循环后就需要更新涂层了。

模腔件材料4Cr13，热处理硬度为HRC40~45；垫板材料45号钢，热处理硬度为HRC28~32；定位销、导柱、导套材质T8A，硬度为HRC50~55。

左模和右模结构都是由模腔板、底板和加热板组成，在加热板与底板之间有隔热板。底板的上、下方向尺寸比热板大，以便于通过压板的方式将模具固定在机器上，如图6-81所示。

图6-81　屏蔽管模具

在中模与左模之间两侧各有一对卡拉装置，用来在开模时，将中模先与右模分开。当中模打开至导柱端头的限位台阶时，中模再与左模分开，可以不需要其他的顶出装置，实现三开模完全打开的目的。

模具直接由硅橡胶计量泵注胶，在模具上有一个与注射枪连接的快插接头，以便于注胶枪的快速拆卸操作。一般在硫化5min之后，就拔掉注胶枪，以防止枪头里的胶料焦烧。有时，在模具的接头上安装一个阀门，以便于在注胶结束后关闭阀门，即可拔掉注胶枪。当然，安装在模具上的阀门里的胶料容易固化，需要清理。

6.8.3　应力锥模具

6.8.3.1　应力锥模具结构

图6-82是应力锥实物，图6-83是用有限元分析模拟工作状态下的电场分布。电场分布图显示，应力锥的内锥孔和大端圆弧部分电场强度高，是产品的关键工作部位。根据产品性能要求，设计的模具结构如图6-84。

应力锥产品一头大一头小，经过试模验证，脱模时，只打开模腔大端的分型面，产品脱模也比较容易。但是，成型工艺要求小头模腔需要排气口，而且模具以三开模加工比较方便合理，所以，该模具是三开模加工，两开模使用。

图6-82　应力锥

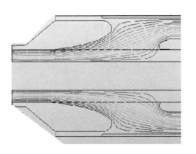

图6-83　中间接头电场分布

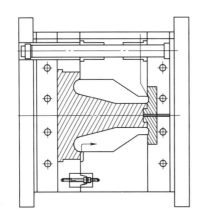

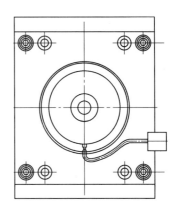

图6-84　应力锥模具结构

6.8.3.2　注胶流道

如图6-85所示，注胶流道开设在分型面的下方，注胶管接口在模具的侧部，以便于插、拔注胶枪的操作。注胶流道为U形，宽度4mm、高度3.5mm。由于浇注速度慢，重力对胶料的流动趋势有一定的作用，将注胶口加工在模腔的正下方，排气口在两个分型面的正上方，以便于胶料自下而上地注满模腔，模腔里的空气从上方挤出去。

注胶口为鸭脚形，尺寸为10mm（宽）×1mm（厚），薄的注胶口有利于修整产品上的注胶口料头。如果注胶口小，胶料流动阻力大，不利于挤出模腔里的空气，也容易在分型面溢出太多的胶料。如果注胶口过大大，容易在产品上注胶口处出现不平整现象。通常，根据产品大小、模具温度和产品要求等因素确定注胶口尺寸。

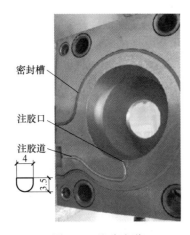

密封槽

注胶口

注胶道

图6-85　注胶流道

一般在注料枪头安装有阀门，注胶结束后关闭阀门，以防止胶料从注胶口溢出。为便于清理模具，在分型面还开设有密封槽（如图6-85）加装密封条，以防止胶料溢流到模具外面。

6.8.3.3 排气槽

注胶口在模腔大头分型面，压力比较大排气方便，所以，大头分型面没有排气口。模腔小头狭窄，胶料流动阻力大，因此，模腔小头有排气口，尺寸宽2mm、深0.2mm、长3mm。

由于模腔小头的加工分型面开模时不打开，所以，该排气槽与模腔相接的部分必须尽可能小，以便于在脱模时飞边容易与制品分离，也不拉伤制品。该排气槽表面光滑并带有一定的斜度，使得排气槽飞边很轻松被拔出来，不致出现在中间拉断飞边的问题，如图6-86所示。

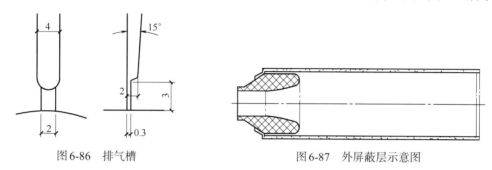

图6-86 排气槽　　　　　　　　　图6-87 外屏蔽层示意图

6.8.3.4 外屏蔽层成型模具

外屏蔽层（如图6-87）是以一个应力锥为嵌件，用导电液态硅橡胶成型。成型外屏蔽层与成型绝缘体共用同一套模腔，只是二者的模芯不同。

在成型外屏蔽层时，有时会出现导电胶溢到应力锥外圆柱面或者应力锥的外锥面的问题，主要原因是应力锥与模芯或者模腔之间有间隙。解决办法是在注胶前，将应力锥在模腔里充分预热，使其膨胀以密封住其与模芯的间隙，以阻止胶料向圆柱面或者锥面溢流。

如果在烘箱里预热应力锥，外廓膨胀后的应力锥很难被装到模芯里。如果应力锥安装不到位，在硫化过程中会进一步膨胀，可能会导致在应力锥的锥面的分型面位置出现裂痕。因此，一般将常温下的应力锥正确地安装到模芯上，合模预热5min后再开始注胶，就可以避免上述问题。

6.8.4 中间接头绝缘体模具与成型工艺

绝缘体是成型中间接头产品的最后一道工序。它与成型外屏蔽层使用的是同一套模腔，只是模芯不同。成型绝缘体时，要将屏蔽管、应力锥和外屏蔽层放入模腔，作为嵌件，需要控制的工艺要点比较多，相互制约的因素也较多，所以，成型工艺的难度相对较大。

6.8.4.1 控制绝缘胶在外屏蔽层表面的溢胶量

按照产品质量要求，成型中间接头时，绝缘胶溢流到外屏蔽层表面的长度B（图6-88）不得大于10mm。

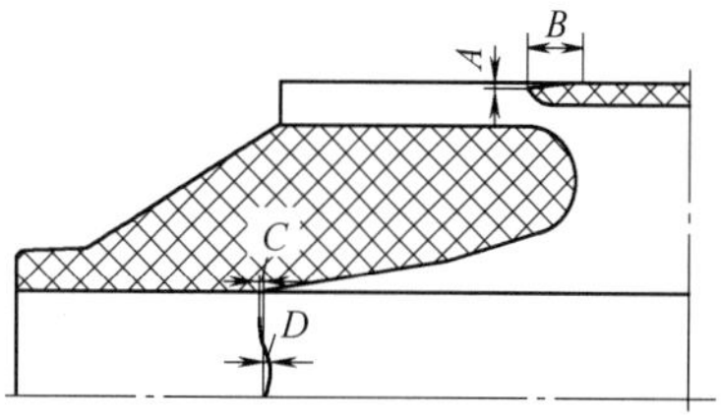

由于外屏蔽层和绝缘体的成型共享一套模腔，而外屏蔽层在室温状态下会收缩，亦即其外廓直径比模腔尺寸稍小，这就使得将外屏蔽层放入模

图6-88 中间接头缺陷位置

腔时，很难保证其与模腔表面完全贴实。该模具的注胶口在产品外屏蔽层一端的下方，排气口在绝缘胶一端的上方（图6-89）。

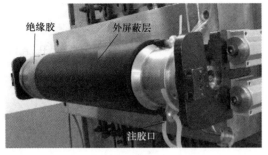

图6-89　在模具里的中间接头产品

在胶料从下方注入模腔时，胶料重力作用将外屏蔽层与模腔下方表面压紧贴实。而模腔上方表面与外屏蔽层之间就有可能产生间隙，所以，注射的胶料就容易溢流到外屏蔽层的上方表面。

在注胶结束后，模具温度开始升高。模腔里胶料的温度也渐渐升高，其体积也慢慢膨胀。

如图6-89所示，模腔左端的胶料直接与模腔表面和模芯接触，热传递效率高。而在外屏蔽层里的胶料主要通过屏蔽层和模芯传热，而外屏蔽层本身的温度低、传热效率也相对低，所以，模腔左端的胶料温度上升快，率先膨胀、固化。

排气口位于左端绝缘胶模腔的上方，当绝缘胶一端排气口附近的胶料焦烧、固化以后，就堵住了排气口。从而，该排气口附近的胶料的流动变得迟钝，阻力增大。而模腔深层处的胶料才刚刚被加热，还处于流动和膨胀状态。这些胶料膨胀就要推动周围的胶料移动，而向排气口溢胶移动的阻力加大，就使得模腔内压不断升高。在高的内压作用下，胶料就有可能向上方外屏蔽层与模腔之间的间隙流动。通常，模腔内压愈高，外屏蔽层外表面溢胶量越多。

当模腔压力太高时，不仅发生外屏蔽层表面溢胶，而且会伴随涨模问题发生。一般涨模多发生在硫化进程的70%~90%阶段。

解决外屏蔽层溢胶的方法：

① 在存放和加热等操作过程中，竖直放置外屏蔽层，使其始终保持圆形的外观。事先用表面光滑的物体塞入外屏蔽层端头，将外屏蔽层端口200mm长度部分适当预扩张并放置4h以上，使其产生一定的永久变形后的外壳直径接近模腔尺寸。然后，在80℃的温度下预热外屏蔽层30min，使其外径适当膨胀，以保证外屏蔽层外表面能够与模腔表面紧密贴合。

② 降低硫化温度，比如控制模具温度105~110℃，以减少胶料的膨胀量。

③ 在绝缘胶一端增大排气口，使更多的胶料溢流。在外屏蔽层一端的模腔上方安装减压阀，如图6-90所示。当模腔压力增大到一定范围时，手工打开减压阀使胶料溢流泄压，从而有效地降低模腔里胶料的压力。

④ 在绝缘胶与外屏蔽层接壤的端部开设排气槽，防止胶料向屏蔽外层表面溢流。

⑤ 降低注胶速度，使胶料在注射过程中预热膨胀，因为注射过程中的膨胀不会形成内压，比如将注胶时间控制在10min左右。

⑥ 在不发生焦烧的情况下，提高注胶阶段模具的温度，比如85℃，胶料要有足够的预热时间，也有利于排气。

6.8.4.2　内孔绝缘胶流过结合线太多

成型中间接头时，绝缘胶必须到达应力锥内孔的结合线，但是，该结合线长度 D 不得大于5mm（图6-88）。同时，该部位必须光滑平整，不得有凹坑或者卷气等现象。由于模腔内绝缘

图6-90　模腔减压阀

胶温度不均衡，往往导致外屏蔽层一端应力锥内孔的绝缘胶过多地流过与导电胶的结合线。解决的方法如下。

① 改变模具的温度分布，如使外屏蔽层一端的模腔温度稍高于绝缘胶一端3~5℃，同时，在注射结束时开始加热模芯，让靠近模芯和外屏蔽层里的绝缘胶都同时预热膨胀，以避免外层胶固化，而内层胶才开始膨胀，使绝缘胶被挤入结合线的现象发生。

② 在成型外屏蔽层时，应力锥作为嵌件放入模腔。由于要求在外屏蔽层成型时，导电胶不得溢流到应力锥的外锥面和外圆柱面，这就必须保证应力锥和模腔紧密贴合。

在预热和硫化过程中，随着应力锥温度不断上升，其体积也不断胀大，由于刚性模腔限制应力锥的体积膨胀，这样一来，应力锥膨胀的体积就会向着不受模腔约束的方向膨胀，如图6-91所示的膨胀部位。而且，因为应力锥是已固化状态，应力锥发生的是弹性变形，所以，在外屏蔽层完成硫化脱模以后，应力锥的膨胀部分就会缩回自由状态，外锥面直径变小。

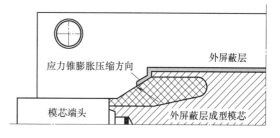

图6-91 成型外屏蔽层模具

当将室温下的外屏蔽层放入中间接头的成型模腔时，就会在该部位（锥面部分）出现明显的间隙，如图6-92所示。当注入的绝缘胶在模腔里被加热时，其体积膨胀，在模腔和外屏蔽层内腔形成内压。因为应力锥背面与模腔有间隙，所以，就导致这部分应力锥没有形成足够的力量来抵抗绝缘胶的膨胀力，从而导致绝缘胶过多地流过应力锥内孔的结合线。

当用电工胶带绕包外屏蔽层端的应力锥的外锥面以后（图6-93），消除了应力锥外锥面与模腔的间隙，解决了外屏蔽层端应力锥内孔结合线过胶的问题。

图6-92 外屏蔽层端部与模具之间的间隙

图6-93 给外屏蔽层端部缠绝缘胶带

6.8.4.3 绝缘胶在内孔结合线处不到位

结合线是指在应力锥内孔绝缘胶与导电胶的分界线。当该结合线处排气不畅时，表面现象是不到位，实际是卷气，因为应力锥与模芯形成的锥形空隙是模腔最后注满的位置，此时，该部位的空气只能从应力锥与模芯之间的空隙跑出去。因此，应当从有利于排气的方面入手，解决绝缘胶在内孔结合线不到位的问题。方法如下。

① 降低注射速度，以使此处的空气有足够的时间逸出。

② 绝缘胶模芯与应力锥模芯尺寸匹配。在应力锥孔径一定的情况下，绝缘胶模芯尺寸小，容易导致过胶，而如果绝缘胶模芯尺寸太大，又容易导致绝缘胶不到位。所以，应根据应力锥的尺寸确定绝缘胶模芯尺寸。比如，绝缘胶模芯比应力锥模芯稍大点。

③ 预热应力锥，使应力锥内孔稍微膨胀一些，有利于模腔里的空气从应力锥与模芯之间的缝隙逃逸，便于绝缘胶进入结合线位置。

④ 适当提高硫化温度，以形成稍高的模腔压力，使胶料容易到位。

⑤ 控制排气口尺寸。如果排气口尺寸大，胶料溢流太多，模腔里的内压降低，就不利于胶料到位。

6.8.4.4　145kV中间接头产品成型要点

① 用介质分阶段加热模具和模芯，对改善工艺控制和缩短硫化时间极为重要。例如，注射85℃，硫化100℃×60min+115℃×60min。在硫化结束前，加热模芯115℃×15min。

② 模腔表面亚光处理，有助于排气、胶料界面粘接、脱模，外观也美观。

③ 开设减压孔及端部排气槽，有助于降低模腔压力，进而可降低锁模力。

④ 正确地匹配绝缘胶芯棒直径与应力锥及屏蔽管模芯直径的尺寸关系，是控制绝缘胶在孔内溢胶的关键，如应力锥模芯57.12mm，屏蔽管模芯57.6mm，绝缘胶模芯57.4~57.5mm。

⑤ 模腔内压对绝缘胶在外屏蔽层表面的溢胶影响很大，低的模腔内压可以避免溢胶。硫化温度越高，模腔里的内压越高。

⑥ 排气口越大，模腔里的压力就越小，越不利于模腔深层部位的排气和绝缘胶与导电胶的黏合效果。

⑦ 悬臂式模芯对安装嵌件和脱模操作方便。

⑧ 有效地控制模腔、模芯各个阶段的温度，对控制产品外表面溢胶量和内孔过胶量都很有帮助。

用液态硅橡胶在低的温度下，以低速浇注的方式，成型厚壁的电缆附件产品，可以避免产品出现涨模、卷气等缺陷。但是，重力会影响胶料的流动方向，而且，嵌件在浇注过程中的膨胀，也会影响胶料在模腔里的流动方向以及排气效果。因此，在设计和调试这类模具时，要综合考虑在注胶和硫化过程中，胶料在模腔里的流动、压力、升温、膨胀的实际状态。必要时，采用有限元模流分析的方法，模拟胶料的充模趋势，来确定模具的分型面、流胶道和排气口的正确位置和尺寸。

6.9 ▶▶ 成像探头液态硅橡胶包覆层成型工艺调试

成像探头是医疗上用于扫描人体胸部成像的产品，其芯片外表面由液态硅橡胶包覆，以保护探头芯片及使人体与之接触具有舒服感。成像探头液态硅橡胶包覆层结构见图6-94。该液态硅橡胶的包覆成型分两步完成：第1步单独成型与探头正面接触的护靴；第2步先将护靴与探头芯片用黏合剂黏合，然后再把带护靴的探头作为嵌件放入模腔，成型探头背面的硅橡胶包覆层，从而形成探头外表面完整的硅橡胶包覆层。

包覆硅橡胶后　包覆硅橡胶前　包有硅橡胶探头的正面

图6-94　成像探头液态硅橡胶包覆层

该产品在国外研发，且已进行了批量生产。但是，使用同样的胶料、模具及相同型号的机器和参数在国内生产时，遇到许多问题，合格率较低。

6.9.1 护靴成型

6.9.1.1 产品缺陷

护靴外形见图6-95。在与国外的成型工艺参数和操作方法完全相同的条件下，还采取了延长硫化时间、给模腔喷涂脱模剂、增加注胶量等措施，但是，所得产品仍频繁地出现粘模、局部未硫化、注胶口附近凹坑缺陷的情况，见图6-95。并且，几乎每模产品都有缺陷发生，且发生粘模、局部未硫化缺陷的位置和严重程度是变化的，产品的合格率大约只有50%。

图6-95 护靴制件上的缺陷

6.9.1.2 成型工艺参数和模具结构

工艺参数（表6-7）：模腔实际温度为149~153℃，锁模力为42t，硫化时间为125s。在保压结束1s后，射座后退，注射嘴与模具分离。

表6-7 注射成型参数

成型过程	塑化	注射				保压	硫化
阶段		1	2	3	4	1	
注射行程/mm	33	20	15	12	5		
压力/bar		50	50	50	50	10	
速度/%		20	20	20	20	10	
时间/s						5	125

模具结构：由于模腔尺寸较小，首先需将模腔开设在镶块上，然后将镶块装在模板上，模腔数为2，上、下模外形见图6-96和图6-97。模具由机器热板加热。

图6-96 护靴模具下半模

图6-97 护靴模具上半模

6.9.1.3 缺陷分析与解决

（1）产品上注胶口对面凹坑

注胶口在产品的背面，凹坑位于产品正面，对应于注胶口的位置。在注射保压阶段结束后，模腔里的胶料建立起一定的内压。虽然注射活塞不再给模腔里的胶料施加推力，但注射活塞与料筒间的摩擦力，使模腔里的胶料无法从注胶口返回到注射桶。若在注射阶段结束后立刻将注射嘴与模具分离，模腔里注胶口附近未固化的胶料，在内压力作用下会从注胶口溢出来，导致模腔注胶口附近胶料的内压下降。

在硫化过程中，与模腔表面接触部分胶料的温度上升快，并且首先开始固化。随着模腔里胶料温度的升高、体积膨胀，整个模腔里的内压不断升高、均化。与此同时，胶料的硫化程度不断提高，部分先固化的胶料以弹性变形的方式压向压力较低的注胶口方向，直至胶料全部硫化，并达到整个模腔内部压力的基本平衡。开模后，随着产品其他部分内压的释放及弹性变形的恢复，导致产品注胶口处胶料收缩，出现凹坑。解决方法为：取消注射单元缩回动作，即在保压结束后，不要将注射嘴立刻与模具分离，要保持注嘴一直压在模具上，使模腔里的胶料在硫化过程中不会从注胶口溢流出来，以确保模腔注胶口附近胶料的内压始终与模腔其他部分一致，这样一来产品上凹坑的缺陷就消失了。开模后，取出产品、清理好模具，手工拔出流道胶头，带出注嘴里固化的胶料，然后开始新的循环，注射头一直压在模具上。

（2）产品局部不熟

经过检查，整个模具的温度均匀、正常，胶料A和B组分的比例正确，而且混合均匀。但是，即便延长硫化时间或增加注胶量，而且在溢胶很多的情况下，产品上也总有局部硫化不熟的缺陷。表现为脱模困难，产品局部粘模。经检查发现，导致此缺陷的原因是，操作人员戴的手套上有油污，在取产品和清理模具时，油污污染了模腔。因为油脂有钝化胶料中硫化剂的功能，导致产品局部硫化不充分。当操作人员换用新手套操作，并且给模腔喷涂少量的脱模剂后，产品上再没有出现粘模和硫化不熟的现象。产品合格率达到100%。

6.9.2　成像探头硅橡胶包覆层成型

6.9.2.1　导致探头损坏的因素

成型成像探头硅橡胶包覆层时，首先将粘有护靴的探头放入模腔（见图6-98和图6-99）；然后将模腔里的探头用网线与电脑连接，且每4秒进行一次成像检测，以判断探头是否正常。当探头的温度达到约100℃时，会出现扫描成像异常（图6-100）；当将探头温度降至80℃以下，恢复正常扫描时，说明探头完好，如果出现成像异常，说明探头损坏了。用于此成像探头包覆硅橡胶的模具、机器、材料和工艺，都与在国外调试时使用的完全相同。在国

图6-98　护靴和探头装入模框后的状态

图6-99　模具打开状态

外试产时，产品合格率达到80%。在国内生产时，即使在国外友人的现场指导下，产品的合格率也只有15%左右。

分析认为，导致探头成像功能失效的原因可能有两种：模腔温度太高将芯片烧坏；模腔压力太高导致探头损坏。

图6-100　扫描成像异常

6.9.2.2　调整模具温度

在国外成型时，设定和实际检测到的模具温度为125℃左右。而在国内试模时，设定的上、下模具温度为115℃，但显示模具各个区域的温度不同，例如有的区域为90℃，而有的区域为119℃。同时，检测的模具实际温度也不均衡，模具左端是80℃，右端是150℃。

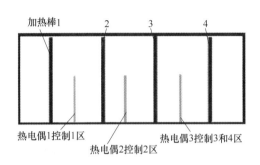

图6-101　模板里的热电偶和加热棒分布图

该模具直接通过插入模框板的加热棒加热，由插入模具的热电偶检测温度。查看模具加热温度控制系统发现，机器上有6个模具温度控制区，而模具上、下模共有8根加热棒，其中有2个温控区各控制了2根加热棒，而另外4个温控区各控制1根加热棒，图6-101为下模的温控示意图。机器每个温控区配置的加热功率为800W，而2根加热棒的总功率是1000W，超出了机器的配置功率，所以模具上、下模各有1个温控区控制的2根加热棒实际没有工作。另外，模具是靠插入模具的加热棒直接加热的，而模具与机器模板之间的隔热板厚度只有5mm，散失到机器模板上的热量较多，使得模具温升很慢，检测到机器模板的温度在50℃以上。

由于模腔位于模具的右侧，所以决定取消模具最左侧上、下模的那对加热棒，用机器的6个温控区控制模具上的6根加热棒。重新接线后，开始加热模具。在模具温度稳定后，检测对应于模腔区域的温度在115~120℃。降低模具温度的目的，一方面可以降低高温对成像探头芯片性能的影响，另一方面，减少胶料在硫化过程中的体积膨胀量，避免硫化过程中模腔压力升高幅度太大，导致损坏探头的问题。

6.9.2.3　调整锁模压力

该模具是单模腔结构，模腔由上、左下半模和右下半模镶块组合而成，如图6-102、图6-103所示。镶块分别镶嵌在上、下模框里。模具闭合时，上、下模基本只是镶块的分型面接触。模具镶块的尺寸为78mm（长）×60mm（宽）。起初设定的锁模力为356kN，平均分型面的接触压力大约为80MPa，显然，封胶压力太高。依次试验在锁模力356kN、200kN、100kN、50kN下的飞边情况。只有把锁模力降为机器可设定的最小锁模力（40kN）时，在模具的分型面才有少量的飞边。

降低锁模力的目的是，通过分型面溢胶以释放硫化过

图6-102　上模镶块

程中模腔里胶料体积膨胀的部分胶料，避免模腔压力上升太高，故决定使用40kN的最小锁模力。

图6-103　下模镶块

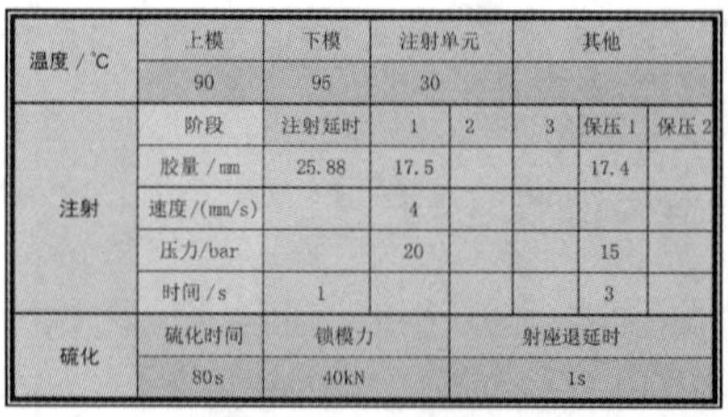

温度／℃	上模	下模	注射单元			其他	
	90	95	30				
注射	阶段	注射延时	1	2	3	保压1	保压2
	胶量／mm	25.88	17.5			17.4	
	速度／(mm/s)		4				
	压力／bar		20			15	
	时间／s	1				3	
硫化	硫化时间	锁模力		射座退延时			
	80s	40kN		1s			

图6-104　工艺参数显示

6.9.2.4　调整注射参数

将探头模型护靴放入模腔进行参数调试实验，保持其他注射参数不变，见图6-104。

首先，将保压时间由原来的4s依次减小为1s和2s，结果没有出现未注满的缺陷。然后，将注射行程位置（注射量），由原来的26.8mm减小为25.88mm，并将保压时间减小为1s，结果仍没有出现未注满的缺陷。减小注射量和缩短保压时间是为了降低模腔压力。

这种模具的注胶流道细长，注胶口很薄，约0.05mm厚，注胶口胶道容易固化。因此，即使注胶口敞开，由注胶口溢出的胶料也非常少，故选择在注射结束后注射头缩回的功能。这样一来，在保压结束1s后，射座后退，注胶口敞开，胶料可以通过注胶口溢出，适当释放模腔压力，尽量避免硫化过程中，模腔压力升高过多。

连续测试3个循环，模拟产品的外观均正常。

6.9.2.5　试模

当工艺参数调至正常后，开始用正式产品探头芯片试模。在将粘有护靴的探头装入模具后，将探头与电脑连线，监测探头的状态。在注射完胶料硫化30s时，由于芯片的实际温度高于80℃，故无扫描图像显示，见图6-105。硫化结束后，将探头与模腔镶块一起从模框取出，并保持探头与电脑在连接状态。然后，将上模镶块与下模组件分离，用压缩空气吹下模和探头，以使其冷却（图6-106）。当探头温度降到一定值后，探头的成像功能恢复（图6-107），说明探头未损坏。此时，可将下模两半镶块的组件分离，取出成型好了的包覆硅橡胶的探头。

第1模产品成像正常，但有轻微的缺胶，可以修复；第2模时，将保压时间由1s修改为3s，其他参数保持不变，结果产品外观完美，探头成像正常。在随后进行的小批量生产中，

图6-105　硫化中信号中断

产品合格率高于90%。

成型工艺参数：上模设定温度90℃，下模设定温度95℃，检测模腔实际温度为115～125℃。锁模力为40kN，硫化时间为80s，注射量为25.88mm，注射速度为4mm/s，保压压力为1.5MPa，平均注射压力为1.61MPa。转保压行程为17.5mm，保压时间为3s，转保压结束后注射桶余胶量为17.40mm。

　　由此可见，在进行橡胶产品的成型工艺调整时，不仅要正确地设定工艺参数，更重要的是要检查核实模具实际状态，确保模腔的实际参数（比如温度、分型面锁模力、模腔压力等）正确；当模腔的实际温度超过130℃时，就有损坏探头芯片的危险。与固态橡胶相比液态硅橡胶成型工艺具有几个不同的特点：黏度低，需要的注胶流道断面尺寸小，而且胶料容易溢流；硫化速度快，需要的硫化温度相对低；油污会钝化液态硅橡胶中的硫化剂，使其失去硫化功能等。

图6-106　产品在下模镶块中

图6-107　扫描图像显示正常

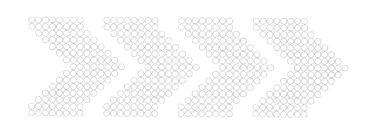

第**7**章

复合空心绝缘子伞裙护套注射模具设计

随着材料科学技术和橡胶注射成型工艺装备的发展，用固态硅橡胶和玻璃纤维套管成型复合空心绝缘子的技术工艺日趋成熟，应用也越来越广泛。空心绝缘子的内径范围为70~600mm，长度为500~5000mm，电压等级从66kV到500kV，一般随着电压等级增高，直径增大，长度变长。复合空心绝缘子具有体积大、长度长和成型质量要求高的特点，使得注射方式成型空心绝缘子伞裙的设备、模具和工艺具有特殊性。

对于小规格空心绝缘子一般在普通的橡胶注射机上一段注射成型。对于大规格空心绝缘子，比如内径大于200mm，虽然工艺相似，但由于产品体积大，注射模具、成型工艺和设备配置与普通产品注射成型有许多不同点。一般内径小于300mm的空心绝缘子，在立式注射机上成型，内径大于300mm的在卧式机器上多段成型。本章主要介绍用固态硅橡胶成型大型空心绝缘子的模具与工艺。

7.1▶▶复合空心绝缘子伞裙护套成型特点

复合空心绝缘子与瓷质空心绝缘子相比，具有质量轻、防爆性能好、力学性能稳定、防污闪性能优良以及安装运输维护方便等优点，目前已广泛应用于套管、全封闭组合电器、真空断路器和电流互感器等设备（见图7-1），运行效果良好，是替代瓷质空心绝缘子，解决污秽地区变电设备使用瓷质绝缘子引起的污闪、断裂、爆炸等问题的新一代产品。

图7-1　800kV空心绝缘子

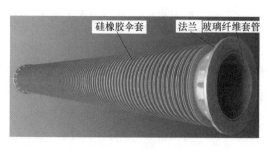

图7-2　空心绝缘子结构

复合空心绝缘子主要由端部附件、玻璃纤维增强环氧树脂管、伞裙护套3部分组成，如图7-2所示。端部附件与玻璃纤维增强环氧树脂管的连接方式，是采用压接工艺或特殊浇装黏结工艺。伞裙护套有模压单片伞裙粘接和直接注射成型两种制造方式，目前市场上主要以注射成型方式为主。

伞裙护套为空心绝缘子提供了必需的爬电距离，并保护套管免受环境影响。其基本要求一般包括：胶料必须具备必要的电器性能指标；与玻璃纤维套管粘接牢固；外形尺寸在产品公差范围，包括伞裙护套壁厚均匀；表面包括接伞部位平滑，不得有面积大于$25mm^2$的深度或者高度大于1mm的表面缺陷；不得有气泡、开裂等缺陷；在成型过程中不得损伤套管，包括成型温度不得高于玻璃纤维的玻璃化转变温度，如140℃，模具不得擦伤套管内、外表面等。

7.1.1 胶料

硅橡胶分子主链是化学性质稳定的Si—O键结构，且有机侧基无不饱和键，使得硅橡胶除了具有优异的耐大气老化性、耐臭氧老化性等类似于无机物材料的特性外，还具有许多有机物材料的特点。复合绝缘子用硅橡胶中加入了气相法白炭黑、氢氧化铝等填料，以提高硅橡胶材料的耐大气老化性能、耐臭氧老化性能、耐高低温性能、力学性能和电气性能等。由此可见，硅橡胶是成型空心绝缘子伞裙护套的理想材料。

常见的用于空心绝缘子的硅橡胶性能指标：邵氏A硬度为40~70，撕裂强度>11N/mm，拉伸强度>$4.0N/mm^2$，伸长率>200%，介电强度为23kV/mm，体积电阻率为$10^{14}\Omega\cdot cm$，介电常数为3.7，耗散因数（50Hz）为2×10^{-2}，弧阻>300s，耐电起痕为1A 4.5级。

7.1.1.1 液态硅橡胶

液态硅橡胶的黏度低，流动性能好，成型时所需要的注射压力小。玻璃纤维套管本身的刚性，就可以承受成型过程中模腔里胶料的压力。因此，在成型过程中，不需要专门的模芯来支撑套管，成型工艺相对简单。但低黏度胶料流动速度较快时，易产生产品卷气问题，要求液态硅橡胶的注射速度不能太快，慢的注射速度需要的注射时间长，会引起胶料在注射过程中发生焦烧的危险，所以，用液态硅橡胶成型空心绝缘子的模具温度不能太高，需要的硫化时间长。液态硅橡胶的硬度较低，如邵氏A硬度范围为35~50。液态硅橡胶的价格一般为固态硅橡胶价格的2倍甚至更高，所以液态硅橡胶一般用于成型要求性能更高的空心绝缘子产品。

7.1.1.2 固态硅橡胶

固态硅橡胶胶料的黏度大，流动阻力大，需要的注射压力大。在注射过程中，模腔压力高，注胶口处胶料对套管的推力最大，套管必须有模芯支撑，以防止被压坏。所以，固态硅橡胶的成型工艺相对复杂。

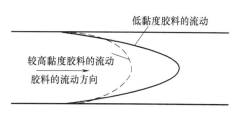

图7-3 不同黏度胶料的流动示意图

胶料黏度高时，胶料流动端头曲线平坦（见图7-3），容易挤出模腔里的空气，对于避免在产品上出现气泡缺陷有利。固态硅橡胶的硬度较高（邵氏A硬度为60~70），伞页的挺性好。在分段成型时，嵌入伞页导入容易，有利于避免压伤伞页等缺陷。固态硅橡胶的成本相对较低，应用比较广泛。

7.1.2 伞裙护套结构

复合绝缘子的伞裙可分为等径伞和大小伞两类结构。大小伞结构的复合绝缘子两大伞之间的距离比等径伞结构的绝缘子两伞之间的距离要大，因此，耐覆冰雪和耐雨闪的性能较好，并且可以有效地避免伞间电弧桥络，受到使用部门的青睐。图7-4为大小伞裙护套形状示意。

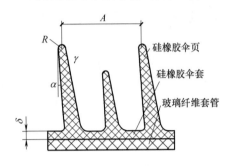

图7-4 大小伞裙护套形状示意

硅橡胶伞页
硅橡胶伞套
玻璃纤维套管

7.1.2.1 伞间距 A

伞间距是指两个大伞之间的距离。伞间距离 A 大，产品单位长度的爬电距离短，但是，有利于成型模具上的流道、排气槽的排布，也有利于在每个伞尖周围开设注胶口和余胶槽，对于接伞操作也比较方便。一般伞间距与套管的内径大小有关，内径大，伞间距就大，反之则小。例如内径130mm的套管伞间距为50~70mm，内径250mm的套管伞间距为65~100mm。

7.1.2.2 伞裙护套厚度 δ

伞裙护套厚度决定套管的绝缘性能，伞裙护套壁越厚，介电性能越好。一般伞裙护套厚度至少满足产品的介电强度要求，例如110kV的产品，使用23kV/mm的胶料，产品伞裙护套的厚度应大于4~5mm。伞裙护套厚度大，胶料在模腔里流动时的阻力小，便于成型，但缺点是浪费胶料。

7.1.2.3 伞页内倾角 α

伞页内倾角小，模具易加工，成型时产品脱模阻力小，有利于脱模。接伞时，嵌入伞导入方便。但是，伞页内倾角 α 小，产品爬电距离略微小，对于雨水在伞页滑落稍有不利。一般内倾角为4°~8°。

当伞页内倾角 α 为0时，模腔可以整体加工，不需要镶块方式结构。整体式模腔看似简单，但加工相对复杂，且不利于成型时模腔的排气。所以镶块式的模腔应用比较普遍。

7.1.2.4 伞页夹角 γ

伞页夹角大，注射成型时，胶料易充满模腔，有利于挤出伞尖模腔里的空气，脱模方便，但用胶量稍大。一般伞页夹角 γ 取4°左右。

7.1.2.5 伞尖半径 R

伞尖半径小，伞页壁厚小，节约胶料，有利于排气，但不利于接伞时伞页的导入，分段成型时易产生压伤伞页的缺陷，一般 R 在1.5~2mm范围。

7.1.3 伞裙护套成型方式

7.1.3.1 液态硅橡胶成型空心绝缘子

液态硅橡胶成型空心绝缘子有低压浇注和高压注射两种操作方式。

① 直接将液态硅橡胶由计量泵低压注入模具。这种方式胶料温度为室温，胶料输送管可承受的最高压力为35MPa，计量泵压力一般为20~30MPa，所以注胶速度慢，注胶时间长。当产品规格较大，注胶超过10min时，为了避免胶料在注胶过程中焦烧，需在较低的模具温度下注射。因此，注射前需将模具的温度降低，如80℃，注射结束时，需提高模具温度，约110℃，以加速硫化。

由于可提供的胶料压力较低，注胶速度较慢，胶料的重力对流动状态有一定的影响，所以通常在卧式机器上成型。即胶料从模具分型面的下方伞尖注入模腔，在分型面的上方开设有排气槽，使胶料自下而上渐渐地注满模腔，模腔里的空气从分型面上方的排气槽逃逸，如图7-5所示。也有的从端部伞页底部大的注胶口注胶，如图7-6所示。在生产循环过程中，模具温度有一个加热至硫化温度和降温至注胶温度的变化，注胶时间长，所以一段成型一个产品的成型周期长，比如120min。

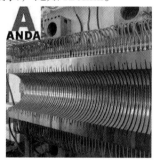 

图7-5 空心绝缘子伞裙护套成型模具　图7-6 伞页阴面单点注胶口

② 将胶料先输送到注射桶，然后再由注射桶将胶料高压注入模腔。胶料在料桶里被预热至50~60℃。注射速度和保压都按要求设定、控制。由于注射速度较快，模腔需要抽真空。这种成型方式，模具温度相对高，注胶时间短，不需要降温，一段成型一个产品的循环时间大约为50min，所以效率比前者高。

采用泵送方式，用液态硅橡胶成型空芯绝缘子时，注胶量可以没有限制，而用注射机成型时，最大注射量受注射桶体积限制。

7.1.3.2 固态硅橡胶成型空心绝缘子

用固态硅橡胶成型空心绝缘子时，通常采用高压注射成型方式，注胶压力为50~100MPa。其成型方式有两种：在立式注射机上，使用冷流道体多点注胶；在卧式注射机上，采用两侧对称注胶。这两种方式都需要使用模芯支撑套管，以免注胶压力高将套管压坏。

7.2 ▶▶立式橡胶注射机成型空心绝缘子模具与工艺

7.2.1　立式橡胶注射机

7.2.1.1　机器外形与参数

用于固态硅橡胶成型空心绝缘子的立式注射机主要有两种形式。一种是注射单元在合模单元的上方，锁模油缸在合模单元的下横梁。机器高度高、安装需要地坑，而且，套管随下模上下移动，稳定性差。另一种是注射单元在合模单元侧部，锁模油缸在合模单元的上横梁。下模不移动，喂料和模具操作高度低，操作方便，如图7-7所示的AT1800立式橡胶注射机。因此，使用注射单元在合模单元侧部的注射机比较普遍，此处就着重介绍AT1800注射机。

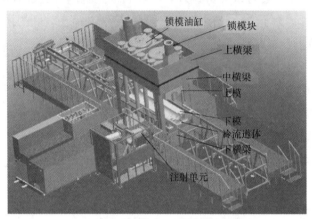

图7-7　AT1800立式橡胶注射机组成图

AT1800橡胶注射机与普通橡胶注射机相似，由合模单元、注射单元、液压单元、冷流道体、脱模单元、控制单元等部分组成，如图7-7所示。机器主要参数见表7-1。

表7-1　AT1800橡胶注射机主要参数

主要参数	参数值	主要参数	参数值
注射压力/MPa	156	热板间距/mm	1700
塑化能力/(L/min)	4.2	热板尺寸/mm	2850×1000
注射量/cm³	50000	模板台面尺寸/mm	2850×1200
注射行程/mm	1320	系统压力/MPa	22.5
螺杆直径/mm	90	油泵电机功率/kW	60
螺杆转速/(r/min)	0~95	加热功率/kW	135
锁模力/kN	17600	备用温控8组/kW	48
开、合模最大行程/mm	1300	机器总功率/kW	225
最小模厚/mm	400	主机净重/t	
最大模厚/mm	800	电压	380V，50Hz
最大模具宽度/mm	880	主机尺寸(长×宽×高)/mm	8150×3710×4800

7.2.1.2　合模单元

合模单元的上、中、下3个横梁由8根立柱联结，位于横梁对角线的2个合模油缸固定在上横梁上，拖动中间横梁在8个立柱上滑动，实现快速开、合模动作。2个锁模油缸固定在上横梁上。2个平移式锁模柱在中间横梁上方的滑轨上，由2个锁模柱油缸分别推动进入锁模区或者离开锁模区。合模油缸、锁模柱油缸和锁模油缸联动完成三步锁模功能，合模单元结构如图7-8所示。

合模单元下横梁上面依次安装有冷流道体、下热板，中间横梁下面装有上热板。模具安装在上热板与下热板之间。下模静止不动，上模随中间横梁做开、合模动作。

安装在开合模油缸侧部的电子尺检测合模行程。合模行程、速度和压力可分三个阶段设定控制。两套锁模柱移出装置（带机械同步机构），可设定平移锁模柱进、出动作的速度和压力。合模单元由2个增压油缸实现1760t的锁模力。

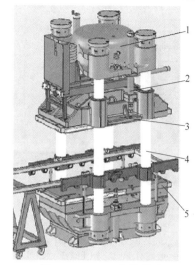

图7-8　AT1800合模单元
1—锁模油缸；2—快速合模油缸；3—动模板；
4—立柱；5—定模板

合模油缸上装有安全阀和液压安全保护装置，确保中间横梁在合模油缸出现异常时，中间横梁不会自动下行。在中间横梁上还装有2套无动力机械式保护锁，防止中间横梁在合模油缸出现异常时坠落。机器周围有3对6极安全光栅保护合模单元（操作面、非操作面、模具后方），一旦光栅被隔断，机器停止动作，以保护人员安全。

当安装不同厚度的模具时，需要通过锁模柱顶端垫块的厚度，来调整锁模柱顶端与锁模柱塞之间的间隙，以确保该间隙在要求的范围内。更换模具后，除了更换模具参数外，还要在模具闭合情况下，做一次合模行程归零的操作。

在热板两侧各有1个油缸驱动的顶出架，顶出高度600mm。两侧顶出架配有导柱和同步齿条，确保两侧顶出高度一致。顶出架上端为断面三角形的滑轨，模芯支架可以在滑轨上滑动，以供模芯顶出和滑出模具区进行产品脱模，如图7-9所示。顶出架也可以用于模具安装和拆卸操作。

热板上有用于固定模具的T形槽，每块热板上最多可安装12颗M20的T形头固定螺栓。

7.2.1.3　注射单元

注射单元位于合模单元右侧，注射头从侧部伸入冷流道体的注射孔，如图7-10所示。注

图7-9　模芯操作装置

图7-10　注射单元位于合模单元右侧

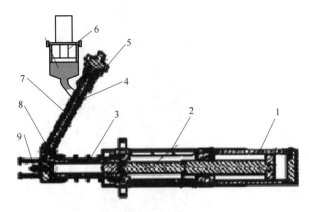

图7-11 注射单元

1—注射油缸；2—中心连接体；3—注射柱塞；4—塑化料筒；5—液压
马达；6—硅橡胶喂料器；7—塑化螺杆；8—注射连接块；9—注嘴

射单元由硅橡胶喂料器、挤出机、注射桶和注嘴等部分组成，如图7-11所示。与普通注射单元的不同之处就是注射量大可达50L，并配有容积70L的硅橡胶喂料器。加料区有安全门，在安全门打开的情况下，注射单元停止工作。其他工艺参数设置相似于普通注射机。

7.2.1.4 冷流道体

冷流道体有两列交替排布的8个注嘴，如图7-12。冷流道体使用热油循环方式控制温度。冷流道体主板有2个温控区域，每个注嘴配一个温控系统，总共有10个热油循环温控单元。

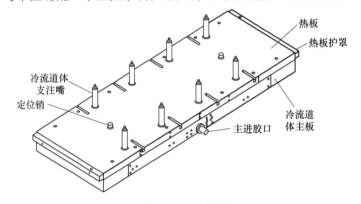

图7-12 冷流道体

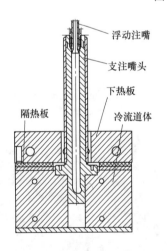

图7-13 冷流道体与热板

图7-14 支注嘴与流道组件

冷流道体固定在机器的下横梁与下热板之间。在冷流道体与下热板之间有隔热板，如图7-13。冷流道体与下热板以及模具之间都由定位销定位。

注射头从冷流道体的侧部中心将胶料注入冷流道体主流胶道，8个冷流道体支注嘴从下模伸入模具，将胶料送入模具分型面的主流胶道，最后进入模腔，如图7-14所示。一般根据注胶状态确定各支注嘴孔径。

7.2.2 模具结构

7.2.2.1 注胶口形式

注胶口的形式和排布位置直接关系到模腔压力大小和分布。如果模腔压力过大，会使套管挤压变形，也会使产品出现涨模缺陷。如果模腔压力太小，或胶料在两半模腔流动不对称，不利于挤出模腔里的空气，容易引起产品卷气等缺陷。胶料在模腔里的流动长度，关系到胶料的焦烧安全性等。因此，注胶口是模具设计的关键要素之一。

（1）多点注胶

来自冷流道体注嘴的胶料流入主流胶道后，通过各支流胶道，从各伞页顶部进入模腔。注胶口开设在每个伞页阴面靠近伞尖的位置，如图7-15所示。流胶道主要开设在下模，在上模有局部进胶道，如图7-16所示。主流胶道ϕ12mm，支流胶道R2mm、深2mm，注胶口直径在3~3.5mm，在距离注嘴最远处的伞页上的注胶口直径是3.5mm，以加大该部位模腔的注射压力，便于挤出模腔里的空气。在每个支流胶道上有一个胶道流量调节阀，用来关闭或者微调模腔进胶速度。

一般余胶槽或者排气槽距离流胶道4mm以上，以防止胶料进入余胶槽或者排气槽，如图7-15所示。多点注胶方式的特点如下。

图7-15 伞裙护套多点下模注胶口示意　　　　图7-16 上模注胶道

① 打开或者关闭某个注胶口的操作方便，有利于调整模腔的注射速度平衡。

② 具有注胶口孔径小、均匀地分布在每个伞页、远离套管的特点，使得胶料对整个套管的作用力小并且平衡，胶料不容易将套管顶偏心，进而不会产生伞裙护套壁厚不均匀的问题。

③ 胶料在模腔里的流动距离短，不会带走局部模腔或者套管上太多的热量。在注射结束后，模腔温度比较均匀，套管表面的温度差也不大，所以整个模腔里胶料的固化速度基本同步，可以适当地缩短硫化时间。比如采用多点注胶方式产品的硫化时间1300s，而采用单点注胶系统产品的硫化时间为2200s，后者如果硫化时间短，就会出现胶料与玻璃纤维管表面黏结力差或者伞尖卷气等缺陷。

④ 注胶口直径小，对胶料的流动阻力大，需要的注射压力高。比如，在相同注胶速度

情况下，比单点注胶系统注射压力高约3MPa，同时，如果注射压力太高，在流道周围容易形成许多飞边。

⑤ 注胶道料头质量比单点直接胶道多1倍。

⑥ 在注胶口区域，余胶槽是间断的，而且，排气槽、支流胶道开关处也有飞边，所以，清理模具工作量大。

⑦ 由于注胶口大而且伞尖壁薄，注胶道料头不能直接拽断，需要逐个剪除，所以，修除注胶口胶道料头的工作量大。

⑧ 在液态胶成型中，使用这种方式的比较多。

（2）单点注胶

一个注嘴对应一个主流道，来自注嘴的胶料直接从流道注入伞裙护套部分的模腔，如图7-17~图7-19所示。在流道上，有一个调节胶料流动速度的螺栓，以实现各个注胶道注胶速度平衡。流胶道直径为12mm，考虑到胶道料头修整方便，注胶口设计为椭圆形，宽度为6mm、高度为14mm。单点注胶口的特点如下。

  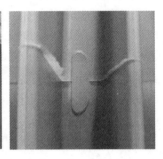

图7-17　流道调节螺栓　　　　　图7-18　模腔注胶口　　　　图7-19　伞裙护套上的注胶口

① 流胶道短而且数量少，结构简单，可以通过注嘴孔径或者调节螺栓，来平衡各模腔注射速度。

② 流胶道和注胶口直径都大，胶料的流动阻力小，所以，需要的注胶压力比多点注胶口方式小，不会出现流道周围太多飞边的问题。

③ 胶料从伞裙护套进入模腔，胶料会带走注胶口附近套管表面的热量甚至黏合剂，使得该部位成为模腔温度最低和最晚完成硫化的点。为了获得整个产品良好的硫化和粘接效果，需要适当延长硫化时间，因此，这种方式的硫化时间要比多点注胶方式的硫化时间长。

④ 注胶口直接对着套管表面注胶，对套管施加了一个较大的侧向推力。而且，通过流道螺栓过度调节注胶速度时，这种推力会更明显变化。比如，如果将一侧的螺栓高度调高至比相邻流道的螺栓高3mm以上，则套管会向高的一侧偏离，造成两侧伞裙护套壁厚严重不均，因此，流胶道螺栓平衡模腔注胶速度的方法具有局限性。

⑤ 在模腔里，来自相邻注嘴的胶料汇合处距离注嘴最远，该处模腔压力远远低于注胶口附近胶料的压力，不利于挤出模腔里的空气，而且如果增大注射压力就会导致注胶口一侧伞裙护套壁厚太厚的问题。

7.2.2.2　模具加热

由于伞裙直径大模具厚度大，而且在半模上的模腔是个半圆形，模腔中心距离热板近，两侧分型面距离热板远。如果仅使用机器热板加热模具，模腔中心的温度比分型面的温度会

高出很多,在20℃以上。因此,为了获得
比较均匀的模具温度,需要使用辅助加热
系统,以平衡模腔温度。由于这种模具需
要经常拆卸模腔镶块,所以,把模具的辅
助加热系统设置在模框上。模具的加热方
式有热油加热和电加热管加热两种。

① 热油加热。有的模具不使用机器热
板加热,使用热油加热。在模框上开设热
油循环通道加热模具,如图7-20所示。一
般一台模温机加热上模,另一台模温机加
热下模,分别控制加热。热油管与模具连
接使用快速接头,拆卸很方便。在模框周
围安装有隔热板,模具温度比较均匀,分
型面温差在3℃左右。热油循环加热方式要求模框不能有沙眼等缺陷。

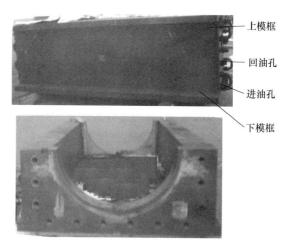

图7-20 油加热模框

② 电加热管辅助加热,有的模具使用机器热板和电加热管结合的加热方式,如图7-21所
示。在模具上安装8组电加热管,由机器的辅助加热系统控制。

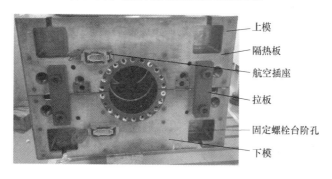

图7-21 模具端部外观

在模具上靠近分型面的位置安装电加热棒,每半模具每端安装4根加热管、2个热电偶。
每2根加热管和1个热电偶由机器的一组备用温控系统控制。模具上的加热棒孔前后贯通。
每根加热棒功率3kW,直径16mm,加热棒与孔配合为H9/f9。安装时,在加热棒上涂导热
脂。热电偶位置靠近模腔表面,孔深300mm。加热导线和热电偶线有绝缘套,固定在模具
端部的线槽里,穿过隔热板,与航空插头连接,如图7-22所示。

图7-22 下模辅助加热

这种加热方式模具的温度均匀性没有热油加热好,分型面温差在5℃左右,在长时间合

模情况下会出现局部高温现象。

7.2.2.3 余胶槽和刃口

余胶槽一般开设在下模，以便于清模和检查。由于硅橡胶黏度和强度都比较低，余胶槽尺寸为 $R2mm$、深为 $2mm$，距离模腔在 $0.6mm$ 左右。在分型面刃口需要用抛光的方式，倒圆大约 $R0.1mm$，以防止刃口太锋利，导致涨模或者割伤制品的问题。

7.2.2.4 排气槽

排气槽有2种形式：分型面排气槽和伞尖排气槽。

① 分型面排气槽。一般都开设在下模没有注胶口的伞尖上，在模腔和余胶槽之间排气槽的尺寸是深 $0.1mm$、宽 $2mm$。在余胶槽与溢胶槽之间的流胶槽尺寸是深 $1mm$、宽 $3mm$。分型面排气槽只能排出模腔里分型面附近的空气。

② 伞尖排气槽。为了排出远离分型面模腔里的空气，一般在胶料汇合的几个模腔镶块

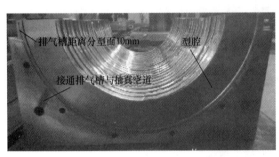

的侧面伞尖开设排气槽，排气槽断面为U形，宽度为 $4mm$，深度为 $4mm$，距离模腔 $2mm$ 左右，与模具分型面或者抽真空口接通。如图 7-23 所示，排气槽与抽真空孔接通，而不与分型面接通，防止胶料进入排气槽。同时，镶块锁得不是太紧，以便于空气逃逸。模腔里的空气在一定的压力下，可以通过此排气槽排出，而胶料不容易进入排气槽。这样的结构常常会在产品伞尖有轻微的

图7-23 立式注射模具模腔伞尖排气槽结构

飞边，需要修除。当模腔压力太高或者模具使用时间太久时，也会有胶料进入排气槽。所以，需要定期比如每3个月，拆开清理模具一次。

7.2.2.5 溢胶槽

由于复合套管用胶料体积大，胶料在模腔里的热膨胀量大。而且，玻璃纤维套管的外径尺寸公差范围大，即使在套管外圆加工的情况下，成型伞裙护套用胶量波动也比较大。所以，成型时，溢胶量比较多。模具上的溢胶槽有两种形式。

图7-24 溢胶槽形式1

图7-25 溢胶槽形式2

形式1：在每组注胶口的对面下模分型面开设一个溢胶槽。溢胶槽距离模腔12.5mm，

深度6mm，根部倒圆角R3mm，流胶槽连通溢胶槽和伞尖余胶槽。在溢胶槽里，对应于每个伞页的位置有一个大约20mm（长）×15mm（宽），与分型面平齐的凸台，以增加模具的接触面积，如图7-24所示。由于溢胶槽减小了上下模的接触面积，分型面压力大，飞边少。从模腔溢流的胶料都聚集在靠近排气口的溢料槽。

形式2：溢胶槽尺寸15mm（深）×20mm（宽），距离伞尖模腔和流道10mm，分布在模腔两侧。每个伞尖余胶槽通过流胶槽与溢胶槽连通，如图7-25所示。相比较，形式2溢胶比较集中，清理模具更方便。

7.2.2.6　模腔镶块的固定方式

模腔镶块在模框里的固定有一端锁紧固定和分段固定两种方式。

（1）一端锁紧固定

模框固定镶块的腔体一侧是直角，另一侧有10°倾角，与镶块侧部为间隙配合。腔体一端是直面，另一端是5°的斜面，用相同斜度的楔块从模框的一端将镶块锁紧在模框里。

如图7-26所示，镶块两端形状尺寸与模框一致。镶块底部和两侧面有启模口，两侧还有加工装夹的工艺孔和吊装的螺栓孔。

楔块的一面是直角，另一面有5°倾角，在直的一面刻有花纹，以减小摩擦阻力，方便拆卸，如图7-27所示。楔块的宽度方向形状相似于模框腔体，宽度稍窄。在将所有镶块安装到位后，根据端部镶块与模框端部间隙实际尺寸，配作楔块，一般要求在所有镶块被压紧后，楔块稍低于分型面1~2mm。

图7-26　模腔镶块

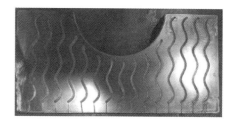

图7-27　楔块

由于所有镶块是从模具的一端压紧，需要楔块的锁紧力比较大，装拆比较费力。在模框底部对应楔块的位置有通孔，用来敲击拆卸楔块。

镶块除了用楔块轴向锁紧外，还从模框的底部用螺栓竖向拉紧。

（2）分段固定

固定镶块的模框分为3组，其中，中间部分靠模框两侧的槽，结合加宽镶块锁紧。其中一端的加宽镶块是直面，另一端加宽镶块侧面是斜面，由此通过楔块将中间部分镶块固定在模框的中间位置，如图7-28~图7-31所示。模框两端两组镶块由螺栓依次固定到前一块镶块上，如图7-32所示。

两侧压紧块将镶块固定在模框上。模框底部没有螺栓孔，对抽真空密封有利。这种固定方式，镶块间的锁

图7-28　中间组镶块左端固定

紧力小，对排气有利，也有利于镶块拆卸。

图7-29　中间组端部加宽镶块

图7-30　中间组端部定位楔块

图7-31　模框端部楔紧槽

6个M12螺孔将下一块此镶块与此镶块连接固定

6个M12沉头螺栓将此镶块与前一块镶块固定

图7-32　镶块上连接螺栓孔位置

7.2.2.7　胶道料头拉断机构

该机构由一对胶道镶嵌块组成，分别固定在上模和下模。模具闭合时，它们与流胶道一起构成畅通的流道，在模具打开时，这对镶块分离，像剪刀一样将流胶道剪断，以便于产品与主流胶道分离、清理模具。

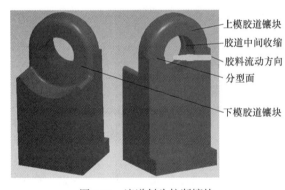

上模胶道镶块
胶道中间收缩
胶料流动方向
分型面
下模胶道镶块

图7-33　流道料头拉断镶块

在这对镶块的孔里有一个0.5mm的缩小台阶，以防止在拉断时胶道料头滑动，并且胶道料头从这最细的位置断裂，见图7-33。

合模时，这对镶块之间并不接触，之间有约1mm的间隙，间隙的飞边会与胶道料头连在一起，在取出胶道料头时与模具分离，不需要专门清理。如果这对镶块相互接触，胶料容易产生摩擦黑斑，或者磨损镶块，也不利于清理。

7.2.2.8　抽真空系统

模具抽真空通道有两种形式。

形式1：在下模框里开设纵向抽真空孔，通过竖向孔与储胶槽接通，进而通过排气槽与模腔连通，实现模腔的抽真空。

形式2：在模框端部的抽真空孔通过竖向孔与溢料槽连通，以防止胶料进入抽真空孔。形式2加工简单，但是，抽真空效果没有形式1好。

在下模的分型面开设有密封槽，在模具的背面和注嘴周围都有密封槽，以防止螺栓孔和注嘴孔漏气（图7-34）。在模腔端部有两道密封，一道是套管与模腔端部的密封，另一道是模芯与模框端部的密封。通常，影响模腔真空度的几个因素有：分型面、端部密封条的封闭和完整性；压力传感器孔的密封；注嘴座周围的密封等。

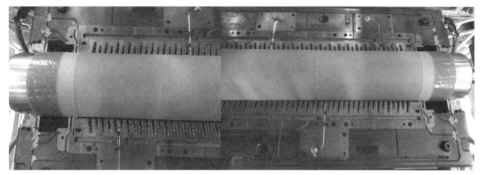

图7-34　模具分型面密封

7.2.3　模芯

当用液态硅橡胶成型空心绝缘子的伞裙护套部分时，由于胶料黏度低，注射压力比较低，不会将套管挤压变形，所以在成型过程中，不需要专门的模芯来支撑套管。而对于固态硅橡胶，因为胶料黏度高，注射成型时，一般模腔压力很高，比如10~20MPa，局部压力会更高，因此，套管需要模芯支撑，以免压坏。在立式注射机上成型空心绝缘子伞裙模具的模芯，有锥形模芯和圆柱模芯2种。

一般模芯主体与模具一样长，两端都有伸出杆，用来通过前后支撑托架顶起或者落下模芯，如图7-35所示。在需要接伞的情况下，往往需要加长模芯端部的伸出杆。

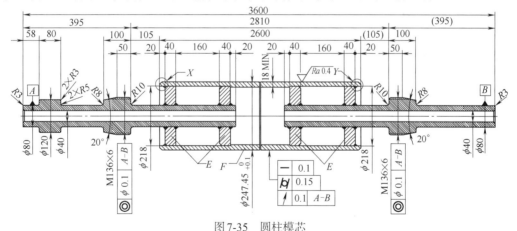

图7-35　圆柱模芯

7.2.3.1　锥形模芯

套管内孔有一个小锥度，模芯的外表面有一个与套管内孔相同的小锥度，比如模芯一端外径为240mm，另一端外径为241mm，锥度为0.5°。将套管装到模芯上时，套管与模芯充分贴合，有效地起到支撑套管的作用。在模芯刚度足够的情况下，套管在成型过程中几乎不会变形。在套管与模腔两端的密封部位配合良好的情况下，成型的伞裙护套壁厚均匀。这种模芯必须从套管的一端穿入和穿出，由于模芯在套管里的位置是固定的，对于成型短的产品时操作不方便。这种内孔有微小锥度的套管，有时不被一些客户接受。

7.2.3.2 圆柱模芯

模芯主体与套管之间单边大约有0.3mm的间隙，以便于套管在模芯上安装拆卸时滑动。随着管子直径增大，间隙需适当增加。当管子是冷的状态而模芯是热的状态时，这种间隙会变小，不利于将套管套在模芯上。有时为了安装套管方便，需要先将套管预热到一定的温度，让其内孔膨胀变大，再将套管装到模芯上。

圆柱状模芯的缺点：在注射过程中，注胶口一侧的胶料会将套管挤压贴紧模芯，导致套管有轻微的变形，即在注胶方向被压缩，而与之垂直方向被挤长，形成椭圆，变形量就是套管与模芯之间的间隙。成型的伞裙护套的壁厚分布是变化的，即在注射方向厚度大，而与之垂直方向壁厚小。这种伞裙护套壁厚差异在产品的公差范围内是允许的。模芯和模具的位置是固定的，因为套管可以在模芯上滑动，所以成型不同长度的产品时比较方便。

以上两种模芯多用钢板卷制焊接的方法制造，中间是空心并且有支承板。模芯主体部分长度比模具和套管稍长，两端有操作支撑杆可以搭在脱模架上，通过脱模架操作模芯顶起脱模或者移动等。成型时，套管与模具密封部位接触。当套管很长时，模芯质量会很大，在成型过程中套管在模具上的操作和定位很不方便。另外，这种模芯一般没有加热装置，模芯的热量来源于硫化过程中，模腔通过伞裙护套和套管的热传导，因此贴近套管内层的胶料最后硫化，故需要的硫化时间长。也有将模芯放到烘箱里预热的情况，通常，将模芯温度控制在110~120℃范围，这种烘箱长度很长。

7.2.4 模具材料

模框：1.2311/P20预硬钢，硬度HRC30~36，或者50铸钢；

镶块：1.2083，热处理HRC50~54，或者45钢，热处理HRC28~32，镀铬0.03mm；

白板：1.2738（4Cr13），热处理HRC47~49；

定位销：T10A 热处理HRC55~60，或者SUJ12热处理HRC50~54；

拉板：P20H；

模芯：Q345D，热处理HRC48~52，镀铬0.03mm；

隔热板：德标-HASCO、DME或Frathernit A4。

7.2.5 套管

7.2.5.1 套管外观

缠绕的环氧树脂玻璃纤维套管外表面加工有两种情况：

① 外表面整体加工，有利于控制套管的外径尺寸，方便注射成型时注胶量的控制，也有利于橡胶与环氧树脂表面的粘接。

② 只加工与模具接触的密封部位，其余部位不加工，这种未加工的部分外径尺寸波动较大，例如高点1~3mm的波动，需要浮动式控制注射量，否则会出现飞边太多、缺胶或涨模等缺陷，也会出现伞裙护套壁厚波动较大的情况，与胶料的粘接效果没有车削表面好。这

种方式的优点是套管加工简单，费用低。

套管外表面不加工，对于多点注胶方式影响不大，因为各个点的阻力同时增大，模腔里胶料的压力差值几乎不变。对于一个注嘴对应一个注胶点的进胶方式，当套管外径变大伞裙护套模腔变窄时，胶料在伞裙护套模腔部位流动的阻力就会增大，则注嘴附近模腔与最远点模腔的压力差值就会变大，不利于挤出模腔胶料汇合处的空气，易导致卷气缺陷。当玻璃纤维套管外径尺寸偏下限时，成型的橡胶套实际壁厚大，胶料流动阻力小，有利于胶料流动，用胶量多。

7.2.5.2　玻璃纤维套管密封部位尺寸

套管在模具里的支撑位置也是模腔的端部密封位置。套管上的密封位置都需要车削加工，以确保其尺寸精度。套管与模具密封部位的配合会影响模腔的压力和溢胶情况。

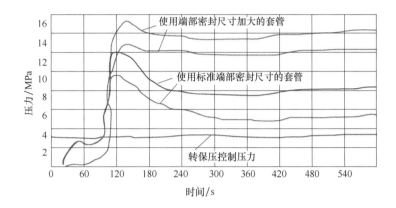

图7-36　套管端部密封尺寸与模腔压力

如果套管密封部位尺寸偏上限，密封效果好，模腔端部漏胶量少，模腔压力也高。密封部位尺寸偏下限时，易漏胶，且套管在注胶过程中，会偏向一侧，导致两侧橡胶伞裙护套壁厚略有差异。通常，密封部位尺寸公差控制在1mm范围内时，端部漏胶量和套管偏心量不会太大，如图7-36所示。图7-37所示，142套管标准密封槽 ϕ141.32mm，模腔端部溢胶很多，注射结束后，模腔压力下降比较明显。加大至 ϕ141.75mm后，模腔端部几乎没有溢胶，产品没有涨模和卷气缺陷，注射结束后模腔压力比前者高，而且，注胶量也比前者少。

套管端部密封直径141.75mm

套管端部密封直径141.32mm

图7-37　不同的端部密封尺寸溢胶量不同

7.2.6　成型工艺

7.2.6.1　成型压力控制

玻璃纤维套管体积大，即使在外径加工的情况下，其体积波动也很大，如果采用定量注胶方式成型硅橡胶伞裙护套，常常会出现产品缺胶或者溢胶太多的问题。采用模腔压力控制注胶量的方式比较有效，在模腔端部附近安装压力传感器，当检测压力达到设定值时，就转入保压阶段。

操作时，按照胶料最大需求值设定注胶量，无论多少胶量注入模腔，只要控制模腔压力一致，充模状态就会一致。从而，在套管尺寸波动的情况下，确保模腔注满，而且模腔不会过压，溢胶飞边量也基本一致。如果套管尺寸变大，多余的胶料会剩在注射桶里，分型面的溢胶量不变。当套管尺寸变小注胶量多，或者密封部位尺寸偏小，模腔端部溢胶量增多，都能保证模腔注满。这样的方式控制的模腔压力曲线基本具有重现性，产品成型质量稳定。

7.2.6.2 接伞工艺

① 对于在直径130~300mm范围的套管，当产品伞的个数小于或者等于92时，可以通过模腔镶块与白板组合的方式，获得成型需要的伞裙个数的模腔，一段成型产品如图7-38所示。当产品伞的个数大于92时，就需要采取接伞的方式成型。即先成型第一段，然后，第二段接伞成型。接伞成型的模腔端部与常规模腔不一样。

27个伞的模腔　　　92个伞的模腔

图7-38　不同模腔的组合

② 接伞成型时，一般需要将一段成型的一大一小一对伞页嵌入模腔，成型二段伞裙。伞页的嵌入方式有两种：

方式1，将要嵌入伞的模腔的阴面2/3的高度加工成直角，并且，分型面处的尖角倒为R0.1~0.5mm的圆角。这样，进行接伞成型时直接合模，伞页会顺利地被导入模腔。当然，这样的模腔成型的一段伞页的阴面是直角，

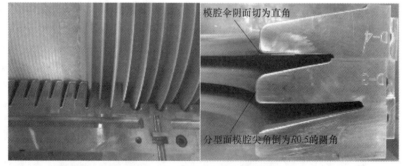

模腔伞阴面切为直角

分型面模腔尖角倒为R0.5的圆角

图7-39　嵌入伞模腔阴面修为直角

图7-40　接伞模腔

有点浪费胶料，如图7-39所示。

方式2，不将嵌入伞模腔加工成直角。接伞时，在合模至伞页高度的1/3时，停止合模，用手工将伞页拨入模腔，大伞和小伞各需要拨伞一次。这种操作不安全，生产效率也低（图7-40）。

③ 一般嵌入伞裙护套外径比二段模腔直径大约1mm，目的是一段伞裙护套在接伞时在模腔端部封胶。接驳伞与嵌入模腔之间有1.1~1.5mm的环向间隙，以便于胶料流至接驳伞。接驳伞高度为19.1mm，顶端有R2mm圆角和45°倒角，以便于接驳伞导入模腔。同时，在注射过程中，新胶料使接驳伞阳面与模腔壁面贴紧，形成模腔胶料的密封面如图7-41所示。

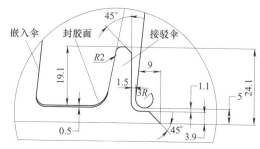

图7-41 接驳伞形状

④ 为了防止在注胶过程中，注射压力过大将接驳伞挤压变形或者接驳伞处漏胶，在注射末段，降低注射速度，缩短保压时间和降低保压压力，以在模腔注满的情况下尽可能降低模腔压力。一般通过靠近接伞部位的压力传感器控制转入保压阶段的信号。有时，在接伞时，为了防止套管跑位，在模具上增加一个顶板，通过螺栓顶住模芯和套管。

7.3 ▶▶ 卧式橡胶注射机成型空心绝缘子工艺特点

7.3.1 卧式橡胶注射机

成型空心绝缘子的双注射单元卧式注射机，由左注射单元、右注射单元、合模单元和套管操作系统等部分组成，如图7-42所示，机器主要参数见表7-2。

图7-42 双注射单元卧式橡胶注射机

表7-2 机器主要参数

项目	参数	项目	参数
注射量/cm³	2×25000	模板间距/mm	3200
注射压力/MPa	60	模板尺寸/mm	1600×1800(宽×长)

续表

项目	参数	项目	参数
锁模力/kN	10000	模具加热功率/kW	120
最小模厚/mm	700	玻璃纤维套管预热功率/kW	50
最大模厚/mm	1600	机器总功率/kW	350(不含自动化系统)
模板行程/mm	2×1250		

7.3.1.1 合模单元

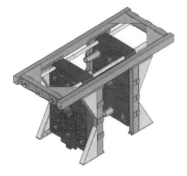

如图7-43所示，合模单元主要由位于机台左、右侧两块模板组成。每侧模板都有各自独立的液压驱动和控制系统，可以单独地实现合模、开模等动作，也可以两侧模板同步地控制合模、锁模、开模等动作。

每侧模板的合模、开模，由位于该模板上方和下方的1对合模油缸驱动。每侧模板上有3个锁模油缸和3块锁板。合模时，只要左、右模板都到达设定的合模行程公差范围，即表明合模完成，可以进行锁模。

锁模时，锁模油缸驱动锁模柱伸入到对面模板的锁模孔，到位后，锁板滑动卡入锁模柱端头的卡槽。当检测到6个锁板全部到位后，锁模油缸升压，通过锁板拉紧对面模板的方式施压锁模。

图7-43 卧式注射机合模单元示意

当6个锁模压力都达到设定的值后，锁模动作完成，可以进行自动循环指定的后续动作。

开模的动作顺序：锁模油缸泄压，锁模柱进（以便于锁模板退出），锁模板退出，锁模柱缩回，开模。当6个锁模板相应的行程开关检测到锁模板缩回到位后，锁模柱开始缩回动作。6个锁模柱缩回的行程开关，如图7-44，发出锁模柱缩回到位的信号后，机器开始执行开模动作。开模动作完成的2个条件：①模具打开至设定的最大位置；②机器模板碰到模具打开的限位开关。

图7-44 锁模柱缩回行程开关

左、右合模速度，以右侧的合模速度为基准同步控制。左侧合模跟踪比对右侧的合模速度，因为驱动套管小车的导销安装在右侧模板下方。

当选择硫化补压时，在硫化过程中一旦实际压力低于该设定值，机器就会自动补压。一般自动补压压力比设定的锁模压力低0.5~1MPa，如果低得太多，就容易在产品上发生涨模

缺陷。在硫化开始之前，即使锁模压力低于设定的自动补压值，也不会自动补压。

不同的模具，厚度会略有差异，更换模具后，应在模具完全闭合后，做一次"调零"操作，以使模具的实际行程与显示的行程值一致。

两侧模板的动作，包括合模、锁模的速度、压力及行程，应当一致，并选择速度同步控制方式，以保证两侧的合模动作同步、对称。

图7-45 卧式注射机侧部示意

机器的安全系统包括：紧急停止按钮、安全门监测系统、光栅检测系统和注射单元安全地毯。只有当安全系统正常以后，操作台上的安全状态正常红色指示灯亮起，机器才可以执行动作。

7.3.1.2　注射单元

机器的左、右两侧各有一个注射单元，如图7-45所示。这两个注射单元各自都有独立的液压泵站和控制系统，可以单独设定参数、独立执行注射动作。也可以选择左、右注射行程或者压力或者速度同步的方式控制操作，使两侧的注射速度同步，以获得对称的注射效果。注射单元的工作方式和参数设置与普通注射机相似。

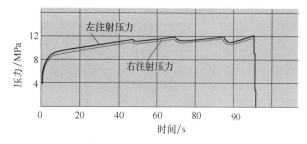

图7-46　左、右注射压力曲线

在成型空心绝缘子时，左右两侧的注射单元对称同步向模腔注胶。实现对称注射，除了模具两侧的流道结构要求基本对称一致以外，两侧注射单元的参数设定也必须一致。

两侧注射同步是以左侧注射速度为基准，右侧注射速度比对跟踪左侧的注射速度。机器是以对比两侧注射行程的方式，来检测、实现两侧注射速度同步的。也就是说，选择速度同步，实际上是通过控制两侧注射行程同步实现的。如图7-46~图7-48所示，两侧的注射速度和压力有时是变化的，但是，注射行程是完全同步的，两侧注射行程曲线是重合的。

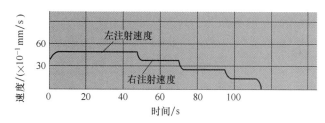

图7-47　左、右注射速度曲线

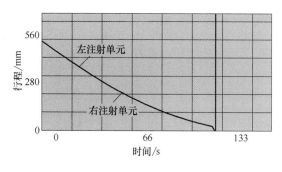

图7-48　左、右注射行程曲线

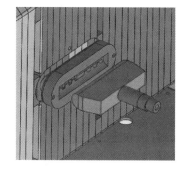

图7-49　注胶口与注嘴

7.3.1.3　注嘴

注嘴是连接模具与注射单元的部件，如图7-49所示。注嘴与模具上注嘴座的接触面，由一个半圆柱面和两端锥平面组成，该表面经过研配，以确保与模具紧密接触，见图7-50。注嘴与模具的密封力由注射座油缸施加。注嘴上的圆柱状流道与注射桶接通，在注嘴与模具接触端部有矩形流道，与模具上的流道对应接通。在注嘴矩形流道上有一个内六角螺钉，用来拉出模具里的胶道料头。

在注嘴座与模具之间有一块铜质垫板，防止胶料从模腔镶块与注嘴座之间泄漏。

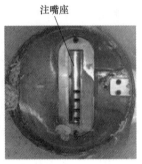

脱模后带在注嘴上的胶道料头　　　　　　注嘴座

图7-50　注嘴与模具注嘴座的密封

由于这种注嘴体积较大，所以在注嘴上安装有一个加热棒和热电偶，用来加热注嘴，以固化注嘴流道里的胶料。一般控制注嘴温度在115~125℃范围，随模具和胶种有所差异。如果注嘴里的温度低或者硫化时间短，胶道料头硫化不充分，会导致拉坏伞尖或者胶头断在流道里的问题。

一般在注射结束后，注射头还压在模具上，模腔还与注射桶连通。由于注嘴里流道断面大，注射油缸的残余油压，会通过注射活塞向注胶口部分的胶料施压，可以防止模腔里胶料向注射桶倒流。开始塑化时，注射油缸的压力就会完全泄除，注射桶胶料的压力也会泄除。此时，如果模腔注胶口附近的胶料没有完成固化，则由于热膨胀而升高的模腔压力，会推动注胶口附近的胶料向注射桶方向回流。在这种情况下，硫化结束开模时，产品上注胶口处的胶料就会被拉断，形成产品缺陷。所以，一般将塑化延时加长至约600s，使注胶口所在的伞页胶料基本固化，不会向注嘴方向流动，以避免胶道料头断在流道里。

正常情况下模腔压力变化如图7-51所示，在注射结束时，模腔压力达到最高值，然后，随着一部分胶料逆回到注射桶，另一部分胶料从模腔两端溢流，模腔压力会缓慢下降到最低值。接下来，随着胶料温度升高，体积膨胀，模腔压力又渐渐升高。

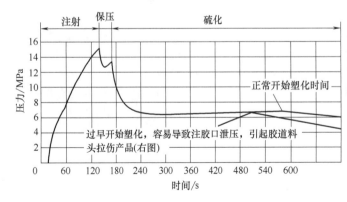

图7-51　塑化延时时间与注胶口附近模腔压力的关系

刚开模时，因为注嘴一直和模具接触，注嘴里面的实际温度很高。如果这时排胶，停留在注嘴里的胶料会很快焦烧或者固化，并黏附在注嘴里，从而影响注射速度或者在产品上发生熟胶块的问题。因此，一般在下个循环开始时，才拔掉射孔料头排胶，可以避免注嘴里胶料焦烧的问题。

成型第一模时，注嘴的温度有可能偏低，为了避免拉断胶头，应适当延长第一模的硫化时间，如2000s。

7.3.2　套管操作装置

7.3.2.1　套管小车

套管小车由前端支撑、后端支撑、套管倒伏支撑、模芯牵引装置、小车驱动定位装置等部分组成，如图7-52。前、后端套管支撑，用来支撑固定套管。后端支撑在小车上的位置是固定的，前端套管支撑的位置，可以在手动操作方式下调整，以满足不同长度套管的需要。

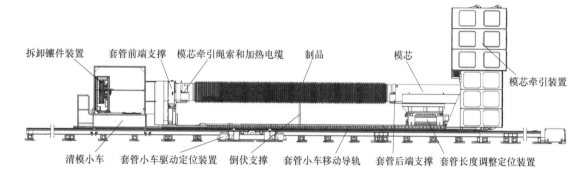

图7-52　套管小车示意

前端支撑由伺服电机驱动在小车上滑动，通过编码器检测其位置行程。由手动操作的液压驱动插销与小车的底座定位。底座的插销孔间距是65mm，所以，前端支撑的移动距离是65mm的整数倍，与产品的伞间距匹配。

模芯用来支撑在模具成型区域的部分套管，模芯配有加热装置，如图7-53所示。模芯牵引机构用来调整模芯在套管里的位置。模芯在套管里的位置，由红外光束检测。

小车由伺服电机通过链轮拖动在导轨上滑动，由编码器检测其位置。套管在小车上的位置是固定的，通过套管小车在导轨上的位置，控制套管与模腔的位置，确保在成型不同长度的产品的不同阶段，套管上的密封槽都能与模腔密封部位精确对准。

前端支撑和后端支撑上都有向上、左、右的活动空间，从而在夹持、举起套管及合模过程中，套管可以自由与模腔对中定位。后端支撑上有一对驱动油缸，用来从后端推动套管向前移动，以固定套管的位置，防止其在成型过程中移动。更换模具时，一般需要通过相应的螺栓微调前、后支撑位置，使套管整体处于水平并与模具对正。

图7-53　模芯

7.3.2.2　倒伏支撑

倒伏支撑固定在套管小车上，用来支撑套管，以防止套管弯曲。倒伏支撑的间距为65mm的整数倍，所以，倒伏不会压在产品的伞页上，如图7-54。

倒伏支撑由旋转油缸驱动其站起或倒下，由往复油缸驱动其支撑块顶起或缩回（图7-55）。倒伏支撑举起高度由电子尺检测，其高度行程可以按照要求设定。

支撑块

高度电子尺

直立调节螺栓

图7-54　套管小车示意图　　　　　图7-55　倒伏支撑

产品的套管外径不同，倒伏支撑块也不同。更换模具时，应按照要求更换倒伏支撑块，并调整倒伏伸出高度参数。

不同长度的产品，使用倒伏支撑的个数不同，如3段成型的产品用3个倒伏支撑，5段成型的产品用5个倒伏支撑。一般在输入成型产品的长度后，工作的倒伏支撑就确定了。

一般在将成型好的套管拿下来时，应先落下所有的倒伏支撑，以防止起吊时套管转动划伤伞裙护套。

7.3.2.3　XY支撑

在机器模板的前、后两端，各有一对可以侧向移动的XY支撑，用来支撑套管。驱动左、右支撑的油缸直径及参数相同，而且，动作同步。XY支撑的作用就是保证套管位于模具中心，同时，在开模时，从两侧顶住套管，以使产品与模腔分离。

套管的夹持板固定在XY的支架上，该支架可以左、右、前、后、上、下滑动，如图7-56所示。当XY夹住套管后，在合模过程中，模板上的导销会拨动小车向前移动，此时，XY也会随小车向前移动，即其夹持套管的位置不会变化。当成型结束，XY脱离夹持套管时，在弹簧的作用下，XY可以自动向前滑动，回到初始位置。

XY的举起动作的压力根据要求设定，一般大规格的套管设定的压力大，小管子设定的压力小如5~7MPa。XY举起套管的高度，由托架下方的限位螺栓调整确定。一般在更换新规格的套管时，需要在举起套管后，检查调整套管与模腔密封部位的间隙，当每段密封部位上、下间隙基本一致时，相差0.5~1mm以内，套管中心的高度就与模腔中心就基本一致了。

每个XY支架的下方有一个向上顶起的油缸。XY支撑的动作顺序：前端左、右油缸驱动XY夹持住套管的

XY向下推力油缸（不需要）
XY上止位调整螺栓
XY夹持板
XY架前后滑动导轨
XY夹紧油缸
XY前后位置复位弹簧
XY下止位调整螺栓
XY向上顶起油缸

图7-56　夹持套管的XY支撑装置

前端，后端左、右油缸驱动XY夹持住套管后端，当达到设定的相应的夹持行程公差时，显示动作完成。接下来，前端左、右下方油缸举起套管前端，持续3s，显示动作完成。然后，后端左、右下方油缸做同样的动作。并且，在锁模完成之后，XY支撑各油缸会重新补压至设定的压力值，以使套管与模腔同心。

在合模过程中，装在模具下方的导销插入小车导轨孔里，通过斜面驱动套管小车向前移动，夹紧套管的XY支撑板也会随套管一起向前滑动，如图7-57所示。嵌入伞页有

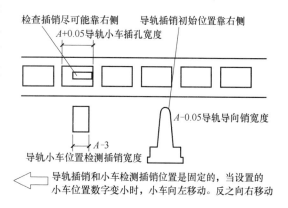

图7-57 套管小车底座的插销孔与定位导向销

倾角，通过套管的轴向移动与模板的横向移动组合，在合模过程中，将嵌入伞裙正确地导入模腔。套管的前、后端支撑也可以左右活动，以确保套管与模腔基本同心。

不同规格模芯和套管的质量不同，XY支撑在相同的条件下，顶起套管的高度有所差异，所以，更换模具时，应适当调整XY的高度，以确保套管与模腔高度一致。

7.3.3 卧式机器成型空心绝缘子模具

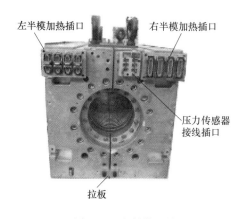

图7-58 注射模具外形

注射模具外形如图7-58所示。模具外廓尺寸：1640mm（长）×11600mm（宽）×1100mm（高），质量约12t。不同直径的产品，其模具的厚度和质量不同。

7.3.3.1 收缩率

该空心套管伞套使用固态硅橡胶成型。根据实验模具试样检测，伞页上各部位收缩率如表7-3所示。增厚在接伞时要嵌入模腔的伞裙护套的壁厚，是为了接伞成型时模腔封胶。增大嵌入伞模腔尺寸是为了方便接伞成型时伞页嵌入。

表7-3 模腔收缩率

部位	产品尺寸/mm	模腔尺寸/mm	收缩率/%	嵌入伞模腔尺寸/mm
伞裙护套厚度	4.75	5.25	10.5	5.45(成型嵌入伞)/5.25
大伞高度	65	72.8	12	72.8
小伞高度	50	57.4	14.8	57.6

7.3.3.2 注胶方式

在卧式注射机上成型空心绝缘子伞套的模具从模腔两侧对称注胶，如图7-59所示。每侧注胶形式有单点注胶和多点注胶两种。

（1）单点注胶

单点伞尖注胶口示意见图7-60。注嘴端部形状与伞页一致，注嘴出胶通道在其偏上的位

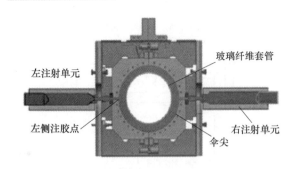

图 7-59　模具注胶方式

置。注射时，注嘴伸入模具一定的距离，胶料从注嘴与模腔镶块的间隙进入模腔。当模腔注满胶料后，注嘴向模腔方向移动，封闭与其他镶块之间的间隙，并组成完整的模腔。

硫化结束后，注嘴缩回，排出固化在注嘴里的胶料。在伞页上留下注嘴与模腔镶块结合面的一个矩形痕迹。部分痕迹在伞页的阳面，有的客户不接受这种

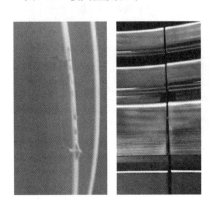

图 7-60　伞尖单点注胶口

痕迹。为了减少胶料从注嘴周围泄漏，注嘴与相邻镶块之间的配合间隙很小。紧密配合下容易磨损注嘴，甚至会发生金属屑进入模腔，再进入产品的风险。而且，模具上注胶口周围的飞边清理比较困难。因此，这种方法应用可靠性差。

（2）多点注胶

鉴于单点伞尖注胶口的诸多缺点，发明了多点伞尖的注胶口方式。在相邻的4个或更多的伞尖开设矩形注胶口。每个注胶口有一个锥形支流道，与注嘴上的主流胶道连通，如图 7-61 所示。

每侧模腔的伞尖位置有4个注胶口，伞尖注胶口尺寸为 34.4mm（长）×3.6mm（宽），如图 7-62 所示。这种注胶口既注胶流畅，又具有胶道料头脱模和断开方便、不损伤产品的特点。

图 7-61　注胶道

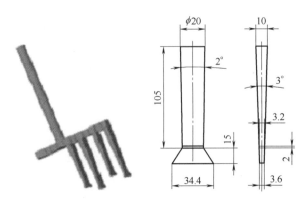

图 7-62　模腔镶块上的注胶道

注嘴端部有加热装置，以保证胶道在产品的硫化过程中固化。在伞尖上注胶口的宽度稍窄于伞顶宽度，而且在距离伞尖大约5mm的位置，有一个流道断面局部收缩，即该部位的流道胶头最脆弱。开模时，流道料头就会在此部位断开，模具里固化的胶道料头由注嘴带出来。注嘴与模具上的注嘴座之间是圆弧面配合，并且在注嘴座与镶块之间有一个密封机构，防止胶料泄漏。注嘴里的流道料头取出很容易，　而且修除伞尖上的注胶道胶头也比较方便。

该模具一次最多可成型32个伞页，在接伞时最少成型24个伞。为了在接伞时，接伞部位不出现过高的压力，注胶口选在模腔偏后的位置的第19~22个伞裙的伞尖上。

7.3.3.3　模腔的排气结构

模具上的排气槽也分为分型面排气槽和镶块侧部排气槽。在左半模的分型面上，每个伞尖都有一个排气槽，与模腔接通部分尺寸为宽2mm，深0.1mm，如图7-63所示。胶料从模具两侧注入模腔，在分型面汇合，这样，模腔中大部分空气都会从分型面的排气槽排出去。

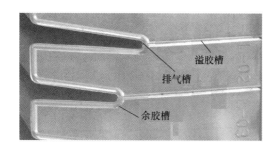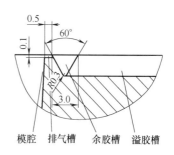

图7-63　分型面排气槽、余胶槽和溢胶槽

两侧注射时，由于左右注射速度差异和模腔压力低等原因，卷气缺陷容易出现在两端的模腔靠近分型面的伞尖位置。为此，在端部模腔镶块侧面靠近分型面的位置开设局部排气槽，如图7-64所示。排气槽距离模腔2mm，断面尺寸为R2mm、深为2mm，伞尖排气槽不直接与分型面接通，而是在镶块端部与外界接通，以防止胶料进入排气槽。同时，镶块之间锁紧力控制在一定范围，确保模腔里的空气可以进入排气槽，方便排气。

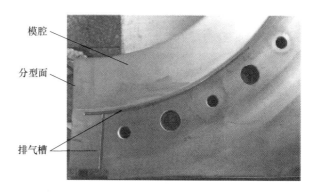

图7-64　镶块侧部的排气槽

7.3.3.4　模腔压力控制

为了比较准确地控制模腔的注胶状态，尤其在接伞时避免注不满或者模腔压力过高的问题，在模腔上安装多个压力传感器，以便于在不同成型的注射条件下选用。压力传感器安装在左半模上方伞裙护套位置，与分型面的夹角约为30°，如图7-65所示。模腔压力传感器所在伞裙护套编号：5、7、9、11、19、31，如图7-66所示。

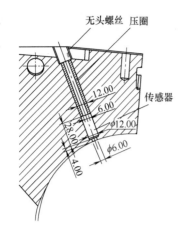

图7-65　压力传感器插孔　　　　　图7-66　模具左半模上注胶口和模腔压力传感器位置

7.3.3.5　模具加热

模具由插入模框里的加热棒加热，加热棒从模框两端插入，如图7-67所示。模框上加热棒的功率及排布方式，由有限元分析优化设计，实际检测模具表面温差3℃左右。每半模的一端有15根加热棒，每3根加热棒和1个测温热电偶为1个区，即每半模前、后两端各5个加热区。每根加热棒功率为1.5kW，电压为220V。

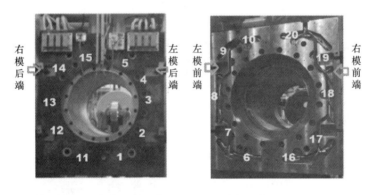

图7-67　模具加热区域分布示意

7.3.3.6　模腔镶块固定方式

该模具的镶块分为前、中、后三组分别固定。其中，中间一组13个镶块，由模框底部的筋和模框侧部的槽锁紧块固定镶块。在模框底部，固定中间组镶块的位置有两组筋，其中一组筋是直面，另一组筋是斜面。两组筋间距略大于13块镶块的厚度总和，使镶块可以自由插入，并且在模框的中间位置。模框侧部的锁紧机构由一对带斜面的楔块组成，将13块镶块锁定在与底部筋对应的中心位置，如图7-68和图7-69所示。

前、后两组镶块都由模框端部的螺栓压紧固定。镶块之间由8个螺栓相互轴向拉紧。

7.3.3.7　模具材料和模腔表面光洁度

模框材料，模架1.2311/P20 ，模腔嵌件1.2738。

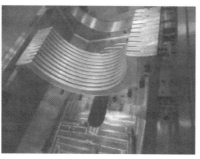

图7-68　模具上镶块的定位与固定方式

图7-69　中间组镶块的定位与固定方式

　　模腔表面粗糙度1.6μm，用240目碳化硅喷砂亚光面（喷砂后的光洁度等级与喷砂头的孔径直接相关），镀硬铬0.01~0.03mm，模腔表面效果如图7-70所示。

7.3.3.8　模芯结构

　　模芯长度2800mm，材料Q345D，硬度HRC48~52，外表面镀铬0.02~0.03mm。模芯两端外廓有圆角，以便于导入套管。

　　模芯两端头安装有挂钩，用来固定加热电缆和拉动模芯的绳索。机器的卷扬机通过挂在模芯两端的绳索，拖动模芯在套管里移动。模芯在套管里的位置，由机器两端头的测距光源检测。

　　模芯内置有加热片，加热片距离模芯两端各350mm，模具加热共分为4段，每段圆周安装3块加热片，如图7-71所示。加热片功率3kW，电压220V，加热区域从后向前排序，如图7-72所示。

图7-70　模腔表面喷砂效果

图7-71　模芯加热板固定方式

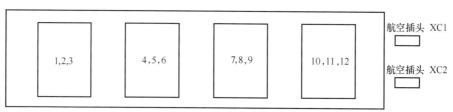

图7-72　模芯加热区域分布图

当设定模芯温度为100℃，在模芯完全暴露的情况下，2h后，模芯表面会达到115℃左右，即检测模芯表面温度值比机器探测温度高约15℃。当模芯在第一段套管里时，加热半小时，模芯表面温度达到约105℃，套管表面温度在65~75℃不等，套管壁越厚，温度越低。试验表明，如果将套管在模具里加热10min，套管表面温度就可以上升10℃。因此，为了节约时间，当检测套管表面温度达到70℃时，就开始成型第一段，并且延长硫化时间至2000s。

当模芯完全在套管里时，仅可以从两端散热，散热量很小，而且，模具还会通过伞裙护套向模芯传热，因此，模芯在套管里的温度在第一段后会达到115℃。随着成型段数的增加，模芯温度会越来越高，达到130℃左右。因为套管的玻璃化转变温度是130~140℃，所以，应当控制模芯温度不超过130℃。当模芯温度太高时，套管的树脂会降解，在模芯表面产生黄色云斑，进而在套管内壁产生黄斑。

7.3.3.9　接伞方式

第一段可成型的伞裙数：32。分段成型时，可嵌入的伞裙数：0、2、4、6、8五种方式，以满足不同长度产品的要求。在接伞成型时，必须把模腔第一个伞的端头拆掉。

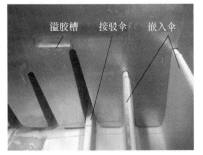

图7-73　接伞部位模腔

嵌入伞数量越多，产生压伞和啃伤伞裙护套的风险越大，原因是伞裙护套有时变形影响其导入模腔，导致压伤伞页缺陷发生，而且，嵌入模腔的伞页、伞裙护套受热膨胀，会引起开模时伞裙护套被割伤。

为了接伞时伞页嵌入方便，将可能需要嵌入伞的模腔尺寸稍大于正常伞页尺寸，如伞尖增高0.2mm，伞页厚度增厚0.3~0.4mm。在接驳伞模腔伞尖开设溢胶槽（图7-73），以防止模腔压力过高引起嵌入伞变形或者胶料溢流到嵌入的伞页上。

7.3.3.10　模腔压力的控制方法

通常，不同部位的模腔，模腔压力的大小也不同，而且，距离注射胶口越近，模腔压力越高，如图7-74和图7-75所示。模腔压力会随硫化时间延长而不断升高。当然，当注胶口压力卸除或者模腔端部胶料溢出时，相应部位的模腔压力会随之降低。比如，注射结束后保压压力较低时，注胶口部位的压力会即时降低。

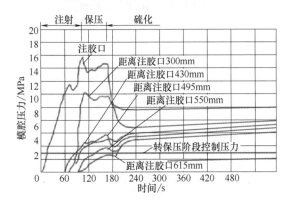

图7-74　模腔不同部位的压力曲线

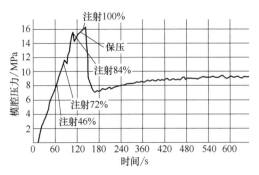

图7-75　注胶口周围模腔压力与注胶量

影响模腔压力的因素：转保压时的压力值越大，模腔压力越高；保压时间越长，模腔压力也越高；末段注射速度越快，模腔压力越高；模具和套管温度越高，在硫化阶段模腔压力上升越高，这是因为胶料的热膨胀率随温度增大；套管与模具之间的密封部位接触越紧密，端部溢胶量越少，模腔压力就越高；注射结束后，注射活塞对胶料的压力越大，模腔压力也越高。

模腔压力越高，产品分型面的飞边越厚、模腔端部溢胶量越大、注胶量越多、产品分型面伞尖产生裂口缺陷的概率越大，在分段成型时，越容易导致接驳伞变形。但是，模腔压力过低，对消除伞尖气泡不利，而且，容易导致产品缺胶或者气泡等缺陷。所以，将模腔压力控制在合理的范围极为重要。

一般选择距离接驳伞1个或者2个伞页位置的传感器，或者距离注胶口最远与新胶料接触的传感器发出转保信号。

需要的转换压力值以使模腔能够注满、没有气泡、飞边少为原则。

调整转保压压力时，如果在转保压点之前压力曲线上升平缓，可小幅度增加或者减少转保压压力值。如果转保压前压力曲线上升陡峭，则增加或者减小的转保压压力值可以大些。

当然，模腔压力变化也受模具和模芯温度以及转保压后注射桶压力和套管密封部位尺寸等因素的影响，故应当综合考虑来调整。

7.4 ▶▶ 空心绝缘子伞裙护套成型中卷气缺陷的预防

在用硅橡胶通过注射的方法成型空心绝缘子伞裙时，模具必须是闭合的。在注胶过程中，如果胶料或者模腔里的空气没有被及时地排出去，就会在产品上形成卷气缺陷。卷气缺陷往往出现在胶料最后到达或者两部分胶料汇合的模腔位置。

当卷气量比较多时，会在产品的伞尖上形成一个含有蜂窝状胶料的松软的凹坑，如图7-76所示；当卷气量不多硫化程度又比较充分时，就会在伞裙的顶端上形成一个浅的沟槽，也叫结合线，如图7-77所示；如果卷气量轻微，就会在伞尖表现为粘模，由于卷气中的氧会消耗掉胶料里的促进剂，在促进剂部分缺失的情况下，胶料就不能以正常的速度硫化，从而，在欠硫或者硫化不充分时，胶料就会黏滞在模腔表面，导致产品局部伞尖粘模，如图7-78所示。

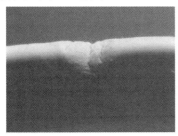
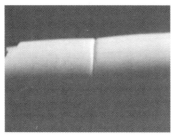

图7-76 卷气   图7-77 沟槽   图7-78 粘模

对于产品上的卷气缺陷，一般采用修伞的方法来补救，即用同批次胶料、用简易的修伞模具修补伞页。对于轻度结合线和粘模的缺陷，可以采用打磨的方法来修整。

按形态分，硅橡胶分为固态硅橡胶和液态硅橡胶，这两种胶都可以用来成型空心绝缘子的伞裙。由于这两种硅橡胶成型空心绝缘子伞裙护套的方式不一样，所以，产生卷气缺陷的原因也有差异。

7.4.1　固态硅橡胶里的空气

7.4.1.1　过滤后胶块里的气孔

一般固态硅橡胶在使用前，都是通过过滤的方式以除去胶料里的杂质。由于过滤机的口型口径很大，挤出机桶里不易形成较高的挤出压力，所以很难完全挤出胶料里的空气。同时，胶料从多孔的滤篮出来时，会夹裹滤篮外面的空气形成气孔。尤其，胶料越软，这种夹气现象就越严重。而且，由于过滤的挤出压力作用，初始的气孔里的空气有一定的压力。

图7-79　过滤胶块里的气孔

在胶块存放期间，胶料内部组分的松弛、流变，导致胶料里的气泡发生膨胀、迁移和聚合变化，所以随着存放时间延长，胶料里的气泡趋向于体积变大、数量减少，如图7-79所示为存放10个月后，胶料里面的气泡，最大直径约2mm。

7.4.1.2　在塑化过程中的排气原理

橡胶注射机的塑化螺杆相似于冷喂料排气式挤出机（图7-80）里的螺杆。螺杆由喂料、第一计量、排气和第二计量等4个分段组成，各段的螺旋槽深度或者螺距不同，以实现各段相应的功能，一般长径比为15~20，而且，有的挤出机在排气口部分有抽真空。然而，用于橡胶注射机的挤出机螺杆的长径比为12~15，除了螺杆的长径比值稍小于冷喂料排气式挤出机的螺杆外，在机桶上的排气段也没有排气孔和抽真空系统，如图7-81所示。

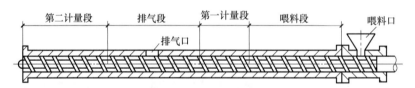

图7-80　排气式冷喂料挤出机

在挤出机里的捏炼、塑化过程中，注射活塞给胶料施加一个背压，使得被泵送的胶料压力升高，从而，将胶料里的空气从挤出机尾部螺杆与机桶之间的间隙或者注射桶的尾部或者注嘴周围或者挤出机头与注射桶的连接处间隙挤出去。

注射活塞施加的背压越高，螺杆对胶料的泵送压力就越高，就越有利于挤出胶料里的空气。但是，过高的背压也会带来因摩擦剧烈使

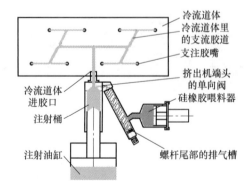

图7-81　成型空心绝缘子的带冷流道的注射系统

得胶料温升过高而产生焦烧的危险。所以，背压设定也要考虑胶料需要的合理的实际温度。

7.4.1.3 在塑化中可能引起胶料夹气的因素

① 塑化过程中，如果没有设定塑化背压或者设定的值太低，胶料就不会形成高的泵送压力，就不利于挤出胶料中的空气。背压设定的原则，就是使胶料获得良好的塑化，但又不致使胶料的温度上升太高。硅橡胶黏度比较低，一般使塑化后胶料温度控制在65~85℃范围即可。塑化后胶料的温度太低，黏度高，所需的注射压力就高，而胶料温度太高却有发生焦烧的风险。

② 如果挤出机尾部的漏胶堆积太多，机桶与螺杆尾部的间隙被胶料封住，如图7-82所示，也不利于挤出机桶里空气的排出。

③ 由于硅橡胶胶料的黏度低，在以条状方式喂入挤出机时，容易被拉断，很难连续喂入，因此，大多数用于硅橡胶注射成型的挤出机都配有硅橡胶喂料器。喂料器的作用就是将块状的胶料推到挤出机喂料口。一般硅橡胶喂料器的推料油缸的压力是根据胶料的黏度来调整。当胶料黏度高时，需要的推料压力就大，反之就小。

如果硅橡胶喂料器的推料油缸的压力调整得太高，部分胶料就不是被挤出机螺杆的旋力作用输送，而是被喂料器的推力作用输送，胶料在挤出机里经受的捏炼作用就不充分，夹裹在料团里的气泡就不会被撕破，不利于挤出胶料里的空气，如图7-83，排出的胶料里夹带空气。另外，如果糊状的胶料堆积在推料活塞以及挤出机喂料口形成密封作用，也会导致喂料器料仓里的空气很难从推料活塞圆周以及挤出机进料口的缝隙逃逸，影响排气效果。

④ 注射活塞压到注射桶的底部并与底部黏在一起时，不利于初始塑化的胶料进入注射桶。此时，就需要选择塑化前缩回注射活塞，设定的缩回的行程应尽可能短，比如2mm。

当在注嘴与模具分离的情况下完成塑化胶料时，注射活塞对胶料还有一定的残余压力，胶料有可能会从注嘴泄漏出来，这不仅需要清理泄漏出来的胶料，还需要补充塑化量。此时，可设定塑化后缩回注射活塞的动作。同样，缩回行程应尽可能短，比如1mm。

在塑化之前或者之后，缩回注射活塞距离太大，外面的空气就会被从注射活塞抽进注射桶，或者从注嘴抽进注射头。如图7-84所示，在将注射活塞缩回一定距离后，初始从注嘴排出的胶料里有气泡。有时，在排胶过程中，还会出现巨大的"嘭、嘭"的响声。

图7-82 螺杆尾部排气槽

图7-83 注嘴排出的胶料

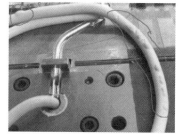

图7-84 注嘴排出的胶料夹有空气

⑤ 挤出机转速过快，虽然会增大挤出压力，但是，因为夹滞在胶料里的空气有时在挤出机桶里迁移逃逸缓慢，所以也不利于胶料里空气的排出。同时，挤出机转速越快胶料的摩擦生热越多，胶料温度过高会缩短胶料的剩余焦烧时间。

因此，经过塑化的胶料，或多或少都会夹带一些空气。一般胶料黏度越大，夹滞空气的机会就越小。胶料在被加入硅橡胶喂料器时，会夹带很多空气，经过塑化以后，绝大多数空气都会被挤压出去。但是，如果塑化参数设定不合理，就会使残留在胶料里的空气量异常多。

7.4.2　固态硅橡胶在多点注胶方式时的卷气原因

7.4.2.1　注射过程中的排气原理

在注射过程中，胶料不仅受到来自注射活塞的极高推动挤压作用，比如有时模腔压力达到35MPa，而且，胶料在流动过程中受到剧烈的剪切和模腔表面热传递的双重作用，使得胶料的温度急剧升高，一般到达模腔以后，胶料温度达到100℃以上。夹滞在胶料里的空气受到热膨胀和挤压的双重作用，同时，以层流方式流动的胶料，流过形状和截面大小不断变化的流道、注胶口和模腔时，气泡会不断地发生压缩、形变、破裂、横向和纵向迁移、聚集等状态变化，向着压力相对低的胶料流动料头方向运动、迁移，并可能与模腔里原有的空气汇合。当这些气体到达模腔分型面或者流道节点等缝隙时，就会被挤出去。

在通过多支注嘴的冷流道体向模腔注胶时，随着模腔里胶料量的增加，模腔空腔会被逐渐分割成几个独立的空腔，各空腔的体积不断缩小而且空气压力不断升高。空腔形成的位置与各部分胶料的阻力和流动速度相关。如果空腔处于分型面附近，则该空腔里的空气可以从分型面跑掉。如果空腔远离分型面，则该空腔里的空气就无法完全排出去。虽然在硫化过程中，部分气体会沿着模腔表面向分型面迁移，但是，如果夹气太多，就会在产品上形成气泡。由于伞裙根部模腔宽敞而伞裙顶端模腔狭窄，根据胶料向着阻力最小的位置流动的原理，各独立的空腔位置一般趋向于伞尖模腔的位置，所以，卷气缺陷往往都发生在胶料汇合的伞尖位置。

7.4.2.2　模腔气泡的形成过程

通常，在用立式注射机成型大型空心绝缘子时，都采用单注射单元注射机配冷流道体的多点注胶方式。一般用于生产大型空心绝缘子的冷流道体的支注胶嘴呈交替的排布方式，如图7-85所示的支注胶嘴和流道的排布。

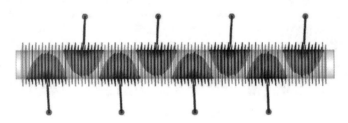

图7-85　支注胶嘴和流道的排布

在注射之前，模具是闭合的，如果在注射时模腔里的空气不能被及时地排出去，就会在产品上产生卷气等缺陷。

有限元模流分析（图7-86）和实际注射试验（图7-87）都表明，即使在模腔和注胶流道都完全对称的情况下，来自相邻相对注嘴的胶料，在汇合过程中，也都会在模腔的上方和下方形成一对远离分型面的封闭空腔。在这种空腔里的空气无法用胶料挤出模腔，因此，在没有其他措施的情况下，产品出现卷气缺陷是必然的。

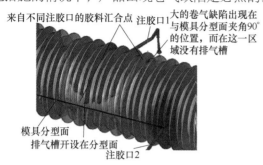

图7-86 模流分析模型

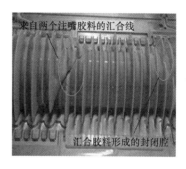

图7-87 实际注射试验

7.4.2.3 两侧注胶方式的卷气原因

这种模具安装在卧式注射机上，模具的两侧各有一个注射单元，两个注射单元的注胶速度、压力等参数都同步控制，使得胶料被对称地从模具的两侧注入模腔，如图7-88所示。在注胶过程中，来自模具两侧的胶料在分型面汇合，并将模腔里的空气挤出分型面。因此，这种注射方式有利于排气。产生气泡与下列因素有关。

① 注嘴漏胶。如果某一侧注嘴处漏胶，则两侧实际进入模腔的胶料就不对称，来自两个注射桶的胶料不会在分型面汇合，而是在远离分型面的位置汇合，从而形成气泡。

② 套管偏心。如果套管的密封部位尺寸偏小，在注

图7-88 两侧注胶方式

射压力作用下，套管就有可能偏向一侧，则两侧模腔的宽度就不同，宽的一侧流动阻力小，注胶速度就会快，从而会导致两侧注胶不平衡，进而导致卷气。同时，过多的端部胶料泄漏，就会使模腔端部压力低，不足以将端部模腔的空气挤出去。

③ 左、右注射速度不同步。不对称注射就会导致两股胶料的相遇位置不在分型面上，从而引起卷气。一般这种情况的卷气总是发生在注胶速度慢的一侧，靠近分型面的部位，在接伞的过程中容易出现这种情况。

左、右两半模具的胶道结构尺寸完全相同，注射工艺参数一致，并且两侧注射速度是采用同步控制，以左侧的注射速度作为速度基准。右侧比对左侧速度，跟踪左侧的速度，以实现左右侧速度同步。如果右侧速度比左侧快了，它会控制减慢等待左侧的速度。但是，如果右侧的流道和模腔阻力太大，要实现快一点的速度需要更高的压力，而右侧设定的压力又不足，这时，就会出现右侧速度比左侧慢的情况。因此，在注射阶段的压力都设定为高于实际需要的值，并在功能页面选择"注射速度同步"。

④ 分型面排气槽被堵塞。这种模具没有抽真空，模腔里的空气是靠胶料挤出去的，如果排气槽被飞边或者杂质堵住了，就容易引起卷气。

⑤ 模腔压力低。卷气多发生在距离注胶口较远的模腔端部的分型面附近。因为这些部位的模腔压力偏小，不容易将残余的空气挤出去，从而，在模腔端部的伞页上形成气泡。一方面，套管的密封部位与模具配合尺寸要适当，防止因过多的胶料从模腔端部泄漏，在模腔形成不了足够高的压力，另一方面，注射阶段转保压阶段的参数包括转保压力、保压压力和时间应合理设定，以便在模腔形成足够的压力。

⑥ 模具温度低、硫化时间短也容易引起气泡。模腔温度低，胶料在模腔里的膨胀量就小，产生的模腔压力就低，不利于挤出模腔里的空气，空气里的氧会消耗掉胶料里的部分硫化剂，则需要的硫化时间就长，如果硫化时间短，就会出现局部发软卷气的现象。

⑦ 镶块间的排气状态。虽然两侧的注射速度是同步的，但是，两侧模腔的细微差异，或者右侧注射速度的跟踪有波动，这就使得来自两侧的胶料的汇合点偏离分型面的情况时有发生。进而，在分型面附近产生空气夹带现象。由于注射过程中既没有排气动作也没有抽真空，所以，如果模腔镶块之间排气槽堵塞，则会发生卷气现象。

⑧ 模具或者模芯温度不均匀。比如模具或者模芯上的温度差超过10℃，就会影响胶料的流动状态。胶料是以层流的方式流过模腔和套管表面，黏附在模腔或者套管表面胶料的速度几乎是零。黏附在模腔表面层流的厚度和模具温度有关，当温度较高时，这种黏附层的厚度就厚，则胶料流经此部位时的阻力就大。在相同的注射压力驱动下，阻力大的部位的胶料流速就慢，而阻力小的部位流速就快。这就导致温度低的部位先充满，而模腔表面温度高的部位的胶料，由于提前发生了焦烧流动阻力大，胶料在流动过程中消耗掉较多的压力，就很难在流动的终点形成高压。所以，温度差异会导致流动速度的差异，进而导致注胶不对称。

7.4.3 产品卷气缺陷的预防方法

7.4.3.1 合理的模具结构

在可预见发生卷气的模腔位置开设排气槽，包括在分型面和镶块侧部的伞尖位置。比如在使用交叉注嘴排列的冷流道体时，在来自相邻注嘴胶料交汇处开设排气槽，并且，配置抽真空系统，确保模具上抽真空密封可靠。在使用两侧对称注射成型工艺时，在分型面和端部模腔镶块侧部分型面附近开设排气槽。为了避免涨模，将分型面的刃口适当打磨成圆角如 $R0.1mm$，以适应较高的模腔压力，有利于排气。

7.4.3.2 严格控制套管密封部位尺寸

如果套管与模具接触的密封部位间隙太大，套管就可能偏心，导致同一伞裙护套上、下模腔空间不一致，同一进胶口的胶料到上、下方向的速度不对称，则胶料汇合点不在分型面，而在远离分型面的位置，导致卷气。同样，如果管子表面或者模腔表面状态有差异，也会导致注胶不对称，引起卷气缺陷，如图7-89所示。另外，如果套管与模具定位部位的间隙太大会导致胶料从模腔端部泄漏，使模腔建立不起要求的压力，

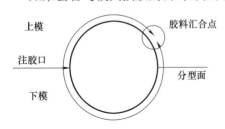

图7-89 来自同一注胶口胶料的汇合点

从而可能引起卷气缺陷。

如果与模具接触的套管密封部位尺寸偏大，容易压伤套管。因此，应当严格控制套管密封部位的尺寸。

7.4.3.3　控制胶料工艺指标

在完成加入促进剂的工序以后，硅橡胶里的促进剂、氧或者抑制交联的杂质就开始相互作用，即有轻微的交联和促进剂降解发生。同时，白炭黑表面的羟基与生胶分子的硅氧键或硅羟基作用生成氢键，乃至化学结合，使线型聚硅氧烷转变成假交联或微交联的半弹性态固体结构，即结构化的发生。这样一来，随着胶料存放时间的延长，胶料的黏度会变高，正硫化时间会变长。

胶料黏度变大以后，在相同的注射参数条件下，注射速度会降低，注射时间会延长，胶料在流道及模腔里流动的压力降也随之增大，则距离注胶口最远处模腔的实际压力会相对降低，这样就不利于挤出胶料汇合处模腔里的空气。此时，需要提高注射压力和保压压力，以使所用的注射时间基本不变。

可使用硫化曲线控制胶料工艺性能，比如胶料的T10、T90、M_L、M_H和门尼黏度，波动较大时，通过必要的塑炼或者调整注射速度和压力等参数，确保注射状态的一致性。

7.4.3.4　合理的成型工艺

（1）抽真空

设置注射延时，在注射之前使模腔真空度要求达到95%以上，之后再开始注胶。在注射过程中持续抽真空。当抽真空效果变差时，要查找原因，及时纠正。

（2）卸压排气

当使用锥形模芯时，可以在注射到一定程度，空气被挤压形成一定的压力时，停止注射，卸除锁模压力，模具会在模腔胶料的作用下，将模具顶开1~2mm，然后持续1~2s，以排出模腔里的空气。随后锁模，继续注射、保压，可以在注射和保压阶段设定多次排气。卸压排气只能排出模腔里在分型面附近的空气，如果气泡远离分型面，而且胶料堵住了通往分型面的通道，卸压排气也对该气泡无助。

（3）合理的支注嘴孔径分布

在注射过程中，最理想的流动方式是来自不同注胶口胶料的汇合点都在模具的分型面，以便于将模腔里的空气从分型面挤出去。如果冷流道支注嘴孔径排布不合理，就使胶料的汇合点偏离分型面，则卷气缺陷就会增多。一般，在空排胶状态下测试的各注胶嘴出胶量分布，与在实际成型注胶状态的胶量分布不一样。因此，各注嘴孔径尺寸配置，需要根据实际注射成型状态来调整。

（4）合理的注射工艺参数

在注射初期模腔是空的，模腔里的空气在胶料的推压下，可以从分型面排气口逃逸，所以此时注射速度可以快些。当胶料填充模腔70%~80%时，在来自相邻注嘴胶料部分汇合，模腔局部的封闭腔即将形成，空腔中的空气逃逸通道变得越来越狭窄，这时就可以降低注胶速度，使模腔里残余的空气尽可能地排出。当注射到95%的胶料时，胶料在模腔里远离分型面的局部封闭腔基本形成，这时可适当提高注射速度，迅速建立起高的模腔压力，使空气沿模腔表面迁移到分型面挤出去。

当模腔里有微量空气时，空气中的氧会在高温下消耗掉胶料里的促进剂，使得卷气部位的胶料不会在正常的硫化时间内固化，从而在卷气的伞尖局部形成未固化的松软现象。此时，如果适当加长硫化时间，也会使该部位异常消除。所以，适当延长硫化时间，也可以降低卷气的概率。

在用固态硅橡胶成型空心绝缘子伞裙的过程中，胶料从硅橡胶喂料器到注射桶的塑化过程中，胶料中的大部分空气会被挤压出去，但是，遗留在胶料里的空气量与塑化参数直接相关。在将胶料从注射桶注入模腔的过程中，胶料中的空气以及模腔里的空气，应通过抽真空抽除，或者在较高压力的作用下被挤出模腔。如果模腔里有残余的空气，则会在产品上形成气泡等缺陷。

7.4.4 空心绝缘子伞裙修补方法

在成型空心绝缘子伞裙的过程中，常常会在伞页上产生卷气或者缺胶等缺陷。由于产品体积大、本身的成本很高，一般对于有缺陷的产品都采用修补的方式进行补救。有人做过测试，用同批次胶料修补过的伞页的强度和电性能与正常伞页基本相近。

7.4.4.1 修伞模具与材料

对于大小伞结构的空心绝缘子产品，每个规格的产品需要有4副修伞模具。其中2副短的模具，分别用来修补大伞和小伞上伞尖高度20mm、宽度40mm范围的缺陷。另外2副长模具的修伞模具，分别用于修补大伞和小伞上高度40mm、宽度60mm的缺陷。

对于缺陷高度超过40mm或者宽度超过60mm的缺陷，一般需要分几次修补。对于到达伞根的缺陷，除了用长的修伞模具外，还需要借助于铜皮等材料辅助来修补伞页。

修伞模具一般分为左右两半模，如图7-90所示，用内角螺栓连接施压，由定位销定位。两半

图7-90　修伞模具

模都有手柄，以便于操作。加热棒和测温探头安装在其中一半的模板上，用来控制模具温度。模具上有加热棒和测温探头的接线插头，以便于随时拆装。

图7-91　修伞工具车

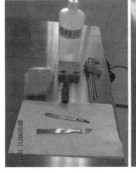

图7-92　修伞工具和材料

修伞模具、修伞操作工具以及加温电源控制器都安置在一个可移动的修伞工具车上，如

图7-91所示。修伞车可以方便地移动到修伞区域进行修伞操作。修伞时，一般将绝缘子水平放置在套管支架上。套管支架长度以及支撑辊距离均可以调整，以放置不同长度和直径的套管。

修伞前，需要准备的工具和材料如图7-92，包括修伞模具、内六角扳手、手术刀、无尘布、缠绕膜（薄的透明塑料纸）、未经塑化的胶料等，其中胶料最好与成型伞裙的胶料是同一批胶料，以避免修补部分有色差。

7.4.4.2　修伞操作步骤

（1）清洁修伞模具

拆掉修伞模具的紧固螺栓将左右两半模分开（图7-93），用无尘布加酒精清洗修伞模具模腔，至无锈迹及其他杂质，如图7-94所示。如果是连续使用的模具，则清理掉飞边就可以了。

图7-93　拆卸修伞模具紧固螺丝　　　　　　图7-94　清洁模腔

（2）处理伞页

用手术刀将伞页有缺陷的部分切除掉，可切除成一个如图7-95所示的矩形缺口。然后，用无尘布加酒精清洁需要修补的区域，见图7-96。

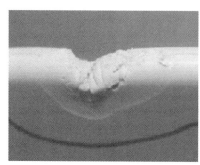
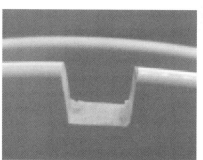

图7-95　将有缺陷的位置切个缺口

（3）手工加工胶料及预成型

根据伞页上矩形缺口的大小，用手术刀从胶料块上切取所需的胶料，见图7-97，将切下的胶料用薄的透明塑料纸包住，用手指揉、捏，以使胶料变软、均化。在整个操作过程中，手都是隔着塑料纸操作胶料，手不直接与胶料接触。如果用手直接接触捏胶料，会污染胶料，成型后胶料的颜色与伞原有颜色不一致。

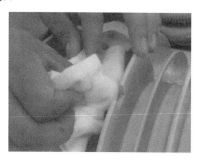

图7-96　用酒精清洗缺口周围

将捏好的胶料放到需要修补伞页的缺口。隔着塑料纸用手捏胶料，使胶料与伞页缺口黏合，并使其形状与伞页形状吻合，见图7-98。当胶料形状与伞页形状基本接近时，用手术刀切除多余的胶料，见图7-99。

图7-97　切取所需的胶料　　　　图7-98　隔着塑料纸捏胶料　　　　图7-99　切除多余的胶料

然后，隔着塑料纸用模具夹伞页，不用夹得太紧（见图7-100），以使缺口的胶料进一步密实和定型。接下来，将模具取下来，用手术刀剔除模具挤出来多余的胶料，见图7-101。

（4）硫化成型

当预成型的伞页形状基本完成后，去掉胶料上的塑料纸，安装修伞模具（图7-102）。当模具可能与其他伞页接触时，应用隔热材料保护伞页，如图7-103所示。

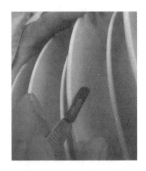

图7-100　用模具预成型伞形　　　图7-101　去除多余的胶料　　　　图7-102　安装模具

将加热插头和热电偶插头插到模具上（图7-104），开启温控箱开关。检查设定温度为150℃（图7-105），待温度达到150℃后延时15min硫化。一般模具从室温加热到硫化温度大约需要10min，也可以直接将硫化时间设定为25min。

图7-103　保护伞页　　　　　　图7-104　插加热装置接头　　　　图7-105　设定硫化温度和时间

当硫化完成后，关闭温控箱电源，取下修补模具（图7-106）。然后，待修伞部位冷却后，用手术刀修除毛边（图7-107），必要时用砂纸打磨局部高点。

图7-106　拆卸模具

图7-107　修除毛边

　　用硅橡胶成型空心绝缘子伞裙有各种各样的工艺方法，无论哪种工艺方法，各个工艺环节都会影响空心绝缘子产品的质量。只有根据产品的实际要求以及设备硬件的条件，充分优化、完善工艺过程，才会获得高的生产效率和优异的产品质量。

附录1

模具方案

模具方案		rep international
客户:		**方案编号 :050425**
设计:	**日期:**	**图号:**

橡胶零件		注射机	
名称	减震件	机型	V48
设计依据	产品图	注射量(cc)	1200
样件	√	注射压力（bar）	1500
其他	/	锁模力（tons）	160
		热板（mm）	510×430

胶料		循环时间	
胶种	NR	硫化（估计）	
硬度(邵氏)	60	注射	
骨架	上/下各1件	机器动作	
		取件时间	

模具			
类型	直接注射	放骨架时间	
模具结构	3开模	**总循环时间**	
脱模方式	下顶出器顶出	件/小时	
模腔数	1	件/班	
注胶量（cc）			

生产过程

—机器在半自动操作模式,模具自动打开;

—手工取下产品和流胶道料头,清理模具;

—双手操作缩回外置下顶出器;

—依次将下、上骨架放入模腔;

—双手操作将滑板滑入;

—双手操作闭合模具;

说明

1. 图附1-1是4个流胶道和针尖注胶道,可以根据胶料的流动情况或试模情况确定流胶道数目;

2. 可以通过在模具上开设排气槽和在机器注射过程中的排气选项来考虑排气方式;

3. 如果胶件可以在开模状态下从模腔里取出来,就可以不选用滑板和外置液压下顶出器,而选用液压下顶出器和液压上顶出器;

——按循环开始按钮；

——然后，机器自动循环，直至滑板滑出和外置下顶出器顶出产品。

4. 可以选用真空泵作为备用；

5. 此方案仅供参考；

6. 图附1-1模具结构，图附1-2产品实物。

机器配置

液压上顶出器_____	√
外置液压下顶出器_____	√
滑板_____	√

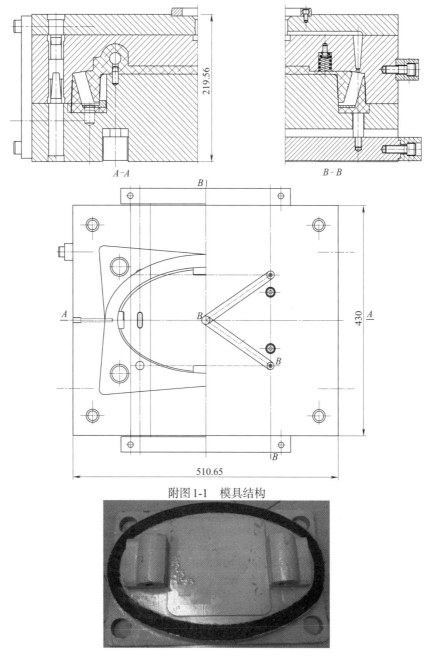

附图1-1　模具结构

附图1-2　产品实物

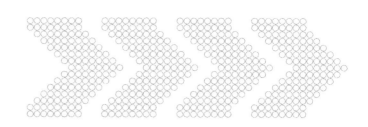

附录2

模具加工合同

合同编号：
签订时间：
签订地点：

甲方：   乙方：

鉴于：

1. 乙方是一家能够独立履行本合同义务并承担相应法律责任的企业法人，且取得了生产或销售标的产品的资质、许可证；

2. 乙方在签订本合同前已经详尽了解了甲方的合同目的和需求，并保证标的产品能够满足甲方的需求；

3. 乙方承诺标的产品不存在侵犯任何第三方知识产权的情形；

4. 本合同是在双方平等、自愿、诚实、信用的基础上，经过双方协商一致签订，协议双方承诺遵守合同条款，自愿承担相关法律责任。

第一条 产品、数量、价款

产品名称	规格型号	单位	含税单价/万元	数量	含13%增值税价格/万元
模具	K1541207	副		壹	
合计	小写:¥_____元 大写(人民币)： 元整				

第二条 合作要求

1. 甲方提供产品图纸（√）、实物（√）、技术资料（√），委托乙方设计（√）、制造（√）橡胶注射模具壹副。

2. 模具为一模16腔，产品图纸号：92144000，模具号：K1541207。

3. 乙方设计制造的模具应符合产品图纸和技术资料的要求。

4. 乙方应向甲方提供制订完毕的设计方案、模具制造计划、质量控制计划。在制造前取得甲方书面确认（要√ 不要□），确认时间：10天。如果甲方确认时间超过10天，则模具的交货期顺延。在模具加工过程中，定期向甲方提供实际过程进度。

第三条 模具有关资料

1. 产品

（1）产品图纸□，样件□；　　（2）胶种：EPDM，平均收缩率：2%；

（3）产品尺寸公差：_____，表面要求：_____。

2. 机器

（1）注射机型号：_____；（2）热板尺寸：_____；

（3）模具最小厚度：_____；（4）冷流道体，有□，无□；

（5）顶出方式：机械式顶出器，上、下悬空式滑道；

（6）胶件取出方式：在前外部手工取件；（7）工位数　1。

3. 模具结构

（1）_____开模；（2）模腔数_____；　　（3）模腔形式：镶嵌式□、整板式□；

（4）上模定位环直径 ϕ____×h____；　　（5）注射孔直径 ϕ____，乙方自定 □；

（6）到模腔的注胶口：侧向□、点式□、潜水式□，注胶口数：____，注胶口尺寸：____mm，乙方自定□；

（7）余胶槽，到模腔距离：____mm，余胶槽尺寸：____mm，所在分型面：____；

（8）上、下模板后端面均有插热电偶的孔；

（9）中模加热棒：有□，无□；　　（10）中模热电偶插孔：有□，无□；

（11）顶出方法：顶出器顶出模芯框，顶出器顶□ 或拉杆拉□、顶起中模板□，乙方自定□；

（12）模具固定方法：螺栓□、压板□；（13）抽真空：有□ 接口尺寸____，无□；

（14）模具正面刻模具号码和总重量，每块模板的正面刻该板的质量，字体高度高20mm；

（15）模具前、后各至少有一块连接上、下模的拉板；

（16）模具上模上面应该有可供装吊环的M16的螺纹孔。

4. 模具材料

名称	材料型号	热处理硬度	其他要求	指定厂家	乙方自定
模腔					
模芯					
底板和其他					
导柱和导套					

5. 模腔要求

（1）尺寸公差：_____；（2）表面粗糙度：_____；（3）硬度：_____；

（4）表面处理：皮纹 □，镜面 □，亚光 □，镀层□，渗氮 □，其他。

第四条　加工进度

1. ____年___月___日乙方向甲方提供模具结构详图；

2. ____年___月___日甲方向乙方确认模具结构详图；

3. ____年___月___日前甲方向乙方提供用于试模的胶料和骨架，或确认用于试模的乙方胶料和骨架；

4. ____年___月___日乙方向甲方递出用注射机试制的样品3套，样品连同飞边、注胶道，不要修边；

5. 每两周乙方向甲方反馈一次加工进度；

6. 在乙方样件被甲方确认合格后，十日内乙方将模具发到甲方指定地点。

第五条　价格及付款方式

1. 模具总价格为_____元人民币；

2. 预付款为模具总额的50%：即_____元人民币；

3. 在甲方收到乙方提供的注射制品样件（每个模腔三个样件，并有编号）并检验合格后，甲方付给乙方模具总额的30%；

4. 在甲方收到模具并检验合格后，付清余款给乙方。

第六条　模具交付验收

1. 甲方根据产品零件图检验乙方提供的试模样件的外观和尺寸等；

2. 模具包装箱应符合长途托运要求，如需海运，还应按海运标准进行防腐处理；

3. 包装箱内应包括：①装箱单；②模具材料清单；③模具硬度检验报告；④试模参数（注明试模机器规格型号）；

4. 甲方收到模具后检查：①外观光洁度应符合图纸要求；②模腔表面不得焊补，如模具因各种原因，确需焊补，应事先征得甲方书面认可；③模具模腔、模芯、模板硬度；④模腔、模芯、模板尺寸公差；⑤在甲方试模检查流胶速度和平衡性；⑥对产品尺寸根据产品图纸检验。

第七条　本技术细则协议与承揽合同具有同等法律效力。如果乙方违背上述条款或模具尺寸不合格，甲方有权拒付模具款。如果模具不合格，甲方向乙方提供检验报告。未尽事宜，双方协商解决。

本页以下无正文，为签署页。

甲方盖章：	乙方盖章：
地址：	地址：
法人代表：	法人代表：
联系电话：	联系电话：
传真号码：	传真号码：
邮箱地址：	邮箱地址：
开户银行：	开户银行：
账号：	账号：
税号：	税号：

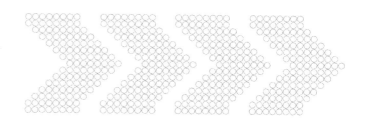

附录3

橡胶注射模具验收报告

A.基本信息

1. 模具

(1)名称:＿＿＿＿＿＿＿＿＿＿＿＿; (2)图纸号:＿＿＿＿＿＿＿＿＿＿＿＿;

(3)模具号:＿＿＿＿＿＿＿＿＿＿＿＿; (4)模腔数:＿＿＿＿＿＿＿＿＿＿＿＿。

2. 模具制造商

(1)公司:＿＿＿＿＿＿＿＿＿＿＿; (2)联系人:＿＿＿＿＿＿＿＿＿＿＿;

(3)地址:＿＿＿＿＿＿＿＿＿＿＿; (4)电话:＿＿＿＿＿＿＿＿＿＿＿;

(5)传真:＿＿＿＿＿＿＿＿＿＿＿; (6)电子邮件地址:＿＿＿＿＿＿＿＿＿。

3. 橡胶产品

(1)名称:＿＿＿＿＿＿＿＿＿＿＿; (2)图号:＿＿＿＿＿＿＿＿＿＿＿;

(3)材料:＿＿＿＿＿＿＿＿＿＿＿; (4)平均收缩率:＿＿＿＿＿＿＿＿%。

4. 橡胶注射机

(1)型号:＿＿＿＿＿＿＿＿＿＿＿; (2)热板尺寸:＿＿＿＿＿＿＿＿＿＿＿;

(3)模具最小厚度:＿＿＿＿＿＿＿＿＿＿＿;

(4)冷流道体,有□,无□; (5)抽真空泵:有□, 无□;

(6)脱模方式:上□、下□,顶出器□, 滑板□;

(7)辅助加热器:有□,无□,数目:＿＿＿＿＿＿＿;(8)其他＿＿＿＿＿＿＿。

5. 加工依据

模具图□, 橡胶零件图□,样件□,特殊要求:＿＿＿＿＿＿＿＿。

B.模具检查项目

6. 模具材料

部件	框架	模腔	模芯	其他
材料				
热处理				
硬度				

7.模具外观

(1)外形尺寸:_____; (2)外观光洁度:_____;

(3)隔热层:有□, 无□; (4)吊装螺孔:数目:_____,尺寸:_____;

(5)安装螺孔数目_____,尺寸_____,或者台阶:有□, 无□;

(6)中模、模芯架与机器顶出器的连接孔位置与尺寸_____:_____;

(7)冷却介质循环孔:有□, 无□; (8)与注嘴接触的凹坑尺寸_____;

(9)上模定位环ϕ_____×h_____; (10)上、下模拉板数目:_____;

(11)模具正面标刻:模具号_____, 总质量:_____;

(12)附件:备用模芯_____件、模腔镶块_____件,其他_____件。

8.开模检查

(1)模腔形式:镶嵌式□、整板式□;(2)模具注射孔小头直径:_____;锥度:_____;

(3)模具构件:上模□,中模□,下模□,模芯□;

(4)主、支流胶道断面尺寸:_____mm,_____mm;

(5)关键尺寸测量:_____;

(6)模腔注胶口:位置_____,尺寸_____;

(7)余胶槽到模腔的间距及断面尺寸:_____,_____;

(8)模腔和分型面表面粗糙度_____,_____; (9)抽真空槽和密封件:有□,无□;

(10)模腔内刻模腔序号和产品标记:_____, _____,无□;

(11)热电偶插孔:上模□,中模□,下模□;

(12)中模加热棒:功率/型号/数量_____, _____, _____;

(13)模芯内加热棒和热电偶:有□,加热棒功率/型号_____, _____;无□;

C.模具资料

9.模具结构和零件图纸:有□,无□; 10.模具硬度检验报告:有□,无□;

11.模具材料出厂性能报告:有□,无□;

12.模具型腔、模芯、模板尺寸出厂检验报告:有□,无□;

13.试模参数(注明试模机器规格型号):有□,无□;

14.样件检验报告:有□,无□; 15.模具装箱单:有□,无□。

D.试模样件检查项目

随机取出三个循环的样品检查

16.分型面上的飞边厚度是否均匀?_____17.各模腔进胶量是否平衡?_____

18.脱模难易程度:容易□,困难□; 19.样品外观:缺陷_____,表面光洁;

20.关键尺寸检测值:_____,_____,_____,公差_____。

E.模具验收结论

F. 验收人员

模具商: 日期:

设计者: 日期:

检验者: 日期:

附录4

模具档案

模具名称	Standard Operation Procedure （Manufacturing） 标 准 操 作 程 序（ 制 造 ）	产品编号
模具编号	模具档案 Mold history record	

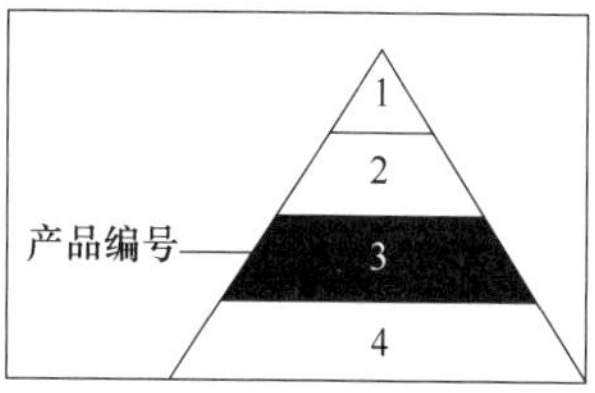

编写/日期 （Author/date）	复核/日期 （Confirm/Date）	审核/日期 （Audit/Date）	发放版本 （Revision）	生效日期 （Execute Date）	第____页　共____页

附图4-1　标题栏

1 基本信息（标题栏如附图4-1）

1.1 模具名称及号码：应力锥模具，SC-145kV-60。

1.2 模具制造商

（1）公司：_____；（2）地址：_____；

（3）联系人：_____；（4）电话：_____；

（5）模具交付日期：_____；（6）电子邮件地址E-mail：_____。

2 模具资料清单

2.1 橡胶产品图号：

胶料牌号：_____设计：_____日期：_____项目经理_____；

2.2 模具图号：_____设计：_____日期_____；

2.3 模具材料出厂性能报告： 有 □编号_____，无 □；

2.4 模具模腔、模芯、模板尺寸出厂检验报告：有 □编号_____，无 □；

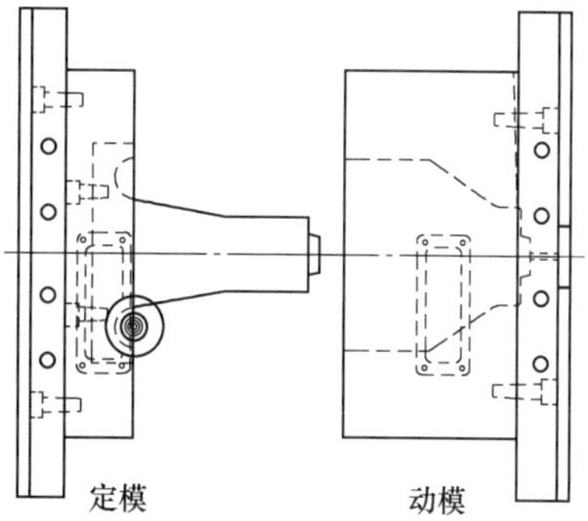

定模　　　　　动模

附图4-2　模具简图

2.5 试模参数（注明试模机器规格说明）：有 □ 编号_____，无 □；

2.6 样件检验报告：有 □编号_____，无 □；

2.7 模具装箱单：有 □编号_____，无 □；

2.8 工艺控制文件：_____。

3 模具结构简图：附图4-2

4 模具工作状态

4.1 工艺参数

项目		内容
模具结构		两开模，上模、下模(与模芯一起)
参数控制(动/定模)		注胶温度：(80/80±4)℃，硫化温度：(95/95±2)℃，硫化时间：70min
锁模压力		8MPa
安装要求		对正模板中心
注胶孔		定模分型面下部
溢胶口		定模分型面上部
排气口		底板定位孔打d4中心孔------------用于小口内侧排气，需清理保持通畅
		小端口上部(清通后会溢胶)----------- 无需溢胶，不用清通
加热管	定模	底板4根-----------尺寸：d12mm×250mm，电阻：_____，功率：_____
	动模	底板4根-----------尺寸：d12mm×250mm，电阻：_____，功率：_____
温控情况		动、定模温度显示值与实测值基本一致。 下一步可考虑硫化温度95℃增至100℃，时间70min缩至60min
状况说明		加热管布置不合理，离模腔距离太近，动模中心孔温度超高，易冲温，需控制注胶温度(风冷降温至84℃以下)，防止局部出现焦烧； 防锈能力太差，极易生锈，模腔已锈蚀出现斑点，需喷砂并进行相应防锈处理
运行情况		正常

4.2 模具温升情况记录

阶段	内容	动模	定模
预热	预热温度(注胶温度)/℃	80	80
	模具从室温升至注胶温度所需时间/min		
注胶	注胶温度/℃	80±4	80±4
	模具温度显示值/℃	79.4	82.3
	模腔温度实测值/℃	75.4	80.5
	芯棒温度实测值/℃	79.3	
	注胶开始温度/℃	83.4	83.2
	注胶完成温度/℃	82.4	82.4
	注胶过程中模具温度最小值/℃	79.4	79.2
	注胶过程中模具温度最大值/℃	81.6	81.2
硫化	硫化温度/℃	95	95
	模具从注胶温度升至硫化温度所需时间/min	10	24
	硫化过程中模具温度最小值/℃	82.5	79.4
	硫化过程中模具温度最大值/℃	95.9	95.4
	硫化5min时温度/℃	85.6	84.7
	硫化10min时温度/℃	95.7	90.8

续表

阶段	内容	动模	定模
硫化	硫化20min时温度/℃	93.2	94.1
	硫化30min时温度/℃	95	94.3
	硫化40min时温度/℃	96.2	95.3
	硫化50min时温度/℃	93.9	94.8
	硫化60min时温度/℃	94.7	94.1
	硫化70min时温度/℃	96.4	95.1
脱模后降温	模具从硫化温度降至注胶温度所需时间/min	13(风冷)	14(自然冷却)

注：注射量控制：机器控制；脱方式与状态：手工脱模。

5 模具修改、维修记录

日期	修改、维修原因	修改、维修项目	效　果	操 作 人

6 模具使用记录

日期	机位	合格	废品	废品原因	处理方法与结果	注意事项	记录人
至							
至							

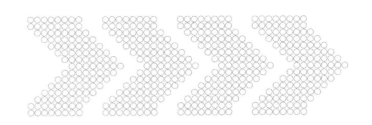

附录5

橡胶注射产品成型工艺卡

产品编号		模具编号		模腔数		机器型号		胶料牌号		嵌件代号	
温度	上模	下模	辅助加热	模芯	挤出机	注射桶	冷流道体	注嘴	嵌件	关键参数	
										模具温度	
合模单元		合模	开模	滑出板	上顶出	下顶出	注射单元上	注射单元下	硅胶喂料器	锁模压力	
	速度									硫化时间	
	压力										
	位置										
注射单元	阶段	塑化				注射				保压1	保压1
		延时	阶段1	阶段2	阶段3	延时	阶段1	阶段2	阶段3		
	时间										
	速度										
	行程										
	压力										
使用选项	抽真空	提升注射头	辅助加热	滑出板	上顶出	下顶出	冷流道体	外置顶出器	硅胶喂料器	塑化前拔杆	塑化后拔杆
主要观察	胶料温度		注射压力		注射时间		脱模状态		飞边状态		产品外观

注：1. 合模单元的开模、合模有慢速、快速、慢速等阶段，滑板、上顶出器、下顶出器等的选顶出（上升）、进（下降）有慢速、快速等阶段；

2. 在生产稳定情况下，主要观察项目的数据与状态变化不大。

参 考 文 献

[1] 罗智骁. 提高 Auto CAD 软件制图效率的探索 [J]. 企业科技与发展, 2018 (12): 121-122.

[2] 魏泳涛, 于建华. 橡胶有限元分析之研究 [J]. 四川联合大学学报（工程科学版）, 1997, 1 (5): 78-83.

[3] 陈毅敏. 胶料性能测试的方法及仪器进展. 北京万汇一方科技发展有限公司.

[4] 俞正元. 液体橡胶的流变行为和注射成型模具流道系统的设计 [J]. 橡胶工业, 2000, 47 (007): 420-431.

[5] 吴蓁, 张英强, 王立伟, 等. 苯基硅橡胶的流动性研究 [J]. 弹性体, 2012, 22 (2): 33-36.

[6] 那洪东. 橡胶在模具内的流动、硫化行为及其模具设计 [J]. 世界橡胶工业, 2011, 38 (008): 28-35.

[7] 王新生. 橡胶流动性检测模具: CN202372428 U [P]. 2012.

[8] 胡海明, 张浩. 大型橡胶圆环筒制品成型及模具设计 [J]. 橡塑技术与装备, 2010, 36 (002): 50-52.

[9] 贺靖勇. 丁基橡胶收缩率研究 [J]. 模具工业, 2006, 32.

[10] 虞福荣. 橡胶模具设计制造与使用 [M]. 北京: 机械工业出版社, 1996.

[11] 李慎贵. 硅橡胶制品收缩率初探 [J]. 特种橡胶制品, 1996, 17 (005): 24-27.

[12] 杨学群. 橡胶减震器硫化收缩率的研究 [J]. 模具工业, 2003 (2): 44-46.

[13] 马东江. 骨架式橡胶油封模具的收缩率浅探 [J]. 特种橡胶制品, 2008 (4): 38-39.

[14] 聂正东. 波浪形防尘套橡胶模设计 [J]. 机械研究与应用, 2004 (4): 60-63.

[15] 熊庆丰. 橡胶密封圈模具设计方法 [J]. 现代机械, 2008 (5): 77-78.

[16] 郭淑萍. 如何正确选择和使用热电偶补偿导线 [J]. 中国计量, 2011 (03): 116-117.

[17] 陈兰贞. 基于 Patran/Marc 橡胶模具加热系统温度场数值模拟 [J]. 机床与液压, 2008, 36 (009) 135-137.

[18] 黄慧生, 徐燧伟. 橡胶硫化模具的污染和清理 [J]. 橡胶工业, 1995 (2): 97-100.

[19] 刘呈坤. 新型橡胶模具清理方法 [J]. 石油和化工设备, 2006.

[20] 谢立. 橡胶模具的清洗技术及其发展 [J]. 橡塑技术与装备, 2001, 27: 18-22.

[21] 赵光贤. 橡胶模具清洗方法简介 [J]. 中国橡胶, 2007, 23 (9): 38-40.

[22] 刘俊生. 多腔刃口式无飞边橡胶密封圈模具的设计与制造 [J]. 橡胶工业, 2013, 60 (1): 47.

[23] 王作龄. 橡胶的硫化与成型技术（一）[J]. 世界橡胶工业, 2006 (06): 59-63.

[24] 孟玉喜. 喷嘴橡胶件模具的改进设计 [J]. 模具制造, 2010 (05): 63-64.

[25] Metin Ersoy, 张正修. 模具的快速夹紧装置 [J]. 电子工艺技术, 1983 (12): 2, 35-42.

[26] 尹清珍, 刘明辉, 陈海英. 轮胎硫化胶囊注射模压成型方法 [J]. 轮胎工业, 2008 (1): 50-51.

[27] 唐国政. 轮胎硫化胶囊和胶囊注射法（四）[J]. 橡塑技术与装备, 2008, 34 (8): 47-53.

[28] 苏超, 刘尊品, 顾骏庭, 等. 轮胎模具的设计制造和表面处理 [J]. 橡塑技术与装备, 2001, 27 (9): 35-40.

[29] 贺靖勇. 丁基橡胶瓶塞切边模设计 [J]. 模具工业, 2005, 01 (1): 26-30.

[30] 马斌. 复合空心绝缘子产品及其制造技术 [J]. 变压器, 2008, 40 (8): 3.

[31] 罗金甫. O 形圈橡胶模具 [J]. 模具通讯, 1983 (01): 42-45.

[32] 高福年, 纪顺本, 马汝安, 等. 橡胶密封制品、减震制品的注压、注射硫化 [C]// 橡胶制品新技术交流暨信息发布会, 2012.

[33] 夏荣武. 骨架橡胶油封的模具设计 [J]. 特种橡胶制品, 1990, 011 (005): 32-34.

[34] 李广金. 金属外骨架油封模具的设计 [J]. 模具工业, 1987 (02): 38-40.

[35] 林佩贞. 油封模具的结构设计 [J]. 特种橡胶制品, 1988 (1).

[36] 张屹. 骨架式油封模具设计的改进 [J]. 模具工业. 1999 (11): 46-49.

[37] 宫文强. 气门油封模具结构设计 [J]. 模具工业, 2011, 37 (12): 61-64.

[38] 袁维顺. O 型圈撕边模具的设计和制造的改进 [J]. 模具工业, 1985 (07): 48-51.

[39] 于将, 兰剑. 浅谈冷缩型交联电缆中间接头的原理及施工工艺 [J]. 高电压技术, 2004, 30 (0Z1): 61-62.

[40] 许永现, 陈石刚, 丁小卫. 医用高透明高强度液体注射成型硅橡胶（LIMS）的制备与研究 [J]. 广东化工, 2006, 33 (161): 9-13.

[41] Hegge Joachim. Hard-soft combinations with silicone rubber-innovetive technical solutions [J]. Adhesion and In-

terface，2004（4）：40-50.

[42] Juan P, Hernández-Ortiz. Modeling processing of silicone rubber：Liquid versus hard silicone rubbers [J]. Journal of Applied Polymer Science, 2011（119）： 1864-1871.

[43] Kuo C C, Lin J K. Development of an injection mold for liquid silicone rubber using rapid tooling technology [J]. Smart Science, 2019（7）：161-168.

[44] Bont M, Barry C, Johnston S. A review of liquid silicone rubber injection molding： Process variables and process modeling [J]. Polymer Engineering & Science, 2021（61）：331-347.

[45] Haberstroh E. A review of liquid silicone rubber injection molding： Process variables and process modeling [J]. Journal of Reinforced Plastics and Composites, 2002（21）：461-471.

[46] Matysiak, Kornmann X, Saj P. et al. Analysis and optimization of the silicone molding process based on numerical simulations and experiments [J]. Advances in Polymer Technology, 2013（32）：258-273.

[47] Weier D F, Waiz D, Schmid J. et al. Calculating the temperature and degree of cross-linking for liquid silicone rubber processing in injection molding [J]. Journal of Advanced Manufacturing and Processing,. 2020（3）.

[48] 肖定心，刘峰，陈光辉，等. 基于Fluent FloWizard的橡胶冷流道系统温度场分析 [J]. 特种橡胶制品，2010（2） 50-52.

[49] Taptim K, Sombatsom-pop N. Antimicrobial performance and the cure and mechanical properties of peroxide-cured silicone rubber compounds [J]. Journal of Vinyl and Additive Technology, 2013（19）：113-122.

[50] Bont M, Barry C, Johnston S. A review of liquid silicone rubber injection molding： Process variables and process modeling [J]. Polymer Engineering & Science, 2018（61）：331-347.

[51] Buecher A M. The curing of silicone rubber with benzoyl peroxide, [J]. Journal of Polymer Science Part A：General Papers, 1995（15）：105-120.

[52] 杨顺根，白仲元. 橡胶工业手册（修订版）. 第九册，橡胶机械（上）[M]. 北京：化学工业出版社，1992.

[53] 张锐，吴光亚，张广全，等. 复合空心绝缘子的发展 [J]. 电力设备，2007，4：36-38.

[54] 司晓闯，徐卫星，张倩. 空心复合绝缘子的结构设计研究 [J]. 河南科技，2014，3：77-78.

[55] 梁钜修，杨文平，钟俊杰. 橡胶油封注射成型工艺研究 [J]. 润滑与密封，1992（02）：1-10.

[56] 赵光贤. 注压胶料配方设计体会 [J]. 特种橡胶制品，1995，16（2）：15-17.